青果物の鮮度評価・保持技術

収穫後の生理・化学的特性から輸出事例まで

監修 阿部一博

NTS

図1 果肉が軟化しにくいという流通適性に重点をおいて遺伝子組み換えが行われたフレーバーセーバートマトの荷姿と果実内部（USA・ニューハンプシャー州で撮影）（はじめに）

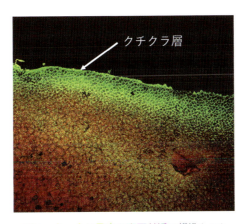

図1 キュウリ果実の表面付近の構造（p.15）

DXパック　　　　　　　　　　　　　　　　ゆりかーご

図7　イチゴの包装形態（p.21）

左：ネット，右：フィルム　　　　　　　左：フィルム包装，右：無包装

図8　ミズナとカキの包装形態（p.21）

図7　異なる貯蔵温度におけるトマト果実の着色状況（p.62）
各温度で緑熟果を8日貯蔵．20℃と30℃：正常に着色，8℃と35℃：着色不良

口-2

図8 異なる包装方法で貯蔵した青ウメの外観と果実の切断面(p.62)
20℃8日貯蔵．(左)有孔ポリエチレン包装，(中)ポリエチレン密封包装，(右)エチレン除去剤を封入したポリエチレン密封包装

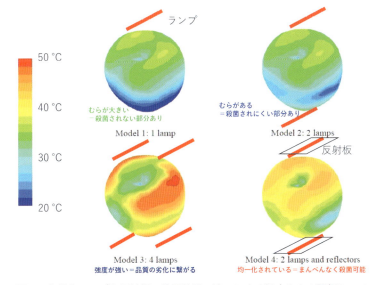

図4 赤外線ランプと反射板の設置位置の違いによる温度むらの評価(p.100)

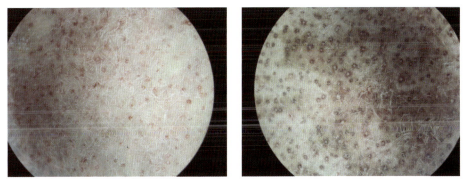

図5 紫外線の過剰照射による黒ずみの発生(p.101)
左：正常果，右：障害果

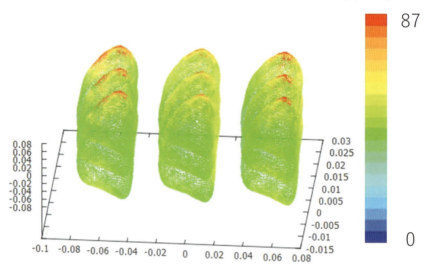

図8 トレイに入れたイチゴ表面の紫外線強度分布予測例（p.103）

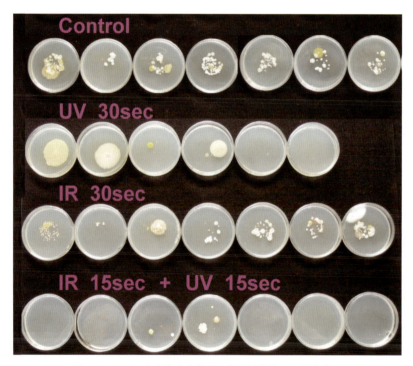

図9 イチジク由来菌を赤外線・紫外線殺菌し標準培地で
6日間培養した結果（p.104）
上から，対照区，UV照射30秒，IR照射30秒，IRとUVを順に
15秒ずつ照射

無処理

IR30sec＋UV30sec

図12 IR・UV照射が *Monilinia fructicola* の殺菌に与える影響(p.105)

植菌後, 室温で1日放置。殺菌処理後, 25℃で2日間培養

0   7日後   11日後

図1 ラ・フランスの経時的色の変化(p.160)

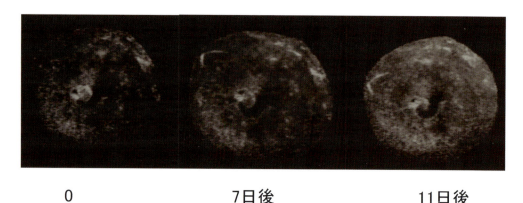

　　0　　　　　　　　　　7日後　　　　　　　　　　11日後

図2　ラ・フランスのR-G差分画像の経時的変化(p.160)

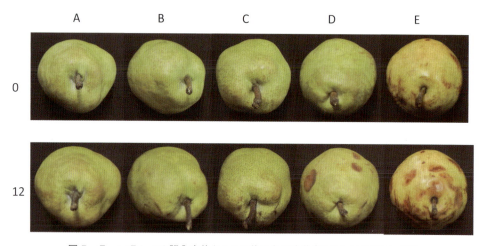

図5　ラ・フランスの購入直後と12日後の色の変化(Eのみ7日後)(p.162)

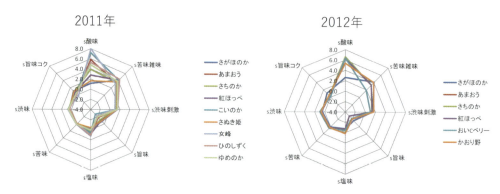

図5　各年度の品種別味覚センサ分析値(p.171)

口-6

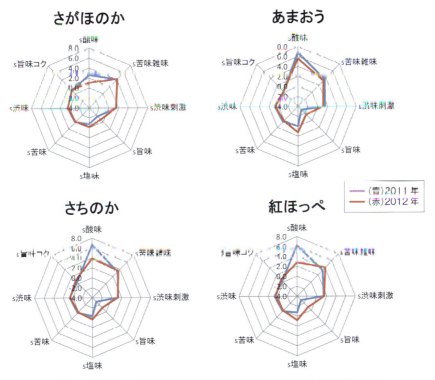

図6 イチゴ4品種における味覚センサ分析結果の年次別変動(p.171)

図3 電場の有無によるイチゴの保存状態の差異(p.205)
左:電場なし，右:電場あり

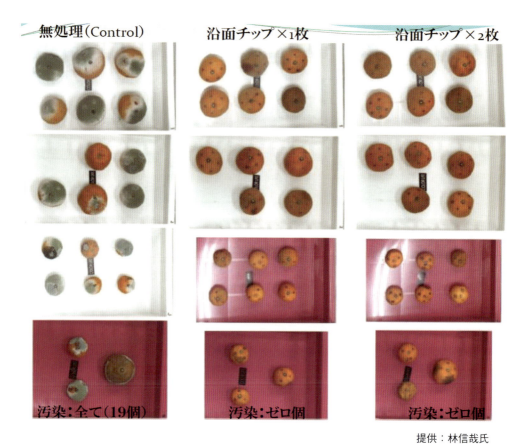

提供：林信哉氏

図5 沿面放電オゾナイザを用いたミカンの鮮度保持（保存期間：7日間）(p.207)

提供：柳生義人氏

図6 ベルトコンベア型プラズマ殺菌装置(p.207)

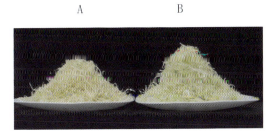

図4　千切りキャベツの外観比較 (p.225)
A：次亜塩素酸水処理
B：マイクロバブルオゾン水処理

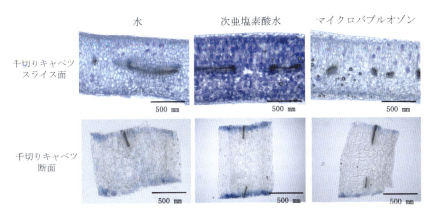

図7　トリパンブルーで染色後の千切りキャベツ (p.227)

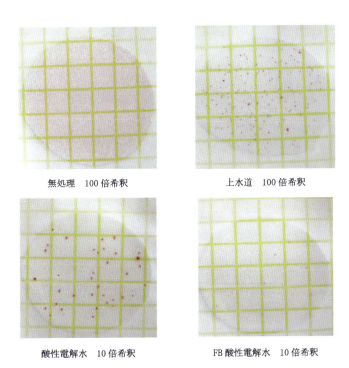

図2　異なる処理方法での一般生菌繁殖の様子 (p.234)

図2　温湯浸漬がイチゴ果実の腐敗に及ぼす影響(p.239)
処理温度：50℃，室温で10日間保存後

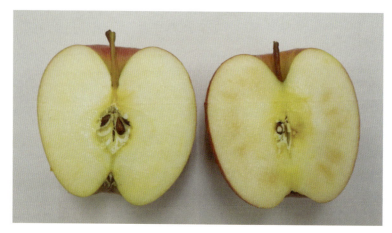

図1　長期貯蔵した「ふじ」の断面(p.278)
右は内部褐変が発生している(2019年7月)

図8　巨峰の試験例(p.320)

図9　シャインマスカットの試験例（p.320）

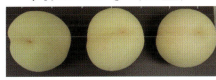 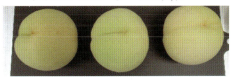

図3　コンテナによりシンガポールに輸出されたモモ極晩生品種の到着後3日目の果実（室温下にて保持）（p.331）

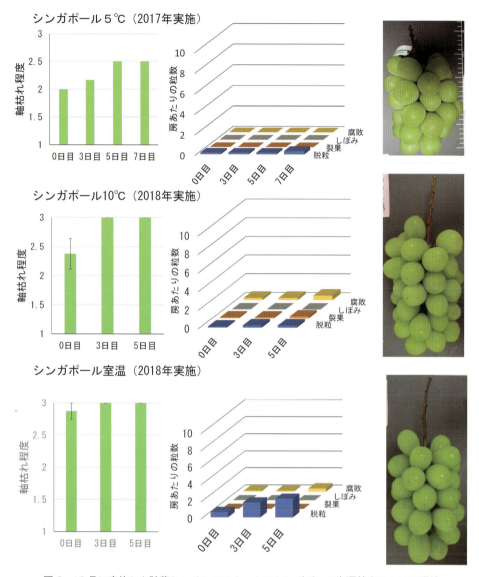

図6 12月に実施した貯蔵シャインマスカットのシンガポール海運輸出における現地到着後の品質(p.334)

岡山の産地近郊において0℃下にて約1.5ヵ月保存後，海上コンテナによりシンガポールに輸出した。シンガポール到着後，2017年は5℃，2018年は10℃および室温下に保持した(軸枯れ程度，1：10%以下，2：10〜50%，3：50%以上の軸が枯れた状態)

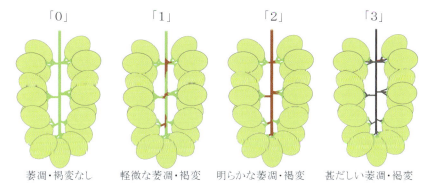

図3　穂軸の萎凋・褐変程度（指数）(p.347)

図4　水分補給によるシャインマスカットの長期貯蔵技術(p.347)
（貯蔵120日後の穂軸の状態）

はじめに

　1945 年の終戦後の暫くは，食糧供給が十分ではなかったので，農業試験場や大学の農学部では，圃場の土壌・水・肥料・温度管理や品種改良あるいは作型の開発などによって，物指・升・計量器などの道具を使った量的増産に関する研究や試験が多かった。

　しかし，1960 年頃になると果樹学や蔬菜学における基礎科学領域や生産技術の研究以外に，生産された青果物の流通・貯蔵あるいは加工・利用に関する研究に対する社会的ニーズが高まりました。そのような社会的背景を基に緒方邦安先生によって 1961 年に我が国初の園芸利用学研究室が大阪府立大学に開かれて，青果物の収穫後の品質評価や保持技術の研究が行われるようになり，1963 年に同先生が『園芸食品の加工と利用』(養賢堂)を発行されました。これらが，現在の収穫後生理学(国際的には Postharvest Physiology)の我が国におけるスタートであり，新しい学問領域です。

　その後は，さまざまな大学や試験・研究機関あるいは民間企業の研究者達によって，研究が行われて，学会で報告されたり，論文・資料として掲載されることで，研究成果が活用されています。

　食品が有すべき一次機能は栄養成分の供給源であることで，二次機能は嗜好性であり，三次機能は生理調節機能ですが，青果物が有する三次機能(免疫増強，体調リズム調節，老化抑制，肥満予防など)は人々の健康の維持と増進に寄与する効果が大きいです。近年はこの青果物の機能性が注目されているように，青果物は我々の食生活の中で非常に重要な食品です。

　一方，加工食品は，缶詰・瓶詰，レトルトパウチ包装，フィルムによる密封包装，脱気・ガス置換包装，あるいは鮮度保持剤封入などの共通する品質保持技術を適用することによって品質保持や流通・貯蔵が行われやすいが，青果物は収穫後も生命活動を維持しており，その生理活性の制御が品質保持に繋がるのでさまざまな技術の適用が必要です。しかしながら，我が国で流通している野菜は約 135 品目，果実は約 45 品目であり，それぞれの品目の品種・熟度・栽培条件・産地・収穫時期などが異なると生理活性も異なるので，一定の品質保持技術を適用することは出来ません。

　そのため，青果物に関する研究分野が多岐にわたっており，多種多様の研究成果や情報が多いので，取り纏める必要性が生じて来ました。

　遺伝子組み換え技術で，流通・貯蔵適性を高めたフレーバーセーバートマト(**図 1**)が市場で販売されたり，青果物の輸出入の量も増えて，青果物のグローバル化が進み，世界的レベルでの栄養特性や機能性の評価あるいは輸送・貯蔵技術が必要となっているのが現状です。

　そこで，現今に目覚ましい研究成果をあげておられる大学教員や試験・研究機関の研究者さらには企業の研究者などの執筆によって，青果物の基礎科学と応用科学ならびに実用化研究の成果を取り纏めることになりました。

　そのため本書は，鮮度の定義とその低下要因，含有成分の特性，収穫後生理学，品質評価とその手法，最新の分析技術，遺伝子関連，最新の貯蔵技術と応用，食品としての安全性評価，国内の流通と国外への輸出技術，輸出の取り組みの現状と制度などのさまざまな幅広い情報を

※口絵参照

図1　果肉が軟化しにくいという流通適性に重点をおいて遺伝子組み換えが行われたフレーバーセーバートマトの荷姿と果実内部
（USA・ニューハンプシャー州で撮影）

含んでいます。

　このような本書の記載内容が，青果物の教育や研究などに携わっておられる方々や青果物の実際の現場において流通・貯蔵などに携わっておられる方々によって活用されることを願っております。

　最後になりましたが，多くの研究者や教育者の研究成果を引用あるいは参考にさせて頂きましたことに執筆者の方々を代表して深く謝意を表します。

　また，各人の諸事情がある中で本書の執筆を御担当頂いた方々ならびに企画・編集をご一緒しました関博実様と山本福子様ならびに森美晴様（㈱エヌ・ティー・エス）に深く感謝申し上げます。

監修，分担執筆担当

阿部　一博

▷ 監修者・執筆者一覧 ◁

(掲載順・敬称略)

【監修】

阿部　一博　　大阪府立大学名誉教授 / 帝塚山学院大学人間科学部　教授

【執筆者】

濱渦　康範　　信州大学農学部　准教授

田中　史彦　　九州大学大学院農学研究院　教授

田中　良奈　　九州大学大学院農学研究院　助教

上吉原裕亮　　日本大学生物資源科学部　専任講師

馬場　　正　　東京農業大学農学部　教授

吉田　実花　　東京農業大学農学部　助教

阿部　一博　　大阪府立大学名誉教授 / 帝塚山学院大学人間科学部　教授

飯島　陽子　　神奈川工科大学健康医療科学部管理栄養学科　教授

山内　直樹　　放送大学山口学習センター　客員教授 / 山口大学名誉教授

平　　　智　　山形大学農学部　教授

牧野　義雄　　東京大学大学院農学生命科学研究科　准教授

泉　　秀実　　近畿大学生物理工学部　教授

永田　雅靖　　国立研究開発法人農業・食品産業技術総合研究機構食品研究部門食品
　　　　　　　加工流通研究領域　食品流通システムユニット長

門之園知子　　株式会社生活品質科学研究所品質検査本部中央研究所検査企画部
　　　　　　　官能試験 G

津田　孝雄　　有限会社ピコデバイス　代表取締役

田中　宗浩　　佐賀大学農学部　教授

野田　博行　　山形大学学術研究院(理工学研究科)　准教授

幕田　武広　　マクタアメニティ株式会社　代表取締役

木下　剛仁　　佐賀県農業試験研究センター野菜・花き部野菜研究担当　係長

柘植　圭介　　佐賀県工業技術センター食品工業部　特別研究員

河井　　崇　　岡山大学大学院環境生命科学研究科　助教

福田　文夫　　岡山大学大学院環境生命科学研究科　准教授

中野　龍平　　京都大学大学院農学研究科　准教授

椎名　武夫　　千葉大学大学院園芸学研究科　教授

野村　啓一　　神戸大学農学研究科　教授

高木　浩一　　岩手大学理工学部　教授 / 岩手大学次世代アグリイノベーション研究
　　　　　　　センター　副センター長

高橋　克幸	岩手大学理工学部　准教授 / 岩手大学次世代アグリイノベーション研究センター	
川上　烈生	徳島大学大学院社会産業理工学研究部　助教	
白井　昭博	徳島大学大学院社会産業理工学研究部　講師	
西村　園子	ライオンハイジーン株式会社企画開発部第2研究所　アシスタントマネジャー	
渡部　慎一	ライオンハイジーン株式会社企画開発部第2研究所　マネジャー	
鍋田　優	ライオンハイジーン株式会社企画開発部第2研究所　所長	
野村　正人	株式会社テックコーポレーション　常務取締役 / 総合技術本部長 / 近畿大学名誉教授	
中野　由則	株式会社テックコーポレーション環境事業部　部長	
新長　琢磨	株式会社テックコーポレーション技術部　次長	
大田　和平	株式会社テックコーポレーション総務部　次長	
根岸　忠志	株式会社テックコーポレーション企画開発部　課長	
西川　直樹	株式会社テックコーポレーション企画開発部　課長	
佐藤　達雄	茨城大学農学部附属国際フィールド農学センター　教授	
深松　陽介	岡山大学大学院環境生命科学研究科　特任助教 (現)岡山県農林水産総合センター生物科学研究所　研究員	
小林　りか	日本大学生物資源科学部　助手	
鈴木　徹	東京海洋大学先端科学技術センターサラダサイエンス寄付講座　特任教授	
北澤　裕明	国立研究開発法人農業・食品産業技術総合研究機構食品研究部門食品加工流通研究領域　上級研究員	
土井　謙児	長崎県農林技術開発センター研究企画室　専門研究員	
田中　福代	国立研究開発法人農業・食品産業技術総合研究機構中央農業研究センター土壌肥料研究領域　上級研究員	
葛西　智	青森県産業技術センターりんご研究所栽培部　主任研究員	
広瀬　直人	沖縄県工業技術センター食品・醸造班　上席主任研究員	
宮﨑　清宏	高知県農業技術センター生産環境課　チーフ(品質管理担当)	
溝添　孝陽	住友ベークライト株式会社フィルム・シート営業本部 P- プラス・食品包装営業部　評価 CS センター長	
中川　純一	SPD コンテナ事業開設準備室　代表	
戸谷　智明	千葉県庁農林総合研究センター果樹研究室　上席研究員	
塩田あづさ	千葉県庁農林総合研究センター果樹研究室　主席研究員	
米野　智弥	山形県農業総合研究センター園芸試験場園芸環境部　研究主幹 / 園芸環境部長	
鈴木　淳一	株式会社電通電通イノベーションイニシアティブ戦略企画・マネジメント部　プロデューサー	

目　次

第1章　収穫後の生理

第1節　呼　吸　　　　　　　　　　　　　　　　　　濵渦　康範
1. はじめに ………………………………………………………………… 3
2. 物質代謝と呼吸 ………………………………………………………… 3
3. 青果物の呼吸特性（呼吸に及ぼす内的要因） ……………………… 8
4. 呼吸に及ぼす外的要因 ………………………………………………… 11

第2節　蒸　散　　　　　　　　　　　　　　　田中　史彦／田中　良奈
1. 蒸散の機構 ……………………………………………………………… 15
2. 青果物の種類と蒸散 …………………………………………………… 16
3. 貯蔵・流通環境と蒸散 ………………………………………………… 17
4. 蒸散抑制法 ……………………………………………………………… 19
5. 青果物の鮮度保持の今後 ……………………………………………… 22

第3節　エチレンの生合成および作用機構　　　　　　　上吉原　裕亮
1. エチレンとは …………………………………………………………… 23
2. 青果物の成熟・老化過程におけるエチレンの作用 ………………… 23
3. エチレンの生合成 ……………………………………………………… 25
4. エチレンの受容と情報伝達 …………………………………………… 27
5. エチレン作用の制御 …………………………………………………… 29

第4節　果実の追熟　　　　　　　　　　　　　　馬場　正／吉田　実花
1. 成熟・追熟生理と果実品質 …………………………………………… 31
2. 追熟のコントロール …………………………………………………… 33

第5節　食味成分（果物の甘味，酸味，渋味・苦味，有害物質）　阿部　一博
1. 果実の品質特性 ………………………………………………………… 35
2. 果実の味覚成分と有害成分 …………………………………………… 35

第6節　青果物の香りの生成　　　　　　　　　　　　　　飯島　陽子
1. はじめに ………………………………………………………………… 41
2. 香気成分の化学構造的類似性に基づく香気成分の生成の違い …… 41
3. エチレン生成と香気生成 ……………………………………………… 45
4. 収穫後保蔵中の環境と香気変化 ……………………………………… 45
5. 総　括 …………………………………………………………………… 47

第7節　色素成分と収穫後変化　　　　　　　　　　　　　　　　　　　山内　直樹

1. はじめに ……………………………………………………………………………… 49
2. 色素の特性と生合成 ………………………………………………………………… 49
3. 収穫後の色素分解 …………………………………………………………………… 54

第8節　生理障害　　　　　　　　　　　　　　　　　　　　　　　　　阿部　一博

1. 生理機能の低下と生理障害 ………………………………………………………… 57
2. 生理障害 ……………………………………………………………………………… 57

第2章　青果物の最適貯蔵条件

第1節　野菜類　　　　　　　　　　　　　　　　　　　　　　　　　　　平　　智

1. 青果物としての野菜類の特徴 ……………………………………………………… 67
2. 温度，湿度，ガス環境条件の影響 ………………………………………………… 68
3. 貯蔵に影響するその他の要因 ……………………………………………………… 69
4. 最適貯蔵条件 ………………………………………………………………………… 70

第2節　果実類　　　　　　　　　　　　　　　　　　　　　　　　　　　平　　智

1. 青果物としての果実類の特徴 ……………………………………………………… 73
2. 温度，湿度，ガス環境条件の影響 ………………………………………………… 73
3. 貯蔵性に影響するその他の要因 …………………………………………………… 75
4. 最適貯蔵条件 ………………………………………………………………………… 76

第3章　非破壊鮮度・品質評価および鮮度低下速度予測　　　牧野　義雄

1. 外観・鮮度・品質評価の意義 ……………………………………………………… 81
2. 色彩計測による外観色の客観的評価法 …………………………………………… 81
3. 分光分析による緑色野菜の鮮度低下速度予測 …………………………………… 87

第4章　収穫後の微生物による腐敗　　　　　　　田中　史彦／田中　良奈

1. はじめに ……………………………………………………………………………… 93
2. 微生物による腐敗 …………………………………………………………………… 93
3. 微生物増殖モデル …………………………………………………………………… 96
4. 微生物殺菌モデル …………………………………………………………………… 98
5. 微生物制御 …………………………………………………………………………… 103
6. おわりに ……………………………………………………………………………… 106

第5章　カット青果物の品質保持

泉　秀実

1. カット青果物の生理学的・生化学的特性 ……………………………………………………… 111
2. カット青果物の微生物学的特性 ………………………………………………………………… 113
3. カット青果物の品質保持技術 …………………………………………………………………… 114

第6章　鮮度の評価技術

第1節　評価項目と分析法

永田　雅靖

1. はじめに ……………………………………………………………………………………………… 121
2. 青果物の鮮度評価項目 …………………………………………………………………………… 122

第2節　官能評価

門之園　知子

1. 官能評価の役割 …………………………………………………………………………………… 129
2. 官能評価の実施 …………………………………………………………………………………… 130
3. 事例紹介 …………………………………………………………………………………………… 135
4. 今後の課題 ………………………………………………………………………………………… 137

第3節　ガスクロマトグラフィーとそのデータ処理（統計解析）による野菜の香りへの
　　　　アプローチ

津田　孝雄

1. まえがき …………………………………………………………………………………………… 139
2. においの捕集 ……………………………………………………………………………………… 139
3. 野菜の香り成分の分離測定への準備：前濃縮の方法 ……………………………………… 141
4. クロマトグラフィーによる野菜の香り測定と統計解析の導入 …………………………… 143
5. クロマトグラムにより分離された化合物への統計解析の導入 …………………………… 143
6. おわりに …………………………………………………………………………………………… 146

第4節　近赤外分光分析法を用いた農産物の鮮度評価

田中　宗浩

1. はじめに …………………………………………………………………………………………… 147
2. 農産物の鮮度と含有される成分の関係 ……………………………………………………… 147
3. 総　括 ……………………………………………………………………………………………… 151

第5節　遺伝子マーカー―鮮度マーカー遺伝子―

永田　雅靖

1. はじめに …………………………………………………………………………………………… 153
2. 鮮度マーカー遺伝子 ……………………………………………………………………………… 154
3. 新しい解析技術 …………………………………………………………………………………… 155
4. 今後の展望 ………………………………………………………………………………………… 156

第6節　果物の食べ頃の見える化　　　　　　　　　　　　野田　博行／幕田　武広

1. はじめに ……………………………………………………………………………… 159
2. 方　法 ………………………………………………………………………………… 159
3. 食べ頃の見える化 …………………………………………………………………… 160
4. おわりに ……………………………………………………………………………… 163

第7節　味覚センサを用いたイチゴの食味評価　　　　　　　木下　剛仁／柘植　圭介

1. はじめに ……………………………………………………………………………… 165
2. イチゴにおける味覚センサ分析方法 ……………………………………………… 167
3. 味覚センサによる食味評価 ………………………………………………………… 169
4. 新しい美味しさ評価法の開発 ……………………………………………………… 172
5. おわりに ……………………………………………………………………………… 175

第8節　音響振動法によるモモの内部障害の非破壊判別　河井　崇／福田　文夫／中野　龍平

1. はじめに ……………………………………………………………………………… 177
2. 収穫果における核割れ判別 ………………………………………………………… 178
3. 樹上における核割れ判別 …………………………………………………………… 180

第7章　鮮度保持技術

第1節　包装・プラスチックフィルム包装による青果物の品質保持　　　　椎名　武夫

1. 包装の定義と目的 …………………………………………………………………… 185
2. 青果物における包装 ………………………………………………………………… 187
3. 青果物のプラスチックフィルム包装 ……………………………………………… 189
4. おわりに ……………………………………………………………………………… 195

第2節　エチレン作用の抑制―1-MCP の利用―　　　　　　　　　　　野村　啓一

1. エチレン ……………………………………………………………………………… 197
2. エチレン作用の制御 ………………………………………………………………… 197
3. 今後の展望 …………………………………………………………………………… 200

第3節　新しい鮮度保持技術
第1項　青果物の収穫後生理・化学的特性と鮮度保持技術　　　高木　浩一／高橋　克幸

1. はじめに ……………………………………………………………………………… 203
2. 高電圧による静電気力を利用した空中浮遊菌の捕集 …………………………… 203
3. プラズマによる農産物の殺菌・殺カビ …………………………………………… 206
4. エチレン分解による農産物の混載輸送 …………………………………………… 208
5. おわりに ……………………………………………………………………………… 212

第2項　LEDと光触媒　　　　　　　　　　　　　　　　川上　烈生／白井　昭博

1. はじめに ……………………………………………………………………………………… 215
2. LED照射下での光触媒ナノ粒子による殺菌と鮮度保持効果
　　～酸素プラズマ支援アニーリングしたTiO₂ナノ粒子～ ……………………………… 217
3. LED照射下での光触媒ナノ複合材による鮮度保持効果 ………………………………… 218
4. まとめ ………………………………………………………………………………………… 221

第3項　マイクロバブルオゾン水洗浄処理によるカット野菜の品質保持効果
　　　　　　　　　　　　　　　　　　　　西村　園子／渡部　慎一／鍋田　優

1. 概　要 ………………………………………………………………………………………… 223
2. マイクロバブルオゾン水で殺菌したカット野菜の品質 ………………………………… 225

第4項　ファインバブル化した電解水による鮮度保持―カット野菜について―
　　　　　　野村　正人／中野　由則／新長　琢磨／大田　和平／根岸　忠志／西川　直樹

1. はじめに ……………………………………………………………………………………… 231
2. ファインバブル発生装置 …………………………………………………………………… 231
3. 試験水と試験方法 …………………………………………………………………………… 232
4. 除菌効果と鮮度判定 ………………………………………………………………………… 232
5. 結果および考察 ……………………………………………………………………………… 232

第5項　熱ショック処理　　　　　　　　　　　　　　　　　　　　　佐藤　達雄

1. 熱ショック処理の定義 ……………………………………………………………………… 237
2. 熱ショック処理の原理 ……………………………………………………………………… 237
3. 熱ショック処理の具体的事例 ……………………………………………………………… 238
4. 熱ショック処理の課題 ……………………………………………………………………… 241

第6項　電解水処理技術あるいはストリーマ技術による微生物制御　　　阿部　一博

1. 青果物の生命活動と微生物 ………………………………………………………………… 243
2. 電解水処理技術による品質保持と微生物制御 …………………………………………… 243
3. ストリーマ技術による品質保持と微生物制御 …………………………………………… 246

第7項　高性能冷蔵コンテナ利用低温貯蔵技術
　　　　　　　　　　　　　　　　福田　文夫／河井　崇／深松　陽介／中野　龍平

1. はじめに ……………………………………………………………………………………… 249
2. 高性能冷蔵コンテナの概要と試験貯蔵温度条件下での温湿度・電力使用量の把握 … 250
3. 岡山県産モモの鮮度保持試験 ……………………………………………………………… 251
4. 黒紫色系ブドウ'オーロラブラック'の鮮度保持試験 …………………………………… 252
5. 緑色系ブドウ'シャインマスカット'の鮮度保持試験 …………………………………… 253
6. 生産組織による'シャインマスカット'の貯蔵実証（2017，2018年） ………………… 254
7. モモ，ブドウにおける高性能冷蔵コンテナ導入低温貯蔵の利用法 …………………… 255

第4節　青果物の冷凍　　　　　　　　　　　　　　　　　　　小林　りか／鈴木　徹

1. はじめに ……………………………………………………………………………………… 257
2. 植物の低温ストレスと障害 ………………………………………………………………… 258
3. 青果物の冷凍操作による品質劣化と技術的取り組み …………………………………… 260
4. まとめ ………………………………………………………………………………………… 263

第5節　輸送中の損傷発生要因としての振動・衝撃　　　　　　　　　　　北澤　裕明

1. はじめに ……………………………………………………………………………… 265
2. 損傷発生要因としての振動・衝撃 ……………………………………………… 265
3. 損傷対策のための理論 …………………………………………………………… 266
4. 振動・衝撃の計測と再現 ………………………………………………………… 267
5. 損傷防止のための包装設計 ……………………………………………………… 268
6. 損傷と生理的変化との関わり …………………………………………………… 269
7. おわりに …………………………………………………………………………… 270

第6節　青果物輸送効率化，超軽量発泡パレットの開発　　　　　　　　　土井　謙児

1. 背景と研究の目的 ………………………………………………………………… 271
2. 基本仕様 …………………………………………………………………………… 271
3. 利　点 ……………………………………………………………………………… 272
4. 取り扱い上の留意点 ……………………………………………………………… 272
5. 積み降ろし作業の効率化 ………………………………………………………… 273
6. 真空予冷装置への適合性 ………………………………………………………… 274
7. 使用後の処理 ……………………………………………………………………… 274
8. パレット輸送の他の方式との比較 ……………………………………………… 275
9. 普及に向けた可能性と課題 ……………………………………………………… 275

第7節　揮発性成分プロファイリングを用いた農産物の品質・生理状態の非破壊診断

　　　　　　　　　　　　　　　　　　　　　　　　　　　　　　　　　田中　福代

1. はじめに …………………………………………………………………………… 277
2. 揮発性成分のプロファイリング ………………………………………………… 277
3. オンサイト揮発性バイオマーカーモニタリングの展望 ……………………… 283
4. おわりに …………………………………………………………………………… 284

第8節　可食性コーティング（Edible Coating）　　　　　　　　　　　　野村　啓一

1. 可食性コーティング（Edible Coating）とは ………………………………… 285
2. フィルム素材の特性 ……………………………………………………………… 286
3. 可食性コーティングの問題点 …………………………………………………… 287
4. 今後の展望 ………………………………………………………………………… 288

第8章　国内流通および輸出拡大への取り組み事例

第1節　青果物国内流通・貯蔵技術
第1項　リンゴ生産地におけるCA貯蔵による品質保持と出荷調整　　　葛西　智

1. はじめに …………………………………………………………………………… 291
2. 青森県のリンゴ生産量と品種構成 ……………………………………………… 291
3. 有袋栽培と無袋栽培 ……………………………………………………………… 292

4. 貯蔵管理 ………………………………………………………………… 293
　　5. 青森県産リンゴの周年供給体制 …………………………………… 295
　　6. 青森県産リンゴの課題と展望 ……………………………………… 296
　第2項　亜熱帯特産農産物による市場開発　　　　　　　　広瀬　直人
　　1. 県外出荷に対応した農産物の鮮度保持 …………………………… 299
　　2. 亜熱帯の特産野菜「島ヤサイ」 …………………………………… 300
　　3. 亜熱帯の特産果実 …………………………………………………… 301
　第3項　パーシャルシール包装による地域農産物の鮮度保持技術　　宮﨑　清宏
　　1. 高知県における鮮度保持の必要性 ………………………………… 305
　　2. ニラ用パーシャルシール包装の開発 ……………………………… 305
　　3. パーシャルシール包装の対応品目の拡大 ………………………… 308
　　4. パーシャルシール包装の特徴と普及状況 ………………………… 310

　第2節　青果物輸出の取り組み
　第1項　青果物輸出に向けたMA包装の活用　　　　　　　溝添　孝陽
　　1. はじめに …………………………………………………………… 313
　　2. 青果物の呼吸と呼吸抑制方法 ……………………………………… 313
　　3. 青果物用鮮度保持フィルムP-プラスについて ………………… 316
　　4. 輸出に適したフィルム「結露防止フィルム」の開発 ………… 318
　　5. サツマイモの鮮度保持について …………………………………… 319
　　6. ブドウの鮮度保持について ………………………………………… 319
　　7. おわりに …………………………………………………………… 320
　第2項　鮮度保持装置付き海上輸送用リーファーコンテナ実証試験　　中川　純一
　　1. 目　的 ……………………………………………………………… 323
　　2. 輸送結果① ………………………………………………………… 325
　　3. 輸送結果② ………………………………………………………… 326
　　4. 輸送結果③ ………………………………………………………… 326
　　5. 結　論 ……………………………………………………………… 327
　第3項　海上輸送によるモモとブドウのシンガポール輸出
　　　　　　　　　　　　中野　龍平／深松　陽介／福田　文夫／河井　崇
　　1. シンガポールに向けた輸出促進と海上輸送の必要性 …………… 329
　　2. モモのシンガポール海上輸出 ……………………………………… 329
　　3. ブドウのシンガポール海上輸出 …………………………………… 332
　　4. 混載によるシンガポール海上輸出 ………………………………… 334
　第4項　輸出実態に合わせたニホンナシ果実の鮮度保持方法　　戸谷　智明／塩田　あづさ
　　1. はじめに …………………………………………………………… 337
　　2. 1-MCP剤とは？ …………………………………………………… 337
　　3. 「豊水」果実に対する1-MCP処理の効果 ……………………… 338
　　4. 輸出に適した「豊水」果実の熟度と1-MCP処理の効果 ……… 339
　　5. 輸出実態に合わせた条件下で貯蔵した「豊水」の果実品質 … 340
　　6. 輸出に対応した「幸水」,「あきづき」および「王秋」果実の鮮度保持方法 ……… 341

第5項　水分補給によるブドウ'シャインマスカット'の長期貯蔵技術　　　　米野　智弥

1. はじめに ……………………………………………………………………………… 345
2. 材料および方法 ……………………………………………………………………… 345
3. 結　果 ………………………………………………………………………………… 346
4. まとめ ………………………………………………………………………………… 350

第3節　ブロックチェーンの自治体での活用事例
　　　　―綾町における有機農産品の安全性を消費者にアピールする取り組み―　　　　鈴木　淳一

1. はじめに ……………………………………………………………………………… 351
2. ブロックチェーンが求められる時代背景 ………………………………………… 351
3. インターネット化する現実世界とブロックチェーン技術 ……………………… 353
4. ブロックチェーンの特徴を活かして地方創生を支援できないか ……………… 355
5. まとめ―未来のフード・トレーサビリティを展望する― ……………………… 361

第9章　安全性確保のための認証制度　　　　泉　秀実

1. 青果物/カット青果物の微生物学的安全性 ……………………………………… 365
2. 青果物/カット青果物の衛生管理法 ……………………………………………… 365
3. GAP における衛生管理 …………………………………………………………… 367
4. HACCP における衛生管理 ……………………………………………………… 368
5. 国際的認証スキーム ………………………………………………………………… 371

※本書に記載されている会社名，製品名，サービス名は各社の登録商標または商標です。なお，必ずしも商標表示（Ⓡ，TM）
　を付記していません。

第1章

収穫後の生理

第1章　収穫後の生理

第1節　呼　吸

信州大学　濵渦　康範

1.　はじめに

　青果物は収穫後も植物体あるいはその一部分として生命活動を続けている。中でも呼吸は，青果物の生命維持に重要であるだけでなく，収穫後の様々な生理・生化学的事象に関連した物質代謝を進行させるうえでも極めて重要な営みである。呼吸が活発であるとエネルギー通貨ともいわれるアデノシン三リン酸（ATP；adenosine triphosphate）の産生も多く，生体成分の生合成や分解といった生化学反応や物質代謝が円滑に進行する。物質代謝が盛んであることは品質に関係する含有成分の変化も大きいことを意味する。このことから，収穫後の青果物の呼吸を制御することは，品質変化を制御するための基本的な手段と考えられている。一方，青果物の各品目は植物としての部位やステージも異なるさまざまな種類の生命体であり，呼吸活性の程度も大きく異なっている。このような，青果物自体にもともと備わった呼吸活性に関わる要因（内的要因）に加えて，呼吸活性に影響を及ぼすさまざまな外的要因（環境因子や傷害など）が存在する。青果物の品質制御のためには，青果物の呼吸に関わる内的要因の把握と外的要因の適切な制御による呼吸活性の調節が重要である。

　本稿では，まず物質代謝と呼吸の関係を細胞レベルの生化学的視点で述べ，次に青果物の呼吸特性（内的要因）および呼吸に及ぼす環境因子（外的要因）の影響を概説する。

2.　物質代謝と呼吸

2.1　一次代謝と二次代謝

　代謝のうち，植物個体の維持・生殖や細胞成長など，生物界に普遍的で生命維持に必須な代謝を一次代謝といい，これには呼吸代謝や，糖，タンパク質，脂質，核酸などの生成に関わる代謝が含まれる。一方，植物種固有の代謝で自然界における生存戦略に有利となるように発達してきた代謝を二次代謝といい，代表的なものとして，ポリフェノール，グルコシノレート，アルカロイドなどの生合成に関わる代謝が挙げられる。

　一次代謝と二次代謝は密接に関わっており，一次代謝における中間生成物から二次代謝産物が生合成されるといった代謝経路上の関連性に加え，呼吸代謝による ATP 合成が二次代謝を円滑に進行させるという点でも大きな関わりがある（**図1**）。即ち，呼吸代謝の活性レベルは二次代謝にも大きく影響し，呼吸を抑制すれば一般に二次代謝も抑制される。二次代謝産物は青果物の品目固有の特徴的な品質要素となる場合が多いことから，呼吸の適切な制御が品質の形

-3-

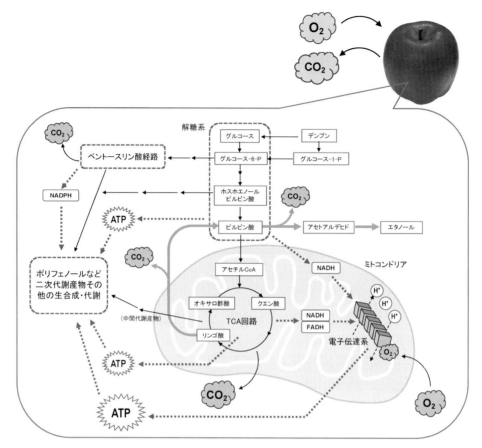

図1 青果物における細胞呼吸と物質代謝の概略
呼吸代謝（一次代謝）と二次代謝は中間代謝物の流れとしての物質代謝上の関係のみならず，呼吸で確保した化学エネルギー（ATP）を代謝促進に利用する点でも重要な関わりをもつ。このため，青果物における呼吸の制御は品質変化の制御につながる。

成や保全に重要となる。

2.2 呼吸の種類

呼吸には好気呼吸（有酸素呼吸），嫌気呼吸およびペントースリン酸経路の3つがあり，通常「呼吸」といえば好気呼吸を指す。植物の嫌気呼吸（無酸素呼吸）は一般にはアルコール発酵と同義である。好気呼吸と嫌気呼吸はATP産生を伴うが，ペントースリン酸経路はATP産生を伴わないグルコース代謝経路である。

2.2.1 好気呼吸

呼吸は同化によって得られた高エネルギー有機化合物（糖質など）から利用可能な形でエネルギーを取り出す一連の代謝である。有機化合物の中に貯えられているエネルギーは呼吸によってATPの高エネルギーリン酸結合に転換され，生命活動におけるさまざまな代謝反応に使用できるようになる。好気呼吸はこのエネルギーの取り出し（ATP合成）に酸素の電気陰性度を

使用する仕組みであり，酸素の存在下で非常に効率良く ATP 合成を進行させることができる。

好気呼吸によってグルコース（1 mol）が完全に酸化された場合，反応全体は一般に次の式(1)で表される。

$$C_6H_{12}O_6 + 6O_2 \rightarrow 6CO_2 + 6H_2O + \text{free energy} \ (\Delta G = -2870 \text{ kJ/mol glucose}) \quad (1)$$

この中で，2870 kJ は 1 mol のグルコースが完全燃焼した際に得られる自由エネルギーであり，一部が ATP の高エネルギーリン酸結合に転換され，残りは呼吸熱として放出される。

好気呼吸代謝は，①細胞質基質に局在する解糖系，②ミトコンドリアのマトリックスに局在するトリカルボン酸（TCA）回路，③ミトコンドリア内膜に存在する電子伝達系および ATP 合成酵素による ATP 生成に分けられる。ATP 合成には，ATP 合成酵素によらずに，基質分子から ADP へリン酸基が転移する「基質レベルのリン酸化」があり，解糖系や TCA 回路でこの反応による ATP 生成がおこるが，最も重要なのは，③のミトコンドリア内膜を介した「酸化的リン酸化」による ATP 合成である。酸化的リン酸化は好気呼吸代謝における ATP 合成の中心的反応であり，有機化合物が解糖系や TCA 回路で代謝される際に，ニコチンアミドアデニンジヌクレオチド（NAD；nicotinamide adenine dinucleotide）やフラビンアデニンジヌクレオチド（FAD；flavin adenine dinucleotide）に還元力を蓄え，この還元力を，内膜の電子伝達系でおこる酸化還元反応（電子伝達）に利用する。酸素は電子伝達系において最終的に電子を受け取る働きをし，電子伝達が進行するために必須の要素である。この電子伝達の過程で，マトリックス側から膜間腔へプロトン（H^+）が輸送され，内膜の内外でプロトンの濃度勾配（電気化学ポテンシャル勾配）が生じる。プロトンの濃度勾配は，膜間腔のプロトンが内膜に存在する ATP 合成酵素を介してマトリックス内に流入するエネルギーとなり，この流入に連動して ATP が合成される。このように，酸化的リン酸化では，還元力から電気化学ポテンシャルに変換されたエネルギーを利用して酵素的に ATP を合成する。ATP を 1 mol 合成するには，3 mol のプロトンの流入が必要であることがわかっている[1]。一方，グルコース 1 mol が呼吸によって代謝される際に膜間腔に輸送されるプロトンの数は，解糖系と TCA 回路で生じた NADH および FADH のモル数と，電子伝達系における複合体を介した電子の受け渡しに伴うプロトン輸送の数に基づいて考えられる。

2.2.1.1　解糖系

解糖系は細胞質基質でおこる一連の酵素反応であり，グルコースやフルクトースなどの糖質をリン酸化して転換・分解し，ピルビン酸を生成する。デンプンのような貯蔵多糖も加水分解酵素や加リン酸分解酵素の働きで分解されて解糖系に入る。1 mol のグルコースは解糖系の代謝過程で三炭糖リン酸を経て 2 mol のピルビン酸に転換される。この過程において，前段階で 2 mol の ATP が消費されるが，後過程で 4 mol の ATP が基質レベルのリン酸化によって生成されることから，ATP は差し引き 2 mol 合成される。また，NAD の還元により 2 mol の NADH が生成され，好気的条件下ではミトコンドリア内膜の電子伝達系で ATP 合成に利用される。解糖系の代謝は無酸素条件下でも進行するが，このような嫌気条件下では生じたピルビン酸はアルコール発酵に使用される。

2.2.1.2 TCA 回路

解糖系で生じたピルビン酸は，好気的条件下ではミトコンドリアへ輸送され，外膜を通過した後，内膜の輸送体によって選択的にマトリックスに誘導される。ここでピルビン酸は酸化的に脱炭酸され，補酵素 A（CoA）と結合してアセチル CoA を生じ，さらにオキサロ酢酸と反応してクエン酸を生じる。その後クエン酸は一連の反応を経てオキサロ酢酸となり，再びアセチル CoA と結合できる状態となることから回路と称される。この一連の反応過程においては，ピルビン酸 1 mol につき，基質レベルのリン酸化による ATP が 1 mol，NADH が 4 mol，FADH が 1 mol 生成され，また CO_2 が 3 mol 排出される（グルコース 1 mol あたりではこれらの 2 倍となる）。NADH と FADH は内膜の電子伝達系において ATP 生成に利用される。

TCA 回路の中間代謝産物は，さまざまな生体成分の生合成経路における前駆体として共有され，また逆に他の経路で生じた化合物が TCA 回路に入ることもある。例えば，アミノ酸はアミノ基転移反応によって α-ケト酸となることができ，グルタミン酸，アスパラギン酸，アラニンはそれぞれ 2-オキソグルタル酸，オキサロ酢酸，ピルビン酸として TCA 回路で消費されることがある。

2.2.1.3 電子伝達系と酸化的リン酸化

植物を含む真核生物のミトコンドリアは内膜に 4 種類のタンパク質複合体（Ⅰ～Ⅳ）をもち，その他のいくつかの成分とともに電子伝達系を構成している。細胞質やマトリックスで生じたNADH および FADH は内膜の複合体と反応し，電子伝達系内での電子の受け渡しの過程で，膜間腔へのプロトン輸送が行われる。既述のように，このマトリックス側からのプロトン輸送によって生じる内膜内外のプロトン濃度勾配が駆動力となって，ATP 合成酵素による ATP生成が進行する。膜間腔へのプロトン輸送は，具体的には次の反応によっている。

細胞質基質の解糖系で生じた NADH は，ミトコンドリア外膜を通過して膜間腔側から内膜へ到達し，膜間領域に面した NADH 脱水素酵素によって酸化され，その際，電子はユビキノン（UQ）に伝えられる。さらにこの電子は UQ →複合体Ⅲ→複合体Ⅳを経て酸素に渡され，この過程で NADH 1 mol につき 6 mol のプロトンがマトリックスから膜間腔に輸送される。

一方，TCA 回路によりマトリックス側で生じた NADH は複合体Ⅰ（NADH 脱水素酵素）での酸化に伴い，電子が複合体Ⅰ→ UQ →複合体Ⅲ→複合体Ⅳを経て酸素に渡され，この過程では NADH 1 mol につき 10 mol のプロトンがマトリックスから膜間腔に輸送される。また，TCA 回路で生じた FADH は複合体Ⅱ→ UQ →複合体Ⅲ→複合体Ⅳを経て酸素に渡され，この過程で FADH 1 mol につき 6 mol のプロトンがマトリックスから膜間腔に輸送される。

2.2.1.4 好気呼吸代謝でグルコースから生じる ATP とエネルギー収支

グルコース 1 mol の好気呼吸代謝によって膜間腔にくみ出されるプロトンは，解糖系からのNADH（2 mol）に由来する 12 mol と TCA 回路の NADH（2 mol）に由来する 80 mol およびFADH（2 mol）に由来する 12 mol を合わせて 104 mol となる。ATP を 1 mol 合成するためには 3 mol のプロトン流入が必要であることから，輸送に使用されるプロトンを考慮しなければ，この内膜でおこる酸化的リン酸化で最大 34 mol の ATP が合成される。これに解糖系とTCA 回路で生じる基質レベルのリン酸化による ATP 4 mol を合わせると，最大 38 mol のATP が合成されることになる。ただし，近年は輸送に必要となるプロトンを考慮して ATP

1 mol の合成にプロトン 4 mol が必要であり，グルコース 1 mol から好気呼吸で得られる ATP は最大 30 mol であるとする場合も多い[4]。

ATP に確保されるエネルギーを 1 mol あたり 30.5 kJ（7.3 kcal）であるとすると，グルコース 1 mol の呼吸代謝で ATP に確保されるエネルギーは，1159 kJ（最大 38 mol ATP の場合）または 915 kJ（最大 30 mol ATP とした場合）となり，これは 1 mol のグルコースの燃焼熱 2870 kJ（686 kcal）の 40% または 32% に相当する。いずれにせよ，30% 以上のエネルギーを利用可能な形に転換できる生物の効率の良さは古くから注目される事象である。その一方，ATP の形で化学エネルギーに転換されなかったエネルギーは呼吸熱として放出される。さらに，ATP は常に代謝に使用され，代謝の過程においてエネルギーは常時熱として失われることから，実際には，ほとんどのエネルギーが最終的に熱として失われる。この発熱体としての青果物の側面は，品質保持に関連した取り扱いを考えるうえで重要な観点である。

2.2.2　嫌気呼吸（エタノール発酵）

酸素が利用できない嫌気的条件下でも解糖系は進行するが，生じたピルビン酸は，細胞質基質においてピルビン酸脱炭酸酵素によりアセトアルデヒドおよび CO_2 を生じ，アセトアルデヒドはさらにアルコール脱水素酵素の作用でエチルアルコールとなる。この呼吸代謝は嫌気条件下において ATP を獲得して生命を維持するものであるが，好気呼吸と比べて効率は非常に悪い。

グルコース 1 mol がアルコール発酵により代謝される場合の一般式は次のようになる。

$$C_6H_{12}O_6 \rightarrow 2C_2H_5OH + 2CO_2 + \text{free energy} \quad (\Delta G = -234 \text{ kJ/mol glucose}) \tag{2}$$

このとき生成される ATP は解糖系の段階での差し引き 2 mol のみであるから，化学エネルギーとして確保されるエネルギーは 61 kJ であり，これはアルコール発酵によって発生する総熱量の 26% である。好気呼吸と比べた ATP 獲得効率は 1/15〜1/19 と低いが，その一方で，単位時間あたりの ATP 合成速度は速い利点がある[3][4]。

嫌気呼吸代謝は，好気的環境下に置かれた果実であっても成熟中に活性が高まることが知られており，この過程で生成されるアセトアルデヒドやエタノールは，渋味成分の減少や香気成分の形成など，成熟中の品質形成と深い関わりがある。しかし，品質保持の観点からみれば，急速な糖質の消耗に加え，アセトアルデヒドおよびエタノールの蓄積が生理障害を引き起こすことから，嫌気呼吸代謝の誘導は一般に有害であり，青果物の取り扱い時に注意が必要である。

2.2.3　ペントースリン酸経路

ペントースリン酸経路は ATP 産生を伴わないが，この経路の活性は成長中の組織など，活発に生合成が行われる組織において高いことから，その役割は，さまざまな種類の中間代謝産物を多様な糖の生産に供給し，脂質の生合成や窒素同化に還元力（NADPH）を供給することにあると考えられている[1]。ペントースリン酸経路における重要な中間生成物としてリブロース-5-リン酸やエリスロース-4-リン酸がある。リブロース-5-リン酸は核酸生成の出発点であり，一方，エリスロース-4-リン酸はシキミ酸経路に入ってフェニルアラニンやチロシンな

青果物の鮮度評価・保持技術

どの芳香族アミノ酸の生成に利用され，これらのアミノ酸から二次代謝産物であるポリフェノールやリグニンなどが生合成される。

2.3 呼吸量および呼吸商

呼吸は酸素の消費や二酸化炭素の排出を伴うことから，酸素吸収量と二酸化炭素排出量を測定し，呼吸代謝の活性を呼吸量として表すことが行われてきた。青果物の呼吸活性の高さは生命活動全体の活発度（生理活性の高さ）を反映している。呼吸量の数値化は青果物の生理活性のレベルを把握し，品質変化の速さや発生する呼吸熱の推定，さらには包装による二酸化炭素蓄積の危険性を予測できるなどの利点がある。

酸素吸収量と二酸化炭素排出量の体積比（＝モル数比）（CO_2/O_2）は呼吸商（RQ；respiratory quotient）といわれる。RQ は呼吸の状態を把握するために使用されることがあり，以下のように，主に呼吸基質として消費されている物質を推測する[5]。

RQ＝1 の場合：糖質（グルコースとして）が主な基質となっている。
RQ＞1 の場合：有機酸（リンゴ酸として）が主な基質となっている。

$$C_4H_6O_5 + 3O_2 \rightarrow 4CO_2 + 3H_2O（RQ = 1.33）$$

ただし，極端に RQ が高くなる場合は嫌気呼吸（アルコール発酵）が始まっている。

$$C_6H_{12}O_6 \rightarrow 2C_2H_5OH + 2CO_2（RQ = \infty）$$

RQ＜1 の場合：脂肪（ステアリン酸として）が主な基質となっている。

$$C_{18}H_{36}O_2 + 26O_2 \rightarrow 18CO_2 + 18H_2O（RQ = 0.7）$$

呼吸代謝は複合的なものであり，特定の基質のみを消費するものではないため，RQ 値はあくまで参考程度とすべきものである。しかし，青果物の取り扱いの際に，嫌気呼吸を誘発していないかなどの確認には有用と考えられる。

3. 青果物の呼吸特性（呼吸に及ぼす内的要因）

青果物は組織構造や収穫後の生理活性が品目によってさまざまであり，中には追熟性の果実のように非常に大きな生理・生化学的変化を示すものもある。したがって，呼吸量や呼吸の質，およびそれらの変化も青果物ごとに異なっている。

3.1 呼吸量とその変化

一般的に，呼吸量が多い青果物ほど貯蔵寿命は短い。これは呼吸量のレベルが，硬さや香味などさまざまな品質要素に直接関係する代謝速度を決定づけているからである。ブロッコリー，レタス，生鮮豆類，ホウレンソウやトウモロコシのような呼吸量の多い品目は，リンゴ，クランベリー，ライム，タマネギやジャガイモのような呼吸量が少ない品目よりも貯蔵寿命が短い[6]（**表 1**）。

呼吸量は青果物の組織構造や発達段階・成熟度などにより異なっている。組織構造の要因の

－8－

表 1　青果物の呼吸量レベル[6]

分　類	5℃における呼吸量 (mg CO_2 kg⁻¹ h⁻¹)	品　目
非常に低い	＜5	種実類，デーツ
低い	5～10	リンゴ，カンキツ，ブドウ，キウイフルーツ，タマネギ，ジャガイモ
中程度	10～20	アンズ，バナナ，サクランボ，モモ，ネクタリン，セイヨウナシ，プラム，イチジク，キャベツ，ニンジン，レタス，トマト，ピーマン
高い	20～40	イチゴ，ブラックベリー，ラズベリー，アボカド，カリフラワー，ライマビーン
非常に高い	40～60	アーティチョーク，サヤインゲン，メキャベツ
極めて高い	＞60	アスパラガス，ブロッコリー，サヤエンドウ，キノコ，ホウレンソウ，トウモロコシ

1つに表面積/体積比があり，葉菜類のように，この比が大きいものは生理活性が高く，呼吸量も多い[7]。また，発達段階や成熟度でみれば，種実類や塊茎・塊根といった貯蔵組織は呼吸量が少なく，アスパラガスやブロッコリーなど，栄養成長の盛んな組織や花芽分裂組織などは呼吸量が多い。また，植物器官が未成熟なうちは呼吸量が多く，成熟するにつれて減少する。すなわち，一般に未成熟な植物体として収穫する野菜類や，未熟果実類など，活発な変化の途上にある品目は呼吸量が多い。一方，成熟した果実，休眠芽や貯蔵器官の呼吸量は比較的少ない。

収穫後の呼吸量の変化については，クライマクテリック型に分類される果実類のように一時的に上昇するものや，貯蔵期間を通じて漸増する果実もあるが，一般には減少する。その低下速度は，貯蔵器官や非クライマクテリック型果実では遅いが，栄養成長の盛んな組織や未熟果実では速い。この急速な呼吸量の低下の理由は，これらの組織では代謝が活発である一方で呼吸基質の蓄積量は少ないため，呼吸基質の欠乏が速いからであると考えられる。

3.2　果実の呼吸型

果実は，実用上の観点から，収穫後の呼吸量の変化パターンに基づき，クライマクテリック型(一時上昇型)と非クライマクテリック型(ノンクライマクテリック型，漸減型)に分類される。代表的な分類例を Bouzayen ら[8]に基づき表2に示した。クライマクテリック型果実の呼吸パターンは，成熟に伴って顕著な呼吸上昇を示した後に再び減少するというもので，通常4つの特徴的な局面に分けられる。すなわち，(1)クライマクテリック前の最小期(preclimacteric minimum)，(2)クライマクテリック上昇期(climacteric rise)，(3)クライマクテリックピーク(climacteric maximum)，(4)クライマクテリック後の減少期(postclimacteric decline)である[6]。リンゴ，セイヨウナシ，アボカド，バナナ，マンゴー，パパイア，トマトなどは典型的なクライマクテリック型であり，カンキツ類やブドウなどは非クライマクテリック型とされる。しかし，果実によっては厳密な区別が困難であるものも多く，研究者により分類が異なっている場合も多い。チュウゴクナシやニホンナシ[9]，メロン[10]などは品種により呼吸型が異なることが知られ，カキ，イチゴ，モモ，パイナップルなど，成熟末期にかけて呼吸量が上昇す

青果物の鮮度評価・保持技術

表2 呼吸型による果実の分類[8]

クライマクテリック型	非クライマクテリック型
アボカド(*Persea americana* Mill.)	イチゴ(*Fragaria* sp.)
アンズ(*Prunus armeniaca* L.)	オレンジ(*Citrus sinensis* Osbeck)
イチジク(*Ficus carica* L.)	オリーブ(*Olea europaea* L.)
カキ(*Diospyros kaki* Thunb.)	カクタスペア(*Opuntia amyclaea* Tenore)
キウイフルーツ(*Actinidia sinensis* Planch.)	カシュー(*Anacardium occidentale* L.)
グアバ(*Psidium guajava* L.)	キュウリ(*Cucumis sativus* L.)
サポジラ(*Manilkara achras* Fosb.)	グレープフルーツ(*Citrus grandis* Osbech)
サワーソップ(*Annona muricata* L.)	ザクロ(*Punica granatum* L.)
セイヨウナシ(*Pyrus communis* L.)	スイカ(*Citrullus lanatus* Mansf.)
チェリモヤ(*Annona cherimola* Mill.)	スターフルーツ(*Averrhoa carambola* L.)
トマト(*Solanum lycopersicum* L.)	タマリロ(*Cyphomandra betacea* Sendtu)
ドリアン(*Durio zibethinus* Murr.)	チェリー(*Prunus avium* L.)
パッションフルーツ(*Passiflora edulis* Sims.)	ニホンナシ(*Pyrus serotina* Rehder)
バナナ(*Musa sapientum* L.)	パイナップル(*Ananas comosus* Merr.)
パパイア(*Carica papaya* L.)	ピーマン(*Capsicum annuum* L.)
フェイジョア(*Feijoa sellowiana* Berg.)	ブドウ(*Vitis vinifera* L.)
ブドウホオズキ(*Physalis peruviana* L.)	マンゴスチン(*Garcinia mangostana* L.)
プラム(*Prunus domestica* L.)	マンダリン(*Citrus reticulata* Blanco)
マンゴー(*Mangifera indica* L.)	ライチ(*Litchi sinensis* Sonn.)
メロン(*Cucumis melo* L.)	ライム(*Citrus aurantifolia* Swingle)
モモ(*Prunus persica* Batsch)	ラズベリー(*Rubus idaeus* L.)
リンゴ(*Malus domestica* Borkh.)	ラングプールライム(*Citrus limonia* Burm.)
	ランブータン(*Nephelium lappaceum* L.)

るものは,「末期上昇型」として別に分類する提案もなされている。カキにおいては,未熟期にはクライマクテリック型の呼吸を示し,成熟期には末期上昇型の呼吸を示すなど,熟度段階による相違もみとめられている[11]。イチジク,スイカ,ラズベリーやブラックベリーなども明確な分類は困難と思われる。

3.3 呼吸の質的変化

果実は甘味成分として低分子糖(グルコース,フルクトース,スクロースなど)を含み,一方,酸味成分として有機酸(リンゴ酸,クエン酸など)を含む。これらの成分は主として液胞に蓄積されているが,トランスポーターを通じて輸送され,呼吸基質として消費される。収穫後の果実においては糖よりも有機酸の方が早く代謝され,糖酸比が変化する。

一般に果実の成熟期には,ピルビン酸脱炭酸酵素およびアルコール脱水素酵素の活性が高まり,嫌気呼吸代謝(アルコール発酵)が誘導される[12]。クライマクテリック型果実においては,蓄積したリンゴ酸を脱炭酸してピルビン酸へ転換するリンゴ酸酵素の活性も高まり,これらの経路による二酸化炭素排出も亢進する(図1)。このように,果実は成熟や追熟の過程で呼吸に関連する代謝経路の転換や,消費される呼吸基質のバランスが変化し,一般に呼吸商(RQ)は1.0よりも高くなる。

収穫後に老化が急速に進行する野菜では,呼吸基質としての糖が消耗されると,タンパク質の分解により生じたアミノ酸も呼吸基質として使用される。すなわち,老化が進行した段階では,アミノ酸がアミノ基転移反応によりα-ケト酸に転換され,TCA回路に入り,呼吸代謝に利用される。

第1章　収穫後の生理

4. 呼吸に及ぼす外的要因

　呼吸はさまざまな環境因子によって影響される。温度，環境ガス組成および損傷などの生体ストレスは特に重要であり，光照射，化学物質，乾燥，成長調節物質，病原菌などからのストレスも呼吸量に影響する。

4.1 温　度

　温度は呼吸量のみならず収穫後のさまざまな代謝に影響を及ぼす重要な要因である。概ね20～30℃の生活温度帯では，多くの青果物において，温度が高いほど呼吸量は多くなる。その影響の程度は，一般にQ_{10}（温度係数）で表される。Q_{10}は10℃の上昇差における呼吸量の比であり，その値は，低い温度域の方が高い温度域よりも高い。いろいろな温度範囲におけるQ_{10}の平均的値は，表3のように示されている[6]。

　しかし，青果物の中には10℃付近以下の温度で生理障害（低温障害）を引き起こすものが多く，一方，35～40℃のような高温域では高温障害を受ける。低温障害が発生すると異常な呼吸増大がみとめられることがあり，特に低温から常温へ移した後に顕著となることが，キュウリ，ネーブルオレンジ，レモン，ナツミカン，バナナやピーマンなどで認められている[13]。また，呼吸のクライマクテリックは生理障害が誘発される低温や高温域ではみられなくなる。このような，正常な呼吸代謝が乱される状況下ではQ_{10}値は適用できないため，注意が必要である。

　なお，低温障害でみとめられる異常呼吸は早期のうちに障害の出ない温度域へ移すと通常の呼吸に回復するが，障害が発生する温度にある一定期間以上さらされると呼吸が回復しない[13]。このことは，障害が軽微なうちはストレス対応にかかわる特殊な代謝による修復が可能であることを示しており，呼吸量のモニターはこのような代謝の変化を知る手がかりとなる。

4.2 環境ガス濃度

4.2.1 酸素および二酸化炭素濃度

　好気呼吸は酸化的リン酸化に酸素を使用するため，適切な酸素濃度の維持が必要である。すなわち，環境の酸素濃度が低くなると呼吸量は低くなるが，ある限界点を超えると嫌気呼吸にシフトし，急激な糖質の消耗が始まる（パスツール効果）[14]。どの酸素レベルで好気呼吸から嫌気呼吸の誘発にシフトするか，即ち，低酸素限界（LOL；lower oxygen limit）あるいは発酵誘導点（FIP；fermentation induction point）と呼ばれる酸素濃度は，青果物によって異なっており[12]，また，同一品目の貯蔵期間中にも変化する[14]。多くの青果物において，環境の酸素濃度を2～3％に調節すると，保存に好適な呼吸量の低減と代謝の抑制が可能となる。品目によっては1％レベル以下の酸素濃度も有効な場合がある。ただし，これらの低酸素環境下では，環境温度も同時に適切に低下させる必要がある。環境温度が高いと代謝に必要なATPの需要も

表3　いろいろな温度範囲におけるQ_{10}平均的値

温　度	Q_{10}
0～10℃	2.5～4.0
10～20℃	2.0～2.5
20～30℃	1.5～2.0
30～40℃	1.0～1.5

－ 11 －

大きく，好気呼吸で対応できないと嫌気呼吸が誘発される。嫌気呼吸が過剰になるとアセトアルデヒドやエタノールなど有害な代謝物の蓄積がはじまり，生理障害が発生するために注意が必要である。一方，高すぎる酸素濃度下においてもストレスに起因すると思われるアルコール代謝が誘導されることが知られており，イチゴでは高酸素（40〜100％）下でアセトアルデヒド，エタノールや酢酸エチルの増大が示されている[15]。

二酸化炭素濃度も呼吸量に影響し，二酸化炭素濃度が高い環境では好気呼吸が抑制される。これは，酸化的リン酸化を含む好気呼吸代謝に関わるさまざまな酵素の活性や生合成が高二酸化炭素により抑制されるためである[14]。しかし，過度の高二酸化炭素濃度下ではやはり生理障害が誘発されるために注意が必要である。高二酸化炭素による生理障害は，TCA回路上のコハク酸脱水素酵素の阻害によるコハク酸の蓄積，ならびにアルコール発酵によるアセトアルデヒドやエタノールの蓄積に起因するとされる。二酸化炭素濃度に対する耐性は青果物ごとに異なっている。なお，渋柿の脱渋においては，高濃度二酸化炭素の短期間処理によって嫌気呼吸（アルコール発酵）を誘導し，渋味成分であるプロアントシアニジンポリマーをアセトアルデヒドと反応させることによって不溶化させ，渋味を除去している。

酸素濃度と二酸化炭素濃度の影響はそれぞれ独立しているため，呼吸量低減のための環境ガス調節では，低酸素と高二酸化炭素を組み合わせた条件が使用され，MA（modified atmosphere）貯蔵やCA（controlled atmosphere）貯蔵の技術につながっている。

4.2.2　エチレンガス

エチレンガスはクライマクテリック果実が自ら作り出す植物ホルモンであるが，環境中のエチレンも代謝に影響を及ぼし，内生エチレンの生合成とクライマクテリックを誘導し，呼吸の増大と成熟の促進をもたらす。また，エチレンガスは非クライマクテリック型果実の成熟現象全般を誘導するものではないとされているが，ブドウにおける酸の減少[16]，カンキツにおけるクロロフィルの分解など部分的な代謝への影響や，エチレン濃度に応じた呼吸量の増大[17]を引き起こすことが知られている。

4.3　傷害/生体ストレス

青果物の生体が受けるストレスは軽度なものであっても呼吸に影響し，傷害など強度のストレスはエチレンの誘発とともに顕著な呼吸量の増大を引き起こす。このような傷害呼吸とその影響は，カット青果物の品質保持を考えるうえで重要である[18]。また，輸送中の振動などの物理的ストレスも呼吸量の増大や，ひどい場合は異常代謝を引き起こし，品質低下をもたらす[19]ことから，衝撃を緩和するための種々の資材が開発されている。

以上のように，青果物の呼吸は，外的要因の調節によってある程度制御することができる。呼吸の制御は青果物のエネルギー獲得と代謝速度を制御することから，結果として品質変化の調節につながるものである。

呼吸に伴う二酸化炭素排出量および酸素吸収量は，総合的な代謝の状態を反映しており，品質変化の速度や異常代謝を知る手がかりとなる。呼吸の量と質をモニターしながら品目ごとの代謝の特徴を把握したうえで，適切な資材・設備を使用した環境調節による品質制御が求められる。

文　献

1) 鈴木祥弘(三村徹郎ほか編著)：植物生理学 第2版, 化学同人, 43 58(2019).

2) T. L. Rost et al.：Plant Biology(Free Access Edition), Chapter 9 Respiration, UC Davis, CA(2015). http://www-plb.ucdavis.edu/courses/bis/1c/text/PLANTBIOLOGY1.htm

3) D. J. Hole et al.：*Plant Physiol.*, **99**, 213(1992).

4) N. Zhou et al.：*PLoS One*, **12**(3), e0173318(2017).

5) 茶珎和雄(茶珎和雄ほか編著)：園芸作物保蔵論, 建帛社, 98-113(2007).

6) M. E. Saltveit(K. C. Gross, C. Y. Wang and M. E. Saltveit eds.)：The Commercial Storage of Fruits, Vegetables, and Florist and Nursery Stocks, USDA, Agricultural Research Service, Beltsville, MD, 68-75(2016).

7) 馬場正(茶珎和雄ほか編著)：園芸作物保蔵論, 建帛社, 85-90(2007).

8) M. Bouzayen et al.：Mechanism of Fruit Ripening-Chapter 16. In：Plant Developmental Biology-Biotechnological Perspectives vol.1, Springer(2010).

9) 稲葉昭次(茶珎和雄ほか編著)：園芸作物保蔵論, 建帛社, 179-193(2007).

10) 沢村正義ほか：園学雑, **61**(1), 167(1992).

11) 楓村裕之：日食保蔵誌, **32**(2), 81(2006).

12) E. Pesis：*Postharvest Biol. Technol.*, **37**, 1, (2005).

13) 郵田卓夫：コールドチェーン研究, **6**(2), 2(1980).

14) V. Paul and R. Pandey：*J. Food Sci. Technol.*, **51**(7), 1223(2014).

15) A. L. Wszelaki and E. J. Mitcham：*Postharvest Biol. Technol.*, **20**, 125(2000).

16) C. Chervin et al.：*Plant Science*, **167**, 1301(2004).

17) G. A. Tucker(G. B. Seymour et al. eds.)：Biochemistry of fruit ripening, 1-51, Chapman & Hall, London(1993).

18) 阿部一博(茶珎和雄ほか編著)：園芸作物保蔵論, 建帛社, 345-352(2007).

19) 中村怜之輔：日食保蔵誌, **26**(1), 37(2000).

第1章 収穫後の生理

第2節 蒸 散

九州大学　田中　史彦　　九州大学　田中　良奈

1. 蒸散の機構

　青果物は収穫後も生命活動を営み，多くの生理反応において体内の水分がこの媒介となる。よって，水分の保持は生命維持に欠かすことのできない重要なものである。このため，青果物の表皮には水分の蒸発を抑えるための表皮系構造が発達しており，外側に面した細胞膜が肥厚化したクチクラ層（図1）を持つものやコルク層が発達した構造を持つものもある。これらの表皮系組織は外部からの微生物の侵入を防ぐだけではなく，青果物そのものの損傷を防ぐ役割もあわせ持つ。クチクラは角皮とも呼ばれ主に地上部の表皮細胞で発達する緻密な構造を持った薄層であり，その中に水分やガスの透過の抵抗となるろう物質を含んでいる。この層が生体内外のバリヤーの役割を果たすこととなる。クチクラ層の厚さは青果物によってさまざまであるが，開花後収穫までの日数が長い果実類で3～8 μmと比較的厚く，この日数が短い野菜類では発達も不十分であるため貯蔵性も低くなる。表皮に生長によるあるいは衝撃などによる機械的な障害が発生すると保護組織としてコルク層が形成されクチクラ層に代わるバリヤーとなることも知られている。サツマイモのキュアリング処理は堀り取ったサツマイモを適当な温湿度におくことで傷口の表皮下にコルク層を形成させ自然治癒させる手法である。

　クチクラを介して蒸散が起こることをクチクラ蒸散と呼ぶが，これにより失われる水分は非常に少なく，その95％以上がクチクラ蒸散とは別の気孔を通して行われる気孔蒸散であるといわれている。気孔は一対の孔辺細胞およびその周辺の細胞から成り，孔辺細胞間にできる孔の開度を調整することによって蒸散やガス交換を制御する（図2）。気孔の開閉はそれが晒される環境によって大きく影響を受け，例えば，収穫後の青果物であっても蒸散が進み水分が不足気味になると体内で植物ホルモンの一種であるアブシジン酸が合成され，気孔閉鎖が誘発される。この機構については，孔辺細胞にアブシジン酸が作用すると細胞膜の陰イオンチャンネルが活性化され，孔辺細胞から陰イオンが排出，これにより細胞膜の脱分極が起こることが知られている。これに対応してカリウムチャンネル

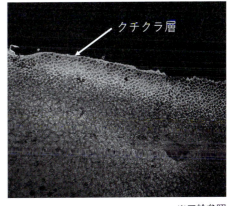

※口絵参照

図1　キュウリ果実の表面付近の構造

が開き細胞内のカリウムイオンが外部に排出されることで内部の浸透圧が低下，水分が排出されることで体積が減少し，気孔が閉鎖するといわれている。一般に，収穫後の青果物では貯蔵時間の経過とともに蒸散により水分が奪われアブシジン酸が合成される。収穫後の青果物のように水分の供給が絶たれた状態では水ストレスは回復できず，気孔開度は低いまま推移することが報告されている。貯蔵期間中，蒸散速度が減少する品目があるが，気孔開度の低下がこの原因の1つと考えられる。一方，波長が390〜

図2　ミズナ気孔の観察画像

500 nmの青色光を照射すると気孔は開くことが知られている。これは，青色光に誘発されてカリウムイオンが孔辺細胞内に蓄積することで浸透圧が上昇し，これを抑制しようと細胞内に水分が取り込まれ，体積が増加するためである。これにより気孔が開くことになる。この過程では，青色光が孔辺細胞に当たるとATPエネルギーを利用して水素イオンを輸送する細胞膜ポンプが活性化され水素イオンの細胞外への輸送が促されることとなる。これにより膜電位が過分極することでカリウムチャネルが開き孔辺細胞内にカリウムイオンが取り込まれるといわれている。孔辺細胞はこれと平衡するため水分を取り込み，体積が増加する。この他にも二酸化炭素の濃度によっても気孔は開閉し，これが高濃度では閉鎖することも知られている。このように気孔の開閉は環境要因に大きく左右されるため，青果物の鮮度保持では振動などによる表皮の機械的破壊防止と気孔をいかにして閉じさせるかが重要な課題となる。特に，葉菜類では新鮮野菜の目減りが5％程度になると萎れが目立ち始め，商品価値が下がることが懸念されるため蒸散抑制には細心の注意を払わなくてはならない。

2. 青果物の種類と蒸散

　蒸散速度は青果物の種類や品種，熟度，どの器官かなどによって大きく異なり，クチクラ層やコルク層が発達したものではそのバリヤー効果で目減りも抑えられる。つまり，幼植物の蒸

表1　青果物の蒸散特性[1]

	蒸散特性	果実	野菜
A型	温度が低くなるにつれて蒸散量が極度に低下するもの	カキ，ミカン，リンゴ，ナシ，スイカ	ジャガイモ，サツマイモ，タマネギ，カボチャ，キャベツ，ニンジン
B型	温度が低くなるにつれて蒸散量も低下するもの	ビワ，クリ，モモ，ブドウ（欧州種），スモモ，イチジク，メロン	ダイコン，カリフラワー，トマト，エンドウ
C型	温度に関係なく蒸散量がはげしく起こるもの	イチゴ，ブドウ（米国種），サクランボ	セルリー，アスパラガス，キュウリ，ホウレンソウ，マッシュルーム

散量は多いが，生長に伴い組織の充実が促され蒸散量は減る傾向にあるということである。野菜類の多くは植物的に非常に未熟の状態で収穫されるため日持ちが短くなるのはこのためである。表1に青果物の種類による蒸散特性の目安を示す[1]。イチゴやアスパラガス，ホウレンソウなど表皮の未熟な青果物では蒸散が盛んに行われ日持ち期間も短くなることが分かる。

3. 貯蔵・流通環境と蒸散

　青果物の鮮度保持に対する低温環境の有効性はよく知られているが，ナスやホウレンソウなどは低温環境下においても蒸散速度が大きく[1]，貯蔵・流通環境を低温に維持するだけでは青果物表面のツヤや張りを維持することができずに萎凋が生じてしまう。このような場合には低温のみならず，貯蔵庫内の湿度を高く維持する工夫が必要である。Paull[2]は，ほとんどの青果物の最適湿度は85％以上で，葉菜類では95％を超えるとしている。朝倉ら[3]は青果物の目減りが5％になる日数を鮮度保持の限界とするとき，相対湿度90％以上では日持ち性が向上することを報告している。このように，蒸散抑制のためには青果物の置かれる環境を低温に維持すると同時に高湿度に保たなければならない。青果物の鮮度保持には低温高湿環境が有効であるとする研究報告は多くあり，低温高湿環境において数種類の青果物の貯蔵性が飛躍的に高まることが明らかにされている。図3はイチゴ果実を温度-1，0，5℃，相対湿度75，78，87，

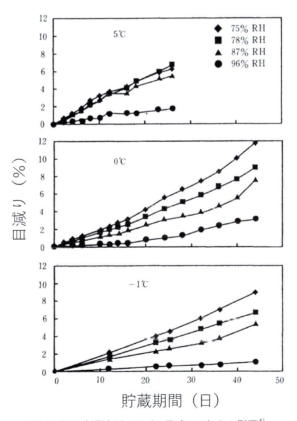

図3　温湿度環境がイチゴの目減りに与える影響[4]

96％の環境下で貯蔵した際の目減りを測定した結果[4]であるが，低温高湿であるほど日持ちが良くなることがわかる。**図4**は飽差と野菜の蒸散速度の関係を示した図[5]であり，葉菜類は果菜類や根菜類に比べ概して蒸散速度が大きいことが分かる。

　蒸散の駆動力は青果物表面の蒸気圧と雰囲気の蒸気圧の差（飽差）であり，この差を極力小さく保つことが蒸散抑制の基本となる。蒸散で失われる水は気孔直下の空間である呼吸腔に面した細胞の細胞壁表面から蒸発するが，その空間における湿度は0.98以上であるため[6]，飽和蒸気圧の0.98倍が青果物蒸発面における蒸気圧として仮定されることが多い。青果物表面からの水分の蒸散速度は単位時間，単位面積あたりの質量減少量であり，式(1)で表される。

$$\frac{dm}{dt} = kp_s(\varphi_s - \varphi)A \tag{1}$$

　ここに，m：青果物中の水の重量（kg），t：時間（s），A：蒸散面積あるいは気孔開口面積（m^2），p_s：飽和水蒸気圧（Pa），k：物質移動係数（s/m），φ：相対湿度（decimal），φ_s：青果物水分蒸発面の平衡相対湿度（decimal）。式(1)中のAは気孔開度や表皮の破壊の状況に影響を

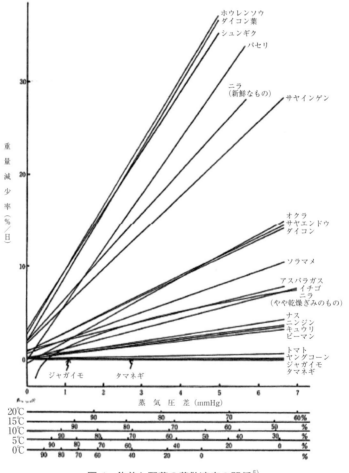

図4　飽差と野菜の蒸散速度の関係[5]

受けるため，貯蔵期間で常に一定とは限らない変数となる。物質移動係数は風速などの影響を受け，一般に，風速が大きくなると濃度境界層の厚さが薄くなり，蒸散はより速やかに行われると思われるが，樽谷ら[7]による報告ではその差はほとんど認められていない。しかしながら，長期の貯蔵ではこれが無視できなくなるため，青果物に直接風を当てることは極力避けるべきであろう。また，0℃付近の低温貯蔵では蒸散による潜熱の影響で氷結が起こる原因ともなり得るため風が青果物に直接当たらないことが好ましい。式(1)からもわかる通り，青果物の表面におけるϕ_sが0.98と高いことから，相対湿度90%以上の高湿度で貯蔵したとしても蒸

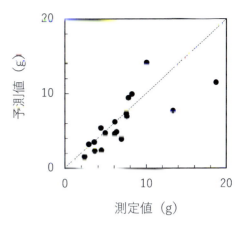

図5 ホウレンソウの蒸散量の実測値と予測値の比較[8]
温度5℃，20℃；相対湿度70%，80%，90%で1，2，3日貯蔵時のデータ

散を完全に抑制することはできない。入江ら[8]はホウレンソウを対象に気孔開口面積と飽差（$V_p = p_s(\phi_s - \phi)$）の関係，ならびに，気孔開口面積と飽差の積と質量損失量の関係を求め，飽差が大きくなると気孔開口面積が小さくなること，気孔開口面積と飽差の積と重量損失量の間には正の相関があることを見出している。つまり，ホウレンソウは蒸散が起こりやすい環境に置かれると気孔開度が小さくなること，また，蒸散速度は式(1)によってある程度予測可能であるということを示している（**図5**）。Kimら[9]はキュウリを対象に熱物質同時移動モデルを構築しているが，貯蔵期間が長くなるにつれ水ストレスにより気孔開度が小さくなることをモデル解析により明らかにしている。

4. 蒸散抑制法

4.1 包 装

　青果物の貯蔵・流通では，蒸散防止のためにプラスチックや紙などの包装資材が使用される。特にプラスチックフィルムの種類は多く，青果物の生理特性に適した資材が開発されている。**図6**はイチゴ果実を異なる3仕様のフィルム（フィルムA：ポリエチレン（PE）フィルム，厚さ20 μm；フィルムB：二軸延伸ポリスチレン（OPS）フィルム，厚さ16 μmおよび30 μm）で包装し，貯蔵温度−1，0，10.5℃の無調湿で貯蔵した結果[4]であるが，無包装に比べ包装したものの目減りが少なく，フィルムの種類や厚さによっても大きく左右されることが分かる。なお，このとき水蒸気透過率は厚さ20 μmのフィルムAが30 g/m²·24 h，厚さ16 μmおよび30 μmでそれぞれ251，130 g/m²·24 hであった。一般にPEフィルムは水蒸気透過性が低くガス透過性が高いのに対してOPSフィルムはいずれの透過性も高いことが知られている[10]。プラスチックフィルムのガス透過性についてはポリスチレンフィルム内の結晶領域と非結晶領域の存在比率の違いがその特性を決めるという報告がある[11]。フィルムに吸着・溶解したガス分子は熱的撹乱によって生じた空孔を通り道としてフィルム内部を拡散する。この撹乱は非結

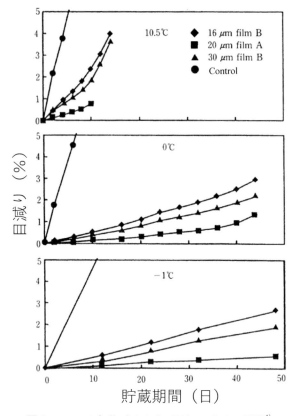

図6 フィルム包装がイチゴの目減りに与える影響[4]

晶領域のみで起こるためガス透過は高密度ポリエチレン(HDPE)に比べ低密度ポリエチレン(LDPE)の方が高くなる。また，密度が同じでも結晶の形や大きさ，配向などによって透過性に差がみられるため，各種青果物の保存に適したさまざまな延伸フィルムが開発されている。この他，包装により不適切な貯蔵環境が生じ，過湿や呼吸障害，微生物の繁殖による害が発生することを防ぐためフィルムに微小孔を空ける対策も行われている。

　青果物の輸送においては蒸散を防ぐ目的以外にも流通中の振動や衝撃による機械的障害を防ぐためさまざまな包装容器が開発されている。例えば，**図7**に示すような輸送中の擦れに起因するイチゴの黒ずみを防ぐ工夫なども施されている。図7左に示す「DXパック」ではイチゴ果実の下にスポンジシートを置き振動を軽減させている。さらに擦れによる黒ずみの発生を抑制する目的で開発されたのが図7右に示した「ゆりかーご」容器である。これは，容器の上下開口部にイチゴを包み込むための窪みをつけたフィルムを張り，イチゴを容器から浮かせ，振動や衝撃を軽減した形で輸送する包装容器である。表皮が極めて柔軟な組織を持つイチゴ果実の表皮擦れが軽減されるため損傷も少なく，蒸散も抑えられることとなる。「DXパック」ならびに「ゆりかーご」を用いた香港までのリーファーコンテナによる船舶輸送では，出荷から10日後の目減りはそれぞれ1.5%，0.8%と実用に足る成果を得ている。その他，同じ輸送試験で**図8**に示す包装形態でミズナとカキにおけるフィルムの蒸散抑制効果を調査したところ，順に，ミズナでネット包装5.9%，フィルム包装0.3%，カキで無包装0.6%，フィルム包

DXパック　　　　　　　　　　　　ゆりかーご

※口絵参照

図7　イチゴの包装形態

左：ネット，右：フィルム　　　　　　左：フィルム包装，右：無包装

※口絵参照

図8　ミズナとカキの包装形態

装0.1％の目減りが観察され，包装の効果が検証されている。

　青果物の表面にワックスを塗布することで表皮の開口部を適度にふさぎ，蒸散や呼吸，微生物の侵入，機械的損傷を抑える工夫を施すこともある。近年は生物資源由来のエッセンシャルオイルやキトサン，ナノ金属粒子を塗布することで青果物の日持ちを延ばす研究も行われている。

4.2　低温調湿冷蔵庫

　低温高湿は蒸散抑制に有効であることは周知であるが，この状態を長期安定的に維持することは難しく，低温ではわずかな温度変化が結露を生じさせる原因となる。この結露の発生は微生物の繁殖を促し，青果物の腐敗の原因となるため，青果物の低温貯蔵には温度変化を極力抑えた空調管理が不可欠であるといわれている。

実際の低温庫内での湿度は段ボール箱内でさえも経時的に変動し，相対湿度は70%を切る場合がある。これを避けるために定置型貯蔵庫ではジャケット式の低温庫が利用されている。エネルギー効率を上げ，廉価に改造したタイプ[12]やジャケット式に超音波加湿器を組み込んだ二元調湿換気式低温貯蔵庫[13][14]，さらに，冷媒を貯蔵庫の壁面内で循環させる冷熱輻射方式冷蔵庫[15]などが開発されている。また，青果物や段ボールに濡れが生じない高湿調湿装置としてナノミスト発生機なども開発されている[16]。超音波加湿器から発生するミスト粒径が294 nmであるのに対し，ナノミスト発生機では69 nmの微細ミストが作り出され[17]，青果物表面の濡れ防止効果で気孔が開かず鮮度保持に効果的であることが報告されている[18]。これらはいずれも低温高湿状態を安定的に得るための実用的技術であり，青果物の貯蔵に効果を上げている。

5. 青果物の鮮度保持の今後

　青果物の蒸散抑制についてはさまざまな方法が取られているが，その多くはプラスチック包装によるものが多く，SDGs（Sustainable Development Goals）に基づく持続可能な開発を意識した取り組みとは逆行する動きである。これに代わる包装資材の開発は急務であり，現在はコスト面で折り合いの付かない生分解性プラスチックの利用や資材使用量を極力減らした設計が求められている。また，近年，注目されている生物資源由来のコーティング処理技術や，気孔の開閉を光やホルモン物質などで制御する分子生物学的なアプローチからの蒸散抑制法の開発が期待されている。

文　献

1) 樽谷隆之：食品工誌，**10**(5)，186(1963).

2) R. E. Paull：Effect of temperature and relative humidity on fresh commodity quality, *Postharvest Biol. Tech.*, **15**, 263 (1999).

3) 朝倉利員ほか：農林水産技術研究ジャーナル，**22**(3)，21(1998).

4) 王世清ほか：農業施設，**27**(4)，207(1997).

5) 加藤千明ほか：山形大学紀要，**9**(2)，235 (1983).

6) P. V. Mahajan et al.：*J. Food Eng.*, **84**, 281 (2008).

7) 樽谷隆ほか：園芸学会発表要旨(1971).

8) 入江文子ほか：農業機械学会九州支部誌，**62**, 6(2013).

9) S.-H. Kim et al.：Abstract of CIGR VI Symposium(2019).

10) D. C. Lehmann：*Int. J. Refrigeration*, **7**(3), 186(1984).

11) 肖麗亞ほか：生物環境調節，**39**(3)，183(2001).

12) 緒方邦安ほか：青果保蔵汎論，建帛社，184 (1977).

13) 王世清ほか：農業施設，**28**(2)，77(1997).

14) 田中史彦ほか：農業施設，**29**(4)，175(1999).

15) 田中敬一ほか：冷凍，**73**(843)，58(1998).

16) H. V. Duong et al.：*Composites Sci. Techn.*, **70**(14), 2123(2010).

17) H. V. Duong et al.：*J. Fac. Agr., Kyushu Univ.*, **58**(2), 365(2013).

18) H. V. Duong et al.：*J. Food Eng.*, **106**(4), 325 (2011).

第1章 収穫後の生理

第3節 エチレンの生合成および作用機構

日本大学 上吉原 裕亮

1. エチレンとは

エチレン（Ethylene, $CH_2=CH_2$）は青果物のポストハーベストにおいて，非常に重要な要因の1つである。エチレンが果実の成熟と密接に関係する物質であるということは，広く知られている。エチレンは炭素原子が二重結合した単純なアルケンで，私たちが日常生活で使用しているプラスチック製品の原料となるポリエチレンの構成ユニットでもある。植物が生成する代謝産物の中でエチレンと同じレベルの生理活性を有する化合物は知られていないが，プロピレン（Propylene, $CH_3CH=CH_2$）は高濃度においてエチレンと同様の作用を持つ。

エチレンは植物ホルモンの1つに数えられるが，常温では気体として存在するという特性が他のホルモンとは異なっており，エチレンを生成する個体自身だけでなく他の個体にも影響を及ぼす点や，人工的に処理を行う場合には密閉空間で行う必要があるという点は，エチレン独自のものと言える。エチレンは植物の発達や形態形成を制御するとともに，多様な生物・非生物的刺激に対する防御応答として重要な役割を担っているが，本稿では主に果実成熟や青果物の鮮度保持におけるエチレンの生理作用および作用制御に焦点を当てて説明する。

2. 青果物の成熟・老化過程におけるエチレンの作用

2.1 果実成熟とエチレン

未成熟のキウイフルーツを熟したリンゴと一緒にポリ袋に入れておくと，キウイフルーツが早く熟すという現象は比較的よく知られている。これは，リンゴから放出されるエチレンがキウイフルーツの成熟を促すためである。キウイフルーツもいずれは自身でエチレンを生成し，成熟していくが，リンゴから放出されるエチレンがきっかけとなり，成熟の進行が始まる。

リンゴやキウイフルーツは成熟の開始とともに呼吸量が急激に増加し，成熟現象が進行するタイプの果実で，クライマクテリック型果実と呼ばれる。クライマクテリック型果実では，成熟に先駆けてエチレンが生成され，それがシグナルとなって呼吸量の増加や着色，軟化，香気成分の誘導など，劇的な変化が引き起こされる。クライマクテリック型果実の中でも，種によってエチレン生成量は大きく異なり，キウイフルーツやパッションフルーツのように多量のエチレンを生成する種もあれば，バナナやトマトのように比較的生成量の少ない種もある（**表1**）。しかし，エチレン生成量と成熟速度にはあまり関係性がないようである。

クライマクテリック型果実は，未成熟であっても一定の発達段階に達していれば，植物体か

- 23 -

青果物の鮮度評価・保持技術

表1　果実の呼吸型とエチレン生成量[1]

呼吸型	エチレン生成量 （nL/g/hour）	果実の種類
クライマクテリック型	＞100	アンズ，キウイフルーツ，ウメ，チュウゴクナシ，パッションフルーツ，サポジラ，チェリモヤ
	10〜100	リンゴ，スモモ，モモ，ネクタリン，セイヨウナシ，アボカド，パパイヤ，フェイジョア
	1.0〜10	バナナ，マンゴー，イチジク，カキ，メロン，トマト 一部のニホンナシ（幸水，菊水等）
非クライマクテリック型	0.1〜1.0	オリーブ，パインアップル，ブルーベリー，スイカ，マクワウリ 一部のニホンナシ（二十世紀，豊水，新高等）
	＜0.1	ブドウ，オウトウ，オレンジ類，ウンシュウミカン，レモン，イチゴ，キュウリ，ナス，カボチャ

エチレン生成量は常温下で成熟させた果実における最大値。

ら切り離した後でもエチレンが生成され，成熟が進行する。この発達段階のことを緑熟期といい，例えばトマトはこの段階以降に収穫すれば，数日間かけて追熟していくため，遠隔地への出荷の場合には樹上で完熟させずに早い段階で収穫することが多い。先述のキウイフルーツも，緑熟期以降の果実でないと，リンゴから放出されるエチレンには反応しない。キウイフルーツ，セイヨウナシ，アボカド，バナナなどは緑熟期で収穫され，流通の前後で追熟させる。クライマクテリック型果実の場合，未成熟の段階で人工的にエチレン処理を行うと，それがきっかけとなり，果実自身のエチレン生成が誘導されて成熟が進む。例えば，バナナやキウイフルーツでは，緑熟期で輸入された果実にエチレン処理を行って成熟の誘導と熟度の均一化を図っている。

　クライマクテリック型果実とは対照的に，成熟期に顕著な呼吸量の増加が見られず，ゆっくりと成熟が進行するタイプの果実を非クライマクテリック型果実と呼ぶ。このタイプの果実は，成熟にエチレンの作用を必要としない。しかし，エチレンに対しては感受性を持っており，人工的にエチレン処理を行うと，呼吸活性は増大し，クロロフィルの分解，カロテノイドの合成，離層形成，果肉の老化などが引き起こされる。カンキツ類では，催色処理としてエチレンが施用されることがある。エチレンを自ら生成するクライマクテリック型果実と混載すると，老化作用や離層形成が引き起こされるため，流通や貯蔵の差異には注意が必要となる。

2.2　ストレスエチレン

　クライマクテリック型果実におけるエチレンの成熟促進効果はよく知られているため，エチレンは果実においてのみ生成されると誤解されがちであるが，植物は全ての組織において多かれ少なかれエチレンを生成している。そうしたエチレンは植物の分化・形態形成において重要な役割を果たしている。一方，エチレンはさまざまな外的ストレス（傷害，低温，乾燥など）によっても誘導される。つまり，野菜や果実の収穫や調整作業における接触や傷害，輸送中の衝撃，貯蔵時の温度変化や病原菌の発生などによって，エチレンは生成される。例えば，トマト果実は手で触れられるだけでエチレンを生成する[2]。その反応は非常に早く，接触刺激を与え

－ 24 －

てから数十分でエチレン生成が起こり，数時間かけて徐々に減少していく。また，トマト果実に傷害処理を施すと，より多量のエチレンが長時間（12時間以上）にわたって生成される。カボチャでも同様に傷害誘導エチレンの生成が報告されており[3]，小売店のカットされたカボチャからはエチレンが生成されていると考えられる。これらのストレスによるエチレン生成は，成熟開始前のトマト果実でも見られるため，果実成熟現象とは無関係のメカニズムによるものであり，非クライマクテリック型果実や葉菜類・根菜類でも，上記の要因によりエチレン生成が起こる。ストレス応答のエチレンは，植物の環境適応のために生成されると考えられており，例えば組織が傷害を受けた際にコルク層を発達させたり，病原菌に感染した際に抵抗性を発現させる役割を担っている。しかし，エチレンは組織の老化を促進する作用を持つため，青果物の鮮度保持という観点では，過剰なエチレンの生成は望ましくない。

3. エチレンの生合成

3.1 エチレンの生合成経路

エチレンは，アミノ酸のメチオニンを前駆体とし，S-アデノシルメチオニン（SAM：S-adenosylmethionine），1-アミノシクロプロパン-1-カルボン酸（ACC；1-aminocyclopropane-1-carboxylic acid）を経て生成される（図1）[4]。メチオニンからSAMを生成する経路はあらゆる生物に共通して存在するが，SAMからACCを経てエチレンを生成する経路は植物固有のものである。なお，エチレンは細菌，菌類，コケ類，シダ類でも生成されるが，これらの生合成経路は高等植物とは異なっている。高等植物においてエチレンは，SAMをACCに変換するACC合成酵素（ACS；ACC synthase）と，ACCを酸化的に分解するACC酸化酵素（ACO；ACC oxidase）の2つの酵素タンパク質の働きによって生成される。

植物組織では多くの場合，エチレン生成量は細胞内のACC含量に依存しているため，ACSに触媒されるSAMからACCへの変換がエチレン生成の律速段階であると認識されている。実際に，エチレンを生成しない組織ではACS活性はほぼ検出されないが，ACO活性は検出されることが多い。成熟期を迎える果実では，ACSおよびACO活性が共に上昇することでエチレン生成量が急激に増加する。成熟開始のサインとして生成されたエチレン（主にACS遺伝子の発現量増加による）は，ACSおよびACOの遺伝子発現をさらに高め，エチレン生成のサイクルが加速度的に進行する。人工的にエチレン処理をした場合にも同様のことが起きる。これは，ACSおよびACO遺伝子がエチレン受容体に始まる情報伝達系の制御下に存在するために起こる。

3.2 ACC合成酵素（ACS；ACC synthase）

ACSはピリドキサルリン酸を補酵素とするアミノ基転移酵素の一種であり，二量体で機能する。ACSをコードする遺伝子は植物ゲノム上に複数あり，さまざまな刺激（接触，傷害，病原菌，冠水，植物ホルモン，追熟など）によって異なるACS遺伝子の発現が誘導される。例えば，トマトゲノムには，少なくとも12個のACS様遺伝子が存在する。このうち，SlACS2とSlACS4は果実成熟とともに誘導され，成熟に必要なエチレンの生成に大きく貢献してい

-25-

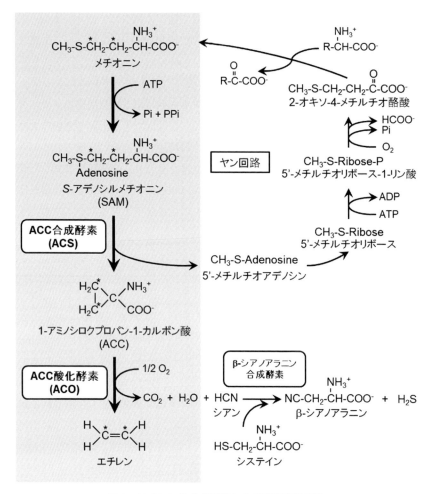

図1 エチレン生合成経路および関連代謝経路
エチレン生合成経路をグレー背景で示した。エチレンの炭素骨格となる箇所に★を付した。ACC生成の副産物である 5'-メチルチオアデノシン（5'-Methylthioadenosine）が再びメチオニンに変換される経路（ヤン回路）[4]と，ACO反応の副産物であるシアン化水素を無毒化する経路も示した。

る[5]。モモやリンゴなど他のクライマクテリック型果実においても，特定のACS遺伝子が成熟に先立ち発現誘導されることが報告されている[6)7)]。先述の接触刺激や傷害刺激を与えた際にも，特定のACS遺伝子が誘導され，エチレン生成量の増加に大きく貢献していることが明らかになっている[2]。

果実成熟時のACS遺伝子（mRNA）の発現量は比較的高く，実験的に検出するのが容易であるが，翻訳産物である酵素タンパク質としてのACSは，細胞内にごく微量しか存在しない。これは，ACSタンパク質の代謝回転速度（分解速度）が短いためである。詳細な研究が行われているトマトでは，成熟果実におけるSlACS2の半減期が約70分であることが示されている[8]。ACSはリン酸化されると安定型となり，脱リン酸されるとユビキチン-プロテアソームによる分解へと導かれる。つまり，細胞内でACC産生を担うACSタンパク質は，リン酸化型として存在している。SlACS2のリン酸化部位はC末端領域に位置し，ほとんどのACSホ

モログに高度に保存されている。そのため，リン酸化を介した代謝回転制御は高等植物において7エチレンの生成量を調節する重要な機構であると考えられている。しかし，稀にC末端領域が短く，リン酸化部位を持たないホモログも存在する。このタイプのACSがどのような制御を受けるのかは明らかになっていないが，積極的な代謝回転制御を受けない可能性が考えられる。トマトのSlACS4がこのタイプに該当し，トマト果実成熟時には異なる制御を受けるであろうSlACS2とSlACS4が共存してエチレン生成を担っていることになる。タイプの異なる2つのACSが同時に発現する意義については，今後の研究が待たれる。

3.3 ACC 酸化酵素（ACO；ACC oxidase）

ACOは，エチレン生合成の最終段階を触媒する酵素である[9][10]。Fe^{2+}とアスコルビン酸を補酵素とする。反応にはO_2を必要とし，CO_2により活性化される。ACOはO_2によってACCを酸化的に分解し，エチレンを生成するため，低O_2条件下ではエチレン生成量が低下する。また，活性阻害物質として，Co^{2+}やα-アミノイソ酪酸（α-Aminoisobutyric acid）が知られている。ACOもACSと同様に，多重遺伝子族によってコードされており，各ACO遺伝子は部位・時期特異的に誘導される。ただし，エチレン生成がほとんどない組織でも外生ACCを与えるとエチレン生成が始まることから，多くの植物組織においていずれかのACO遺伝子が恒常的に発現していると考えられる。ACSとは異なり，ACOタンパク質含量は比較的多く，成熟トマト果実では主要なタンパク質の1つであり，実験的にも容易に検出することができる。

4. エチレンの受容と情報伝達

生成されたエチレンが作用するためには，その組織がエチレンを感受する必要がある。エチレンがエチレン受容体に結合すると，複数の因子が介在する情報伝達系によってシグナルが伝えられ，果実成熟や組織の老化に関わる遺伝子の発現が誘導される。エチレン情報伝達に関わる因子の多くは，モデル植物であるシロイヌナズナにおける遺伝学的な研究によって同定され，情報伝達機構の概要が解明されてきた。近年はトマトなどの果実においても情報伝達因子の機能解析が進められている。

4.1 エチレンの受容

エチレンは，細胞内の小胞体膜上に存在するエチレン受容体ETRによって感受される[11]。植物ホルモンの受容体は細胞膜に局在することが多いが，エチレンは生体膜を自由に通過できるため，細胞膜に局在する必要はない。ETRは二量体で機能し，一価の銅イオンCu^+を補因子としてエチレン分子と結合する[13][14]。ETRは複数の遺伝子によってコードされており，それぞれの遺伝子は恒常的または部位・時期特異的に発現し，部分的に機能重複している。例えば，トマトでは果実成熟時にSlETR3（Nr；Never-ripe）とSlETR4が高発現している[15]。

ETRはエチレン情報伝達系を負に制御している。つまり，エチレンが結合していないETRは"オン"の状態でエチレン応答を抑制し，エチレンが結合すると"オフ"に切り替わり，エチレン応答遺伝子群の発現が誘導されることになる。クライマクテリック型果実では，ACSや

ACOと同様に，ETR自身がエチレン応答遺伝子の1つに含まれている。トマトやリンゴの成熟時にはエチレン生成量が増加するタイミングで，ETRのタンパク質量も増加する[16)17)]。しかし，受容体量が増加するとエチレン感受性が高まるというわけではなく，むしろエチレンが結合していないETRが新たに合成されることで，成熟進行のブレーキとして機能していると推定できる。実際に，トマト果実の成熟時に誘導されるSlETR4を遺伝子組換えにより発現抑制すると，果実成熟に要する日数が短くなることが確認されている[18)]。ETRの"オン""オフ"の切り替えを担う実態は，ETR自身のリン酸化であることが示唆されている[16)]。SlETR3やSlETR4はエチレン生成前のトマト果実では高度にリン酸化されているが，エチレンが結合するとリン酸化程度が低くなる。下流のシグナル伝達系への情報出力は，リン酸化を介して行われている可能性がある。

4.2 エチレンシグナルの伝達経路

ETRのタンパク質構成は，細菌が持つ二成分制御系の構成と類似しており，膜貫通ドメイン，GAFドメイン，ヒスチジンキナーゼ様ドメイン，レシーバー様ドメインからなる。しかし，それぞれのドメインの役割は本来の二成分制御系とは異なっているようで，ETRに始まるエチレン情報伝達系は高等植物において独自に確立された系であると考えられている。エチレンはETRの膜貫通ドメインで受容され，そのシグナルはETRの下位ドメインを介して，下流因子に順次伝達される（図2）。

CTRはETRに直接結合するシグナル伝達因子であり，プロテインキナーゼ活性を有するタンパク質である[19)20)]。CTRによりリン酸化されるのが，小胞体膜上に存在する膜タンパク質EIN2である[21)]。ETRにエチレンが結合していない"オン"の状態では，CTRのキナーゼ活性が維持され，EIN2がリン酸化された状態となる。一方，エチレンがETRに結合すると，CTRは不活性型となり，EIN2はリン酸化されなくなる。EIN2がリン酸化されていない場合，プロテアーゼによってC末端側が切り離され，その断片は核内に移行する[22)23)]。この断片の役

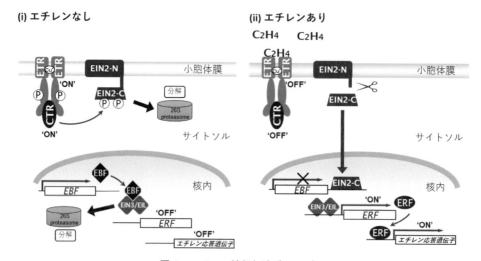

図2　エチレン情報伝達系のモデル
エチレン非存在下(i)と存在下(ii)における各因子の動態を示した。解説は本文を参照。

割は，シグナル伝達因子 EIN3/EIL を分解に導く EBF の合成を抑えることである[24]。EIN3/EIL の実体はエチレン応答遺伝子の転写因子であり，エチレンが ETR に結合すると，結果的に EBF が合成されなくなり，EIN3/EIL がエチレン応答遺伝子の発現を誘導する[25]。逆に，エチレンが存在しない場合には EBF が EIN3/EIL を分解へと導く。ETR へのエチレンの結合の有無は，このような巧妙な仕掛けによって核内にシグナルとして伝達されるが，未解明の部分も残されており，今後の研究が待たれる。エチレン情報伝達系を構成する因子は，主にシロイヌナズナやトマトにおいて機能解析が進められているが，ゲノム配列が明らかになっているほとんどの高等植物において各因子の相同遺伝子の存在が確認されており，基本的な情報伝達メカニズムは高等植物で共通していると考えられる。

5. エチレン作用の制御

　青果物の鮮度を維持するためには，エチレンの作用を抑えることが有効である。バナナやキウイフルーツの成熟を揃えたり，カンキツ類の催色を目的としてエチレン処理が行われることがあるが，多くの場合は青果物の鮮度保持を目的として，いかにエチレンの作用を抑えるかが重要となる。そのためには，①エチレンの生合成を抑える，②発生したエチレンを分解・吸収する，③エチレンの作用を抑えるという選択肢が考えられる。

　エチレンの生成を抑えるために実用化されているのが，ACS の阻害剤アミノエトキシビニルグリシン（AVG：Aminoethoxyvinylglycine）である。アメリカでは ReTain という商品名で販売されており，リンゴの落下防止および成熟抑制・品質保持の目的で使用される。AVG 以外にも，ACS や ACO に作用してエチレン生成を抑制する化合物は存在するが，水溶液として処理するために組織内部に浸透しにくく，一方で青果物に残留するという問題もあり，実用的な利用例はあまり多くない。

　エチレンを取り除く方法として，活性炭や多孔質セラミックに吸着させて除去したり，過マンガン酸カリウムや酸化パラジウムにより酸化エチレンに分解して不活性化させるなどの手段が用いられる。この手法は，傷んだ果実から発生したエチレンを取り除き，他の果実に作用するのを防ぐために有効であり，キウイフルーツやニホンナシで利用されている。また，無機多孔質を練りこんだポリエチレンフィルムはエチレンを吸着する能力を持ち，葉菜類の包装に利用されることもある。

　エチレンの作用を抑える手法として実用化されているのが，チオ硫酸銀（STS：Silver thiosulfate）や 1-メチルシクロプロペン（1-MCP：1 Methylcyclopropene）の利用である。これらはエチレン受容体に直接作用する化合物である。STS から供給される銀イオンが ETR の機能を阻害すると考えられているが，実際にどのようなメカニズムで作用するのかは明らかになっていない。STS は切り花の鮮度保持に非常に効果的であるが，重金属であるため野菜や果樹類には使用することができない。1-MCP はエチレンと競合して ETR に強力に結合する化合物である。1-MCP の ETR への結合能力はエチレンよりも高いため，エチレンが ETR に結合することができなくなる。1-MCP は気体物質であるため，比較的短時間で組織内部に浸透し，また毒性が極めて低いため，世界中で商業利用が広まってきている。1-MCP 処理剤は

－ 29 －

EthylBloc や SmartFreash という商品名で販売されており，前者は切り花，後者はリンゴやアボカドなどの果実やブロッコリーの鮮度保持剤として 30 以上の国で幅広く利用されている。特にリンゴにおける 1-MCP の効果は絶大で，低温処理と併用して約半年間の貯蔵を可能とする。国内では，リンゴ，ニホンナシ，セイヨウナシ，カキについて使用が認められている。

文　献

1) 山木昭平編：園芸生理学 分子生物学とバイオテクノロジー，191，文永堂(2007).

2) M. Tatsuki and H. Mori：*Plant Cell Physiol.*, **40**, 709 (1999).

3) M. Kato et al.：*Plant Cell Physiol.*, **41**, 440 (2000).

4) S. F. Yang and N. E. Hoffman：*Annu. Rev. Physiol.*, **35**, 155 (1984).

5) A. Nakatsuka et al.：*Plant Physiol.*, **118**, 1295 (1998).

6) T. Harada et al.：*Theor. Appl. Genet.*, **101**, 742 (2000).

7) M. Tatsuki et al.：*J. Exp. Bot.*, **57**, 1281 (2006).

8) Y. Kamiyoshihara et al.：*Plant J.*, **64**, 140 (2010).

9) K. M. Davies and D. Grierson：*Planta*, **179**, 73 (1989).

10) H. Kende：*Annu. Rev. Plant Physiol. Plant Mol. Biol.*, **44**, 283 (1993).

11) Y. F. Chen et al.：*J. Biol. Chem*, **277**, 19861 (2002).

12) A. B. Bleecker and H. Kende：*Rev. Cell Dev. Biol.*, **16**, 1 (2000).

13) G. E. Schaller et al.：*J. Biol. Chem*, **270**, 12526 (1995).

14) F. I. Rodriguez et al.：*Science*, **283**, 996 (1999).

15) M. Kevany et al.：*Plant J.*, **51**, 458 (2007).

16) Y. Kamiyoshihara et al.：*Plant Physiol.*, **160**, 488 (2012).

17) M. Tatsuki et al.：*Planta*, **230**, 407 (2009).

18) M. Kevany et al.：*Plant Biotech. J.*, **6**, 295 (2008).

19) J. J. Kieber et al.：*Cell*, **72**, 427 (1993).

20) Y. F. Huang et al.：*Plant J.*, **33**, 221 (2003).

21) C. Ju et al.：*Proc. Natl. Acad. Sci. USA*, **109**, 19486 (2012).

22) H. Qiao et al.：*Science*, **338**, 390 (2012).

23) X. Wen et al.：*Cell Res.*, **22**, 1613 (2012).

24) L. Wenyang et al.：*Cell*, **163**, 670 (2015).

25) H. W. Guo and J. R. Ecker：*Cell*, **115**, 667 (2003).

第4節　果実の追熟

東京農業大学　馬場　正　　東京農業大学　吉田　実花

1. 成熟・追熟生理と果実品質

　果実は，ビタミン，ミネラル，糖，食物繊維，抗酸化物質などの摂取源としてヒトの健康維持に大きな役割を果たしている。同時に，それぞれが個性的な外観(色など)，食感(テクスチャー)，風味(味覚とにおいの両方の意味を含む)を持っており，その特徴が消費者の関心を引く。栄養・健康機能性成分の含量や消費者の嗜好性は，果実の成熟に伴って大きく変化する。収穫後生理学の知見に依拠しながら，果実をどの段階で収穫し，どの程度成熟を進めて消費者に届けるかを決めることが大切である。果実を大きくとらえると，オクラ，キュウリ，ナスのように発育中に収穫・利用されるものもあるが，本稿では発育過程の最終段階で収穫・利用される果実を対象として，その成熟・追熟について述べる。

1.1　成長，成熟，老化過程

　果実の発育は，受精に始まり，成長，成熟，老化過程を経て，死に至る(図1)。成長過程では，細胞分裂が活発に行われる「細胞分裂期」で細胞数が決まり，その後個々の細胞が大きくなる「細胞肥大期」を経て固有の形・大きさとなる。細胞肥大期の後半になると細胞の大部分を液胞が占めるようになり，糖などさまざまな成分が蓄積する。このあたりから成熟が始まる。果実の成熟過程は生理学的観点からではなく，食味を基準に，(1)食味がまだ十分でない未熟期，(2)可食状態に達した適熟期，(3)本来有すべき最高の食味に達した完熟期，(4)食味の低

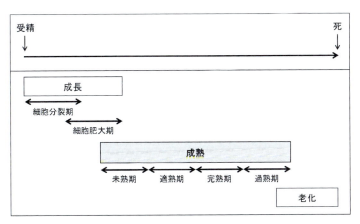

図1　果実の発育における成長，成熟，老化過程

下が顕著になった過熟期，に区分される[1]。引き続いて老化が始まるが，成熟と同様，その始まりを明確に区別するのは難しい。老化を生体膜の脂質過酸化や膜透過性の著しい増加と捉えれば，過熟期にはすでに老化が始まっている。その後タンパク質の分解などの生化学的変化が起こり，細胞が崩壊して，死に至る。

1.2 成熟過程における品質変化

果実は成熟過程において，糖の増加，有機酸の減少，果肉の軟化(細胞壁の分解)，色素の分

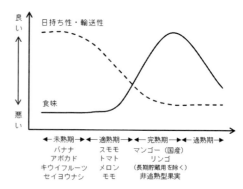

図2 成熟過程における食味と日持ち性・輸送性の変化と各果実の収穫時期

解と合成，香気の生成などが，バランスよく並行的に進行し，完熟期を迎える。例えば国産マンゴーでは樹上で完熟させて自然落下を待って収穫するので，最高の食味となる(図2)。ただし日持ち性・輸送性がほとんどないので，収穫後の取り扱いには細心の注意が必要である。一般的には日持ち性・輸送性を優先して，未熟期後半から適熟期前半に収穫することが多い。スモモ，トマト，メロン，モモなどがそうで，輸送後常温で成熟を進めることで美味しく食べられる。リンゴのように完熟期でもある程度の日持ち性・輸送性が期待できる果実では樹上で完熟近くまで置いてから収穫する場合もあるが，長期貯蔵を前提とする場合には早期収穫が必要である。バナナは植物検疫上の問題もあり，輸送性の高い未熟期に収穫される。このように，収穫して樹から切り離しても樹上と同じ成熟過程をたどる性質を持つ果実は多い。収穫してから，樹上と同じように成熟が進行することを特に追熟と呼ぶ。

1.3 追熟型果実と非追熟型果実

果実は，追熟のしやすさしにくさから，追熟型果実，非追熟型果実に分けられる[2]。追熟型果実には，トマト，バナナ，マンゴー，モモ，リンゴ，アボカド，キウイフルーツ，セイヨウナシなどがある。追熟型果実の成熟にはエチレンが密接に関わっている。樹上や収穫後に急激にエチレン生成を始めると，それに伴って呼吸が上昇してくる。これをクライマクテリック・ライズといい，追熟型果実はクライマクテリック型果実とも呼ばれる。このようにエチレンは，追熟型果実の成熟現象を進める引き金の役割を果たしている。

追熟型果実のなかには，樹上に置かれたままではうまく成熟せず，収穫することで正常な成熟が進行(追熟)する果実がある。アボカド，キウイフルーツ，セイヨウナシにそのような品種・系統がある。未熟期の収穫となるが，収穫時期が早すぎても遅すぎても正常に追熟せず品質が劣る。そのため安定した追熟処理が可能となる段階を判定すること，また収穫後に適切な追熟処理が必要となる。アボカド，セイヨウナシでは，収穫後一定の温度下に置くことで自らエチレンを生成し，追熟が進行する。一方キウイフルーツは，病害果を除くと自らエチレンを生成しない。そのため人為的にエチレンを処理して，果実自体のエチレン生成を開始させる必要がある。

一方非追熟型果実には，イチゴ，カンキツ類，サクランボ，ブドウなどがある。これらの果

実は収穫後にはほとんど成熟が進行(追熟)せず，エチレンの急激な生成もみられない。呼吸は収穫直後が最も高く，その後漸次減少するパターンを示し，非クライマクテリック型果実と呼ばれる。非追熟型果実における成熟を誘導する生理的要因については，アブシジン酸の関与が指摘されているが，その詳細なメカニズムについては明らかにされていない。

2. 追熟のコントロール

　果実は水分を多く含み，収穫後も高い代謝活性を維持する。そのため傷みやすく日持ち性が悪いものが多い。一般的には，呼吸速度の高い果実ほど，日持ち性が劣る[3][4]。呼吸速度が高いか低いかは，追熟型(クライマクテリック型)か，非追熟型(非クライマクテリック型)かによらないが(表1)，いずれの果実も呼吸をどう抑えるかが収穫後技術として重要である。追熟を抑制するために利用されている技術について述べる。

2.1　温度管理

　低温は，呼吸とともにエチレン生成を抑えることで，追熟を抑制する。低温に置くと収穫後の呼吸上昇が認められない。追熟型果実には，低温で生理障害を引き起こすものが多く，これを低温障害とよぶ。貯蔵前にさまざまなストレス処理(温度処理，化学物質処理など)を施すと，低温耐性が高まることが知られている。今後研究が進めば，低温感受性の高い果実の追熟の抑制に，今まで使えなかった低温域が使えるようになるかもしれない。

2.2　酸素・二酸化炭素濃度の管理

　大気(酸素21%，二酸化炭素0.03%)よりも低濃度の酸素，高濃度の二酸化炭素は，低温と同様，呼吸やエチレン生成を抑え，追熟を抑制する。この方法はCA貯蔵として，リンゴなどの長期貯蔵に利用されている。プラスチックフィルムなどで包装するMA包装も同じ原理である。ただし酸素，二酸化炭素とも果実それぞれに好適濃度があり，過度の低濃度酸素，高濃度二酸化炭素は生理障害を引き起こす場合があるので注意が必要である。好適濃度は果実ごと

表1　追熟型，非追熟型果実の呼吸速度と日持ち性による類別[3][5]

| | 呼吸速度($mgCO_2/kg \cdot h$)at 5℃ | | | |
	<5	5〜10	11〜20	>21
追熟型果実 (クライマクテ リック型果実)	−	×パパイア ○スモモ ◎カキ ●キウイフルーツ ●セイヨウナシ ●リンゴ	×アンズ ×イチジク ×トマト △バナナ △ブルーベリー △モモ ○マンゴー	×アボカド
非追熟型果実 (非クライマクテ リック型果実)	△パイナップル ◎ブドウ	△サクランボ ◎オレンジ ◎グレープフルーツ ●レモン	△ライチ △スターフルーツ	×イチゴ ×ブラックベリー ×ラズベリー

果実名の前にある記号はそれぞれの最適温度で貯蔵した時の日持ち性を示す。
×：<2週間　　△：2〜4週間　　○：4〜6週間　　◎：6〜8週間　　●：>8週間

青果物の鮮度評価・保持技術

に大きく異なっており，その値がどのように決まるのかは興味深い[6][7]。また，大気よりも高濃度の酸素条件で果実がどのような生理的挙動を示すかも不明な点が多い。追熟を大きく左右する可能性もあり，今後の研究の進展が望まれる。

2.3 追熟調節剤

実際の流通・販売の場面では，温度や酸素・二酸化炭素濃度などの環境条件をコントロールできない場合が多い。より簡便な追熟制御法として追熟調節剤の利用がある[8]。特に追熟の引き金となるエチレンに関するものが多く，エチレンの生成および作用をいかに抑えるかは追熟の調節に直接効いてくる。果実周辺のエチレンを吸着・分解する方法，エチレンの生成そのものを抑える方法，エチレンの作用を阻害する方法がある。吸着・分解には活性炭，ゼオライト，過マンガン酸カリウム，パラジウムなどが用いられており市販品もある。エチレンの生成を直接抑える方法として，エタノール蒸散剤，ヒノキチオール，カワラヨモギ抽出物などの事例が報告されている。ただしそのメカニズムに関しては不明な点が多い。現在最も注目を浴び普及が進んでいるのがエチレンの作用を阻害する1-メチルシクロプロペン（1-MCP）である。1-MCP は，エチレンと拮抗してエチレン受容体と結合することで，エチレンの作用を阻害する。1-MCP 処理は追熟抑制に高い効果を示す。ただし品質向上効果はないので，処理にあたって，熟度の見極めが重要となる。

文　献

1) 福田博之：果実の成熟と追熟，果実の成熟と貯蔵，養賢堂，7-12(1985).

2) 生駒吉織：追熟，果実の鮮度保持マニュアル，流通システム研究センター，40-44(2000).

3) A. A. Kader：Postharvest Biology and Technology：An Overview, Postharvest Technology of Horticultural Crops Third Edition, University of California Agriculture and Natural Resources, 39-47(2002).

4) 吉田実花，馬場正：ポストハーベスト技術，現代農学概論，朝倉書店，101-106(2018).

5) A. A. Kader：Fruits in the Global Market, Fruit Quality and its Biological Basis, Sheffield Academic Press, 1-16(2002).

6) N. Mir and R. Beaudry：Atmosphere Control Using Oxygen and Carbon Dioxide, Fruit Quality and its Biological Basis, Sheffield Academic Press, 122-156(2002).

7) 吉田実花，馬場正：青果物流通における MA 包装適用事例と長期貯蔵への利用，青果物の鮮度・栄養・品質保持技術としての各種フィルム・包装での最適設計，株式会社 And Tech，23-27(2018).

8) 中村ゆり：鮮度保持剤，農産物流通技術 2010（農産物流通技術研究会年報），農産物流通技術研究会，81-86(2010).

第1章 収穫後の生理

第5節 食味成分
（果物の甘味，酸味，渋味・苦味，有害物質）

大阪府立大学名誉教授/帝塚山学院大学 阿部 一博

1. 果実の品質特性

同一果実であっても生産者，流通・加工業者，摂食者によって品質特性の評価規準に相違がみられるが，果実は食品の二次機能である嗜好性が重要な品質要因なので，甘味・酸味・苦味が重要な品質特性である。

●果実の品質表示

消費者が購入した工業製品や加工食品に対して，それぞれ JIS（日本工業規格）もしくは JAS（日本農林規格）などによって品質保証がなされている。加工食品の場合は，原材料を分析することや添加した物質が判明しており，製品の含有成分の表示が容易であるため，品質表示が進んでいる。

しかし，果実は品種や栽培条件あるいは収穫後の管理条件によって含有成分に差異が生じる。同一圃場で栽培しても個体が異なると果実の含有成分が異なることが前提となっている。つまり，それぞれの果実を分析することなく，それらの化学成分含量を明示することはほとんど不可能である。最近では果実に対する規格化も従来の秀・優・良などの規準，サイズ，等・階級表示以外にも美味しさ，化学成分含量，安全性，食用適性などが求められている。これは，消費者が果実を購入する場合の選択の幅を広げるのみならず，生産者サイドからみれば，他の産地との区別化が進み，マーケットでの取り引きが有利に行えることにつながる。

最近は果実に音波，電波，光などを照射し，その反射もしくは透過状況から果実の化学成分の含量を推測できる非破壊品質評価法の研究が進み，一部果実では含有成分の評価方法として実用化されており，果実別の化学成分含量の明示も可能になりつつある。

2. 果実の味覚成分と有害成分

2.1 甘味成分

葉などの葉緑体での光合成で生成された炭水化物は，柑橘類とカキではショ糖となって転流するが，リンゴ，ナシ，モモはソルビトールが転流糖であり，果実に転流したこれらの糖は果実細胞内の酵素の働きでグルコース，フルクトース，ショ糖に代謝変換される。

果実に含まれる糖分の中で強い甘味を持つのは，単糖類と少糖類などであるが，2糖類であるショ糖（甘味度100）が甘味成分の中心である果実と主な甘み成分がグルコース（ブドウ糖，甘味度64〜74）あるいはフルクトース（果糖，甘味度115〜173）である果実がある。

- 35 -

柑橘類（ウンシュウミカン，ナツミカン，オレンジなど）とモモでは全糖含量の55～60％がショ糖であり，その他の糖として，グルコースとフルクトースを含む。

リンゴ，ビワ，サクランボ，ナシ，カキなどでは，フルクトースの含量が多く，それに次いでグルコース含量が多く，ショ糖含量は少ない。

ブドウでは，グルコースが最も多く，それに次いでフルクトース含量が多いが，ショ糖含量は非常に少ない。

単糖や少糖類がグリコシド結合して多糖類になるが，果実に含有される多糖類としてデンプン，細胞壁の構成成分であるセルロースやヘミセルロース，細胞間隙に存在するペクチン質などがあるが，これらは果実の成熟によって含量や性質に変化が生じて，果肉の硬度やテクスチャーに影響を及ぼす。

バナナの未熟果実では，果肉重量の20～30％がデンプンであるが，樹上での成熟や収穫後の追熟が進行するに伴ってデンプン含量は1～2％に減少して，可溶性糖含量が多くなり，甘味が増す。

糖類の他にアミノ酸でも，グリシン，アラニン，セリン，テアニン，ベタインなどが甘味を呈するが，果実の甘みに対する寄与は低い。

高糖度の果実を生産するためには，整枝や剪定などによって葉に十分な光を当てて光合成を盛んにするとともに摘花や摘果などによって着果量を制限して葉果比（1果あたりの葉数）を適切にすること（多くの果実では20～40）で果実への糖の転流を高める必要がある。

果実の糖含量は，果実肥大後期から成熟期にかけての樹体成分の影響を受ける。この時期に水分ストレスを与えて樹体の水分含量を抑制すると果実の糖含量が多くなるので，ウンシュウミカンでは，土壌中の水分含量を制御しやすいマルチ栽培，屋根掛け栽培，高畝栽培，根域制限栽培，コンテナ栽培などによって高糖含量の果実生産が行われている。リンゴでは，矮性台木を使った栽培によって光合成の同化産物が果実に転流されるために糖含量が多くなる。

暖地での栽培は，糖含量が高くなる傾向であるが，リンゴやナシの暖地栽培では果実のショ糖含量が少なくなるなどの糖組成にも差異が生じる。

2.2　酸味成分

2.2.1　酸含量

酸味は食品の水素イオンを知覚することによって感じる味で，酸味を持つ物質には無機の酸と有機酸があるが，果実の酸味成分は有機酸である。

また，ある種の有機酸は酸味成分であるとともに，香気を示すものもあり，果実に風味を与えている。果実には多量の有機酸が含まれており，糖や香気成分などとのバランスによって特有の風味を形成している。また，柑橘類などの果実の有機酸は含量が多いので，その酸味を利用して種々の加工品・調理品にも利用されている。

果実に含有される有機酸として，クエン酸（爽快な酸味），リンゴ酸（微かに苦味のある爽快な酸味），酒石酸（少し渋みのある酸味），コハク酸，フマール酸，アスコルビン酸などがあるが，これらは遊離の状態，塩基と塩を形成，アルコールとエステルを形成，あるいはシュウ酸カルシウムのように不溶性となって存在する場合などさまざまであるが，果実では特殊なものを除

けば2%以下の含有量である。

有機酸は呼吸エネルギーの重要な供給源であり、糖が呼吸代謝されると生成する二酸化炭素と消費される酸素の比（呼吸商、CO_2/O_2）は1であるが、有機酸が代謝されると1.33になるので、果実内において有機酸が呼吸代謝に使われているかどうかは呼吸商を測定することでわかる。

果実に含まれる主な有機酸を下記に示す。

・リンゴ酸が主で、クエン酸などを含む：リンゴ、モモ、ナシ、サクランボ、アンズ、ウメ、ビワ、バナナなど

・クエン酸が主で、リンゴ酸などを含む：ウンシュウミカン、レモン、パイナップル、イチジク、ザクロなど

・酒石酸が主で、リンゴ酸などを含む：ブドウなど

・ウンシュウミカン、レモン、グレープフルーツの有機酸は大部分がクエン酸（80～90%）で、リンゴ酸は5%程度であり、これらは果汁に含有されている。

ビワとバナナのリンゴ酸の割合は、90%以上である。ブルーベリーでは、キナ酸が他の有機酸より多いこともある特殊な果実である。

一般的には、果実の有機酸は果実形成の早い時期に形成され、一時的に含有量が最も多くなり、成熟に従ってその含有量が低下する傾向があり、それと同時に酸含量の組成が変化することもある。

ウメでは、緑熟果ではリンゴ酸＞クエン酸であるが、黄熟果では、クエン酸＞リンゴ酸であり、緑熟果を使った梅干しの酸味はリンゴ酸による。ブドウでは、未熟な果実ではリンゴ酸＞酒石酸であるが、成熟に伴ってこれらは急激に減少し、収穫適熟果では酒石酸＞リンゴ酸となる。

2.2.2　糖酸比

糖含量と酸含量はそれぞれが甘味と酸味を呈するので、果実の食味上重要な役割を果たしている。一般的には糖含量が多い果実は好まれるが、酸含量はその果実に適当な量が存在することで風味が増す。

そこで糖酸比（糖含量/酸含量）によって、風味に対する酸の役割が示されている。

糖酸比を求める場合には、酸含量は滴定酸含量を使用し、糖含量として糖度（ブリックス屈折計での測定値）が代用されることが多いが、糖度の値は実際の糖含量測定値より1～2%多く示される。

ウンシュウミカンでは、糖度が12以上、酸含量が0.8～1.2、糖酸比が10～15が好ましいとされる。

リンゴは、糖度11以上が好まれるが、酸含量は品種によって異なり、それぞれの酸含量が品種の特徴として、消費者に受け入れられている。しかし、酸含量が0.2%以下になると味がぼけたようになるので、リンゴ果実では適度の酸含量は必要である。

ニホンナシのように酸含量が非常に少ないものがあり、生食では美味であるが、ジュースなどの加工品にすると好まれない。

2.3 渋味・苦味成分

　果実が着果し，肥大途中の未熟な果実では動物などに食されることを防ぐために，渋味成分や苦味成分を多量に含有している。しかし，食品上，果実は嗜好性の高い食品であるので，可食状態の果実では渋味や苦味を呈する成分が含まれていることは少ない。

2.3.1 苦味成分

　茶(カテキン，カフェイン)，コーヒー(クロロゲン酸)，ココア(テオブロミン)，チーズ(苦味ペプチド)，キュウリ，ニガウリ(ククルビタシン)，ビール(ホップ)などでは苦味がそれらの食品の特性となっており，弱い苦味(ほろ苦さ)を好ましい味とみなす野菜として，フキノトウ，ニガウリ，ウドなどがあるが，一般的には果実において苦味は避けられる味である。

　しかし，柑橘類に含まれるナリンギン(ポリフェノール)とリモニン(テルペノイド)が呈する苦味は，グレープフルーツや柑橘類の果皮を使ったマーマレードの味の特徴となっている。

2.3.2 渋味成分
2.3.2.1 渋味に関与する成分

　渋味は，舌の粘膜タンパク質が凝固することによって引き起こされる食味上の感覚である。

　茶(カテキン)やコーヒー(クロロゲン酸)のように特有の渋みを示し，渋味がその食品を特徴付けている嗜好飲料はあるが，強い渋味を示す果実を食することはない。

　一般の食品では，タンニン，鉄や銅などの金属，変敗した脂肪などが渋味を呈するが，果実では，渋ガキ(カキタンニン，シブオール)とクリ(エグラ酸)に渋味成分が含まれている。

　渋ガキの渋味成分は水溶性のプロアントシアニジンポリマーが本体であり，口中粘膜や唾液中のタンパク質との結合力が強いために収斂性の渋味を感じさせる。

2.3.2.2 脱渋方法

　渋味成分が可溶性である渋ガキでは収穫後の脱渋を経て，可食状態になる。

　脱渋操作の過程で，果実中のアセトアルデヒドが，プロアントシアニジンポリマーを凝集させて不溶性の巨大分子に導くことで渋味を感じさせなくなる。

　産業的に主流となっている脱渋方法を下記に示す。

・炭酸ガスによる CTSD 法：一定の温度条件下で高濃度の炭酸ガス処理を短時間施す方法。大量の果実の処理が可能・比較的取り扱いやすい・脱渋後の果実の日持ちが良いなどの利点があり，和歌山県と奈良県で適用。

・アルコールによる方法：古くは酒樽を使った方法で，日本酒や焼酎などのアルコール飲料を果実に振りかける方法。脱渋後の果実風味が優れる・処理中に果色が進むなどの利点があるが脱渋後の軟化が進む・日持ちが悪いなどのデメリットもある。新潟県，福島県，山形県で適用。

　家庭などで行われる小規模な脱渋方法として，温湯処理，冷凍処理，乾燥処理(干しガキ，正月の飾り)などがあり，アルコールを用いた樹上脱渋法の研究も進んでいる。

2.4　有害物質

　野菜はさまざまな部位を利用し，さまざまな熟度で収穫して食用とするので，食品上は好ましくない味を有する野菜があり，調理や加工工程で除去する必要がある。しかし通常，果実では生殖器官である成熟した果実を食用とするので，「あく」やえぐ味は少ない。

2.4.1　あくとえぐ味

　「あく」とは，好ましくない色，えぐ味，渋味，苦味の原因となる物質を総称しており，「あく」は風味を損なうだけでなく，有害作用を有するものもある。「あく」としては，無機塩，有機塩，有機酸，タンニン，サポニン，アルカロイド，配糖体，テルペンなどがある。無機塩の含有量が1.5％以上になると「あく」を強く感じ，カリウム塩が多いと特に不快味を感じる。ホウレンソウやタケノコの主要な有機酸はシュウ酸であるが，「あく」の一種ともなっている。

　果実が未熟なときはこれらの成分を含むが，成熟する過程で含量が少なくなるので，食味上の問題は少ない。

　えぐ味は，Ca，Mg，K，アルカロイド，シュウ酸などが食品に含まれることによって引き起こされる味で，ゴボウ，サトイモ，タケノコなどのえぐ味は，渋味と苦味の混合味である。

　一般には好まれない味でもあり，野菜であるタケノコやサトイモでは，調理時に除去する必要があるが，果実の食味上での問題は少ない。

2.4.2　毒性物質

　有害物質は，食品の安全上では必ず除去されるべき物質である。

　食品に含まれる毒性の強い物質として，フグのテトロドトキシン，毒キノコのムスカリンとファロトキシンがある。

　野菜では，ソラニンは，ジャガイモの芽の部分に多く含まれ，皮にも含まれている。中毒症状は20～40 mg％になると現れ，喉の灼熱感，嘔吐や下痢が中毒症状である。硝酸塩ならびに亜硝酸塩は，ホウレンソウ，レタス，セルリー，ハツカダイコン，キャベツ，シュンギクなどに多く含まれており，硝酸塩は果実を漬物にしたり，唾液中の口内細菌や納豆菌などによって還元されて，亜硝酸塩になる。硝酸塩や亜硝酸塩は，ニトロソアミンと結合して，発ガン性を有するジメチルニトロソアミンになる。

　果実に含有される毒性物質として，青酸配糖体がある。

　これは，ウメ，アンズ，アーモンドなどの未熟果実や種子に含まれているアミグダリンというシアン配糖体であり，毒性を示す。生で多食すると，嘔吐，麻痺，消化不良などの中毒を起こす。

　体内に入ると酵素エムルシンで加水分解されて，ベンズアルデヒド，グルコース，青酸が生成するためで，青酸はシトクロームオキシダーゼなどの細胞原形質の酵素を阻害し体内呼吸を抑制する。

文　献

1) 緒方邦安編：青果保蔵汎論，建帛社(1977).

2) 岩田隆他：食品加工学，理工学社(1996).

3) 矢澤進編：野菜新書，朝倉書店(2003).

4) 茶珍和雄編：園芸作物保蔵論，建帛社(2016).

5) 長澤治子編：食べ物と健康，医歯薬出版 (2019).

第1章　収穫後の生理

第6節　青果物の香りの生成

神奈川工科大学　飯島　陽子

1.　はじめに

　青果物の香り，においの強さや特性は，消費者にとってその鮮度，成熟度，好みを認識する
うえで見た目と同様に重要な要素である。青果物を含む植物の揮発性成分として，1000以上
の化合物が知られている。また，1つの青果物でもさまざまな揮発性成分が生成されるが，そ
の中でヒトに対するにおい閾値が低い成分が香気成分と呼ばれ，それらのミクスチャーが各青
果物の特徴的な香りやにおいを担っている。この香気成分組成は，品種や生育度，成熟，収穫
時期，収穫場所によって変化しやすく，さらに収穫後どのような状態で流通，保存されるかと
いった収穫後生理も香気生成の重要な要因となっている。例えばリンゴやメロンなどの果実で
は，果実の成熟によって生成する甘くフルーティなエステル香を感じることによってその食べ
頃が判断される。また，害虫や病原菌，カビなどによる食害腐敗や流通過程での傷害などに
よって独特のにおいを発生することもある。このようにさまざまな環境における生理状態に
よって変動しやすい香気組成を制御するには，それらの生成機構やそれに対する環境要因につ
いての理解が必要である。本稿では，青果物を中心に植物における香気成分の生合成およびそ
の収穫後生理との関連について概説する。

2.　香気成分の化学構造的類似性に基づく香気成分の生成の違い

　香気成分を含む揮発性成分の化学的構造は多様である。しかし，構造的に類似したものは同
じ基質から生成されたり，同じ代謝経路によって生成する場合が多く，構造的類似性（官能基
など）によってその生成が区別できる。青果物の主な香気成分をこのような構造的類似性に基
づき分類すると，(1)脂肪酸分解系，(2)テルペン系，(3)短鎖 / 中鎖脂肪族系，(4)フェノール
系，(5)含硫黄 / 窒素系に分けられる（図1）。また，さまざまな生合成経路が互いに作用する
ことによってより多様な香気成分が生成される（図2）。

2.1　脂肪酸分解系香気成分

　トマトやキュウリ，葉菜類の"青臭いにおい""みどりの香り"は，ヘキサナール（Hexanal），
(Z)-3-ヘキセナール（(Z)-3-Hexenal），ヘキサノール（Hexanol）などの炭素数6個のアルデヒ
ドやアルコールおよび(Z)-3-ノネナール（(Z)-3-Nonenal）などの炭素数9個のアルデヒドや
アルコールからなり，これらは粉砕や傷害によってリノール酸などの脂肪酸から，リポキシゲ

- 41 -

青果物の鮮度評価・保持技術

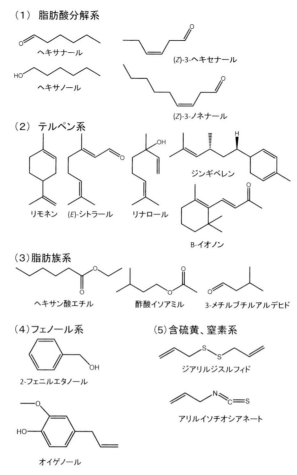

図1 青果物に含まれるさまざまな香気成分

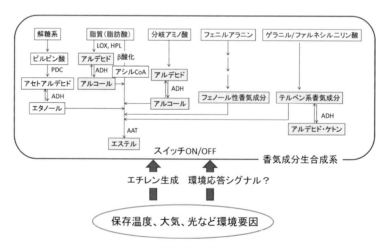

図2 香気成分生合成と収穫後環境による影響
LOX：リポキシゲナーゼ，HPL：ヒドロペルオキシドリアーゼ，PDC：ピルビン酸デカルボキシラーゼ，ADH：アルコールデヒドロゲナーゼ，AAT：アルコールアシルトランスフェラーゼ，灰色の成分は香気成分

- 42 -

ナーゼ（LOX）やそれに続くヒドロペルオキシドリアーゼ（HPL）の酵素的働きによって速やかに酸化，開裂して生成する。その生成物は，基質となる脂肪酸の構造に由来し，例えばヘキサナールはリノール酸から，（Z）-3-ヘキセナールはリノレン酸から生成することが知られている。これらの化合物のにおい閾値は比較的低いため，少量であれば青果物の新鮮香を担っているが，生成量が多いとにおいが強く，大豆などの植物性食品ではオフフレーバーとしても認識されている。

　これらの香気生成の第一段階であるLOXは，動物，植物に限らず多価不飽和脂肪酸に作用し，脂肪酸ヒドロペルオキシドを生成する酵素である。酸素を触媒に使用するため，細胞の破損によって空気と接触し，空気中の酸素を取り込んで脂肪酸ヒドロペルオキシドを生成する。さらに脂肪酸HPLによってアルデヒドとオキソ酸が生成する。LOXの活性は青果物によって異なり，例えばトマト果実では成熟依存的に活性化されるLOXがトマトの青臭い香りに関与する[1]。また，リンゴでは貯蔵中においてLOX活性が高くなるが，特に芯の部分と果皮において LOX活性が高いことが報告されている[2]。

2.2　テルペン系香気成分

　テルペンは，炭素数5のイソプレン単位を基本骨格に持つイソプレノイドに属する。特に香りに寄与する成分は，炭素数10のモノテルペンと炭素数15のセスキテルペン類である。柑橘類の特徴香であるリモネン（Limonene）やショウガなどに含まれるシトラール（Citral），ジンギベレン（Zingiberene）などがあり，柑橘類の果皮やハーブ，香辛野菜に多く含まれる。モノテルペン類は，イソプレノイド生合成で生成する水溶性基質であるゲラニル二リン酸を共通の基質とし，セスキテルペン類はファルネシル二リン酸を共通の基質とする。そこに脱リン酸を伴うカチオンを中間体として反応するテルペン合成酵素の働きでモノテルペンおよびセスキテルペン類が生成する。特に生成物の構造は酵素のアミノ酸配列や立体構造により厳密に制御されており，ゲラニル二リン酸からリモネンを生成する酵素をリモネン合成酵素，リナロール（Linalool）を生成する酵素をリナロール合成酵素などと呼ぶ。さらにテルペン合成酵素により生成した各香気成分が酸化還元，水酸化，アセチル化などの修飾反応によってテルペン系香気成分の構造が多様化している。しかし，テルペン系香気成分の組成は，青果物の種類や品種に特徴的である。一般的にモノテルペン系香気成分の方がセスキテルペン系香気成分よりもにおい閾値が低いものが多く，香気特性が強いものが多い。

　モノテルペン，セスキテルペン類以外に，カロテノイドの酵素的酸化分解（カロテノイド開裂酸化酵素；CCD）によって生成するノルイソプレン系香気成分も知られる。例えば，独特の甘い花様の香りで知られる炭素数13のβ-イオノン（β-Ionone）はβ-カロテン（β-Carotene）などのカロテノイドから生成する。それ以外にもβ-ダマセノン（β-Damascenone）やゲラニルアセトン（Geranylacetone），シトラール（Citral）などがCCDの働きで生成する。これらのノルイソプレン系香気成分は，カロテノイドを多く含む青果物に多い傾向があり，トマトやメロン，ワインなどで重要な香気成分として知られる。特にトマトでは，成熟に伴ってリコピン量が高くなるが，CCD活性によってリコピンからノルイソプレン系香気成分が生成し，独特の風味が増すことがわかっている。

－ 43 －

青果物の鮮度評価・保持技術

2.3　短鎖／中鎖脂肪族系香気成分：アルデヒド，ケトン，エステル類

　前述した炭素数6および9以外の短鎖／中鎖アルデヒド，ケトン，エステルなどの脂肪族系香気成分は，多くの青果物で重要な香気特性を担う。直鎖の脂肪族香気成分は主に脂肪酸のβ-酸化によって生成するアシルCoAから生成されることが知られる。さらにアルデヒドデヒドロゲナーゼやアルコールデヒドロゲナーゼ（ADH）によって，アルデヒドやケトン，アルコールが生成する。また，低分子分岐鎖脂肪族香気成分はアミノ酸からアミノトランスフェラーゼやデカルボキシラーゼなどの働きによって生成する。

　エステル類はフルーツ類の完熟香として知られる香気成分群であるが，上述のアシルCoAとアルコールによるアルコールアシルトランスフェラーゼ（AAT）によって生成する。多くのエステル類は低沸点であり独特のフルーティな香気特性を持つため，特にメロンやバナナ，リンゴ，イチゴなど果物類の品質に与える影響が大きい。AATは多くのフルーツや野菜で見出されており，その遺伝子発現は果実の成熟やエチレン生成と相関していることが報告されている[3)4)]。

2.4　フェノール系香気成分

　植物では，動物と異なり多様なフェノール系二次代謝成分が蓄積することが知られている。例えば，フラボノイド類や高分子のリグニンなど不揮発性成分でもその構造は多様である。植物のフェノール成分は，ほぼ全てが共通してL-フェニルアラニン（L-Phenylalanine）を出発物質として生成され，その後多段階の代謝経路を経て，多様な構造のフェノール化合物が生成される。その中で，揮発性フェノール成分は比較的低分子であり，独特の香気特性をもつ成分も多い。2-フェニルエタノール（2-Phenylethanol）は，トマトなどに含まれる甘い花様の香気成分である。また，アーモンド様香気特性のあるベンズアルデヒド（Benzaldehyde）やスパイシーな香気特性を持つことが知られるオイゲノール（Eugenol）などがハーブやスパイスで知られている。

2.5　含硫黄，窒素香気成分

　硫黄や窒素を含む香気成分は，におい閾値が低く，独特の香気特性を有するものが多い。また，主にニンニクやタマネギなどのネギ属野菜やダイコンやキャベツなどのアブラナ科野菜など植物種によってその存在は限られる。ニンニクやタマネギでは，ポリスルフィド類，チオスルフィネート類が主要な香気成分であるが，これらは，アリイン（Alliin）などの（＋）-S-アルケニル／アルキルシステインスルフォキシド（（＋）-S-／（＋）-S-alk(en)yl cysteine sulphoxide）といわれるアミノ酸類が前駆体となり，細胞粉砕時に，アリイナーゼの働きでチオスルフィネートを生成し，さらにポリスルフィド類，チオスルフォキシド類を生成する。アリイナーゼは，多くのネギ属に含まれており，その酵素特性はよく研究されている。また，アブラナ科野菜では，共通してグルコシノレートが前駆体の水溶性成分として含まれており，粉砕など細胞が破壊されることによってミロシナーゼの働きでイソチオシアネートやチオシアネート，ニトリルなどをにおい成分として生成する。近年，グルコシノレートとその分解物であるこれらのにおい成分は，植物の食害の防御効果，抗菌活性などで注目されている。

－44－

3. エチレン生成と香気生成

収穫後における香気形成ならびに香気組成変化について，最も変化が大きいのはエチレン生成とその受容に伴う成熟・追熟によるものである。特にリンゴやメロン，トマト，バナナなどのクライマクテリック果実では，脂肪酸エステルに関与するAATやアルコール生成に関与するADHの発現がエチレンによって誘導される[5]。またトマト果実では，果実の成熟に依存して発現するLOXがエチレンの影響を受け，ヘキサナールなどの香気成分の生成に関与することが知られている[1]。

さらにトマト果実において，エチレン生成と受容に直接的に関与するさまざまな転写因子の変異体，遺伝子組み換え体などを用いて果実の成熟状況とともにトランスクリプトーム解析，メタボローム解析が行われ，その中に一部の香気成分生合成も関係することがわかっている[6)7)]。リンゴでは，エチレン生成に関与するACCオキシダーゼを阻害した変異体を作成し，香気生成に関与する遺伝子群の発現を調べた結果，エステル生成や脂肪酸分解，セスキテルペン合成などに関与する17種の香気生成候補遺伝子がエチレンの影響を受けて発現が増大することを見出したが，必ずしも全ての香気成分がエチレンの影響を受けるわけではないことが報告されている[8]。

このように，クライマクテリック果実ではエチレンの生成と果実の成熟が香気生成に関与することが大きいものの，エチレン非依存的に生成する香気成分も存在する。

4. 収穫後保蔵中の環境と香気変化

4.1 温度コントロールと香気組成

青果物は収穫後も呼吸作用が続くため，その際に内在する糖などをエネルギー源とした代謝分解によってエネルギーが放出される。その結果，鮮度の低下さらには品質の低下を招くが，保蔵温度を下げること，特に10℃以下に保つことによって呼吸速度を効果的に抑制できるといわれている[9]。さらに低温を保つことでエチレンの生成を抑制し，追熟をコントロールすることができる。一方，低温耐性の弱い青果物は低温保蔵によって低温障害を受け，果実の"割れ"や変色，腐敗が起こる。このように保蔵温度は青果物の生理現象に与える影響は大きく，香気成分の生成，組成においても影響を与える。例えばトマト果実を10℃と20℃で保蔵して香気成分を調べたところ，10℃保蔵では，ADH活性が低下し，3-メチルブタナール（3-methylbutanal）やリナロール，(E)-2-ヘキセナール((E)-2-hexenal)などの主要な香気成分の変化が見られることがわかっている[10]。また，パパイヤでは，低温保蔵の後室温に戻すと低温保蔵しないコントロールと同様にエチレン生成と成熟が始まるが，香気組成では特徴香であるリナロールやリナロールオキサイドなどの生成が抑制されると報告されている[11]。さらに，キウイフルーツでは1.5℃で2ヵ月および4ヵ月冷蔵保存するとエステル類が減少するが，エチレン処理によって回復することがわかっている[12]。モモでは低温傷害の起こる5℃保存して室温保存すると，低温傷害を起こしたモモでは，エステル類などの香気成分が減少していた[13]。このように，低温保存は収穫後の青果物の呼吸を抑制し，鮮度を保つことができるもの

青果物の鮮度評価・保持技術

の，必ずしも室温に戻し追熟しても香りのリカバリーが起こらない可能性もあるため，香気生成という観点では低温保存は望ましくない場合もある。

4.2　大気コントロールと香気組成

温度とともに湿度や空気組成も呼吸作用に影響を与える。特に酸素濃度を下げて二酸化炭素濃度を高める CA（Controlled Atmosphere）貯蔵や MA（Modified Atmosphere）包装は，青果物，特に果物におけるエチレンの生成抑制による成熟遅延，それに伴う長期保存を可能とし，香気成分生成にも影響を及ぼす。CA 貯蔵と香気生成に関して最も研究されている青果物はリンゴである[14]。リンゴ果実は CA 貯蔵により数ヵ月保蔵することが可能であるが，CA 貯蔵により香気生成そのものやその前駆体生成に関わる脂質分解などの代謝系が影響を受けることが示唆されている。その結果香気生成が抑制され，CA 貯蔵後空気中で保蔵しても一部の香気成分生成はリカバリーしないこともある[15][16]。また，CA 貯蔵において酸素濃度を極端に下げると，貯蔵中に嫌気的反応が起こり，エタノールやアセトアルデヒドがオフフレーバーとして生成することがわかっている[17][18]。

4.3　その他の収穫後保蔵環境と香気組成（図 2）

青果物の収穫後の変化において，冷蔵や CA 貯蔵のほかにもさまざまな環境による香気組成への影響が見出されている。近年，収穫した青果物は殺菌洗浄のためオゾン処理されることもある。ワイン製造に使われるブドウに対しオゾン処理を施した例では，30 µl/L と 60 µL/L の濃度で 24 時間および 48 時間オゾン処理を行ったところ，短時間のオゾン処理ではリナロールなどのブドウの主要な香気成分は減少したが，高濃度（60 µL/L）で長時間処理すると，逆に遊離の香気成分および香気前駆体となる配糖体が増加する傾向を示し，オゾン処理のストレスによりテルペン類の生合成が進むことが推測された[19]。またイチゴでは，オゾンを含む大気中 2℃で保存したイチゴを 20℃に戻したのち香気分析を行うと，オゾン処理をしたイチゴはそうでないイチゴよりもエステルなどの香気成分が減少することがわかっている[20]。

また，保存中の光の影響については，キャベツやケールでは収穫後に光の明暗を 12 時間おきに切り替えて保存することで，暗所のみで保存した場合よりにおいの前駆体であるグルコシノレートの蓄積が維持され，収穫前と同等の環境にすることも効果的であることがわかっている[21]。

さらに青果物の収穫後の流通過程や保蔵過程において，カビなどの病原体の広がりによって香気組成に影響を及ぼすケースも多い。カンキツ類における緑カビ病は，収穫後の保蔵でよく起こる現象である。レモンでの研究では，果皮の油胞が緑カビ病菌の感染によってリモネンからリモネン過酸化物が生成し，緑カビ病菌に対する防御反応に関与することが示唆されている[22]。一方で，リモネン合成酵素遺伝子の発現を抑制したオレンジ遺伝子組み換え体では，果実における緑カビ病菌の感染が抑制するといわれる[23]。また近年，E-nose と呼ばれるにおいセンサによって，緑カビ病感染果実と正常果実を非破壊分析で判別することができることも報告されている[24]。

– 46 –

5. 総 括

　これまで述べてきたように，青果物の香気組成は収穫後の保存中においてもさまざまな環境で変化し，特にその置かれた環境に対するストレスなどによる生体反応によって各香気成分の生合成のスイッチのON/OFFが入ると考えられる。また近年，植物の発する香気成分は，植物間のコミュニケーションの手段を担っており，特定の香気成分を受容することで抵抗性が増したり，逆に老化が進んだりといったことも分子レベルで研究されている。将来的にこのような知見を活かすことができれば，青果物の収穫後の鮮度や香りの維持を低コストでよりコントロールしやすくなることが期待できるであろう。

文　献

1) G. Chen et al. : *Plant Physiol.*, **136**, 2641 (2004).

2) M. Espino-Díaz et al. : *Food Technol. Biotechnol.*, **54**, 375 (2016).

3) B. G. Defilippi et al. : *Plant Science*, **168**, 1199 (2005).

4) F. Flores et al. : *J. Exp Bot.*, **53**, 201 (2002).

5) L. Alexander and D. Grierson : *J. Exp. Bot.*, **53**, 2039 (2002).

6) K. Kovács et al. : *Phytochemistry*, **70**, 1003 (2009).

7) R. Alba et al. : *Plant Cell*, 17, 2954 (2005).

8) R. J. Schaffer et al. : *Plant Physiol.*, **144**, 1899 (2007).

9) 相良泰行：冷凍，**78**, 42 (2003).

10) F. D. de León-Sánchez et al. : *Postharvest Biol. Technol.*, **54**, 93 (2009).

11) B. L. Gomes et al. : *Food Res. Int.*, **89**, 654 (2016).

12) C. S. Günther et al. : *Food chemistry*, **169**, 5-12 (2015).

13) B. Zhang et al. : *Postharvest Biol. Technol.*, **60**, 7 (2011).

14) M. Espino-Díaz et al. : *Food Technol. Biotechnol.*, **54**, 375 (2016).

15) A. Brackmann et al. : *J. Am. Soc. Hortic. Sci.*, **118**, 243 (1993).

16) L. C. Argenta et al. : *J. Agric Food Chem.*, **52**, 5957 (2004).

17) D. Ke et al. : *J. Am. Soc. Hortic. Sci.*, **116**, 253 (1991).

18) J. P. Mattheis et al. : *J. Agric Food Chem.*, **39**, 1602 (1991).

19) S. R. Segade et al. : *Front. Plant Sci.*, 9 (2018).

20) A. G. Pérez et al. : *J. Agric Food Chem.*, **47**, 1652 (1999).

21) J. D. Liu et al. : *BMC Plant Biol.*, **15**, 92 (2015).

22) S. Ben-Yehoshua et al. : *J. Agric. Food Chem.*, **56**, 1889 (2008).

23) A. Rodríguez et al. : *Plant Physiol.*, **164**, 321 (2014).

24) F. Pallottino et al. : *J. Sci. Food Agric.*, **92**, 2008 (2012).

第 I 章　収穫後の生理

第7節　色素成分と収穫後変化

放送大学 / 山口大学名誉教授　山内　直樹

1.　はじめに

　青果物に含まれる主要な色素成分は，クロロフィル（Chlorophyll），カロテノイド（Carotenoid）およびフラボノイド（Flavonoid）類のアントシアニン（Anthocyanin）である。色素成分は青果物の成熟・老化に伴い変化がみられ，一般的には未熟なものではクロロフィルが多く含まれ，その後，成熟に伴いクロロフィルは減少し，同時に青果物特有のカロテノイドやアントシアニンが生成・蓄積される。このような色素類の生成・分解に関わる酵素類および関連遺伝子について，近年研究が進み解明されてきている。色素の変化は青果物の貯蔵中にも生じ，品質と密接に結びついている。また，色素成分は抗酸化性などの機能性成分として重要であるとともに，色素類の鮮やかさは食に彩を添え，保健食品的効果を示す成分としての役割も担っている。

　本稿では，これら色素の種類，生合成，並びに収穫後変化について解説する。

2.　色素の特性と生合成

2.1　クロロフィル

　クロロフィルは金属イオンとしてMg^{2+}を含むポルフィリン化合物に，高級アルコールのフィトールがエステル結合した緑色の脂溶性色素である。クロロフィルは葉緑体中のチラコイドにタンパク質複合体として存在しており，光を吸収し励起され，光エネルギーを化学エネルギーに変換し光化学系の中心的役割を担っている。青果物に含まれるクロロフィルには構造の違いからa（$R=CH_3$，メチル基）とb（$R=CHO$，ホルミル基）があり（**図1**(A)），aは青緑色，bは緑黄色を示し，吸収スペクトル特性も異なっている。

　クロロフィルの生合成をみると[1)2)]，まず，アミノ酸であるグルタミン酸から5-アミノレブリン酸が合成され，ポルフィリン環を持つプロトポルフィリンが作られる。次に，Mg^{2+}がプロトポルフィリンに挿入されることによりプロトクロロフィリッドaが合成され，次に，クロロフィリッド（Chlorophyllide）を経てクロロフィルとなる。このプロトクロロフィリッドaからクロロフィリッドaへの反応には，光依存型のNADPH-プロトクロロフィリッドレダクターゼ（POR；NADPH-Protochlorophyllide reductase）が作用し，その後，クロロフィルシンターゼ（CHLG；Chlorophyll synthase）によりクロロフィルaが生成される（**図2**）。

－ 49 －

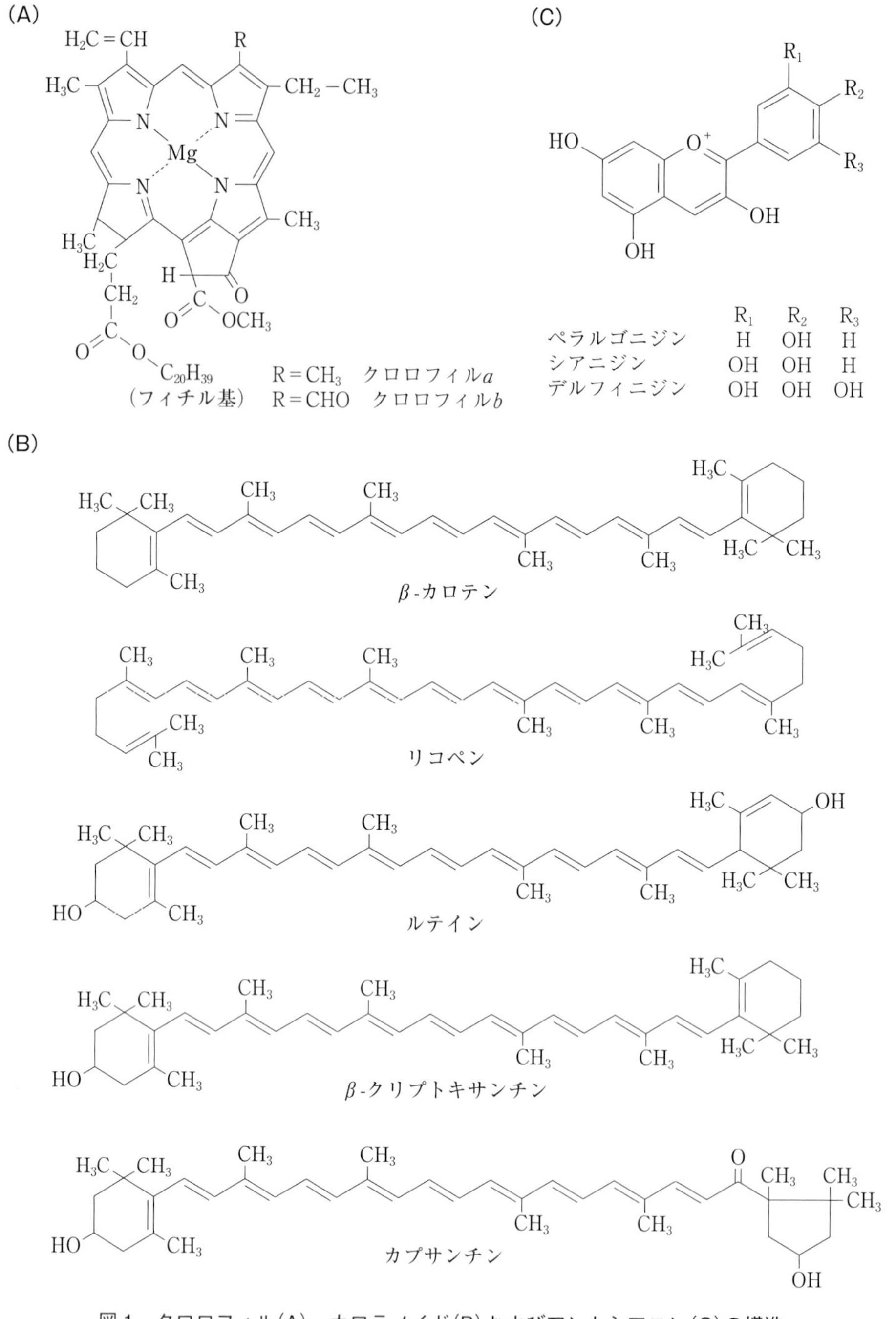

青果物の鮮度評価・保持技術

(A)

クロロフィル構造

R＝CH₃　クロロフィル*a*
R＝CHO　クロロフィル*b*
（フィチル基）C₂₀H₃₉

(C)

	R₁	R₂	R₃
ペラルゴニジン	H	OH	H
シアニジン	OH	OH	H
デルフィニジン	OH	OH	OH

(B)

β-カロテン

リコペン

ルテイン

β-クリプトキサンチン

カプサンチン

図1　クロロフィル(A)，カロテノイド(B)およびアントシアニン(C)の構造

2.2　カロテノイド

　カロテノイドは黄〜赤色を示す脂溶性色素で，イソプレン（C₅H₈）が８個重合したイプレノイドであり，細胞内では色素体に含まれている。葉緑体においてはクロロフィルとともに光捕集機能を持ち，光合成の光化学系において重要な役割を担っている。また，カロテノイドは活性酸素の消去作用を示すことで，光酸化から葉緑体を保護している。青果物に含まれるカロテ

－50－

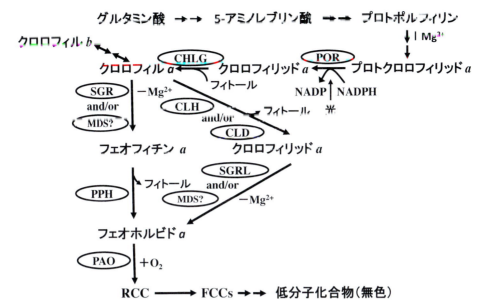

図2 青果物におけるクロロフィルの生合成系と分解系

POR：NADPH-プロトクロロフィリッドレダクターゼ，CHLG：クロロフィルシンターゼ，SGR：Mg-デキラターゼ，SGRL：SGR-LIKE(クロロフィリッド a に作用するMg-デキラターゼ)，MDS：Mg脱離物質，CLH：クロロフィラーゼ，CLD：クロロフィルデフィチラーゼ，PPH：フェオフィチナーゼ，PAO：Pheophorbide a oxygenase，フェオホルビド a オキシゲナーゼ，RCC：Red chlorophyll catabolite，FCCs：Fluorescent chlorophyll catabolites

ノイドにはカロテン(Carotene)類とキサントフィル(Xanthophyll)類(酸素を含み，水酸基を持つ)が含まれ，代表的なカロテン類は β-カロテン(ホウレンソウ，パセリなどの葉菜類，ニンジンなどに含有)，リコペン(Lycopene，トマト，スイカ，カキなどに含有)であり，一方，キサントフィル類は，ルテイン(Lutein，葉菜類など多くの青果物に含有)，β-クリプトキサンチン(β-Cryptoxanthin，ウンシュウミカンなどカンキツ類に含有)およびカプサンチン(Capsanthin，赤トウガラシ，カラーピーマン(赤)などに含有)である[3)-5)](図1(B))。カロテノイドは機能性成分としても重要であり，抗酸化作用を示すとともに，β-クリプトキサンチンは骨代謝に関与し，ルテインは目の機能維持に関与することで注目されている[6)]。

カロテノイドはイソプレンの生合成により開始されるが，これにはメバロン酸を経由する場合とデオキシキシルロースリン酸を経由する場合(非メバロン酸経路)が存在している。カロテノイドは非メバロン酸経路で生合成され，色素体中において，ピルビン酸とグリセルアルデヒド-3-リン酸からデオキシキシルロース5-リン酸シンターゼ(DXS：Deoxyxylulose 5-phosphate synthase)による1-デオキシキシルロース-5-リン酸の合成により開始される。次に，イソペンテニルピロリン酸(IPP；Isopentenyl pyrophosphate)が作られ，IPPの重合が繰り返されゲラニルゲラニルピロリン酸(GGPP：Geranylgeranyl pyrophosphate)となる。その後，フィトエンシンターゼ(PSY：Phytoene synthase)により2分子のGGPPが結合しフィトエンが作られ，ζ-カロテンを経てリコペンが作られる。続いて，β-リングと ε-リングが

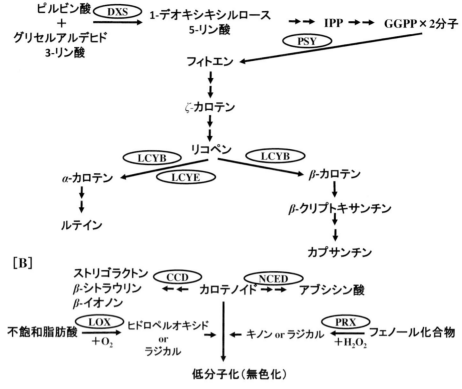

DXS：デオキシキシルロース5-リン酸シンターゼ，PSY；フィテンシンターゼ，LCYB；リコペン β-シクラーゼ，LCYE；リコペン ε-シクラーゼ，CCD；カロテノイド開裂ジオキシゲナーゼ，NCED；9-シス-エポキシカロテノイドジオキシゲナーゼ，LOX；リポキシゲナーゼ，PRX；ペルオキシダーゼ，IPP；イソペンテニルピロリン酸，GGPP；ゲラニルゲラニルピロリン酸

図3 青果物におけるカロテノイドの生合成系(A)と分解系(B)

リコペン β-シクラーゼ(LCYB；Lycopene β-cyclase)とリコペン ε-シクラーゼ(LCYE；Lycopene ε-cyclase)の作用により作られ，リコペンから α-カロテン(β，ε-カロテン)および β-カロテン(β，β-カロテン)がそれぞれ合成される。α-カロテンからはルテインが，一方，β-カロテンからは β-クリプトキサンチン，カプサンチンなどが作られる[7)8)](図3(A))。

果実・果菜類では成熟に伴い，概して総カロテノイド含量の増大が認められる。しかしながら，個々のカロテノイドの変化はさまざまであり，トマトではリコペンの増加と β-カロテンの減少がみられ，ピーマンでは β-カロテンの低下に伴いカプサンチン，カプソルビンの増加が，さらに，ウンシュウミカンでは主として β-クリプトキサンチンの蓄積が検出されている[3)4)]。

2.3 アントシアニン

アントシアニンは赤，紫などの鮮やかな色彩を示す水溶性のフラボノイド類であり，細胞内では液胞に含まれる。アントシアニンは色素部分(アグリコン，Aglycone)のアントシアニジ

ン(Anthocyanidin)に糖が結合され配糖体として，さらに，フェノール化合物(Phenolic compound)のフェノール酸，並びに有機酸がアシル化された形で存在している。アントシアニジンとしては，シアニジン(Cyanidin)，デルフィニジン(Delphinidin)，ペラルゴニジン(Peralgonidin)などがあり(図1(C))，リンゴ，モモではシアニジン，イチゴではペラルゴニジン，ナスではデルフィニジンの配糖体化，さらにはアシル化されたアントシアニンが含まれている。また，アントシアニンは抗酸化能や活性酸素消去能を示す機能性成分として注目されており，ブルーベリーによる視機能改善効果など，新たなアントシアニンによる機能性が検討されている[9]。

アントシアニンの生合成は[10)11)]，フェニルアラニンからフェニルアラニンアンモニアリアーゼ(PAL；Phenylalanine anmmonia-lyase)の作用による *trans*-ケイ皮酸生成に始まり，*p*-クマル酸を経て *p*-クマロイル-CoA が作られる。この *p*-クマロイル-CoA はアントシアニン生合

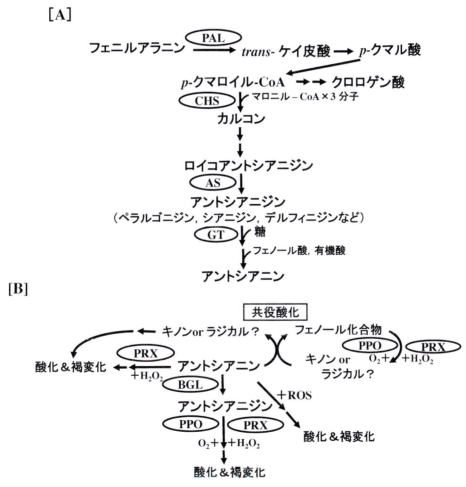

PAL：フェニルアラニンアンモニアリアーゼ，CHS：カルコンシンターゼ，AS：アントシアニジンシンターゼ，GT：グルコーストランスフェラーゼ，BGL：β-グルコシダーゼ，PPO：ポリフェノールオキシダーゼ，PRX：ペルオキシダーゼ，ROS：Reactive oxygen species, 活性酸素種

図4 青果物におけるアントシアニンの生合成系(A)と分解系(B)

青果物の鮮度評価・保持技術

成のみならず，クロロゲン酸など他のフェノール化合物生合成の前駆体となっている。アントシアニンの場合は，p-クマロイル-CoA およびマロニル-CoA からカルコンシンターゼ(CHS；Chalcone synthase)により黄色を示すカルコンが作られ，その後，ロイコアントシアニジンを経てアントシアニジンとなる。アントシアニン生合成の最終ステップは糖やフェノール酸との配糖体化およびアシル化反応である。これらの反応を経て安定化されたアントシアニンが生成される(図4(A))。一般的には，青果物の成長・成熟に伴いクロロフィルが減少し，個々の青果物特有のアントシアニンが蓄積される。

3. 収穫後の色素分解

3.1 クロロフィル

収穫後青果物ではクロロフィルの分解に伴いクロロフィル a 誘導体の生成が認められる。検出される主な誘導体としては，クロロフィリッド a，フェオフィチン(Pheophytin)a，フェオホルビド(Pheophorbide)a および酸化分解で生じる 13^2-ヒドロキシクロロフィル a である[12]。近年，植物での色素分解系については生合成系同様，遺伝子レベルでの研究が進み，クロロフィルについても葉緑体中に存在する新たな分解系が解明されている[13][14](図2)。クロロフィル a の分解は古くからエステラーゼであるクロロフィラーゼ(CLH；Chlorophyllase)が作用し，クロロフィリッド a とフィトールに分解されると考えられていた[15]。しかしながら，特異的にフェオフィチン a に作用するフェオフィチナーゼ(Pheophytinase)をコードする PPH 遺伝子，並びに Mg^{2+} の脱離作用を担う Mg-デキラターゼ(Mg-Dechelatase)をコードする $STAY$-$GREEN$(SGR)遺伝子が発見され，クロロフィル a ⇒フェオフィチン a ⇒フェオホルビド a を経て低分子化される系が注目されている[13][14]。また，クロロフィル a およびクロロフィリッド a，特にクロロフィリッド a から Mg イオンの脱離に関与する低分子の Mg 脱離物質(MDS；Mg-Dechelating substance)の存在も報告されている[16]。さらに，最近，CLH とは異なり，クロロフィル a に作用するクロロフィルデフィチラーゼ(CLD；Chlorophyll dephytylase)の関与も示唆されている[17]。

収穫後青果物では急激なクロロフィル分解がみられ，酸化型のクロロフィル a が誘導体として存在すること，また，13^2-ヒドロキシクロロフィル a はクロロフィル分解ペルオキシダーゼ(CHL-PRX；Chlorophyll-degrading peroxidase)によるパラ位に水酸基を持つフェノール化合物の酸化分解に伴い生じることから，上記の主経路以外に CHL-PRX によるクロロフィル酸化分解の関与が示唆される[12](図5)。ブロッコリーでは花蕾黄化に伴い新たな CHL-PRX アイソザイムが誘導されるとともに，葉緑体での局在が確認されている[18]。また，クロロフィル分解に伴う CHL-PRX 遺伝子発現の増大も報告されている[19]。さらに，CHL-PRX による酸化分解は生じたフェノキシラジカルに因っていることから，生成したフェノキシラジカルがクロロフィル以外の他の色素分解にも関与する可能性も考えられる。これらクロロフィル分解系が個々の収穫後青果物においてどのように関与しているのかについては今後の検討が待たれる。

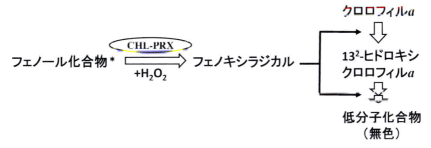

*pクマル酸，アピゲニン，ナリンゲニンなどのパラ位にOH基を持つフェノール化合物
CHL-PRX：クロロフィル分解ペルオキシダーゼ

図5　クロロフィル分解ペルオキシダーゼによるクロロフィルの酸化分解

3.2　カロテノイド

　収穫後青果物は追熟・老化に伴い葉緑体から有色体に変化し，青果物特有のカロテノイドの蓄積が認められる。しかしながら，カロテノイドはクロロフィルと異なり追熟・老化に伴う急激な減少はほとんどみられない。また，カロテノイドの分解により生成されるアポカロテノイド（Apocarotenoid）は植物ホルモンや香気成分の前駆体となっており，収穫後においてもターンオーバーが活発に行われているものと考えられる[4)8)]。

　アポカロテノイドの生成にはカロテノイド開裂ジオキシゲナーゼ（CCD；Carotenoid cleavage dioxygenase）および9-シス-エポキシカロテノイド・ジオキシゲナーゼ（NCED；9-*cis*-Epoxycarotenoid dioxygenase）が作用しており，植物ホルモンであるストリゴラクトンやアブシシン酸，カンキツ類の赤色カロテノイドであるβ-シトラウリン並びに香気成分であるβ-イオノンなどが生成される（図3(B)）。また，追熟・老化に伴いリポキシゲナーゼ（LOX；Lipoxygenase）やペルオキシダーゼ（PRX；Peroxidase）などの酸化酵素がカロテノイド分解に関与しており[3)]，これらの反応は生じた脂肪酸ヒドロペルオキシドとそのラジカルやフェノール化合物のキノンとそのラジカルが関与しているものと考えられる。

　収穫後青果物の貯蔵に伴うカロテノイドの変化をみると，トマト，ニンジン，ビワ，カキなどではほとんど変化がみられないか，むしろ増大を示すものが認められる。カキではβ-クリプトキサンチンの増加が，また，トマトではリコピンの蓄積が完熟までみられる。一方，ブロッコリーでは花蕾の黄化に伴いβ-カロテンの低下とβ-クリプトキサンチンおよびゼアキサンチンの増加が認められている。このように，カロテノイドは貯蔵に伴い個々の青果物特有の変化を示す[20)21)]。

3.3　アントシアニン

　収穫後青果物におけるフェノール化合物の酸化分解にはポリフェノールオキシダーゼ（PPO；Polyphenol oxidase）やPRXが関与しているが，アントシアニンも同様に両酵素が関与している[22)]（図4(B)）。この反応には，アントシアニンからβ-グルコシダーゼ（BGL；β-Glucosidase）によりアグリコン（アントシアニジン）が形成され，その後PPOやPRXが作用する場合，PRXが直接アントシアニンの酸化に作用する場合，さらに，PPOやPRXがフェ

ノール化合物を酸化し，生成されたキノンがアントシアニンを酸化する共役酸化が関与する場合が考えられ，最終的には褐色の高分子化合物となる。また，アントシアニン分解には活性酸素種の関与もライチ果皮で示唆されている[23]。

文　献

1) U. Eckhardt et al.：*Plant Mol. Biol.*, **56**, 1 (2004).

2) 三室守ほか：クロロフィル―構造・反応・機能，181-196，裳華房(2011).

3) J. Gross：Pigments in Vegetables, AVI Book (1991).

4) 加藤雅也：化学と生物，**49**，843(2011).

5) J. Gross：Pigments in Fruits, Academic Press(1987).

6) 矢賀部隆史ほか：日薬理誌，**141**，256(2013).

7) 高市真一ほか：カロテノイド―その多様性と生理活性，裳華房，109-156(2006).

8) A. Ohmiya et al.：*Hort. J.*, **88**, 135(2019).

9) 大庭理一郎ほか：アントシアニン―食品の色と健康―，建帛社(2000).

10) 中嶋淳一郎ほか：蛋白質・核酸・酵素，**47**，217(2002).

11) Y. Liu et al.：*Front. Chem.*, **6**, 52(2018).

12) N. Yamauchi, Y. Kanayama and A. Kochetov (editors)：Abiotic Stress Biology in Horticultural Plants, Springer, London, 101-113(2015).

13) J. Mach：*Plant Cell*, **28**, 2887(2016).

14) B. Kuai et al.：*J. Exp. Bot.*, **69**, 751(2018).

15) R. B. H. Wills and J. B. Golding：Postharvest. An Introduction to the Physiology and Handling of Fruit and Vegetables, CABI (2016).

16) Y. Shioi et al.：*Plant Physiol. Biochem.*, **34**, 41(1996).

17) Y-P. Lin et al.：*Plant Cell*, **28**, 2974(2016).

18) S. Aiamla-or et al.：*Food Chem.*, **165**, 224 (2014).

19) X. Ma et al.：Environ. *Exp. Bot.*, **145**, 1(2018).

20) 木村進，加藤博通ほか編著：食品の変色の化学，光琳，187-290(1995).

21) 山内直樹，茶珍和雄ほか編著：園芸作物保蔵論，建帛社，53-59(2007).

22) M. Oren-Shamir：*Plant Sci.*, **177**, 310(2009).

23) N. Ruenroengklin et al.：*Food Chem.*, **116**, 995(2009).

第1章　収穫後の生理

第8節　生理障害

大阪府立大学名誉教授/帝塚山学院大学　阿部　一博

1.　生理機能の低下と生理障害

●収穫後の老化による生理機能の低下と生理障害

　青果物は収穫されることで，個体の生命維持や生理代謝に必要な物質の供給が断たれた状態となるが，収穫後も一定期間は生理機能が作用して生命活動を行っている。しかも個体内には栽培期間中からさまざまな微生物が存在した状態である。つまり，生命体である青果物内に存在する微生物と共存した状態であるが，個体内の微生物に対する抵抗物質が多くて生命維持能力が高い場合は，微生物の生育を抑制している。しかし，青果物が老化したり，切断などのストレスを受けると共存・拮抗していた微生物の生育が促進されて，腐敗につながる。

　青果物の劣化を防ぐことが，品質保持に繋がるので，さまざまな方法で青果物自体の生命維持を図り，微生物の生育を抑制している。

　しかし青果物の個体外部からの物質供給が断たれた状態で，炭水化物やタンパク質などの貯蔵物質分解することで生命維持を図っているので，限界がある。このような分解過程が老化であり，老化の過程では，ミトコンドリアやミクロソームなどの細胞内小器官の生体膜のダメージが鍵となるが，その結果青果物の組織の劣化に繋がる。老化はエチレンなどの植物ホルモンによって促進される。

　老化には，貯蔵中の温度制御や環境ガス組成などが深く関与するので，低温貯蔵やCA貯蔵などが実用化されている。しかし，青果物は植物学上さまざまな器官が利用されており，生育段階や生理活性が異なるので環境に対する感受性も異なる。青果物の生命活動の限界を超えた温度やガス組成・濃度は，青果物の生理代謝に異常を起こし，生理障害となり，品質の低下や微生物の生育を促進することがある。

　生理障害には以下のようなものがある。

2.　生理障害

2.1　低温障害

　低温管理は，青果物の貯蔵や流通手段として最も効果的で広範な品質保持方法であり，現今では低温流通技術システム（コールドチェーン）が発達している。しかし，凍結点以上の低温に一定期間置かれると，生理的に障害が発生することがあり，これを低温障害という。

　低温障害は，凍結点以下で発生する凍結障害とは異なり，凍結点以上の温度（0～15℃）で発

－ 57 －

青果物の鮮度評価・保持技術

生する障害であり，発生に関与する低温域や発生するまでの期間は青果物の種類によってさまざまである。

　表1に示したように，熱帯や亜熱帯を原産地とする青果物は，収穫後の低温耐性が小さいので低温障害を発生する。

表1　低温障害が発生する主な青果物の種類・原産地・発生温度(℃)・症状

インゲン	南米	8〜10	表皮が水浸状・ピッティング
オクラ	東アフリカ	7〜8	表皮が水浸状・褐色斑点
カボチャ	北中米	7〜9	内部褐変
キュウリ	中近東	7〜8	ピッティング・水浸状軟化
スイカ	アフリカ	6〜7	果皮軟化・オフフレーバー
メロン	アフリカ	4〜10	ピッティング・追熟不良
サツマイモ	南洋	9〜10	内部と表皮褐変
トマト　熟果	南米	7〜10	水浸状軟化
トマト　未熟果	南米	12〜13	着色・追熟不良
ナス	インド	7〜8	ピッティング・果肉と種子褐変
ピーマン	南米	7〜8	ピッティング・種子褐変
アボカド	中米	5〜10	追熟不良・果肉褐変
オレンジ	アッサム	3〜7	果皮褐変・ピッティング
ハッサク	日本	5〜8	虎斑症(褐色のピッティング)
ナツミカン	日本	5〜8	虎斑症(褐色のピッティング)
バナナ	熱帯アジア	12〜14	果皮と果肉褐変・追熟不良
パイナップル	南米	5〜7	果芯褐変・追熟不良
パパイヤ	中南米	8〜10	ピッティング・追熟不良
マンゴー	熱帯アジア	7〜11	果皮ヤケ症状・追熟不良
リンゴ	中近東	2〜4	内部褐変・ヤケ症状

2.1.1　発生温度と症状

　表1に示したように，青果物の種類が異なると発生温度域や症状が異なる。また表1には示していなが，発生に要する低温保持期間は青果物の種類によって異なる。

　ナスの果肉・種子褐変は1℃で2〜3日で発生し，ハッサクの虎斑症発生(図1)には，5〜8℃で2〜3ヵ月を要する。

　障害の症状は，一般には果皮の小陥没(ピッティング，図2，図3)，果皮の水浸状症状，果肉や種子の褐変が主なもので，クライマクテリック青果物では着色不良(図7，後述)や追熟不良が起きる。

　低温障害の発生には，青果物の品種，熟度，栽培期間の温度，栽培中肥培管理などの条件が大きく影響するので，表1の温度域などはその青果物の低温障害発生の目安である。

　例えば，筆者が行ったナス果実の低温障害に関する一連の研究では，未熟な果実では果肉と種子の褐変は1℃で2〜3月で発生するが，適熟果ではそれより遅れて発生し，過熟果ではさらに遅れて発生した。ピッティングの発生は，適熟果が過熟果より早く，冷涼な時期に収穫した果実におけるピッティングの発生は，盛夏に収穫した果実の発生より遅れた。また，ナス果実では品種が異なると低温障害発生には差異があったが，商品性保持期間は，10〜15℃＞20℃＞1℃であった。

－58－

家庭の冷蔵庫から取り出したピーマンやナスを切断すると種子が褐変していたり、冷やしておいたバナナの果皮が全体的に褐変している場合があるが、これらが身近な低温障害の実例である。

一般的に、低温貯蔵中の青果物を昇温すると生理活性が急変して、低温障害の症状は急激に進むので、出庫後の品質劣化は非常に速くなる。

2.1.2 生理・化学的変化と組織学的変化

低温障害を発生する青果物では、低温ストレスによる生理・化学的変化として、呼吸量の増加、エチレン生成の誘導、生体膜透過性の増加、原形質流動の低下、生体エネルギー生成の阻害、代謝の異常、毒性物質の蓄積などが起こる。

図1　低温貯蔵したハッサクに発生した虎斑症

低温障害の症状として、果皮・果肉・種子の褐変があるが、褐変発生には酵素的褐変の基質であるフェノール物質の蓄積や酸化酵素活性の増加が関与し、アスコルビン酸の減少が認められている。このアスコルビン酸の減少は、フェノール物質の酸化的な反応の防御作用の結果である。

低温障害の症状として水浸状症状があるが、これは生体膜の透過性が低温の影響を受けて、細胞内の電解質の漏出が促進されることで細胞間隙に漏出物が蓄積されるためである。

多くの青果物で発生するピッティングは、表皮が陥没する症状であるが、図3のように走査電子顕微鏡観察では表皮細胞の破壊は観察され

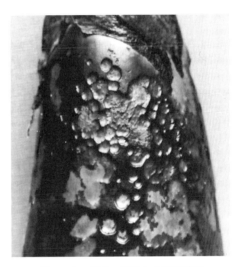

図2　ナス果実に発生した低温障害
（ピッティングと果皮褐変）

図3　走査電子顕微鏡で観察したナスのピッティング（（左）：直径1〜2 mm）と
　　　複数のピッティングが連なった状態（右）

ない。図3(左)のようにナス果実に発生した直径1〜2 mmのピッティングを光学顕微鏡で観察すると，表皮から数層内部の柔組織の細胞が褐変・変形しており(図4)，図3(右)のように数個のピッティングが連なっている組織を光学顕微鏡で観察すると，表皮から数層〜十数層内部の柔組織の褐変・変形が観察された(図5)。ピッティングの発生は，個体外部からの物理的損傷に因るものではなく，生理化学的変化が陥没を誘導することが明らかとなっている。

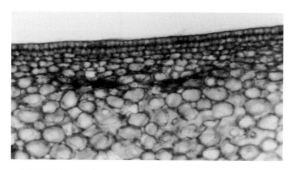

図4 光学顕微鏡で観察したナス果実の小さなピッティングの切断面

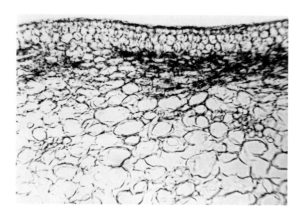

図5 光学顕微鏡で観察したピッティングの切断面
左側：軽微な陥没部，右側：顕著な陥没部

また透過型電子顕微鏡観察では，トノプラスト(液胞膜)の崩壊とミトコンドリアの外膜・内膜の変形(スエリング)が観察された(図6)ことから，低温障害発生においては，細胞内小器官の生体膜透過性の異常が一因であることが明らかとなっている。

2.1.3 発生機構

低温障害発生の一因として，生体膜の脂肪酸が低温によって液相構造から固相に相転換し，膜構造の変化が，透過性の増大，膜酵素の変化，呼吸代謝の異常などの生化学的変化であるとされていた。これは低温障害発生時に電解質の漏出が急増することとも一致する。また，近年では低温ストレスによって発生した活性酸素種が，生体膜，酵素タンパク質に異常が生じるとの報告などがあり，活性酸素種による酸化的損傷はアスコルビン酸などの抗酸化物質や酵素による抗酸化除去機構が関与するとした報告などがある。

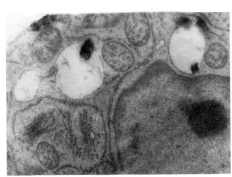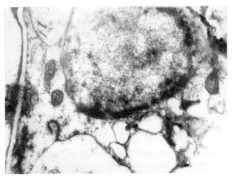

図6　透過型電子顕微鏡で観察したナス柔組織の細胞小器官
(左)正常な部位，(右)ピッティング発生部

現在でもさまざまな観点から低温障害発生機構に関する報告がみられるものの，障害発生の理由を明確にした報告はない。

2.2　高温障害

収穫された青果物が高温に晒される可能性として，2つのケースが考えられる。
(1)　夏季高温期の圃場において収穫された青果物が太陽光や熱風に晒されるのが，第1のケースである。

近年では，収穫された青果物をなるべく早く予冷の処理を行うように圃場の収穫作業工程が設定されているが，小規模な生産者では少量であるが，高温障害が発生することがある。
(2)　第2のケースが，青果物の殺菌や殺虫のために熱処理を行う場合があり，不適切高温や長時間の高温暴露で高温障害が発生することがあるが，レアなケースである。

高温障害は35℃以上の温度で起こるが，青果物の酵素活性が30℃以上で低下し，40℃を超えると失活するためである。

熱帯で栽培されているバナナが30℃以上に暴露されると，果皮着色と揮発性成分の生成が抑制され，追熟も阻害される。

トマト果実(図7)は，長期間の35℃以上の温度下の貯蔵で，エチレン生成，着色，果肉の軟化などが抑えられるが，高温が短期間の場合は果実を20℃に戻すと追熟過程の抑制は回復する。

流通過程で青果物が高温に晒される可能性は低いが，圃場の直射日光によって青果物の一部が高温障害になることはあるので，留意が必要である。

2.3　ガス障害

ガス障害として，青果物自体が含有する揮発性成分などによるものと貯蔵環境ガス(酸素と二酸化炭素)によるものが考えられる。

前者として，貯蔵環境が不適切な場合に生体内が嫌気状態になることで発生するアルコールやアルデヒド蓄積による障害が発生する場合やカキ脱渋中に発生する過剰なアセトアルデヒドなどがある。

青果物の鮮度評価・保持技術

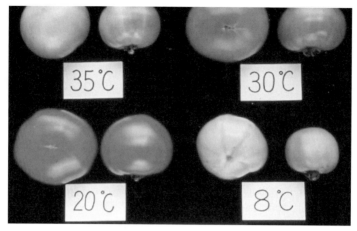

図7 異なる貯蔵温度におけるトマト果実の着色状況
各温度で緑熟果を8日貯蔵，20℃と30℃：正常に着色，8℃と35℃：着色不良

　貯蔵環境ガス中の酸素濃度が低下すると正常な呼吸生理に影響が生じ，TCAサイクルの代謝が阻害されて青果物にとって有害なアセトアルデヒドやアルコールが生成されることで代謝異常が促進される。その結果として，生命体としての機能が無くなり，ガス障害が現れる。貯蔵環境中の酸素濃度が80％になると呼吸生理に影響を及ぼす報告がみられるが，実情の流通条件では起こり得ない酸素濃度である。
　高濃度二酸化炭素濃度は，CA貯蔵やMA貯蔵あるいは包装条件によって発生する場合があるので留意が必要である。高濃度二酸化炭素濃度によるガス障害は全ての青果物で発生し，青果物では嫌気代謝が誘導されるので異臭の発生が顕著で，組織の褐変が観察される。
　図8は青ウメ果実の包装条件によって発生したガス障害である。有効ポリエチレン包装(左)では，空気組成と同じガス組成なので正常に黄色に着色したが，ポリエチレンで密封包装を行うと青ウメ自体の呼吸作用によって包装内が高濃度の二酸化炭素条件になり，外観の緑色は保

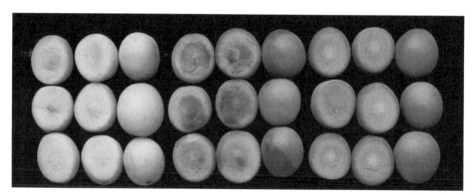

図8 異なる包装方法で貯蔵した青ウメの外観と果実の切断面
20℃8日貯蔵，(左)有効ポリエチレン包装，(中)ポリエチレン密封包装，(右)エチレン除去剤を封入したポリエチレン密封包装

たれているが，切断すると果肉の褐変が観察され，異臭の発生も顕著であった（中）。しかし，ポリエチレン密封包装の中にエチレン除去剤を封入することで二酸化炭素が蓄積しないので，果皮も果肉も正常な緑色が保持（右）されている。

　筆者が行った適正な包装資材を検索する研究において，各包装資材で下記の供試材料の密封包装を行い観察した。異臭が発生しやすいブロッコリーとネギならびに褐変が発生しやすい生シイタケを供試材料することで第一段階では異臭発生と外観的な評価を行い，包装資材の第一選抜の後に品質評価などを行うことでスムースな研究を進めることができた。

文　献

1) C. Y. Wang : Chilling Injury of Horticultural Crops, CRC Press, 71-84(1990).

2) 茶珍和雄編：園芸作物保蔵論，建帛社，193-203(2016).

3) 緒方邦安編：青果保蔵汎論，建帛社(1977).

4) 岩田隆他：食品加工学，理工学社(1996).

5) 園芸学会編：新園芸学全編，養賢堂(1998).

6) 矢澤進編：野菜新書，朝倉書店(2003).

7) 長澤治子編：食べ物と健康，医歯薬出版(2019).

第 2 章

青果物の最適貯蔵条件

第2章　青果物の最適貯蔵条件

第1節　野菜類

山形大学　平　智

1. 青果物としての野菜類の特徴

　野菜は種類が大変多く，現在世界では約850種類，日本でも約140種類が利用されていると
いわれる[1]。野菜は，従来からその可食部によって，葉や花や茎を利用する葉菜類，地下部を
利用する根菜類，果実や種子を利用する果菜類の3種類に分類されてきた[2][3]。しかし，農林
水産省は最近，キャベツ，ホウレンソウ，タマネギ，セルリーなどの葉茎菜類，トマト，カボ
チャ，エダマメ，スイートコーンなどの果菜類，イチゴ，スイカ，メロンなどの果実的野菜，
ダイコン，ニンジン，レンコン，サトイモなどの根菜類の4つのグループに分けることを提唱
している[1]。

　野菜や果実などの青果物の特徴は，第一に収穫後もそれ自身が生命体として成育中と変わら
ない生命活動を維持することであるが，野菜類にはとりわけ呼吸（respiration）や蒸散
（transpiration）を盛んに行うものが多い[1][4][5]。例えば，アスパラガスやブロッコリーでは呼吸
が，ホウレンソウやコマツナでは蒸散がとても盛んである[1][6]。したがって，野菜類の貯蔵に
おいては，呼吸と蒸散をいかにうまく抑えるかが一番のポイントになる。

　青果物としての野菜類の特徴として，それぞれの作物にいわゆる旬があることがあげられ
る。トマトの旬は夏であり，ホウレンソウは本来冬が旬の野菜である。しかし，近年はハウス
（施設）栽培の普及や作型（cropping type，目的とする時期に収穫・出荷するための，品種別，
作付け時期別，産地別の栽培体系のこと[1]。時代や社会情勢によって変化する）の多様化によっ
て周年栽培される野菜が増加している。このような栽培体系の多様化は，野菜類の多様な品種
（成熟期の違う早生，中生，晩生品種など）をうまく利用することによってもたらされる面が大
きいが，収穫後の貯蔵性には品種間差がある。また，同一品種でも作型や収穫時期の違い，露
地栽培されたものかハウス栽培されたものかによって貯蔵性が違ってくることがある。つま
り，同じ種類の同じ品種の野菜でも栽培条件や産地，収穫熟度の違いなどによって，それらの
品質や貯蔵性に違いが生じるのが普通である[7]。

　そのほか，野菜は，生鮮食料品となるばかりでなく，果汁やペーストなどの加工品の原料に
もなる。加工原料になる野菜にふさわしい貯蔵条件は，生鮮食料品のそれとは異なることもあ
る。また，次節で述べる果実類とは異なり，種類によっては収穫後も植物としての成長を続け
るものがある。例えば，アスパラガスは収穫後も茎の伸長を続けようとするし，ブロッコリー
は開花しようとする。ハクサイは抽苔へと，キュウリの種子は成熟に向かおうとする[6]。この
ような植物としての生理現象が観察される野菜については，収穫後の輸送や中間的な貯蔵に際

- 67 -

青果物の鮮度評価・保持技術

しても十分な配慮が必要になる[4]。

2. 温度，湿度，ガス環境条件の影響

　一般に，収穫後の青果物の呼吸活性は低温条件下ほど低くなる。温度が10℃上昇すると呼吸速度が何倍になるかを呼吸の温度係数 Q_{10} と呼んでいるが，収穫後の野菜類の Q_{10} は約2～3程度である[4][5]。つまり，貯蔵温度を10℃低くすれば，呼吸は1/2～1/3に抑えられる。ただし，後述する低温障害（chilling injury）の発生に十分注意する必要がある。

　収穫後同一温度条件下に置かれた野菜類の呼吸は，種類や品種だけでなく，部位や齢，傷害の有無やその程度によっても相当異なる。コマツナやブロッコリーのような葉物や若い芽の呼吸作用は著しく激しいのに対して，ジャガイモやタマネギなどの貯蔵組織や休眠中の器官の呼吸は比較的穏やかである[1]。また，多くの野菜は，切り傷やすり傷などの傷害を受けると，傷害エチレン（wound ethylene）が発生して呼吸が促進されることがある[4]-[7]。

　キュウリ，ナス，ピーマンをはじめ，熱帯・亜熱帯原産の野菜類にはしばしば低温障害が発生する[6]。これらの野菜を0℃近くの条件で貯蔵すると，果面にピッティング（pitting，陥没）が発生したり，内部褐変が生じたりする[8]。したがって，野菜類は貯蔵に際してなるべく低温条件下に置くことが望ましいが，低温障害を生じるものについては発生温度域より少し高い温度が適温ということになる。

　一方，青果物を収穫後30～35℃の高温条件下に置くと，呼吸や蒸散が増大し，高温障害（heat injury）を呈するものがある。例えば，トマトやバナナでは追熟が抑制されたり，色素生成が阻害されたりする[8]。ただし，短期間の高温条件をうまく用いると，低温障害の発生を抑制したり成熟や老化を抑制したりできることがあり，貯蔵性の付与効果が期待できる場合もある[8]。

　野菜類の多くは80～90%以上の水分を含んでいるが，たいていのものは重量の約5%を失うと商品価値が損なわれる[1][5]。つまり，収穫後の鮮度低下は水分損失と密接な関係がある。一般に，蒸散の強弱は湿度環境の影響を強く受けるが，周囲の温度や空気の動きも重要な要因になる[1]。貯蔵温度の低下に伴って蒸散が大きく低下する野菜には，キャベツやタマネギなどがある。温度が低下してもさほど蒸散量が変化しないものにはダイコンやトマトなどがある。ただし，セルリー，アスパラガス，ホウレンソウなどは，温度条件にかかわらず常に蒸散が激しい[1][7]。

　温度，湿度に次いで，環境中の酸素と二酸化炭素濃度が貯蔵性に大きく影響する。一般に，呼吸は酸素濃度が低下すると抑制される。また，低酸素は成熟ホルモンであるエチレン（ethylene）の生成を抑える。ただし，過度の低酸素条件下では嫌気呼吸（anaerobic respiration，発酵）が誘導され，異味異臭などの障害の発生を招く[4]-[7]。したがって，多くの青果物の貯蔵に最適な酸素濃度は2～3%である。高濃度の二酸化炭素はエチレンの生成や作用を抑制する。高二酸化炭素濃度は従来呼吸の抑制に働くと考えられてきたが，それは一部の青果物に限られ，エチレン生成や作用の抑制を介した結果であることがわかった[9][10]。なお，二酸化炭素も濃度が高すぎるとガス障害を生じるが，限界濃度は青果物の種類や品種によって大きく異なる。

　ガス障害が発生しない低酸素および高二酸化炭素条件下に青果物を置くことで，呼吸やエチ

－68－

レン生成や作用が抑えられ，貯蔵期間を効果的に延長することができる。気密性のある低温貯蔵庫を用いて，庫内のガス環境を目的とする青果物に最適な条件に人工的に制御する貯蔵法をCA（controlled atmosphere）貯蔵という。CA貯蔵には大がかりな施設や設備が必要になるので，厚さの違うポリエチレンなどガス透過性の異なる各種プラスチックフィルムを選択使用して，貯蔵する青果物自身の呼吸作用を利用しながら貯蔵袋内に最適なガス環境を実現・維持しようとする貯蔵方法をMA（modified atmosphere）貯蔵と呼んでいる[4]-[7][9][10]。プラスチックフィルム包装には蒸散の抑制効果も期待できるので好都合な場合が多い。ただし，フィルム内面に生じる過度の結露が問題になることがあり，近年は内面結露を防止する防曇フィルムなども開発されている[5][6]。

　収穫後の青果物のなかには自らエチレンを生成し成熟や老化が進むものも多い。したがって，貯蔵環境から発生したエチレンを除去（吸着あるいは分解）したり，エチレンの生成や作用を抑制したり阻害したりすることによって貯蔵期間の延長が期待できる。エチレンの除去剤としては活性炭やゼオライトなどが利用され，また，オゾンを利用したエチレン分解装置なども作製されている[4]-[7]。さらに，近年，効果の極めて高いエチレンの作用阻害剤として，1-メチルシクロプロペン（1-MCP：1-methylcyclopropene）が開発されたが，次節で述べるように，現在日本では数種の果実のみに使用が認可されている[9][10]。

3.　貯蔵に影響するその他の要因

　収穫の直後，貯蔵前に前処理として行う予措（pre-storage conditioning）も青果物の貯蔵性に影響する。野菜類に行われる予措には，予冷（precooling），乾燥予措，キュアリング（curing）などがある[7]。予冷は，低温条件下での流通や貯蔵に先がけて可能な限り早く品温を下げる技術で，強制通風予冷，差圧予冷，真空予冷，冷水予冷などの方法がある[9][10]。本来，予冷は予措の一種であるが，最近は独立した技術としてとらえられることも多い。野菜では，特に葉菜類に高い効果が認められ，鮮度保持や貯蔵期間の延長が可能である。乾燥予措はタマネギなどで行われる。また，サツマイモで実施されるキュアリングは，35℃，湿度90％前後の環境下に数日間置くことによって，収穫時にできた傷口にカルスを形成させ，貯蔵中の蒸散を抑えることができるとともに病害の発生も防止する。

　野菜類の栽培条件の違いも貯蔵性に影響する。一般に，成育中の気象条件が良くなかった場合，収穫後の貯蔵性が低下することが多い。また，大きな果実は小さな果実に比べると，貯蔵性が劣ることが多いとされる[7]。このほか，栽培する季節（時期）や作型の違い，土壌水分，施肥や台木の違いなども青果物の品質や貯蔵性に影響を及ぼす。エダマメやスイートコーンでは，収穫する時刻（時間帯）によって品温や品質が異なるが，このことが貯蔵性に影響を及ぼすこともある[5][7]。

　そのほか，貯蔵目的や貯蔵品目の形態に関連して配慮が必要になる場合がある。例えば，ジャガイモの貯蔵適温は通常2〜3℃であるが，ポテトチップスの加工原料として貯蔵する場合，この温度域では貯蔵中にデンプンの糖化が進んで加工時に褐変（糖とアミノ酸によるメイラード反応）しやすくなる。したがって，ポテトチップス加工用のジャガイモは7〜13℃のや

や高い温度域で貯蔵することが望ましい[6]。また，貯蔵時の青果物の姿勢が貯蔵性に影響する場合もあり，アスパラガスは横に寝かせて貯蔵すると呼吸量が増すので，成育中と同じように立てた状態で貯蔵するのが望ましい[6]。さらに，最近需要が増加しているカット野菜やペーストなどの加工品を貯蔵する場合にも，缶詰やビン詰が適当か，レトルト包装やプラスチックフィルム包装が効果的か，個別に検討が必要である。特にカット野菜では，障害エチレンの影響を抑えるためのエチレン除去剤封入の是非や製品のカット方法（スライスにするかスティックにするかなど）の選択についても検討する必要がある[5]。

4. 最適貯蔵条件

以上に述べてきたことから，野菜類の最適貯蔵条件は，基本的には低温＋高湿度＋CAガス条件＋低エチレン＋カビ・微生物などの増殖がないことによって実現できる。ただし，野菜の種類，さらに品種ごと個別に貯蔵条件を最適化する必要があり，その技術体系は極めて複雑であるといえる。

具体的な貯蔵温度は，低温障害を起こす危険性がない野菜については0℃付近，低温障害発生の危険性があるものは7〜15℃付近が最適である。なお，最近は家庭用冷蔵庫に「野菜室」が装備されているものも多く，低温障害を起こしやすい野菜の貯蔵に配慮されている。湿度は，ほとんどの野菜で90〜95％の高湿度が望ましいが，タマネギやカボチャなどは高湿度条件下では腐敗の危険性があるので50〜70％程度が最適とされる[5][6]。

貯蔵可能期間は品目によって大きく異なり，オクラやサヤインゲンなどのように1週間前後と短いものから，キャベツやヤマイモなどのように数ヵ月間程度とかなり長いものまである。詳細については，国立研究開発法人農業・食品産業技術総合研究機構（農研機構）のホームページに国内外の最新の研究データを参考にして随時更新される資料が公開されている[11]ので参照していただきたい。

繰り返し述べているように，野菜類の鮮度保持には低温条件が欠かせないが，当該の野菜が収穫直後から消費者の手元に届くまで絶えず低い温度条件下に置かれ続けることが大変重要である。このような低温流通過程はコールドチェーン（cold-chain）と呼ばれ，1960年代後半から注目されはじめた[12]。コールドチェーンのスタートは先述の予冷であるが，それに続く冷蔵貯蔵，低温条件下での輸送を経て，昨今はスーパーマーケットや量販店の店頭においても低温下で陳列されることが多い。特に，軟弱野菜には定期的に冷水を噴霧するなど，きめの細かい管理が実行されるケースが増えてきている。

野菜類の特別な貯蔵法の1つに放射線貯蔵がある。日本では，ジャガイモの発芽抑制を目的としてγ線を用いた方法が実用化された[4][5]。また，果汁やペーストなどの加工品には凍結貯蔵が有効な場合も多い[12]。さらに，省エネルギーの推進が人類共通の課題になっている現在社会においては，雪中貯蔵や雪室貯蔵，洞窟や坑道跡などを利用した天然貯蔵法も注目されている[6]。

いずれにしても，どんな野菜でも不必要なまでに長期間貯蔵したものを食べるより，なるべく新鮮なものを利用することが望ましいことは言うまでもない。したがって，目的とする貯蔵

期間に最もふさわしい貯蔵条件を与えてやることが，省エネルギーの観点からも最適であるといえよう。雪国山形県の米沢市郊外では「雪菜」と呼ばれる在来野菜が生産されている。タイサイと遠山カブの雑種といわれるが，葉柄と花茎を主な可食部として，収穫後適度に熱湯にくぐらせて(ふすべて)密封し，独特の辛味と香気を醸成させたのち浅漬けにして食べる。雪菜は，雪が積もる前にいったん収穫し，稲わらと土で囲むように寄せ植えをする。やがて雪が降り積もり，雪の下で茎葉は軟白するが，呼吸熱のもとで自らの葉を栄養源として次第に苔(花茎)を成長させる。深い雪の下から雪菜を掘り出し，植物体の中心部のみを利用する[13]。雪菜の栽培技術は，冬期間にも新鮮な野菜を味わおうとした先人の知恵の結晶であるが，見方を変えれば，雪国の自然環境を巧みに利用した最適貯蔵条件創出の好例といえるのではないだろうか。

文　献

1) 篠原温編著：野菜園芸学の基礎，農文協，5-14，16，143-152(2014).

2) 斎藤隆著：蔬菜園芸学―果菜編―，農文協，48-62(1982).

3) 斎藤隆著：蔬菜園芸学―マメ類・根菜・葉菜編―，農文協，234-278(1983).

4) 緒方邦安編著：青果保蔵汎論，建帛社(1977).

5) 茶珍和雄ら編著：園芸作物保蔵論―収穫後生理と品質保全―，建帛社，1-4，73-77，217-221，345-352(2007).

6) 日本食品保蔵科学会編：食品保蔵・流通技術ハンドブック，建帛社，225-289(2006).

7) 樽谷隆之，北川博敏著：園芸食品の流通・貯蔵・加工，養賢堂，111-166(1982).

8) 山木昭平編：園芸生理学―分子生物学とバイオテクノロジー―，文永堂出版，272-287(2007).

9) 伴野潔ほか：果樹園芸学の基礎，農文協，137-152(2013).

10) 米森敬三編：果樹園芸学，朝倉書店，148-153(2015).

11) 農研機構野菜作業研究所HP，野菜の最適貯蔵条件
https://www.naro.affrc.go/jp/archive/vegetea/joho/vegetables/cultivation/04/index.html

12) 緒方邦安著：園芸食品の加工と利用，養賢堂，318-333，393-402(1976).

13) 山形在来作物研究会編：どこかの畑の片すみで，山形大学出版会，140-141(2007).

第2章　青果物の最適貯蔵条件

第2節　果実類

山形大学　平　智

1.　青果物としての果実類の特徴

　果実を何らかの形で利用している植物は世界中で約 3,000 種にものぼるといわれるが，その
うち栽培されているものは 100 種類前後であるとされている[1)-3)]。日本で栽培されてきた果樹
の種類はそれほど多くはなく，古くは在来のカキ，クリ，ミカン類を中心に栽培が始まり，明
治時代以降次第に種類数が増加した。現在は，リンゴ，ナシ(ニホンナシ，セイヨウナシ)，カ
キ，ブドウ，モモ，ウメ，アンズ，スモモ，オウトウ，キウイフルーツ，クリ，イチジク，ブ
ルーベリーなどの温帯果樹とウンシュウミカン，ナツミカン，ハッサクなどのカンキツ類をは
じめ，ビワ，パイナップルのほか数種の熱帯・亜熱帯果樹が栽培されている[1)2)]。なお，昭和
時代の中期にはほぼ 100％であった日本の果実自給率は，その後のバナナ，グレープフルーツ，
オレンジ，レモンなどの輸入量の増加に伴って，近年では 40％前後にまで低下している[3)4)]。

　青果物としての果実類の主な特徴として，まず追熟(クライマクテリック)型果実と非追熟
(ノンクライマクテリック)型果実の存在があげられる[2)5)6)]。追熟型果実には，バナナ，セイヨ
ウナシ，キウイフルーツなどのように収穫後一定の追熟(postharvest ripening)期間を経てか
ら可食適期(適熟期，table ripe)を迎えるものと，樹上で完熟(full ripe)するモモやリンゴのよ
うに収穫後通常は次第に食味が低下するものがある。一方，非追熟型果実にはカキ，ブドウ，
オウトウなどがあるが，これらの果実は収穫後時間の経過とともに果肉の軟化が進み，品質や
食味が低下するのが普通である。

　前節で述べた野菜類の場合と同様に，同じ種類の果実でも品種が異なれば貯蔵性が大きく異
なることが多い[6)7)]。したがって，果実を特に長い期間にわたって貯蔵する必要がある場合に
は，第一に高い貯蔵性を有する品種を選択することが重要になる。

　また，一口に果実といってもその可食部は植物形態学的には実に多様な組織に由来すること
も果実類の特徴といえる[2)]。例えば，モモ，カキ，ブドウなどは受粉・受精後に発達した子房
組織の一部が可食部になるが，リンゴやナシでは花床(花托)などの付属組織が果肉となり，
クリでは種子の一部である子葉が可食部になる[1)2)]。したがって，果実はその種類によって，
植物形態学的に異なる組織が貯蔵の対象になっていることも忘れてはならない。

2.　温度，湿度，ガス環境条件の影響

　果実類の収穫後の品質低下の主な要因は野菜類とほぼ同様で，果実自身の代謝作用による生

－ 73 －

理的劣化ないしは老化，蒸散つまり水分損失による萎れ，カビや微生物の繁殖による腐敗などである[1]-[3]。通常，低温条件下に果実を置くと，これらの要因が抑制されて貯蔵期間が延長される。一般に果実類は，野菜類より果肉細胞の糖濃度が高いので，凝固点降下作用のために凍結温度は0℃以下である。したがって，凍結しない範囲ならば，温度は低いほど貯蔵に適することになる。ただし，これも野菜類の場合と同様に，果実も種類によっては低温障害を発生するものがあるので注意が必要である。例えば，ウメは5〜6℃に置くと果面にピッティングや褐変を生じる。オレンジは2〜7℃，グレープフルーツは8〜10℃，ハッサクやナツミカンでも5〜6℃条件下では，ピッティングや褐変などの障害を生じる。バナナは，13〜14℃で果皮の褐変やピッティング，さらに追熟不良を起こす。カキも5〜7℃に長く置くと果肉のゴム質化が観察される[2]。一方，高温条件は一般に果実の成熟や老化を促進するが，果実の種類によっては短期間の高温処理が成熟を遅延させ，貯蔵性を増大させる場合がある。例えば，スモモ'ソルダム'を30℃に保持すると，20℃に置いたときよりも軟化や着色が抑制される[4]。ただし，高温遭遇期間が長すぎると，果実に障害をもたらすことがあるので注意が必要である。

　貯蔵中の湿度条件は，85〜90％の高湿度が望ましい場合がほとんどである。これは高い湿度が果実からの蒸散作用を抑制して水分損失を抑えることによる。脱渋後の渋ガキ'刀根早生'は，低湿度に置くと軟化が早く進むため，長距離輸送や貯蔵に際しては保湿性のあるダンボール箱やポリエチレン包装などが利用される。これに対して，セイヨウナシ'ル・レクチェ'は高湿度条件下で追熟がスムーズに進むが，低湿度条件下ではうまく進まない[1]。セイヨウナシは通常収穫後に追熟が必要な果実なので，追熟過程における湿度条件に注意が必要になる。

　以上のようなことを考慮しながら，リンゴ，ナシ，キウイフルーツ，カンキツ類など多くの果実では通常低温貯蔵が行われている。例えば，リンゴは−1〜0℃，相対湿度85〜90％で3〜5ヵ月間程度，キウイフルーツは2〜3℃，80〜100％で6〜8ヵ月程度，ウンシュウミカンでは5℃，85％で3〜4ヵ月程度の貯蔵が可能である[2][4][7]。

　前節で述べたCAおよびMA条件は，果実類の貯蔵にも有効である場合が多い[1][2][4][6][7]。例えば，リンゴでは0〜5℃，1〜3％酸素，1〜3％二酸化炭素，カキでは0〜5℃，0〜5％酸素，5〜8％二酸化炭素，バナナでは12〜15℃，2〜5％酸素，2〜5％二酸化炭素，オレンジでは5〜10℃，5〜10％酸素，0〜10％二酸化炭素条件が推奨されている[2]。それぞれの条件下で品質が保持できる期間は果実の種類や品種によってかなり異なるが，たんに低温下で貯蔵する場合に比べておよそ2倍程度の貯蔵期間の延長が期待できる。日本では，CA貯蔵を活用することで'ふじ'を中心にリンゴの周年供給が実現されているが，施設の建設や稼働コストが高いため，リンゴ以外の果実での商業的利用は少ない。また，同じリンゴでもCA貯蔵の効果が'ふじ'と同等に認められる品種はそれほど多くはなく，'世界一'，'ジョナゴールド'，'シナノゴールド'など数品種に限られる[8]。

　追熟型果実や非追熟型果実のうち，エチレン感受性の高い果実（例えば，カキの'刀根早生'や'平核無'など）では，エチレンの除去剤や生成あるいは作用阻害剤などの適用が貯蔵性の延長に効果的である。特に，前節でも紹介した1-MCP（1-methylcycropropene）は，エチレンの受容体と優先的に結合することでエチレンと受容体との結合を効果的に阻止する[2][5]。その結果，エチレンの老化促進作用が阻害される。1-MCPの利用は米国をはじめとして進んでいる

が，日本では現在，リンゴ，ニホンナシ，セイヨウナシ，カキへの使用が認可されている[1)2)]。

　なお，貯蔵障害（storage disorder）の発生に注意が必要である。先述の低温障害のほか，カンキツ類に発生することがあるこ（虎）斑症，リンゴに発生するコルクスポットやビターピットなどの斑点性障害やみつ（蜜）症（water core），セイヨウナシに発生する二酸化炭素ガス障害である果肉褐変（ブラウンハート）などがよく知られている。これらの貯蔵障害の発生の有無やその程度の違いは樹種や品種特性によるところが大きいが，いずれも品目ごとに最適貯蔵条件を精査することによって発生を最小限に抑える必要がある[2)4)6)7)]。

3. 貯蔵性に影響するその他の要因

　予措は果実類への貯蔵性の付与にも効果を発揮する。果実類を対象にした予冷は野菜類ほどには実施されていないが，青ウメやモモなどでは大きな効果が認められる[4)6)9)~11)]。通常，青ウメの収穫期は高温期であるため収穫果の品温が高いことが多いので，冷水に浸漬したり，冷水を噴霧したりして品温を急速に低下させることで，その後の流通過程における果実の黄化や軟化を抑制できる。ウンシュウミカンでは乾燥予措が行われる。貯蔵前に10℃，湿度60％前後で1~2週間ほど保持して果重の3~4％程度を目安に乾燥させることで，長期貯蔵中の腐敗や浮き皮の発生を抑えることができる[1)2)]。また，ポンカンやイヨカンでは，10~20℃に2~3週間ほど置いて着色と減酸を進めてから出荷する催色処理などが行われることがある[1)]。

　栽培環境条件や樹体内外のさまざまな要因は，果実の貯蔵性に影響を及ぼす。例えばリンゴでは，窒素含量の高い果実ほど貯蔵性が低く，また，大きな果実の方が小さい果実より貯蔵障害が発生しやすい傾向があるとされる[9)12)]。一般に，暖地産のリンゴは大果となり果肉硬度が低い傾向があるので，長期貯蔵には注意が必要である[1)6)]。また，有袋果（袋かけを行った果実）は無袋果よりも貯蔵性が高いといわれている[7)]。大抵の種類の果実は，完熟果よりやや未熟な果実の方が貯蔵性に優れる[6)]。ただし，渋ガキの'平核無'は未熟果，過熟果ともに脱渋後の軟化は早く進み，完全着色に達したばかりの適熟果が最も高い貯蔵性を示す[1)]。これらのことは，果実の長期貯蔵に際しては，栽培環境や収穫熟度を十分把握したうえで，それら果実の貯蔵性を評価し予測する必要があることを示している[6)]。

　そのほか，品種の早晩性も貯蔵性に影響する。例えば，リンゴでは早生品種ほど収穫後軟化しやすく，貯蔵性が劣る傾向がある。ただし，'ふじ'は貯蔵中に軟化や減酸が進みにくく，他の品種に比べて明らかに長期貯蔵に向いている[13)]。また，ウンシュウミカンでは，樹体内における着果位置が果実の品質や貯蔵性に影響することが知られている。つまり，樹体の外側に着果した果実は内側に着果した果実より貯蔵中の腐敗が少なく貯蔵性に優れる。ただし，貯蔵中の浮き皮の発生はかえって多い傾向が認められる[14)]。さらに，渋ガキの'平核無'では，収穫後に施す脱渋方法の違いが貯蔵性に影響を及ぼし，脱渋後20℃に保持したときの品質保持期間は，樹上脱渋果，炭酸ガス脱渋果，アルコール（エタノール）脱渋果の順に長い[15)]。

　最近は，カット野菜のみならずカットフルーツの需要も高まっている。カットフルーツの流通や貯蔵に際しては，カット野菜の場合と同様に原料の品種特性やカットの方法（例えば，スライスかキューブか）などについて個別に検討する必要があるが，果実は果肉の糖濃度が高い

ものが多いため，微生物の繁殖や嫌気呼吸（発酵）の発生に特段の注意が必要である[6]。

4. 最適貯蔵条件

　以上に述べてきたように，各種果実の最適貯蔵条件は果実の種類や品種によって異なるが，CA貯蔵による周年供給が実用化されているリンゴを除いて，通常は冷蔵貯蔵が実施されている。ウンシュウミカンは，5℃，相対湿度85%で3〜4ヵ月，オレンジは，0〜1℃，85〜90%で8〜12週，グレープフルーツは，0〜10℃，85〜90%で4〜8週，バナナは，13℃，85〜95%で6〜10日，ブドウは，−0.5〜0℃，85〜90%で3〜8週，ニホンナシは，0〜1℃，85〜90%で2〜4ヵ月，リンゴは，−1〜0℃，85〜90%で3〜5ヵ月，モモは，0℃，85〜90%で2〜6ヵ月，キウイフルーツは，2〜3℃，80〜100%で6〜8ヵ月，カキは，−1〜0℃，85〜90%で約2ヵ月，イチジクは，−2〜0℃，85〜90%で5〜7日間の貯蔵が可能である[2)7]。なお，カンキツ類は，種類によって貯蔵に最適な温度および湿度条件にかなり差がある。例えば，レモンやイヨカンは5〜8℃，ハッサクやユズは2〜3℃が適温であり，ウンシュウミカンやイヨカンでは湿度85%程度が適当であるのに対して，アマナツやスダチではこれより高い90%が最適湿度である[1)7]。

　野菜類はそれらが生産された地域内で自給的に消費される割合が高いが，果実類は野菜類に比べて遠隔地に輸送されて消費される傾向が強い。日本で生産される果実の90%以上が，距離の長短はあるにしても何らかの形で輸送されるといわれている[9]。したがって，輸送にあたってコールドチェーンを整備することは，野菜類の場合と同様に重要である。果実類を対象にしたコールドチェーンはあまり普及していないのが現状であるが，収穫時期が高温で収穫後の鮮度低下の著しい青ウメやモモ，スモモなどでは効果が高いと考えられる。したがって，今後，収穫後の輸送，貯蔵，小売り過程における変温や低温の中断にも配慮した果実類の鮮度保持体制の検討と整備が望まれる[9]。なお，輸入果実については，生産国からの輸送中に果実が置かれていた環境条件を十分考慮したうえで入国後の取り扱いについて考える必要があろう。

　果汁や一部の果実については，凍結貯蔵が最適である場合がある[4)9)-11]。果肉ペーストなどの加工品についても凍結貯蔵は効果的である。パイナップルなどのカットフルーツにも凍結貯蔵が実施される。また，積雪地域では，非常に安定した低温＋高湿度条件が得られる利点がある自然エネルギーを利用した雪室貯蔵なども実施されている[1]。

　いずれにしても，果実は，実際に食べるときに最高の品質，かつ最良の食味であることが望ましい。そのような状況を実現するためには，まず目標とする貯蔵期間とそれに見あった最適貯蔵条件をしっかり見極めることが大切である。

文　献

1) 伴野潔ほか：果樹園芸学の基礎，農文協，140-141（2013）.

2) 米森敬三編：果樹園芸学，朝倉書店，148-153

　（2015）.

3) 杉浦明，宇都宮直樹，片岡郁雄，久保田尚浩，米森敬三編：果実の事典，朝倉書店，57-60

(2008).

4) 日本食品保蔵科学会編：食品保蔵・流通技術ハンドブック，建帛社，291-351，314-316(2006).

5) 山木昭平編：園芸生理学—分子生物学とバイオテクノロジー—，文永堂出版，272-287(2007).

6) 茶珎和雄ほか編著：園芸作物保蔵論—収穫後生理と品質保全—，建帛社，1-4，78-84，217-221，345-352(2007).

7) 伊庭慶昭，垣内典夫，福田博之，荒木忠治編著：果実の成熟と貯蔵，養賢堂，86，219-222，262-263(1985).

8) 葛西智ほか：園学研，**18**(2)，173(2019).

9) 緒方邦安編著：青果保蔵汎論，建帛社(1977).

10) 緒方邦安著：園芸食品の加工と利用，養賢堂，318-333，393-402(1976).

11) 樽谷隆之，北川博敏著：園芸食品の流通・貯蔵・加工，養賢堂，111-166(1982).

12) 苫名孝著：果実の生理—生産と利用の基礎—，養賢堂，265-289(1977).

13) 吉岡博人ほか：園学雑，**58**(1)，31(1989).

14) 泉秀美ほか：園学雑，**58**(4)，885(1990).

15) 平智ほか：園学雑，**56**(2)，215(1987).

第3章

非破壊鮮度・品質評価および鮮度低下速度予測

東京大学　牧野　義雄

1. 外観・鮮度・品質評価の意義

　青果物は収穫後，時間経過とともに鮮度が低下し，変色，萎れ，病変といった外観品質の劣化現象として観察される。すなわち，青果物の外観は，鮮度・品質の重要な判断材料である。しかし，流通現場では目視による主観的な評価が行われている現状にあることから，判断基準が曖昧であるという問題がある。一方，外観に関するデータはカメラ撮影により容易に取得可能できることから，機器測定値に基づく客観的な評価が可能である。本稿では色彩計測による青果物の外観品質・鮮度の客観的評価法と，ブロッコリーの黄化現象を例とした，光センシングによる鮮度低下速度予測の試みについて紹介する。

2. 色彩計測による外観色の客観的評価法

2.1　色彩評価の基礎

　外観色はカラー画像を取得することにより客観的に評価することが可能である。RGB（赤緑青）カラー画像はデジタルカメラで取得する。しかし，RGB値はハードウェア依存性があり，普遍的な値として扱うことが困難であるため，国際照明委員会（CIE）が定める $L^*a^*b^*$ 表色系のような普遍的な値[1]に変換することが望ましい。なお，RGB値は多くのデジタルカメラでは国際電気標準会議が定めた国際標準規格 $sRGB$ 値として出力され，まず $X_0Y_0Z_0$ 表色系に変換される[2]。

$$\begin{pmatrix} X_0 \\ Y_0 \\ Z_0 \end{pmatrix} = \begin{pmatrix} 0.4124 & 0.3576 & 0.1805 \\ 0.2126 & 0.7152 & 0.0722 \\ 0.0193 & 0.1192 & 0.9505 \end{pmatrix} \begin{pmatrix} sR \\ sG \\ sB \end{pmatrix} \tag{1}$$

　例えば ColorChecker Classic（X-rite, Inc.）のような標準色板を撮影し，$X_0Y_0Z_0$ 表色系の値を実測する。次に板が持つ正しい XYZ 表色系の値に適合するよう $X_0Y_0Z_0$ 表色系の実測値を数式に当てはめる[3]。

$$\begin{pmatrix} X \\ Y \\ Z \end{pmatrix} = M \begin{pmatrix} X_0 & Y_0 & Z_0 & X_0Y_0 & Y_0Z_0 & Z_0X_0 & X_0^2 & Y_0^2 & Z_0^2 \end{pmatrix}^T \tag{2}$$

　ここで，M は係数の 9×3 行列であり，ハードウェアに特有の値となる。なお T は転置行列であることを表す。式(2)は本稿では2次式の例を示したが，過去には他の非線形式を用いた例[3]なども報告されている。

　$L^*a^*b^*$ 表色系の座標 a^* および b^* と CIE 1976 明度（L^*）は XYZ 表色系から式(3)～(12)を用いて算出され[4]，

$$\frac{Y}{Y_n} > 0.008856 \text{のとき：} L^* = 116 \left(\frac{Y}{Y_n} \right)^{\frac{1}{3}} - 16 \tag{3}$$

$$\frac{Y}{Y_n} \leq 0.008856 \text{ のとき}: L^* = 903.29\left(\frac{Y}{Y_n}\right) \tag{4}$$

$$a^* = 500\left[f\left(\frac{X}{X_n}\right) - f\left(\frac{Y}{Y_n}\right)\right] \tag{5}$$

$$b^* = 200\left[f\left(\frac{Y}{Y_n}\right) - f\left(\frac{Z}{Z_n}\right)\right] \tag{6}$$

$$\frac{X}{X_n} > 0.008856 \text{ のとき}: f\left(\frac{X}{X_n}\right) = \left(\frac{X}{X_n}\right)^{\frac{1}{3}} \tag{7}$$

$$\frac{X}{X_n} \leq 0.008856 \text{ のとき}: f\left(\frac{X}{X_n}\right) = 7.78\left(\frac{X}{X_n}\right) + \frac{16}{116} \tag{8}$$

$$\frac{Y}{Y_n} > 0.008856 \text{ のとき}: f\left(\frac{Y}{Y_n}\right) = \left(\frac{Y}{Y_n}\right)^{\frac{1}{3}} \tag{9}$$

$$\frac{Y}{Y_n} \leq 0.008856 \text{ のとき}: f\left(\frac{Y}{Y_n}\right) = 7.78\left(\frac{Y}{Y_n}\right) + \frac{16}{116} \tag{10}$$

$$\frac{Z}{Z_n} > 0.008856 \text{ のとき}: f\left(\frac{Z}{Z_n}\right) = \left(\frac{Z}{Z_n}\right)^{\frac{1}{3}} \tag{11}$$

$$\frac{Z}{Z_n} \leq 0.008856 \text{ のとき}:$$
$$f\left(\frac{Z}{Z_n}\right) = 7.78\left(\frac{Z}{Z_n}\right) + \frac{16}{116} \tag{12}$$

ここで，$X_n Y_n Z_n$ は XYZ 表色系における完全拡散表面の三刺激値であり，5 nm 間隔の分光反射率から計算する場合：$X_n = 95.04$，$Y_n = 100.00$，$Z_n = 108.88$ となる。

さらに，$L^* a^* b^*$ 色空間値から外観品質評価に有効なさまざまな値を算出することが可能である。図1には $a^* - b^*$ 座標を示す。測色により a^* と b^* の値が決まれば図1の座標にプロットすることができる。原点からプロット点の距

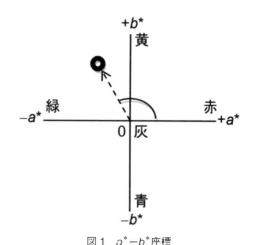

図1　$a^* - b^*$ 座標
◎は色彩のプロット例を示す。a^*, b^*：Commission Internationale de l'Éclairage 1976 $L^* a^* b^*$ 色空間値。

離を彩度(C^*)，第一象限を起点とするプロット点までの角度を色相角($h, °$)と呼び，

$$C^* = \left[(a^*)^2 + (b^*)^2\right]^{\frac{1}{2}} \tag{13}$$

$$h = \left[\tan^{-1}\left(\frac{b^*}{a^*}\right)\right]\left(\frac{180}{\pi}\right) \tag{14}$$

C^*は色彩の濃淡を，hは色相を示す．したがって，青果物の外観色を評価する場合，多くの研究例ではhが用いられるが[5]，緑色度を示す$-a^*/b^*$[6)-8)]や褐変度を示すBI[9]を用いた研究例もある．

$$BI = 100\left(\frac{\chi - 0.31}{0.17}\right) \tag{15}$$

$$\chi = \frac{a^*\left(a^* + 1.75L^*\right)}{5.645L^* + a^* - 3.012b^*} \tag{16}$$

2.2 色彩計測法
2.2.1 色彩計による方法
色彩計(図2)は，簡易に表面色を測定できる装置である．色彩評価のためにはJIS規格で定められた光源を用いる必要があるが，装置自体が標準光源を備えている．測定ボタンを押すだけで，$L^*a^*b^*$色空間値を表示するため，迅速な外観評価が可能となる．

ただし，1点計測法であり，センサ接触部分のみの値しか得られないことから，色彩の空間分布を可視化することはできない．

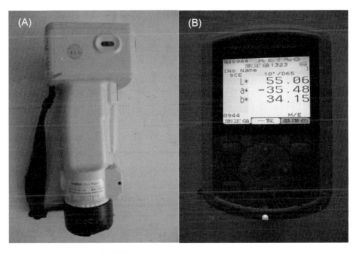

図2　色彩計(CM-700d，コニカミノルタ㈱)
(A)計測器本体，(B)結果表示画面

2.2.2 コンピュータビジョンシステム(CVS)による方法

コンピュータビジョン(図3)とは，デジタルカメラを組み込んだ画像撮影システムであり，カラー画像を取得できることから，色彩評価にも利用可能である。デジタルカメラによる撮影のため，色の空間分布データを計測可能である。

ただし，デジタルカメラを利用することから，計測データは RGB の値となる。先述のように RGB の値はハードウェア依存性があるため，標準色板での補正や $L^*a^*b^*$ 色空間値への換算が別途必要となる。さらに，デジタルカメラにはプログラミングによる画像の修正が施されており，メーカーや機種によってプログラムはさまざまである。再現性のある色彩計測のためには，画像修正用プログラムが組み込まれていないデジタルカメラ機種を選択する必要がある。

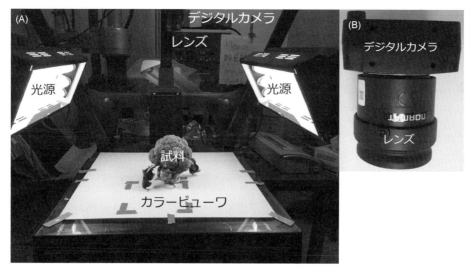

図3　コンピュータビジョンシステムの構成例
(A)全体図，(B)一部拡大図

2.3 緑色野菜の非破壊鮮度評価
2.3.1 CVSによる野菜の緑色評価

ブロッコリー，エダマメ，ソフトケールなど緑色野菜は，特に収穫後における鮮度低下が著しく，外観の劣化(緑色の退色＝黄化)現象として観察される。鮮度低下とともに色彩が著しく変化することから，色彩計測による非破壊評価が可能である。図4にはCVSを使用して計測したブロッコリーの緑色度($-a^*/b^*$)の経時変化を示した[10]。試料を色評価台(IS-500，カラービューワ，PIAS)に設置し，デジタルカメラ(FMVU-13S2C-CS, Point Grey Research Inc.)にレンズ(13FM06IR, ㈱タムロン)を装着した装置にて撮影した。画像は全て FlyCapture(Point Grey Research Inc.)にて Windows bitmap(bmp)形式で保存した後，ColorChecker Classic(X-Rite, Inc.)で校正し，MATLAB ver.8.3.0.532(MathWorks Inc.)での色空間値算出に供した。

収穫後の時間経過とともに鮮度低下が進み，客観的指標である緑色度の低下現象として顕著に現れている。また，直線的に値が低下するのではなく，S字状の曲線的な変化を示すことも

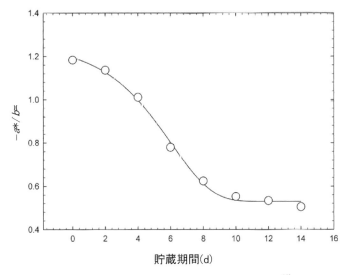

図4 ブロッコリー花蕾部の緑色指標の経時変化[10]
○：実測値，実線：ロジスティック方程式に基づく近似曲線，貯蔵温度：10℃，
a^*，b^*：Commission Internationale de l'Éclairage 1976 $L^*a^*b^*$色空間値。

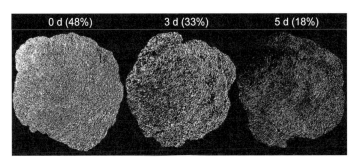

図5 ブロッコリーの緑色花蕾可視化および占有率算出例[7]
白色画素は，緑色花蕾（$-a^*/b^*>0.94$）を示す。0，3，5 d は25℃での貯蔵日数，（　）内数値は緑色花蕾占有率を示す。a^*，b^*：Commission Internationale de l'Éclairage 1976 $L^*a^*b^*$色空間値。

明らかになった。

図5にはCVSを使用してブロッコリー花蕾部の鮮度を可視化した例[7]を示す。閾値を$-a^*/b^*>0.94$とし，閾値を上回る緑色度を示した画素の割合を百分率で示した。その結果，収穫後日数の経過とともに割合が低下したことから，CVSはブロッコリー花蕾部の鮮度低下の非破壊評価に有効であることが確認された。

2.3.2 CVSによる野菜の褐変度評価

収穫後青果物の主な外観色劣化現象の1つに褐変がある。特にカット野菜の切断面で顕著に観察され，主な原因は酸化褐変であり，ポリフェノールオキシダーゼによって触媒されることが報告され[11]，さらにフェニルアラニンアンモニアリアーゼによる褐変反応も多くみられる[12]。カットされていない青果物，具体的にはカリフラワー花蕾部[10]，緑豆モヤシ[13]にも褐変現象は観察されるが，いずれもCVSによる非破壊色彩評価が可能である。図6には，緑豆モ

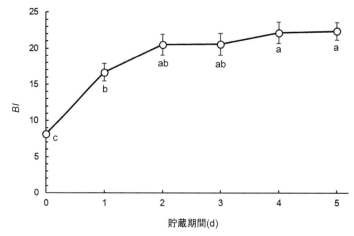

図6　緑豆モヤシの褐変度(BI)の経時変化(25℃貯蔵)
プロットは10個体平均値±標準誤差。小文字アルファベットが同じ値は有意差が認められなかった(Tukey's honest significant difference 検定, $p<0.05$)。

ヤシの褐変の進行をCVSによる BI 評価により追跡した結果を示した。鮮度低下とともに有意に BI が増加しており，野菜の褐変進行の非破壊評価にCVSが有効であることが示された。

2.3.3　色彩計による青果物の追熟評価

　以上は鮮度低下に伴う品質劣化指標としての色の変化の評価法であったが，収穫後の時間経過とととともに緑色色素(クロロフィル)が分解され，商品性が向上する品目も存在する。具体例の1つはバナナの追熟に伴う緑色の消失と黄化の進行である。バナナは植物防疫法の規定により緑色の果実として輸入されるが，そのままでは美味しそうな外観に見えないことから，小売店では追熟した黄色バナナしか陳列されていない。バナナは通常，輸入された直後にエチレンを使用した追熟処理が施され，外観色を黄化した後に国内流通に回る。
　もう1つの例は，トマトの追熟に伴う緑色の消失と，リコペン合成に伴う赤色度の上昇である。国内の店頭では緑色のトマトを見るケースは少なくなったが，栽培現場では緑色果実を収穫し，時間経過とともに赤色に変色した果実から順に販売しているケースも少なくない。完熟トマトを収穫している農場も多いが，収穫後の鮮度保持期間が短いという致命的な問題があるため，緑熟果の収穫についてもあわせて行われているのが現状である。図7には，収穫後トマト果実の外観色を色彩計(CM-700d, コニカミノルタ㈱)で評価した結果を示す[14]。a^*/b^* は，トマトの熟度を表す色空間指標であり，追熟が進むにつれて値が上昇する[15]。カリフォルニア大学デービス校で提案されているトマトの熟度は Green, Breakers, Turning, Pink, Light red, Red の6段階であり，Breakers の段階で収穫された果実が貯蔵期間中に追熟が進み，有意に赤色度が向上したことが示された。すなわち，追熟に伴う色彩変化の追跡にも色彩計測は有効である。

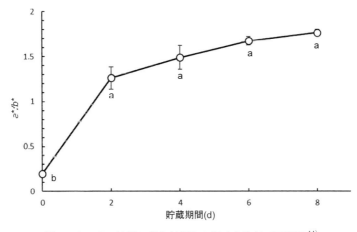

図7　トマトの追熟に伴う外観色の経時変化（25℃貯蔵）[14]
プロットは6個体平均値±標準誤差。a^*, b^*：Commission Internationale de l'Éclairage 1976 $L^*a^*b^*$色空間値。
小文字アルファベットが同じ値は有意差が認められなかった（Tukey's honest significant difference 検定，$p<0.05$）。

3. 分光分析による緑色野菜の鮮度低下速度予測

　ブロッコリーの鮮度低下に伴い花蕾が黄化することはよく知られるが，一様に黄化するわけではなく，黄化速度には個体差や空間分布がみられることが報告されている[16]。黄化により外観品質を著しく損ない，花蕾部のいずれか1ヵ所が変色すれば商品性を損なうことから，黄化速度の速い箇所や個体を収穫直後に予測できれば，黄化が速い個体は冷凍野菜に加工し，遅い個体は生食用として流通させるよう選別する。その結果，流通中での品質劣化により廃棄される個体が削減できると考えられる。そこで，新鮮なブロッコリーを試料として，光センシングによる非破壊検査により花蕾部の黄化速度の空間分布を予測する実験を行ったので，その結果を紹介する。

　愛知県産ブロッコリー（品種：おはよう）を試料とし，新鮮な試料の2次元分光吸収スペクトルを380～1,000 nmの範囲で測定した。なお，吸収スペクトルはJFEテクノリサーチ㈱製イメージング分光基本ユニット（ハイパースペクトルカメラ）を使用した（図8）。主な仕様は，光源：キセノン-ハロゲン混合光源，分光器：透過型回折格子［光学的波長分解能（半値幅）：9 nm］，入射スリット：80 μm，光センサ：CCD（12ビット）とした。同じ試料を10℃，相対湿度70％の恒温恒湿庫内貯蔵し，収穫直後から8 dの間経時的にCVSで測定し，緑色程度の空間分布の経時変化を評価した。

　図9には，収穫直後のブロッコリー花蕾部から20ヵ所の関心領域を選択し，8 d貯蔵後の黄化速度を予測した結果を示した。分光吸収スペクトルの2次微分値を入力変数とし，主成分（PC）分析を行った結果，緑色保持率の違いに基づいて花蕾の分類が可能であった。生食用と冷凍用に分類することを目的とすれば，2水準での分類は実用上有用と考えられる。図9(A)に示すとおり，黄化速度に基づく分類結果はPC1の影響が大きく，しかも寄与率が60％と高かったことから，PC1のローディングプロットの結果を図9(B)に示した。その結果，黄化速度に影響を及ぼす要因は，主として710，740，755 nmの波長における光吸収に関連すると考

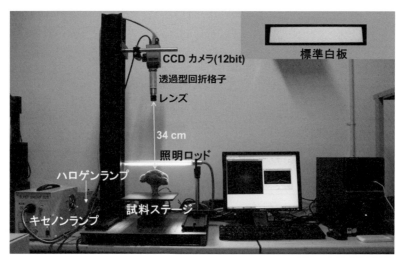

図8 ハイパースペクトルカメラシステム構成例

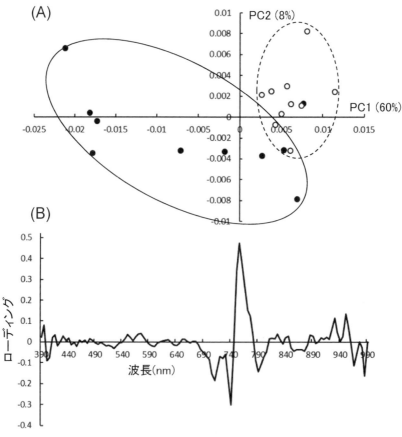

図9 ハイパースペクトルカメラと主成分(PC)分析を併用したブロッコリー花蕾部の黄化速度予測
(A)新鮮なブロッコリー花蕾の分光吸収スペクトルを入力変数としたPCスコアプロット．10℃で8d貯蔵したブロッコリーの花蕾のうち，●：緑色が保持されていたグループ(緑色保持率：88%)，○：黄化が進んだグループ(緑色保持率：33%)．緑色保持率：8d貯蔵後の緑色度($-a^*/b^*$)/0dの緑色度
(B)PC1のローディングプロット

えられ，710，740 nm は緑色保持，755 nm は黄化促進に働く要因と考えられる。ただし，現時点で明らかになっていることは本稿の結果に限られており，非破壊検査で黄化速度が予測可能な理由や科学的根拠の解明のためには，さらなる今後の研究が待たれる。

文　献

1) K. McLaren：*J. Soc. Dyers Colourists*, **92**, 338 (1976).

2) F. Mendoza et al.：*Postharvest Biol. Technol.*, **41**, 285(2006).

3) K. León et al.：*Food Res. Int.*, **39**, 1084(2006).

4) 日本規格協会，JIS ハンドブック 61 色彩，250-252，355-367(2008).

5) P. B. Pathare et al.：*Food Bioprocess Technol.*, **6**, 36(2013).

6) J. Makhlouf et al.：*Hortscience*, **24**, 637(1989).

7) Y. Makino et al.：*Jpn. J. Food Eng.*, **17**, 107 (2016).

8) H. W. Wang et al.：*J. Agr. Food Chem.*, **65**, 8538(2017).

9) D. Mohapatra et al.：*J Food Sci.*, **73**, E146 (2010).

10) 牧野義雄：青果物の鮮度・栄養・品質保持技術としての各種フィルム・包装での最適設計，1-22，Andtech(2018).

11) L. Zhan et al.：*Postharvest Biol. Technol.*, **88**, 17(2014).

12) G. Peiser et al.：*Postharvest Biol. Technol.*, **14**, 171(1998).

13) 中居藍ほか：日食工誌，**17**，41(2016).

14) Y. Yokota et al.：*Food Sci. Nutr.*, **7**, 773(2019).

15) R. Arias et al.：*J. Agr. Food Chem.*, **48**, 1697 (2000).

16) W. J. Lipton and C. M. Harris：*J. Amer. Soc. Hort. Sci.*, **99**, 200(1974).

第4章

収穫後の微生物による腐敗

九州大学　田中　史彦／九州大学　田中　良奈

1. はじめに

国際連合食糧農業機関(FAO)による調査では，食料生産のうちその1/3が何らかの原因で損失・廃棄され，その年間総量はおよそ1.3億トンにも及ぶとされている。特に，収穫後の青果物では消費段階での食べ残しによる廃棄以外にも，フードチェーンでの不適切な管理によって失われるケースが多くみられる。廃棄食品の生産のために投入されたエネルギーを考えると，そのもの全てが経済的損失であり，環境負荷を増大させる原因ともなる。食品ロス・廃棄については，2015年9月の国連サミットで採択された「持続可能な開発のための2030アジェンダ」にて記載された2016～2030年までの国際目標である持続可能な開発目標(SDGs；Sustainable Development Goals)のうち，特にSDG2(飢餓をゼロに)およびSDG12(つくる責任，使う責任)で解決すべき課題とされ，いかにして食料の損失・廃棄を減らすかが人類の未来を左右する鍵となるといわれている。本稿では微生物の活動による青果物の腐敗に焦点を当て，腐敗発生の仕組みや原因，環境要因，増殖・死滅のモデリングについて述べ，腐敗の抑制法についても解説する。

2. 微生物による腐敗

2.1 腐敗とは

腐敗とは，カビや酵母，細菌などの働きにより青果物そのものが持つ本来の味やテクスチャー，外観などが大きく変化し，異臭を放つなど食に適さない状態になることをいう。青果物の腐敗では，主な内容成分であるデンプンやセルロースなどの炭水化物が糖に分解され，ギ酸や酢酸，酪酸などが生成されることによって放たれる異臭や，酵母の働きによって産生されたエタノール，酢酸エチルなどが悪臭や酸味の原因となる。このように腐敗の進展に伴い微生物の置かれる環境が大きく変化するため，それにより優占種となる微生物も変わる特徴を持つ。

2.2 青果物に付着する微生物

多くの腐敗菌は植物体にとって病原体であり収穫前の環境で発生し，サプライチェーンにおいて青果物個体同士の接触や機器を介して拡がり交差汚染していく。野菜類に付着している一般細菌数は10^4～10^6(CFU/g)オーダーといわれており，これが10^7～10^8オーダーに達すると初期腐敗とみなされる。Manvellら[1]によると数種野菜の微生物叢は，細菌が87%，酵母が17%，カビが5%を占め，腐敗の主な原因は細菌によるものと考えられている。泉[2]はキュウリやニンジンなどの野菜類の細菌叢について調査し，汚染菌は植物病原細菌を含む*Pseudomonas*属，*Agrobacterium*属，*Xanthomonas*属や腸内細菌科の*Enterobacter*属，*Pantoea*属，*Citrobactor*属などのグラム陰性菌が主体をなすと報告している。また，グラム陽性菌は少ないが，腐敗原因菌である*Bacillus*属，*Arthrbacter*属などの土壌細菌や*Leuconostoc*属などの乳酸菌も存在することを確認している。このように腐敗の可能性を知るためには表在する微生物の同定を行い，リスクを明らかにする必要がある。

青果物の鮮度評価・保持技術

　一般に，微生物は青果物の表面に付着し活動していることが多いが，機械的障害により表皮が破壊されたり，菌が自ら何らかの方法で表皮を破壊したりすることで生体内に侵入するとそれらが植物体内で繁殖し，腐敗が進行することになる。よって収穫後の青果物の取り扱いでは，表面を破損しないようにするための工夫を行うことが必要となる。また，炭疽病菌などのようにクチクラを破壊して侵入する菌をいかにして除染するかについての配慮も必要となる。このクチクラ層は開花後収穫までの日数が長い果実類では 3〜8 μm と比較的厚く生長するが，この日数の短い野菜類では発達も不十分であるためバリアー性も低くなる。*Penicillium* 属や *Colletotrichum* 属，*Botrytis* 属，*Furarium* 属などは日焼けや霜害により痛んだ組織から侵入しやすくなる。また，軽い傷口があれば容易に侵入する緑カビ，青カビ（*Penicillium* 属）などは腐敗速度が速くいずれも 20℃ 下で 3〜5 日程度でミカン果実表面を覆う能力を持つ。*Colletotrichum* 属や *Botrytis* 属は健全組織でもこれに接触する量が多ければ青果物内部に侵入する能力を持つ。灰色カビ菌（*Botrytis*）は果実の軟化を促し，菌叢に覆われた個体に他の健全な個体が接触すると確実に発病する能力を持つ。また，*Yersinia* 菌は新鮮な野菜の軟腐病を起こす要因の 1 つであり，植物の細胞壁構造を分解する一連のペクチナーゼを生成し，新鮮野菜特有なサクサク感を喪失させる。この他にも，気孔から侵入するべと病菌分生子や水孔からの黒腐菌，皮目からの軟腐病菌など生体内部への菌の侵入が原因となる腐敗の発生も報告されている。菌が体内に侵入しようとする行為に対して植物は免疫という自己防衛機能を持たないため，これに代わるさまざまな物理的，化学的バリアーを設けている（静的抵抗性）が，それでも侵入してくる病原体については細胞レベルでの抵抗性（動的抵抗性）を誘発して感染を防ぐ仕組みがある[3]。植物細胞は体内に侵入した病原菌を認識し，これを防除するために活性酸素や PR タンパク質，ファイトアレキシンなどを生成するとともに細胞間隙におけるリグニン化などの一連の反応を誘発して，最終的には病原菌の蔓延を防ぐ機能を持つ[4]。しかしながら生体防衛機能が低下する過熟期になると腐敗菌への抵抗性が低下し，腐敗が拡がりやすくなる[5]。特に，収穫後の青果物ではこれが顕著である。

　腐敗の原因となる菌種は青果物によっても異なり，例えばナシでは *P. expansum* が，ミカンでは *P. italicum* や *B. cinerea* が被害を及ぼす菌とされている。菌の生育形態も菌種により異なり，*B. cinerea* のようにコロニーが放射状に生長するもの，*P. italicum* のように筆状体とよばれる筆のような構造を持ち，この先に付いた胞子が飛散し拡散しながら生育するものなど増殖のパターンもさまざまであり，腐敗の進行は菌種によって異なる。無毒なカビ菌が青果物を覆った場合でも食の安全性は保障されないと考えるべきである。何故なら，これらの菌の増殖と共に他の病原性菌が蔓延している危険性もあるからである。腐敗の過程で植物体内の環境が変化し，その中に潜んでいる菌が再増殖する可能性は十分にある。このため，青果物内にどのような菌が生存し得るかを探る同定作業も重要となる。

2.3　腐敗と環境

2.3.1　環境要因と腐敗

　収穫後の青果物の品質低下は呼吸など生理活動により起こるもの，蒸散による水分損失によるもの，微生物の繁殖によるものなどさまざまな要因により引き起こされる。[第 1 章 2 節]で

は蒸散による品質劣化について，その機構と貯蔵・流通環境が与える影響，抑制法などについて解説した。微生物の活動による腐敗は蒸散と同様に環境要因に大きく左右され，温湿度はいうまでもなくガス組成，pH，圧力，栄養源，塩類濃度などにも影響を受ける。また，収穫後の選別や包装，箱詰め，輸送などで受けた機械的損傷も腐敗を引き起こす原因となることが知られている。[2.1]で述べたように，腐敗の進行に伴い微生物叢は変化する。腐敗初期においては好気性菌が増殖し，これによって酸素濃度が低くなると嫌気性菌が優先となる。微生物の活動によりpHが4未満まで下がると，それまで活動していた芽胞形成腐敗菌も生育できなくなるが，これ以下でも生育する酪酸菌や有胞子酵母，カビなども存在するため腐敗は止むことなく進行することとなる。このように，微生物の置かれる環境は外的要因以外にもそれ自身の働きにより変化する内的要因が強く影響することになる。

2.3.2 湿 度

　青果物の腐敗に関連するカビや酵母，一般細菌はそれぞれ水分活性 0.80，0.88，0.90 以下で生育できなくなり，0.60 以下では全ての微生物の生育が抑制できるといわれている。新鮮な青果物は水分を多く含むため通常の水分活性は 0.99 以上となり微生物が利用可能な自由水を多く含む。この環境は微生物にとって生育しやすい条件であり，腐りやすい所以である。さらに貯蔵中の温湿度の変動で青果物表面に結露が生じると，そこで微生物が繁殖し腐敗を誘発する原因になるため，わずかな温度変化で結露の発生しやすい低温貯蔵では留意が必要である。また，低温貯蔵した青果物を貯蔵庫から取り出し常温に戻すときも結露が生じやすい条件が揃いやすくなる。その他，低温庫に青果物を満載する際はそれ自身から蒸散する水分で庫内が高湿度状態となることもあり，この場合は微生物の繁殖と段ボールが吸湿することによる荷崩れに注意することが不可欠となる。低温高湿度を安定的に維持するためにジャケット式の低温庫[6]やこれに超音波式加湿器を組み込んだ二元調湿換気式低温貯蔵庫[7)8]，結露の生じにくい微細水滴を発生するナノミスト発生機を低温庫に備えた報告もある[9)10]。この他にも，吸湿液による調湿機能を利用した低温庫[11)12]なども開発され，結露防止に役立てられている。

2.3.3 温 度

　微生物は増殖温度との関係で低温菌，中温菌，高温菌の三群に大別される。このうち，青果物の腐敗に関連するものは低温菌と中温菌であり，それぞれの生育可能温度は大まかに 0〜20℃，20〜45℃ 程度となる。細菌の生育可能温度領域は 0〜90℃，酵母およびカビは 0〜40℃ といわれ，生育最適温度は順に 36〜38℃，27〜30℃，25〜28℃ とされ，この温度帯で最大増殖を迎える。凍結点以下でも増殖する微生物もいるが，食品の腐敗に関与する微生物は 10℃ 以下の低温では温度が低くなるほどその増殖速度は抑制されると考えて良い。低温菌は周りの温度が低くなると膜の不飽和脂肪酸の比率を増やしたり，脂肪酸の短鎖化など細胞膜脂質組成を変化させることによって適切な膜の流動性を維持し，低温に適応することが知られている[13]。膜の流動性を維持することは，その機能性や完全性を保つために不可欠な応答である。このように，環境に適応して生き残る微生物が存在する点が腐敗防止を難しくする要因の1つでもある。

3. 微生物増殖モデル

　一般に，微生物の増殖は図1に示すようなサイクルに従うことが知られている。このサイクルは，植菌後，増殖が停止している誘導期，最も増殖が活発な対数増殖期，正味の微生物数に変化の無い定常期，細胞が死滅し減少していく死滅期に大別される。微生物の増殖を予測するモデルとしては，微生物個々の成長を予測し集団としての振る舞いを確率的に評価する確率論的モデルと，個々の性質の差は考えない決定論的モデルが挙げられる。確率論的モデルでは成長モデル式のパラメーターが決定論的モデルのように一定ではなく，あるばらつきを持って定義される。また，複数のパラメーター間に相関がある場合は制約条件下でこれらのパラメーターを決め，微生物の増殖を確率的に予測することになる。

　ある微生物が二分裂によって増殖すると仮定すると微生物の比増殖速度は一次反応型の式で表すことができる。ここでは，式(1)のように記し，比増殖速度係数とした。

$$N/N_0 = \exp(k \cdot t) \tag{1}$$

ここで，k：比増殖速度係数，N：菌数，t：時間，添え字0は初期を表す。

　しかし，一般の増殖曲線は菌数を対数として時間に対してプロットするとシグモイド曲線を描き，比増殖速度は時間とともに変化することになるため，増殖データに式(1)を当てはめることは難しい。このため，発酵工学では盛んに研究が行われ，比増殖速度が時間で変わるとするモノーの式などが提示されている。

$$k = k_{\max} S / (K_S + S) \tag{2}$$

ここで，$k_{\max}$はkの最大値，K_Sはモノーの定数，Sは増殖を律速する制限基質濃度である。増殖の過程では増殖を律速する基質濃度が減少し，比増殖速度係数も変化することになる。基質濃度が十分に大きい場合($S \gg K_S$)は近似的に$k = k_{\max}$となり，式(1)に一致する。微生物の増

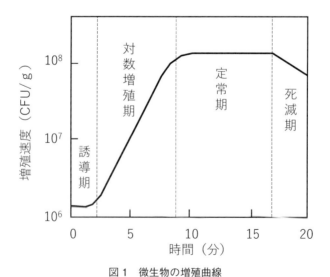

図1　微生物の増殖曲線

殖は制限基質以外にも増殖の過程で生産された阻害物質による影響も受けるため，増殖曲線はより複雑となる。シグモイド曲線を表す代表的な式としては，ロジスティックモデルやゴンペルツモデルがある。これらは，式(1)の比例係数 k をそれぞれ $r(1-N/K)$，$a \log(K/N)$ に置き換えたものである。ここで，a は係数，K は環境収容力，r は内的自然増加率を表す。微生物の増殖を表すために修正された修正ロジスティックモデルや修正ゴンペルツモデルはそれぞれ，式(3)，(4)となる。

$$\log (N/N_0) = A / [1+\exp\{-B(t-\tau)\}] \tag{3}$$

$$\log (N/N_0) = A \exp[-\exp\{-B(t-\tau)\}] \tag{4}$$

ここで，A は初期と定常期の菌数の差(対数値)，B は増殖速度係数，τ は最大増殖側路を与える時間である。図2は修正ゴンペルツ式を病原性菌ではあるが，*Bacillus cereus* の増殖データ[14]に当てはめた例を示す[15]。清家は *B. cereus* の増殖が温湿度の影響を受けることを示している。その他にもこれらのシグモイド関数型モデルを改良した増殖モデルも種々提案されている。

微生物増殖の温度依存性については，[2.3.3]で述べたように至適温度で最大増殖を迎える。このため，増殖モデルは環境ごとで異なる形状を示すことになる。増殖速度の温度依存性を整理する式としてはアレニウス型モデルと平方根モデルがあるが，いずれも適用範囲が限られるため，増殖の最低温度や最高温度を考慮したモデルの改良も行われている[16]。

また，[2.3]で示したように，その他にも水分活性や pH，ガス分圧などさまざまな環境要因が微生物の増殖に影響を与える。基本的にはさまざまな環境条件下で増殖実験を行い，先述した増殖モデルをデータに当てはめモデルパラメーターを取得し，これらのパラメーターが環境変数にどのように依存するかを定量化する必要がある。例えば，ゴンペルツモデルのパラメーター A，B，τ を環境因子依存として実験式でまとめる研究も多くなされている。これらの式

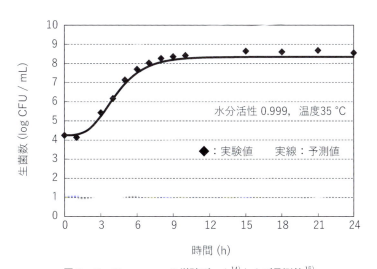

図2 *Bacillus cereus* の増殖データ[14]および予測値[15]

は貯蔵や流通段階などの変化する環境下で微生物がどのように増殖するかを予測する際に役立つ。微生物の挙動を予測する予測微生物学において最も重要かつ基礎的な情報は，各種の環境条件下における各種微生物の増殖，死滅を速度論的に整理したデータベースの拡充である。例えば，英国食品研究所と米国農務省農業研究センターおよび豪州タスマニア大学食品安全センターの3機関が共同運営するComBaseは，各種微生物の増殖および死滅データを5万件以上収録しており，培地環境のみならず種々の食品環境における微生物挙動データをウェブベースで検索・利用することを可能にしており，また，一部については環境変動下の微生物増殖予測も可能としている。標準化された測定法に基づき収集されたデータを蓄積し，合理的な数理モデルを用いて微生物の増殖を予測していくことが腐敗の進行を定量化する基本となるため，このようなウェブベースで利活用可能なデータベースの拡充は今後さらに期待が高まるものと思われる。

4. 微生物殺菌モデル

一般に，微生物の熱による死滅は式(1)の比増殖速度係数 k を $-k$ と置き換えることで表現できる。

$$N \diagup N_0 = \exp(-k \cdot t) \tag{1}'$$

これを変形して，次式で D 値が定義される。

$$\log(N / N_0) = -(k / 2.303)t = -(1 / D)t \tag{5}$$

生存数が1/10に低下するのに要する時間を D 値といい，比死滅速度係数 k を用いて $D = 2.303/k$ と表すことができる。例えば，$Penicillium\ sp.$ 分生子の D_{60} 値は2.5分，子嚢胞子の D_{82} 値は6.7分，$Aspergillus\ sp.$ の分生子の D_{50} 値は5分，子嚢胞子の D_{65} 値は50分というように，菌種や形態によっても耐熱特性は異なる。

また，死滅速度定数 k の温度依存性についてはアレニウスの式を用いて整理することもできる。

$$k = \mathrm{d} \exp(-\mathrm{E_a} \diagup \mathrm{R}T) \tag{6}$$

ここで，d は頻度因子，$\mathrm{E_a}$ は活性化エネルギー，R は気体定数，T は絶対温度である。

一定の温度で熱殺菌することができるのであれば，必要な殺菌時間 F を決定することは比較的容易であるが，実際の殺菌は非定常状態で行われるため，次の F 値で殺菌を評価する。

$$F = \int_0^t 10^{(T-Tr)/Z}\,dt \tag{7}$$

ここで，Tr は基準温度，Z 値は D 値が一桁変化するときの温度差であり，式(8)で定義される。

$$\log D = -(1 / Z)\theta + \mathrm{C} \tag{8}$$

温度履歴を式(7)に当てはめて殺菌時間 F を算出することは可能であるが，コスト面で困難な

場合がある。このため，加熱殺菌モデルとは別に，殺菌工程における温度変化を予測するモデルを構築し，これと連成させて殺菌時間を決定する試みもなされている。図3はシャーレ上で *Cladosporium* spp. の赤外線（IR）照射加熱による殺菌予測を行った例である[17]。IRは熱殺菌の一種であり，殺菌メカニズムは酵素タンパク質の熱変性や失活，代謝異常などであるが，通常の蒸気殺菌や熱水による殺菌と異なり放射伝熱であるため短時間で表面を高温にすることができる。IRの吸収は表面付近に限られ内部の温度が上がりにくく，内部品質を保ちたい青果物などの殺菌に有利である。ここでは，管長220 mm，出力6 W，ピーク波長950 nmの赤外線ランプを用いてNA培地上に菌が生育している状態で加熱殺菌を行う場合の照射距離と温度，殺菌時間の関係を熱放射を含む熱流体力学モデルによって解析した例であるが，ランプと被照射体との距離が長くなるほど所定の温度まで加熱される時間は延び，また，熱移動モデルと式(1)'を連成して解いた殺菌レベル曲線も同じ傾向になった。この図からわかることは，多くの青果物の加熱殺菌では表面温度が50℃以下で処理されることが望ましいが，菌数を3 log落としたい場合には距離を130 mm程度以上離した設置が必要であることがわかる。図4はリンゴの表面に赤外線を照射した際の温度分布を表す。赤外線ランプと反射板の位置を簡易的に示しているが，これらの配置により加熱むらが著しく改善されることがわかる。また，赤外線ランプを4本用いた場合に表面温度が50℃を超える部分が発生するなど，品質保持の観点からも重要となる情報を得ることができる。このように，モデル解析によって適切に初発菌を抑え，青果物の品質保持期間を延ばす試みもなされている[18)-20)]。

紫外線殺菌については，光子が菌体に直接作用する直接効果と，菌体を取り巻く分子に関与して働く間接効果がある。残留性が無く，取り扱いも容易で安価であり，かつ非加熱殺菌が可能であるため青果物の殺菌には適している。殺菌は波長100〜280 nmの電磁波であるUV-Cを用いて行われる。UV殺菌のメカニズムは，殺菌に効果のある波長帯（UV-C）がDNAの吸収帯と一致し，UVが照射されたときDNA（あるいはRNA）の同一鎖状のピリミジン塩基（特にチミン）が相隣る場合にこれらが二量体となり，複製機能を失うことによる。UV-Cの波長域はチミンの吸光波長254 nmに一致するため，その殺菌効果は高い。ただし，透過性が小さ

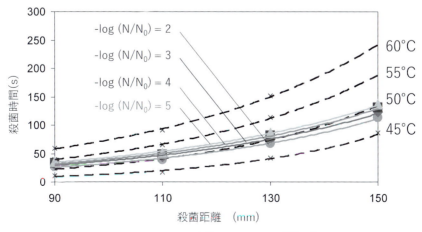

図3 *Cladosporium* spp. の殺菌レベル-時間-照射距離チャート

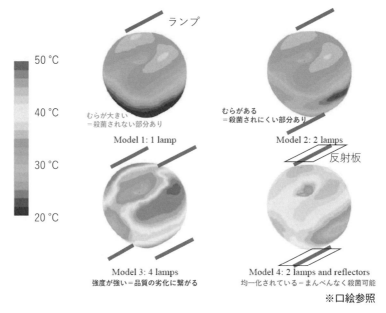

図4 赤外線ランプと反射板の設置位置の違いによる温度むらの評価

く表面殺菌にしか向かないこと，過剰照射が青果物の品質劣化を招くことなどがデメリットである。図5に過剰な紫外線照射により発生したモモ果実の表面の様子を示す。過剰照射した果実では表面に黒ずみが認められる。このように過剰照射は青果物の品質に悪影響を与えるが，照射が不足すると期待する殺菌効果は認められなくなる。Marquenieら[21]はイチゴ果実の表面殺菌を行い，0.5 kJ/m² 以下の照射強度では殺菌が不十分であることを示している。一方，Nigroら[22]は4 kJ/m² 以上の照射でイチゴ果実表面色が変色し，また蒸散による萎縮が認められることを示している。至適照射強度範囲は青果物によって異なり，また菌の種類によっても異なることが知られている。表1に紫外線照射による各種カビの殺菌線量を示す[23]。図6はUV-C照射による *Penicillium digitatum* の殺菌曲線を示したものであるが，生存比（対数値）は照射量に比例して減少することがわかる。総照射量を R，比殺菌速度係数を k' とすると死滅曲線は次式で表すことができる。

$$N/N_0 = \exp(-k' \cdot R) \tag{1}''$$

ただし，菌の種類によって加熱殺菌と同様にショルダーやテーリングが認められるものも存在する。このため菌の強弱を考慮した二相線形モデルやワイブルモデルなどが提案されており，それぞれ次式で与えられる[24]。

$$\log_{10} \frac{N}{N_0} = -\frac{1}{2.3} \left(\frac{t}{\alpha}\right)^\beta \tag{9}$$

$$\log_{10} \frac{N}{N_0} = \log_{10}[(1-f) \cdot 10^{-\frac{t}{D_{sens}}} + f \cdot 10^{-\frac{t}{D_{res}}}] \tag{10}$$

第4章 収穫後の微生物による腐敗

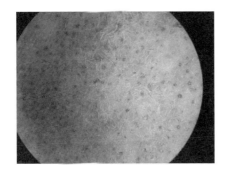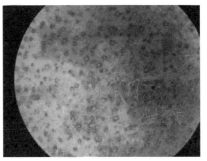

※口絵参照

図5 紫外線の過剰照射による黒ずみの発生
左：正常果，右：障害果

表1 紫外線照射による各種カビの殺菌線量[23]

	細菌名		90%殺菌率時の殺菌線量 [J/m²]	99.9%殺菌率時の殺菌線量 [J/m²]
カビ芽胞	アオカビ	緑	130.0	390.0
	アオカビ	オリーブ	130.0	390.0
	アオカビ	オリーブ	440.0	1,320.0
	コウジカビ	青緑	440.0	1,320.0
	コウジカビ	黄緑	600.0	1,800.0
	コウジカビ	黒	1,320.0	3,960.0
	クモノスカビ	黒	1,110.0	3,330.0
	ケカビ	灰色	170.0	510.0

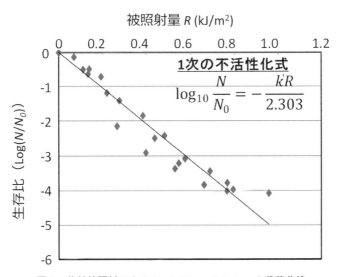

図6 紫外線照射による *Penicillium digitatum* の殺菌曲線

ここで，α は特性時間，β は形状パラメーター，f は抵抗性菌の存在比，D は D 値，添え字の sens および res は敏感性，抵抗性を表す。

　紫外線照射による殺菌曲線がショルダーを持つ場合については，マルチヒットモデルなども提案されている。

$$N/N_0 = 1 - \{1 - \exp(-k \cdot R)^n\} \tag{11}$$

ここで，n は致死ヒット数を表す。

　図7は紫外線透過性フィルムにイチゴ果実を9個並べ，上下に2本ずつ配置したUV-Cランプによって紫外線照射を行う際の数値解析モデルの例であるが，ここでは DO（Discrete Ordinates）法によりイチゴ表面の被照射量を決定している[25]。この方法を用いて**図8**に示すような UV-C の被照射強度分布が正確に予測できるようになる[26]。さらに，先述の殺菌モデルと組み合わせることで表面殺菌のされかたが可視化でき，殺菌評価もより現実的でかつ容易でコストの面からも有利であるため，このような数理モデルシミュレーションによる合理的な殺菌処理の最適化が強く望まれている。

　以上，本節では加熱殺菌と非加熱殺菌に対応する殺菌モデルについて紹介したが，これらのモデルは化学薬品や機能性水による殺菌などにも適用可能であると考える。

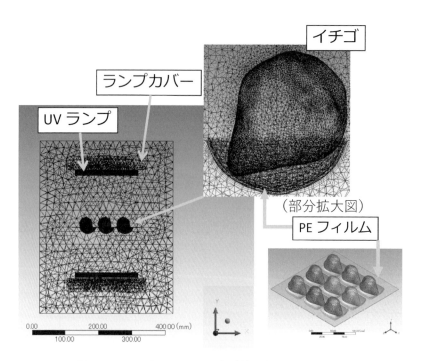

図7　トレイに入れたイチゴの紫外線殺菌解析モデルの例

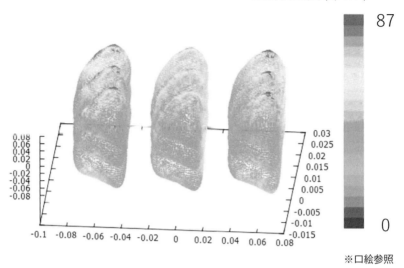

図8　トレイに入れたイチゴ表面の紫外線強度分布予測例

5. 微生物制御

　微生物の制御法としては，それらが増殖しにくい環境を整えることが大切である．増殖を抑制する条件としては低温湿度が望まれるが，蒸散を防ぐ点からは低湿は不利である．MA包装のように蒸散を防ぎ，かつ包装内ガス組成を調節し，微生物の抑制と青果物の品質保持を同時に行う方法などもあるが，全ての青果物が包装輸送されるわけではない．収穫時に青果物に表在する菌を抑える方法としては予冷などにより急激に青果物の品温を下げ，コールドショックにより菌を殺すことも考えられるが，この効果は冷却時の温度や菌の種類によって異なり，1桁未満の減少しか認められていない[27]．また，過剰な加熱は青果物そのものの品質を劣化させるため，カット野菜などでは機能水や次亜塩素酸ナトリウムなどを用いて殺菌されることが多い．

　日本ではカット野菜を除き，青果物の実用規模での殺菌はほとんど行われていないのが現状である．これは国内流通経路が短く短期間で輸送されるためである．しかしながらグローバルな流通の展開を目指すとき，初発菌を抑え輸送可能距離を延ばすことは市場拡大にとって必然の課題である．特に，船舶による海外輸出を視野に入れる場合，腐敗の原因となる微生物を青果物の品質を劣化させること無く抑えこむことが輸出拡大の鍵を握る．輸出対象国によっては使用が認められていない殺菌剤もあるため，筆者らはこれに代わる殺菌法として電磁波照射による青果物表在菌の殺菌に取り組んできた．図9は装置作製に先だち行った基礎培養実験結果である．イチジクから抽出した菌を標準培地に植菌し，一定の距離から赤外線と紫外線を所定の時間照射したのち6日間培養，その効果を調査した．この結果，トータルの処理時間は変わらないもののIRとUVを併用したとき顕著な殺菌効果が得られた．この相乗効果をヒントに試作したIR・UV殺菌装置を図10に示す．装置は同形のネットコンベア2台から構成され，

青果物の鮮度評価・保持技術

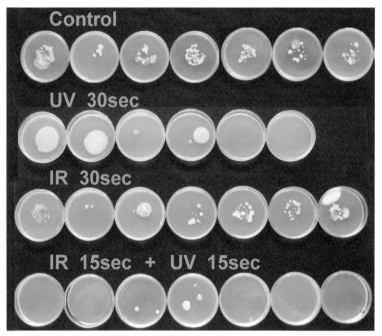

※口絵参照

図9 イチジク由来菌を赤外線・紫外線殺菌し標準培地で
6日間培養した結果
上から，対照区，UV照射30秒，IR照射30秒，IRとUVを順に
15秒ずつ照射

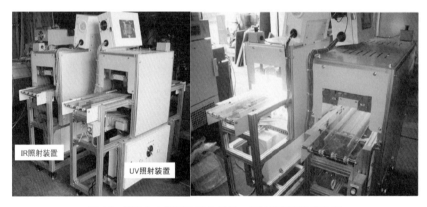

図10 試作した青果物用赤外線・紫外線併用殺菌装置
左：全体，右：稼働時

全体図のうち左側からIR，UV照射装置(外寸法：1500 mm(L)×400 mm(W)×1500 mm(H)，ネット幅：200 mm)である。ランプはネットコンベア上に置かれた殺菌対象青果物の上方と左右，およびネットの下方に2灯ずつ合計8灯を配し，上下方向に70 mm，左右方向に120 mmの位置調整が可能である。また，照射強度とコンベア速度は可変式を採用し，照射量の調整を

— 104 —

第4章 収穫後の微生物による腐敗

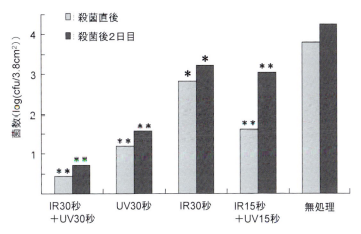

図11 IR・UV照射がイチジク(桝井ドーフィン)表面に付着した
真菌数に及ぼす影響[28)29)]
同日調査の無処理区に対して，＊は5％，＊＊は1％水準で有意差あり

可能としている。本装置は基礎試験用のためIR用，UV用の2機を設けたが，既に販売されている商品は1機のコンベア上にIR・UVランプを設置し，同時照射を行える構造となっている。本装置を用い，イチジク，イチゴ，モモ，ウンシュウミカンなどの殺菌試験を行った。結果の一例を図11および図12に示す[28)29)]。イチジクに付着する真菌数はIR，UVの30秒間単独照射でも無処理と比べ減少するが，IRとUVをそれぞれ30秒ずつ照射することで3桁以上減らすことができた[30)]。また，ウンシュウミカンではIR60秒＋UV60秒の照射により，貯蔵2ヵ月後の表在菌数は無処理に比べ，2桁程度少なかった。さらに，照射殺菌後にイチゴおよびウンシュウミカンを5℃で保存すると，イチゴでは10日間，ウンシュウミカンでは60日間腐敗果の発生が認められなかった。一方で，照射による品質の低下もみられ，モモではIRの照射時間が144秒を超えると赤色が減退し黄

無処理

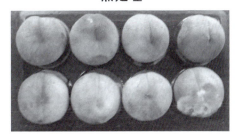
IR30sec＋UV30sec
※口絵参照

図12 IR・UV照射が *Monilinia fructicola* の殺菌に与える影響
植菌後，室温で1日放置。殺菌処理後，25℃で2日間培養

化，UVの照射時間が長いと黒変が生じた。イチゴではIR照射はヘタ枯が生じ，UVのみの照射が望ましいことが明らかとなった。イチジクのトロケ症状の原因となる酵母，モモ灰星病の原因となる *Monilinia fructicola*(図12)，モモのホモプシス腐敗病の原因菌となる *Phomopsis* 属にはIR，UV順の連続照射が有効であり，イチゴにはUVのみの照射が有効であることを見出している。

- 105 -

その他，殺菌法として過熱水蒸気・アクアガスの利用，高圧殺菌法，高電圧を応用した殺菌法などがあるが，このうち青果物の殺菌法としては過熱水蒸気やアクアガス利用による殺菌の有効性が示されている[31)32)]。また，流通中の青果物の損傷を防ぐ包装容器の工夫も腐敗の発生を抑える大切な手段となる。腐敗防止のためには温湿度などの環境を適切に保つことだけではなく，機械的損傷を極力抑えることなど多方面からの配慮が必要である。

6. おわりに

これまで，食品微生物の研究は人類の健康に影響を与える病原菌やヒトの食生活に有益な発酵などが中心に研究が進められてきた。しかしながら，人口の増大によって懸念される食料不足など近未来には人類が避けては通れない課題が迫っている。青果物の腐敗による廃棄もこの観点からは見逃してはならない課題である。青果物を腐敗に至らしめる微生物を品質に影響が及ばない範囲でいかに制御するかが問われており，今後は，実用に耐え得る新たな殺菌法の確立や初期腐敗を見逃さない検知技術の開発，腐敗による劣化を抑えた高品質保持輸送システムの開発が期待されている。

文　献

1) P. M. Manvell and M. R. Ackland：*Food Microbiol*, **3**, 59(1986).

2) 泉秀実：園学研，**4**，1(2005).

3) 露無慎二ほか：化学と生物，**41**(3)，157(2003).

4) K. E. Hmmond-Kosack and J. D. G. Jone：*Plant Cell*, **8**, 1773(1996).

5) M. Barth et al.：Compendium of the Microbiological Spoilage of Foods and Beverages. Food Microbiology and Food Safety. Springer, New York, NY, 135(2009).

6) D. C. Lehmann and J. E. Fergason：*Int. J. Refrigeration*, **7**(3), 186(1984).

7) 王世清ほか：農業施設，**28**(2)，77-85(1997).

8) 田中史彦ほか：農業施設，**29**(4)，175(1999).

9) H. V. Duong et al.：*J. Fac. Agr., Kyushu Univ.*, **58**(2), 365(2013).

10) H. V. Duong et al.：*Biosystems Eng.*, **107**(1), 54(2010).

11) 長友優弥：http://www.miyazakiu.ac.jp/crcweb/sangakuwp/wp-content/uploads/sangaku/4a0c5f0d116bdd4d93338f6ceeb42859.pdf(2015).

12) 平栄蔵，御手洗正文：http://www.miyazaki-u.ac.jp/crcweb/hpdata2010/

sangaku/gijyutukenkyu/pdf/2013/B-1.pdf (2013).

13) R. Ernst et al.：*J. Molecular Biology*, **428**(24), Part A, 4776(2016).

14) 清家暢隆：九州大学大学院生物資源環境科学府修士論文(2009).

15) 山名志郎：九州大学大学院生物資源環境科学府修士論文(2011).

16) D. A. Ratkowsky et al.：*J. Bacteriol.*, **154**, 1222(1983).

17) V. Trivittayasil et al.：*J. Food Eng.*, **104**(4), 565(2011).

18) F. Tanaka et al.：*J. Food Eng.*, **79**(2), 445 (2007).

19) F. Tanaka et al.：*J. Food Proc. Eng.*, **35**(6), 821(2012).

20) V. Trivittayasil et al.：*Biosystems Eng.*, **122**, 16-22(2014).

21) D. Marquenie et al.：*Postharvest Biol. Technol.*, **28**, 455(2003).

22) F. Nigro et al.：*Plant Pathol.*, **82**, 29-37 (2000).

23) M. S. Rea：The IESNA lighting handbook, 9th ed.(2000).

24) V. Trivittayasil et al.：*Food Sci. Tech. Res.*, **21**(3), 365(2015).

25) V. Trivittayasil et al.：*Food Sci. Tech. Res.*, **22**(2), 185(2016).

26) F. Tanaka et al.：*Food Sci. Tech. Res.*, **22**(4), 461(2016).

27) J. Farrell and A. H. Rose：*J. Gen. Microbiol.*, **50**, 429(1968).

28) 内野敏剛ほか：農水技研ジャーナル, **34**(4), 48(2011).

29) 内野敏剛ほか：クリーンテクノロジー, **23**(1), 28(2013).

30) D. Hamanaka et al.：*Food Control*, 22(3-4), 375(2011).

31) 青山康司ほか：広島食工技研報, **25**, 29(2011).

32) 九月女格ほか：防菌防黴, **33**(10), 523(2005).

第5章

カット青果物の品質保持

近畿大学　泉　秀実

1. カット青果物の生理学的・生化学的特性

1.1 青果物の切断と傷害呼吸

　青果物の切断は，切断後十数時間〜数十時間のうちに，一時的な呼吸のピーク（傷害呼吸）を生じる[1]。表皮が除去され細かく切断された組織では，ガス交換面積が増大するため，多くのカット青果物では，丸のままの生鮮青果物よりも，呼吸量は高いまま維持される。例えば，カット野菜の場合，切断による呼吸量の上昇率は，10%以下のズッキーニから100%を超えるレタスまでさまざまであるが，0〜5℃の低温よりも10〜20℃の高温で高くなる傾向を示す（**表1**）[2]。

　カット青果物は生命体であるため，生命の維持に必要なエネルギーを呼吸を通してアデノシン三リン酸（ATP）の形で得るために，盛んに呼吸を行う必要があるが，呼吸量を高めると，呼吸基質である糖や有機酸を消費することになる。これらの有機化合物（貯蔵物質）の消耗は，切断による表面積の拡大によって増大する水分蒸散量と合わせて，カット青果物の目減りの原因となる。これらの変化は，栄養源と水分源である園芸食品としての品質低下に繋がり，呼吸生理学から見たカット青果物は，『生かさず殺さず扱うこと』が鮮度保持のためには重要となる。

表1　生鮮野菜およびカット野菜の温度別呼吸量（CO_2mg／kg・h）[2]

野菜	タイプ	温　度			
		0℃	5℃	10℃	20℃
サヤインゲン	生　鮮	13.0	29.0	52.0	131.0
	カット	14.0	29.0	78.0	156.0
	変化率（%）	7.7	0.0	50.0	19.1
ズッキーニ	生　鮮	13.0	30.0	57.0	144.0
	スライス	12.0	24.0	47.0	161.0
	変化率（%）	-7.7	-20.0	-17.5	11.8
キュウリ	生　鮮	2.7	4.3	6.6	15.0
	スライス	3.4	5.4	9.7	45.0
	変化率（%）	25.9	25.6	47.0	200.0
ペポカボチャ	生　鮮	5.7	9.4	13.0	33.8
	スライス	6.5	12.3	17.7	77.2
	変化率（%）	14.0	30.9	36.2	128.4
ピーマン	生　鮮	7.0	8.0	13.0	68.0
	スライス	7.0	6.0	14.0	105.0
	変化率（%）	0.0	-25.0	7.7	54.0
トマト	生　鮮	1.6	2.3	4.7	20.2
	スライス	1.4	3.0	10.0	35.0
	変化率（%）	-12.5	30.4	112.8	73.3
		2.5℃	5℃	7.5℃	10℃
レタス	生　鮮	2.4	2.9	5.0	7.6
	千切り	7.6	8.5	12.6	15.9
	変化率（%）	216.7	193.1	152.0	109.2
ニンジン	生　鮮	3.7		5.2	
	スライス	6.0		10.0	
	変化率（%）	62.2		92.3	

- 111 -

青果物の鮮度評価・保持技術

1.2 青果物の切断と傷害エチレン

青果物は切断されると，切断傷害によって数十時間のうちにエチレン生成が誘導される(傷害エチレン)[3]。このエチレン生成は，メチオニン－1-アミノシクロプロパン-1-カルボン酸(ACC)経路によるエチレン生合成の過程で，律速段階となる ACC シンターゼと ACC オキシダーゼの活性が増大することによる[4]。

植物ホルモンであるエチレンは，果実の成熟・追熟，植物の生長制御，落葉・落果，クロロフィルの分解，開花促進，花の萎凋などの働きに加えて，酵素誘導の作用を有する。傷害エチレンは，フェニルプロパノイド合成の最初のステップを触媒するフェニルアラニンアンモニアリアーゼ(PAL)の生成を誘導することが知られ[5]，それによるフェノール物質の蓄積[6]，さらにその後にリグニンの重合化[7]が導かれると，カット青果物の褐変や硬化が引き起こされることになる。

1.3 青果物の切断と酸化反応

傷害エチレンで誘導された PAL によって，元々フェノール化合物の含有量が少ない青果物(レタス，キャベツ，セロリなど)ではポリフェノールが蓄積し，元々フェノール含量の多い青果物(ジャガイモ，リンゴ，モモなど)と同様に，切断傷害によって活性化したポリフェノールオキシダーゼ(PPO)の働きで，褐変現象が生じる[8]。特にポリフェノール含量の多いカット青果物の褐変には，リグニン化に関与するペルオキシダーゼ(POD)が媒介することも示唆されている[9]。

組織の切断面と空気との接触は，空気中の酸素と PPO による酸化作用で褐変反応を進行させるほかに，ビタミン C の酸化反応を促す。D-グルコースから合成される還元型ビタミン C である L-アスコルビン酸(AsA)は，ヒトの必須の栄養素であると同時に，植物体内では抗酸化剤として，活性酸素の除去にも関わる重要な生理的役割を担っている[10]。一般には，カット青果物は切断により，酸化酵素(AsA オキシダーゼや AsA ペルオキシダーゼ)が活性化して，AsA から L-モノデヒドロアスコルビン酸(MDHA)を経て酸化型ビタミン C である L-デヒドロアスコルビン酸(DHA)に変化し，2,3-ジケトグロン酸に変換されて，ビタミン C 含量の低下に繋がると考えられてきた。しかし，カットジャガイモ[11]やカットピーマン[12]では，切断ストレスにより生成される過酸化水素を AsA ペルオキシダーゼが無毒化するために一旦は AsA が消費されるものの，それを補うために AsA の合成酵素(L-ガラクトノラクトンデヒドロゲナーゼ)および還元酵素(MDHA レダクターゼや DHA レダクターゼ)の活性化が起こり，切断によって逆にビタミン C 含量が増えることも報告されている(図1)[13]。すなわち，これらカット野菜における AsA の増加反応は，切断傷害に対する植物の生体防御作用としての抵抗反応であると考察される。

1.4 青果物の切断と低温障害

一般に，熱帯・亜熱帯原産の青果物は低温感受性で，0〜10℃付近の低温で貯蔵すると低温障害が発生する[14]。しかし，Watada ら[2]は，表1に示したカット野菜では，いずれも 0〜10℃での7日間の貯蔵中に，低温障害の発生はなかったとしている。同様に低温感受性のメロン，

- 112 -

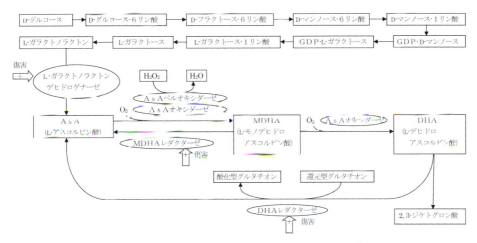

図1 L-アスコルビン酸の生合成経路と代謝経路[13]

パイナップルおよびパパイヤが切断されて臨界温度以下の4～5℃に貯蔵されても，低温障害が発生しなかったことも報告されている[15]。この現象も，原因は究明されていないが，切断傷害に対する植物の生体防御作用の一つとして，細胞内で新たな生理学的・生化学反応が引き起こされた結果と考えられる。

2. カット青果物の微生物学的特性

2.1 原料青果物の微生物汚染度

野菜と果実の微生物叢を比較すると，両者は大きく異なる。一般に野菜は微生物汚染度が高いが，一般生菌数および大腸菌群数は，野菜の種類あるいは部位によっても異なる[16]。キュウリ，ニンジン，レタスおよびホウレンソウの外部(外葉)組織では，4.5～6.5 log CFU/gの一般生菌と3.3～4.3 log CFU/gの大腸菌群が存在するのに対して，トマト，タマネギおよびニンニクでは細菌数は検出限界値(2.4 log CFU/g)以下である。野菜の微生物叢は，細菌が主体で約80％を占め，残りは酵母およびカビで構成される。野菜の細菌叢は，植物病原細菌を含む*Agrobacterium*属，*Pantoea*属，*Pseudomonas*属，*Xanthomonas*属や腸内細菌科の*Citrobacter*属，*Enterobacter*属などのグラム陰性菌が主体をなす。これらの細菌には，ペクチン分解性の特性をもつ菌種が含まれ，野菜の軟化・腐敗を引き起こす原因となっている。

一方，果実に付着する微生物数は少なく，カンキツ類，カキ，リンゴ，スモモ，ウメなどの果肉部では，いずれも未検出あるいは検出限界値(細菌：2.4 log CFU/g，真菌：3.0 log CFU/g)以下である[17]。果皮部では，一般生菌および真菌が検出(2.9～4.0 log CFU/g)される果実も見られるが，大腸菌群を含めて検出限界値以下を示す場合の方が多い。果実の微生物叢は，わずかに検出される細菌と酵母を除いて，約80％をカビが占め，それらは植物病原性の糸状菌(*Alternaria*属，*Diaporthe*属，*Fusarium*属，*Penicillium*属，*Pestalotia*属など)と土壌由来の糸状菌(*Cercophora*属，*Cladosporium*属，*Plectosphaerella*属，*Trichoderma*属など)が主体である。

青果物の鮮度評価・保持技術

2.2 カット青果物の微生物汚染度

カット野菜およびカット果実の微生物叢は，原料青果物から由来する微生物と製造工程中に接触する他の青果物あるいは器具類からの交差汚染菌とで構成される[18]。カット野菜では植物病原細菌（*Pseudomonas* 属，*Pantoea* 属など）や土壌細菌（*Bacillus* 属，*Curtobacterium* 属など），カット果実では腐敗性の糸状菌（*Pestalotia* 属，*Aureobasidium* 属など）や酵母（*Pichia* 属，*Candida* 属など）が頻繁に検出される。

一般に，カット野菜は切断後に，またカット果実は切断前に洗浄されるので，出荷時のカット製品は，原料青果物に比べて菌数が低下している。しかし，小売店で販売されるカット青果物の微生物汚染度は，出荷後の貯蔵・流通中の温度やフィルム内の雰囲気などの外的条件によって，大きく影響される。その結果，例えば小売店で販売されているカット野菜の菌数のように，一般生菌が $3.5 \sim 9.0$ log CFU/g，大腸菌群が $1.0 \sim 7.2$ log CFU/g，真菌が $4.3 \sim 8.4$ log CFU/g と，製品ごとに大きな菌数差が生じることになる（**表2**）[19]。

表2　小売店（米国あるいは英国）の数種カット野菜の一般生菌数，大腸菌群数および真菌数[19]

カット野菜	Log CFU/g		
	一般生菌数	大腸菌群数	真菌数
ミックスサラダ （レタス，ダイコン，トマト）	3.6〜8.9	1.0〜5.3	―
グリーンサラダ（レタス）	3.5〜7.5	1.0〜5.2	―
コールスロー（ノンドレッシング）（キャベツ）	6.5〜8.2	1.0〜4.9	―
ミックスサラダ （レタス，キャベツ，ニンジン，タマネギ，ピーマン）	7.7〜8.4	5.1〜6.8	4.3〜5.2
ミックスサラダ （キャベツ，クレス，ニンジン，コーン，セロリー，ピーマン）	8.6〜9.0	5.9〜7.2	6.7〜7.9
野菜サラダ （ブロッコリー，カリフラワー，レタス，トマト）	5.3〜6.6	4.9〜6.3	6.3〜8.4

―：未測定

3. カット青果物の品質保持技術

3.1 薬剤処理

一般に，カット青果物製造中の洗浄工程では，食品添加物である化学薬剤を使用して，殺菌処理が行われる。世界中で，この洗浄殺菌に最も使用されてきた薬剤が，次亜塩素酸ナトリウムである。しかし，殺菌効果を高めるために，有効塩素濃度を $200 \sim 300$ ppm に高めると，塩素臭の発生，栄養成分の低下やトリハロメタンの生成が生じるため，次亜塩素酸ナトリウムに替わる殺菌剤の研究が数多くなされてきた[20]。

日本の技術から生まれた殺菌剤として，酸性電解水，オゾン水，焼成カルシウム製剤，フマル酸製剤，フェルラ酸製剤などが利用され，水道水処理されたカット野菜に比べて，微生物数を低下することが確認されている[21]。1種類の薬剤による処理よりも，複数の薬剤で処理する方が殺菌効果が高まることから[22]，現在では，2種類以上の殺菌剤の組み合わせ研究が主流で

- 114 -

ある。例えば，カットレタスにおける微酸性電解水とフマル酸製剤との組み合わせでは，フマル酸製剤を後に施す処理(微酸性電解水＋フマル酸製剤)の殺菌効果が高く，その後の10℃貯蔵中も低い菌数を維持するが，酸味を呈して味に影響を及ぼすため，微酸性電解水を後に施す処理(フマル酸製剤＋微酸性電解水)の方が望ましい結果となる(図2)[23]。このように，酸性電解水やオゾン水を殺菌効果のある後処理洗浄剤として，他の薬剤との組み合わせ処理に利用することで，品質に配慮した殺菌処理が可能となる。

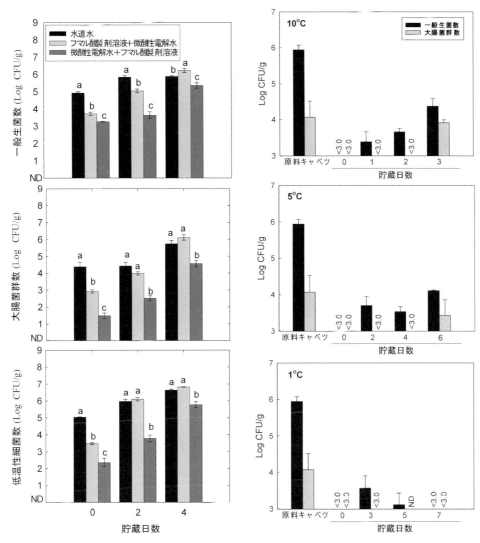

図2　水道水浸漬(13分間)あるいは1％フマル酸製剤溶液浸漬(10分間)/微酸性電解水浸漬(有効塩素13ppm；3分間)された角切りレタスの10℃におけるMAP貯蔵中の一般生菌数，大腸菌群数および低温性細菌数[23]
a〜c：それぞれの菌数における同一貯蔵日内で異なるアルファベットは有意差(5％レベル)を示す

図3　原料キャベツおよびカットキャベツ製品の10℃，5℃あるいは1℃におけるMAP貯蔵中の一般生菌数および大腸菌群数
＜3.0：検出限界値以下
ND：未検出

青果物の鮮度評価・保持技術

　一方，カット青果物製造中の洗浄には，殺菌剤だけではなく，貯蔵性を高める品質保持剤も利用される。例えば，塩化カルシウムでは貯蔵中の菌数増加を抑制する静菌作用と固さの保持[24]，カラシ・ホップ抽出物製剤（アリルイソチオシアネート・β酸含有）では，静菌作用に加えて呼吸，エチレン生成および褐変進行の抑制効果が得られ[25]，微生物制御と品質保持に効果を示す。

3.2　貯蔵温度

　カット青果物の品質保持のためには，低温障害の発生を避けたうえで，凍結点にできるだけ近い最低温度で保蔵されることが望ましい。微生物増殖の抑制も，より低温の方が効果が高く，カットキャベツ製品の貯蔵中の一般生菌数と大腸菌群数は，10℃貯蔵3日目と5℃貯蔵6日目で約4 log CFU/gとほぼ同程度で，1℃貯蔵では7日目でも検出限界値（3.0 log CFU/g）以下となり，貯蔵温度によって品質保持期間に大きな差が生じる（図3）。

　因みに，アメリカではカット青果物の貯蔵・流通温度は1℃で，求められる品質保持期間は2〜3週間，ヨーロッパでは貯蔵・流通温度は5℃で，その品質保持期間は7〜10日，日本では10℃流通が基本のため，品質保持期間は3〜5日である。

3.3　貯蔵ガス組成

　カット青果物は，Modified atmosphere packaging（MAP）と呼ばれるフィルム密封包装で流通される。適正なガス透過性のフィルムで密封包装すると，フィルム内のガス組成はカット青果物の呼吸で酸素濃度が低下して，二酸化炭素濃度が増加した状態で平衡に達し，カット青果物の貯蔵に適したControlled atmosphere（CA）条件を作り出すことが可能である。カット青果物のCA条件に関する研究は，生理・生化学の観点から取り纏められ[26]，丸のままの青果物の最適条件に比べて，酸素濃度は低く，二酸化炭素濃度が高く設定されることが特徴である（表3，表4）[27]。CAの基本的なガス組成（0.5〜5%の低酸素および/あるいは5〜10%の高二酸化炭素）では，呼吸，エチレン生成，水分損失および退色の抑制と，栄養成分および硬さの保持に対する効果が確認されている。これらの低酸素と高二酸化炭素の条件は，貯蔵中の一般生菌数の増殖抑制にも効果を示すが，これはCA効果としてカット青果物の老化が抑制され，微生物に対する抵抗性の低下が抑えられたためである。微生物に直接的な静菌作用を及ぼすには，10%以上の高二酸化炭素が必要である[28]。

　一般的に行われている受動的なpassive MAPに対して，品質保持に最適なガスを予め充填する能動的なactive MAPが推奨される。しかし，青果物の種類によっては，包装内の二酸化炭素濃度が20%を超えると，嫌気呼吸によるアルコール臭の発生や通性嫌気性の乳酸菌の増殖によるスライム状の腐敗の起こることが知られている[29]。したがって，フィルム包装を実用する際には，特に高二酸化炭素濃度下での品質への影響をカット青果物ごとに把握したうえで，各カット青果物が適正なガス濃度を保てるガス透過量のフィルムを選択することが重要であろう。

－ 116 －

表3 カット野菜の最適CA条件[27)]

カット野菜	貯蔵温度 (℃)	雰囲気	
		酸素(%)	二酸化炭素 (%)
ビート(微塵切り，ダイス，剥皮)	0～5	5	5
ブロッコリー(フローレット)	0～5	0.5～3	6・10
キャベツ(千切り)	0～5	5～7.5	15
ハクサイ(千切り)	0～5	5	5
ニンジン(スライス，スティック，千切り)	0～5	0.5～5	10～20
セイヨウネギ(スライス)	0～5	5	5
アイスバーグレタス(角切り，千切り)	0～5	0.5～3	10～15
バターヘッドレタス(角切り)	0～5	1～3	5～10
グリーンリーフレタス(角切り)	0～5	0.5～3	5～10
レッドリーフレタス(角切り)	0～5	0.5～3	5～10
ロメインレタス(角切り)	0～5	0.5～3	5～10
タマネギ(スライス，ダイス)	0～5	2～5	10～15
ピーマン(角切り)	0～5	3	5～10
ジャガイモ(スライス，剥皮)	0～5	1～3	6～9
カボチャ(キューブ)	0～5	2	15
ホウレンソウ(単葉)	0～5	0.5～3	8～10
トマト(スライス)	0～5	3	3
ズッキーニ(スライス)	5	0.25～1	—

表4 カット果実の最適CA条件[27)]

カット果実	貯蔵温度 (℃)	雰囲気	
		酸素(%)	二酸化炭素 (%)
リンゴ(スライス)	0～5	<1	4～12
カンタロープメロン(キューブ)	0～5	3～5	6～15
ハニーデューメロン(キューブ)	0～5	2	10
キウイフルーツ(スライス)	0～5	2～4	5～10
グレープフルーツ(スライス)	0～5	14～21	7～10
マンゴー(キューブ)	0～5	0.5～4	10
オレンジ(スライス)	0～5	14～21	7～10
モモ(スライス)*	0	1～2	5～12
ヨウナシ(スライス)*	0～5	0.5	<10
カキ(スライス)*	0～5	2	12～20
ザクロ(種衣)	0～5	—	15～20
イチゴ(スライス)	0～5	1～2	5～10
スイカ(キューブ)	0～5	3～5	10

*CA効果が低い果実

文　献

1) G. Kahl and G. G. Laties：*J. Plant Physiol.*, **134**, 496(1989).

2) A. E. Watada et al.：*Postharvest Biol. Technol.*, **9**, 115(1996).

3) 阿部一博ほか：日食工誌, **40**, 101(1993).

4) H. Hyodo et al.：*Plant Cell Physiol.*, **34**, 667(1993).

5) S. K. Sarkar and C. T. Phan：*J. Food Prot.*, **42**, 526(1979).

6) M. E. Saltveit：*Postharvest Biol. Technol.*, **21**, 61(2000).

7) H. Hyodo et al.：*Postharvest Biol. Technol.*, **1**, 127(1991).

8) F. A. Tomás-Barberán and J. C. Espín：*J. Sci. Food Agric.*, **81**, 853(2001).

9) P. M. A. Toivonen and D. A. Brummell：*Postharvest Biol. Technol.*, **48**, 1(2008).

10) 重岡成：農化, **66**, 1739(1992).

11) K. Ôba et al.：*Plant Cell Physiol.*, **35**, 473(1994).

12) 今堀義洋ほか：園学雑, **66**, 175(1997).

13) 泉秀実：日食保蔵誌, **27**, 145(2001).

14) 郋田卓夫：コールドチェーン研究, **6**, 42(1980).

15) R. E. O'Connor-Shaw et al.：*J. Food Sci.*, **59**, 1202(1994).

16) H. Izumi et al.：*Mem. School B. O. S. T. Kinki University*, **13**, 15(2004).

17) H. Izumi et al.：*Mem. School B. O. S. T. Kinki University*, **20**, 1(2007).

18) 泉秀実：防菌防黴, **31**, 379(2003).

19) A. E. Watada et al.(S. Ben-Yehoshua Ed.)：Environmentally Friendly Technologies for Agricultural Produce Quality, CRC Press, Boca Raton, Fl 149-203(2005).

20) 泉秀実：食科工, **52**, 197(2005).

21) H. Izumi：*Acta Hort.*, **746**, 45(2007).

22) G. M. Sapers et al.：*J. Food Sci.*, **66**, 345(2001).

23) 泉秀実：防菌防黴, **44**, 403(2016).

24) H. Izumi and A. E. Watada：*J. Food Sci.*, **59**, 106(1994).

25) D. Hamanaka and H. Izumi：*Food Sci. Technol. Res.*, **14**, 565(2008).

26) J. R. Gorny：*Acta Hort.*, **600**, 609(2003).

27) 泉秀実(泉秀実編)：カット野菜品質・衛生管理ハンドブック, サイエンスフォーラム, 188-195(2009).

28) H. Izumi et al.(S. Pareek, Ed.)：Fresh-cut Fruits and Vegetables：Technology, Physiology and Safety, CRC Press, Boca Raton, Fl., 249-299(2016).

29) 泉秀実：防菌防黴, **44**, 521(2016).

第6章

鮮度の評価技術

第6章　鮮度の評価技術

第1節　評価項目と分析法

国立研究開発法人農業・食品産業技術総合研究機構　永田　雅靖

1. はじめに

　青果物は，野菜や果実に，山菜，キノコなどを含んだ総称である。しかし，野菜と果実などの分類は，必ずしも一定ではない。農林水産省の分類では，野菜は，食用として栽培する一年生あるいは二年生草本を指す。さらに，多年生草本のイチゴも毎年苗を植え替えるため，野菜に分類される。一方，果実(果樹)は，多年生の木本あるいは草本を指す。これに対し，文部科学省がまとめる日本食品標準成分表では，デザートとして消費されるスイカ，メロン，イチゴは，いずれも果実類として分類される[1]。

　日本では，150種類を超える多様な野菜が食べられている[2]。野菜として利用される時期と植物の生育ステージは幅広く，発芽後数日のモヤシから，幼茎を食べるアスパラガス，展開葉を食べるホウレンソウやコマツナ，結球葉を食べるキャベツやハクサイ，レタス，花蕾を食べるブロッコリーやカリフラワー，未熟果実を食べるナスやキュウリ，ピーマン，完熟果実を食べるトマトやメロン，肥大根を食べるダイコンやニンジン，塊根を食べるサツマイモ，鱗茎を食べるタマネギやニンニク，地下茎を食べるバレイショやレンコンまでさまざまな植物器官が野菜として食用に供される[3]。したがって，野菜として利用される生育ステージは，生育が始まった直後から，次の世代につながるまで，非常に多様で幅広い。その一方で，個々の野菜をみると，食用に供される植物器官によって，収穫適期があり，その幅は比較的狭い。野菜の市場流通を考えた場合には，需要に合わせて過不足なく出荷されることが望ましく，そのために，品種改良や施設栽培など，栽培方法の工夫によって収穫時期の分散や周年供給に向けた取り組みが行われている。

　日本で栽培される主な果実(果樹)は，ミカン，その他のカンキツ類，リンゴ，ナシ，カキ，ブドウ，モモ，ウメ，セイヨウナシ，キウイフルーツ，スモモ，オウトウ，クリ，ビワ，マンゴー，パインアップルなどである[4]。野菜に比べて，果樹の場合には，年一作が基本で，収穫時期には旬がある。また，それぞれに多くの品種があり，早生や晩生など栽培特性が異なっており，外観，食味なども多様である。

　このように，ひと言で青果物といっても，多くの品目，品種があり，栽培環境や収穫のタイミングによって品質が大きく異なるため，それぞれの特性については，各論にならざるをえないのが現状である。本稿では，青果物の品質・鮮度の評価項目と，分析法について概略を述べたい。

　鮮度の高い，新鮮な青果物を入手できれば，収穫時に近い栄養成分を保持していることが期

－121－

青果物の鮮度評価・保持技術

待できるだけでなく，鮮度の低い青果物に比べて，より利用可能期間が長いために，フードロスの削減にも役立つメリットがある。

　これまで，長年の流通研究の中で，「鮮度」は，「美味しさ」と並んで，主観的，抽象的な用語として学問的な取り組みが避けられてきた経緯がある。一方で，消費者が農産物を購入する際に最も注目するのは「鮮度」であることが明らかにされており[5]，今後の研究には「鮮度」を客観化し，流通に活かしていくことが重要である[6]。

2. 青果物の鮮度評価項目

　日本において，青果物のコールドチェーンへの関心が高まった1985年に，食品総合研究所が中心となって，果実の品質評価法[7]および野菜の品質評価法[8]に関する研究資料が取りまとめられた。この中から，野菜(**表1**)と果実(**表2**)に関して，鮮度に関連する評価項目をピックアップした。また，同じ時期に，都道府県の協力を得て，果実の品質保持期間[9]ならびに，野菜の品質保持期間[10]に関するデータが取りまとめられている。

2.1　官能評価

　野菜や果物の鮮度評価は，外観などの官能評価で行われることが多い。収穫後の取り扱い条件(流通貯蔵条件)が良ければ品質が保たれ，外観も良いというのは真であるが，逆は必ずしも真ではない。例えば，葉菜類などを冷水に浸けて吸水させる，いわゆる「蘇生」は，外観や食感は良くなるが，中に含まれる品質成分の含量が収穫時と同じレベルまで回復するわけではないことに留意する必要がある[11]。

　官能評価の項目としては，色，つや，萎れ，香り，触感(硬度)，食味，食感(テクスチャー)，

表1　野菜の品目と鮮度に関連する評価項目[8]

野菜の品目	鮮度に関連する評価項目
アスパラガス	重量減少率，萎凋，色調，光沢，腐敗，穂のしまり，曲がり，病害，切り口変質
イチゴ	重量減少率，着色熟度，光沢，萎凋，腐敗，損傷，がくの褐変，カビ
エダマメ	重量減少率，萎凋，莢色黄化，粒色，腐敗，障害，莢の褐変
キャベツ	重量減少率，萎凋，色調変化，腐敗，切り口褐変，調整歩留，葉の脱離，損傷，内部障害，花芽伸長
キュウリ	重量減少率，萎凋，果皮色，す入り，腐敗，肥大，空洞，硬さ，イボ落ち，光沢
スイートコーン	重量減少率，苞皮色，苞の萎凋，粒の萎凋，苞の腐敗
スイカ	果肉変色，果肉劣化
ダイコン	重量減少率，萎凋，葉色，腐敗，表皮変色，肉質部変色，萌芽，す入り
トマト	重量減少率，着色熟度，腐敗，へた萎凋，光沢，軟化
ニンジン	重量減少率，萎凋，表皮変色，腐敗，萌芽，発根，歩留
ハクサイ	重量減少率，調整歩留，萎凋，葉色黄化，腐敗，切り口変色，損傷，抽台
ピーマン	重量減少率，萎凋，腐敗，着色，切り口変色，種子黒変，果肉黄化
ブロッコリー	重量減少率，萎凋，黄化変色，褐変，腐敗，切り口腐敗
ホウレンソウ	重量減少率，調整歩留，萎凋，葉色黄化，腐敗，損傷，つや
メロン	重量減少率，果肉質，水浸状化，追熟度，硬さ，果梗萎れ，果皮面黄化，ピッティング，カビ，腐敗，果肉色
レタス	重量減少率，調整歩留，萎凋，葉色黄化，腐敗，損傷，切り口変色，褐変，抽台

－122－

表2　果実の品目と鮮度に関連する評価項目[7]

野菜の品目	鮮度に関連する評価項目
リンゴ	重量減少率，色調変化，みつ入り，果肉褐変，糖，酸，デンプン，エチレン，硬度変化
ナシ	重量減少率，果皮色，糖，酸，デンプン，みつ入り，硬度，生理障害，す入り，水浸
モモ	重量減少率，果皮色，糖，酸，硬度，生理障害，エチレン
スモモ	重量減少率，果皮色，糖，酸，硬度，生理障害
ウメ	重量減少率，果皮色，酸，硬度，呼吸，エチレン
オウトウ	重量減少率，果皮色，ウルミ果，糖，酸，硬度，萎れ，褐変
クリ	重量減少率，色調，歩留まり，比重
ブドウ	重量減少率，果皮色，脱粒，萎凋，房のしまり，糖，酸，硬度，香気，ブルーム，カビ，果柄色
イチジク	重量減少率，果皮色，萎凋，糖，酸，硬度，腐敗
カキ	重量減少率，果皮色，糖，硬度，生理障害
キウイフルーツ	重量減少率，果皮色，果肉色，糖，酸，硬度，腐敗
カンキツ類	重量減少率，果皮色，萎凋，糖，酸，硬度，果汁，香気，浮皮，す上がり，ヘタ枯れ，腐敗
ビワ	重量減少率，果皮色，糖，酸，硬度，腐敗
パインアップル	重量減少率，萎凋，糖，酸，肉質，腐敗，異臭

モモの毛茸(もうじ，trichome)や果実表面の白い粉状物質(ブルーム，bloom)などがあり，非破壊で評価可能な項目と，破壊を伴う評価項目がある。また，官能評価は，大きく分けて，分析型官能評価と，嗜好型官能評価があり，調査の目的に応じて，適切な実施方法を設定する必要がある。官能評価の詳細は［第6章第2節］を参考にされたい。

2.2　機器分析

　この30年ほどで，高速液体クロマトグラフィー(HPLC)をはじめとする機器分析の技術が急速に一般化し，微量成分まで精度良く分析できるようになってきた(**表3**)。分析手順の詳細については，『新・食品分析法』[12]などの書籍に譲るが，青果物の鮮度評価に関する主な項目を以下にまとめる。

2.2.1　クロロフィル

　葉緑体に含まれるクロロフィルは，植物として光合成を行うために必須の物質であるとともに，野菜の外観色としても重要な品質成分である。クロロフィルは，アセトンや，ジエチルエーテルなどの有機溶媒によって抽出し，650 nm付近の吸光度を測定して濃度を求めることができる[12]。通常の植物では，クロロフィルaとクロロフィルbが主な色素である。これらのクロロフィルは，HPLCによってカロテノイドと同時に定量することも可能である。また，葉色計や色彩色差計，デジタルカメラによって非破壊的に評価できる。クロロフィルの分解は，葉色の黄化として観察される。これは，植物組織の老化(鮮度低下)の典型例であり，葉菜類の外葉では，内部の若い葉に比べて暗黒下の貯蔵中にクロロフィルが分解されやすい[13]。

- 123 -

青果物の鮮度評価・保持技術

表3 野菜の鮮度に関連する項目とその評価・分析法

分析項目	主な分析方法，分析装置	サンプリング	
		破壊的	非破壊的
色	官能評価(目視)，色彩色差計，画像解析		○
つや	官能評価(目視)，光沢計，画像解析		○
香り	官能評価(嗅覚)，GC，GC-MS，匂いかぎGC，においセンサー	○	○
味	官能評価(味覚)，Brix糖度計，pHメータ	○	
物性	官能評価(食感，触感)，突き刺し応力計，打音，固有振動	○	○
クロロフィル	HPLC，葉色計，分光光度計	○	○
ビタミンC	HPLC，RQ flex，比色定量(分光光度計)	○	
カロテノイド	HPLC，LC-MS，分光光度計	○	
アントシアニン	HPLC，LC-MS，分光光度計	○	
糖	HPLC，Brix糖度計，近赤外分光計，HPCE	○	○
有機酸	HPLC，pHメータ，滴定酸度計，近赤外分光計，HPCE	○	○
遊離アミノ酸	HPLC，LC-MS，アミノ酸分析装置，HPCE	○	
食物繊維	比色定量(分光光度計)	○	
水分	重量変化測定(水分減少率)，乾燥重量測定(水分含量)	○	○
呼吸量	GC，酸素センサー，炭酸ガスセンサー		○
エチレン生成量	GC，エチレンセンサー，光音響分光法		○
生体膜脂質	GC-MS/MS，LC-MS/MS	○	
メタボローム解析	GC-MS，LC-MS，CE-MS	○	
タンパク質	比色定量，酵素活性測定(分光光度計)	○	
遺伝子発現	ノーザン解析，定量PCR	○	
トランスクリプトーム解析	DNAマイクロアレイ，RNA-seq	○	
鮮度関連スペクトル	近赤外分光，レーザーラマン分光		○
鮮度関連揮発物質	中赤外レーザー分光		○

注)HPCE：キャピラリー電気泳動装置

2.2.2　ビタミンC

　ビタミンCは，アスコルビン酸(AsA)とデヒドロアスコルビン酸(DHA)を合計したもので，青果物にはAsAが多く含まれている。葉菜類では，収穫後にAsA含量が時間とともに低下することがよく知られており，低温貯蔵では分解が抑制されるなど，鮮度評価の良い指標である[14]。ただし，トマトなど，野菜の種類によってはビタミンC含量があまり変化しないものもあり，全ての野菜に適用できるわけではない。また，冬に収穫したホウレンソウのビタミンCは，60 mg/100 gであるのに対し，夏に収穫したホウレンソウでは，20 mg/100 gと大きな差がある[1]。通常，市場に流通している青果物では，収穫直後のビタミンC含量が測定されることはないので，任意の時点の測定値から，収穫後に起きたビタミンCの減少を知ることはできない。ビタミンCの定量法は，古くから比色定量が行われてきたが，最近ではHPLCによる分析が一般的である[12]。また，簡易測定装置(Merck KGaA, Reflectquant RQflex)を用いたAsAの分析も現場で使われるようになってきた。

- 124 -

2.2.3　糖　類

　野菜の品質には，ブドウ糖，果糖，ショ糖の関与が大きい。他にも多糖類のペクチン，デンプン，イヌリン，セルロースなどが含まれている[15]。収穫された野菜は，体内に蓄積された糖や有機酸を主なエネルギー源として生命活動を行うため，収穫後に糖が消費される。簡便には屈折計示度（Brix 糖度）が広く使われているが，糖以外の成分の影響も考慮する必要がある。糖の分析法として還元糖の比色定量が行われてきたが，最近では HPLC によって分析されることが多い。一部の果菜類や果実では，近赤外分光法に基づく非破壊計測が行われている[16]。また，エダマメでは，収穫後にラフィノースやスタキオースが特異的に蓄積することが知られている[17]。リンゴ，ナシ，モモなどバラ科の果実（果樹）においては，光合成産物が糖アルコールの一種であるソルビトールに変換されて果実に転流する。果実において糖アルコールから，ブドウ糖，果糖に変換されるが，成熟や貯蔵に伴ってこれらの含量が変化することが知られている[18]。

2.2.4　有機酸

　野菜や果実には主にクエン酸，リンゴ酸などが含まれている。簡便には，pH や滴定酸度が用いられるが，個別の有機酸含量は HPLC で分析される。果実では，カンキツ類でクエン酸が多く，リンゴなどではリンゴ酸が多く含まれる[19]。また，カンキツ類では，貯蔵中にクエン酸が減少することが知られている。

2.2.5　アミノ酸

　一部のアミノ酸は，旨味に関与している。野菜や果実の種類によって，特定のアミノ酸含量が熟度の変化や貯蔵に伴って変動することが知られている[20]。野菜のアミノ酸は，アミノ酸分析計あるいは HPLC を用いて，生体型遊離アミノ酸を分析することが望ましい。キャベツのメチルメチオニンスルホニウム塩（ビタミンU）[21]のように，野菜の種類によっては特有のアミノ酸誘導体が含まれ，貯蔵に伴って変動することも知られている。

2.2.6　食物繊維

　食物繊維には，水溶性食物繊維と不溶性食物繊維があり，抽出操作によって分別定量される。トマト果実の成熟に伴って水溶性食物繊維で，細胞壁成分であるペクチンが分解され，低分子化する[22]。また，アスパラガスでは，流通中に不溶性の食物繊維（リグニン）の合成が起こることが知られている[23]。

2.2.7　水　分

　青果物の水分は，収穫後の蒸散などによって失われる。水分の減少により，ナスやキュウリ表面の光沢が失われたり，葉や萼の萎凋となって現れる。収穫時の水分から約5％が失われると，多くの野菜で商品性を失うとされる[24]。水分の減少率は，質量に対して表面積の大きな葉茎類の方が果菜類や根菜類よりも大きい。カキでは，水分が失われるストレスによってエチレン生成が誘発され，軟化の原因となることが知られている[25]。青果物の水分は，細胞の膨圧の

青果物の鮮度評価・保持技術

主要因でもあり，青果物の品質を保つには，湿度の保持も重要である。

2.2.8　呼　吸

野菜や果物は，収穫後も呼吸によって生命活動に必要なエネルギーを作っている[26]。呼吸は，糖や有機酸を消費するため，品質低下の主な要因と言える。呼吸は温度の影響を大きく受ける。野菜の品温を10℃下げることにより，呼吸速度は約半分になることが知られている[27]。また，トマト果実の成熟など生理変化によっても呼吸速度が2倍程度増えることが知られている[28]。呼吸はガスクロマトグラフィー（GC）で精密に測定することが可能である。

2.2.9　エチレン生成

植物ホルモンであるエチレンは，野菜を収穫したことによる切断傷害ストレス[29]や乾燥ストレス，あるいは果実の成熟[28]などの変化に伴って生成が増大する。エチレンには，呼吸や二次代謝，エチレン生成を促進して野菜の品質変化（劣化）を促進する作用がある[30]。エチレンは，GCを用いてppm以下のオーダーで精度良く測定することができる。

2.2.10　その他の成分

ポリフェノール[31]，膜脂質[31]，植物ホルモン[31]，トマト果実のリコペン[32]，イチゴのアントシアニン[33]等も収穫後に変化することが知られている。

2.2.11　生体膜脂質過酸化度の変化

貯蔵に伴う積算温度に比例して脂質過酸化物の割合が増加することを利用して，ホウレンソウ，コマツナ，パセリ，キュウリ，ニンジン，ブロッコリーの鮮度を評価する方法が考案されている[31]。

2.3　遺伝子発現

植物には切断傷害などのストレスによって，特異的に誘導される遺伝子群がある。植物の傷害反応には，エチレン，ジャスモン酸，アブシジン酸などの植物ホルモン，システミンと呼ばれるペプチドや，オリゴ糖も関係して，傷害が与えられた部位だけでなく，植物全体が（全身的な）反応を引き起こすことがわかってきた[35]。これら傷害反応における遺伝子発現制御の機構が明らかになれば，鮮度評価の指標として利用できる可能性がある[36]。詳細については，［第6章第5節　遺伝子マーカー―鮮度マーカー遺伝子―］を参考にされたい。

2.4　非破壊的鮮度評価

青果物の流通現場への実装が注目されている技術に非破壊計測がある[16]。現在，非破壊計測法は，対象物の表面や透過光の可視スペクトル，近赤外スペクトルなどを利用して，リンゴ，ナシ，モモ，メロン，スイカ，トマトなどで糖度の推定が行われている。さらに，非破壊計測の利点を活用して，青果物の品質あるいは鮮度の推定に関する研究が，複数のプロジェクトにより現在進められているところである[37]。果実の反射，透過スペクトルだけでなく，果実から

- 126 -

の揮発物質の微量検知技術によって，鮮度の変化を検出する試みも行われている。

　今後，農産物のAI研究が進むにつれて，膨大なデータをもとに，画像あるいは，画像と非破壊評価法，さらに香り分析との組み合わせによって，精度の高い青果物の鮮度評価が可能になるものと推察している。

　食料需給表には，農産物のうち農場から出荷され，消費者の手元に届くまでに失われる数量を示す減耗量が載っている[38]。これをそれぞれの国内消費仕向量で割った値が減耗率である。穀物における減耗率が1%であるのに対し，野菜や果実は，それぞれ10%，17%と明らかに高い値である。これは，野菜や果実が，流通中にも呼吸などの生命活動を続け，品質や鮮度が低下し，最終的には黄化や腐敗に至り，廃棄されるためと考えられる。

　そこで，より好適な貯蔵条件を設定するために，青果物の客観的な鮮度評価法を利用して，温度，湿度，ガス，振動，衝撃などを低減する流通技術の最適組み合わせを探ることによって，減耗率の低減に活用できるものと考えられる。さらには，日持ち性に優れた品種，あるいは日持ち性に優れた青果物を得るための栽培条件などについても利用可能と考えられる。

　日本では，消費者が青果物の鮮度に高い関心を持つため[5]，青果物流通では，ここ数十年をかけて，品質とともに鮮度を重視する栽培体系や流通体系が整えられてきた。このことが現在の高品質野菜・果実のブランド化につながり，近年の青果物輸出量の増加にもつながっていると考えられる。現状では，鮮度は主観的な評価によって行われているが，今後，鮮度の客観的評価技術が，技術的イノベーションを通じて多くの品目に適用可能になれば，国内流通だけでなく，海外輸出にも対応したスマートフードチェーンの構築につながるものと期待している。

　鮮度という消費者ニーズは，新たな市場価値の創造とともに，世界的規模で取り組む持続可能な開発目標（SDGs）において[39]，フードロスの少ない社会の実現に向けたさまざまな技術開発の原動力にもなっている。

文　献

1) 文部科学省：日本食品標準成分表(2015).
http://www.mext.go.jp/a_menu/syokuhin-seibun/1365419.htm

2) 吉川宏昭：新編野菜園芸ハンドブック, 55-70, 養賢堂(2001).

3) A. E. Watada et al.：Terminology for the description of developmental stages of horticultural crops., *HortSci.*, **19**(1), 20-21(1984).

4) 農林水産省：果樹をめぐる情勢(2019).
http://www.maff.go.jp/j/seisan/ryutu/fruits/attach/pdf/meguzi1905130.pdf

5) 岐阜県：農産物購入・食生活に関するアンケート調査結果(2015).
http://www.pref.gifu.lg.jp/kensei/koho-kocho/iken-teian/11103/monitor-anketo.

data/2015_05-1_nousanbutu.pdf

6) 中野浩平：農産物・食品の安全と品質の確保技術(第10回)生鮮野菜の定量的な鮮度評価技術について, 農業食料工学会誌, **77**(3), 154-158(2015).

7) 食品総合研究所：果実の品質評価法(1985).

8) 食品総合研究所：野菜の品質評価法(IV)(1985).

9) 食品総合研究所：果実の品質保持期間(1986).

10) 食品総合研究所：野菜の品質保持期間(1986).

11) 永田雅靖：青果物の鮮度に関する収穫後生理, 食糧, **56**, 43-66(2018).
http://www.naro.affrc.go.jp/publicity_report/publication/nfri_syokuryo56_4.pdf

12) 日本食品科学工学会 新・食品分析法編集委

員会編：新・食品分析法，光琳(1996).

13) 日坂弘行：収穫時のホウレンソウの大きさと品質および品質保持期間の関係，千葉農林総研報，**3**，31-36(2011).

14) 日坂弘行，小倉長雄：貯蔵中のホウレンソウ部位別のアスコルビン酸含量の変化，日食工誌，**38**(1)，41-43(1991).

15) 保井忠彦：野菜の科学，朝倉書店，46-51(1993).

16) 河野澄夫：近赤外分光法による果実糖度の測定，食糧-その科学と技術，**43**，69-86(2005).

17) 中野浩平ほか：緑豆類野菜の鮮度判定法及び鮮度測定装置，特許第6031714号(2016).

18) 小宮山美弘ほか：果実類の熟度と貯蔵条件に基づく糖組成の特徴，日食工誌，**32**(7)，522-529(1985).

19) 山木昭平：園芸生理学，文永堂出版，208-213(2007).

20) 永田雅靖ほか：トマト果実の成熟に伴う遊離アミノ酸含有量の変化，とくにグルタミン含有量の変動について，日食工誌，**39**(1)，64-67(1992).

21) 瀧川重信，石井現相：貯蔵キャベツにおけるビタミンU蓄積の品種間差異，園学雑，**66**(別2)，720-721(1997).

22) T. Inari et al.：Changes in Pectic Polysaccharides during the Ripening of Cherry Tomato Fruits, *Food Sci. Technol. Res.*, **8**(1), 55-58(2002).

23) Z.-Y. Liu and W.-B. Jiang：Lignin deposition and effect of postharvest treatment on lignification of green asparagus(*Asparagus officinalis* L.), *Plant Growth Regulation*, **48**, 187-193(2006).

24) 樽谷孝之，北川博敏：園芸食品の流通・貯蔵・加工，養賢堂，38-42(1999).

25) R. Nakano et al.：Involvement of Stress-induced Ethylene Biosynthesis in Fruit Softening of 'Saijo' Persimon., *J. Japan. Soc. Hort. Sci.*, **70**(5), 581-585(2001).

26) 西條了康：青果物流通入門，技法堂出版，95-122(1990).

27) A. A. Kader：Postharvest Technology of Horticultural Crops, University of California, 39-47(2002).

28) 稲葉昭次ほか：トマトの樹上成熟果実及び追熟果実の成熟様相と食味の比較，園学雑，**49**(1)，132-138(1980).

29) Y. Kasai et al.：Ethylene Biosynthesis and Its Involvement in Senescence of Broccoli Florets., *J. Japan. Soc. Hort. Sci.*, **65**(1), 185-191(1996).

30) M. S. Reid：Postharvest Technology of Horticultural Crops, University of California, 149-162(2002).

31) J. Weichmann ed.：Postharvest physiology of vegetables, Marcel Dekker, Inc.,(1987).

32) P. M. Bramely：Regulation of carotenoid formation during tomato fruit ripening and development., *JXB*, **53**(377), 2107-2113(2002).

33) M. I. Gil et al.：Changes in Strawberry Anthocyanins and Other Polyphenols in Response to Carbon Dioxide treatments., *J. Agric. Food Chem.*, **45**, 1662-1667(1997).

34) 中野浩平：青果物の鮮度評価方法，特許第5326166号(2013).

35) 原光二郎，佐野浩：植物分子生理学入門，学会出版センター，217-221(1999).

36) 永田雅靖：青果物の鮮度評価方法および鮮度評価用プライマーセット，特許第5652778号(2014).

37) 内閣府政策統括官：戦略的イノベーション創造プログラム(SIP)「スマートバイオ産業・農業基盤技術」研究開発計画(2018).
https://www8.cao.go.jp/cstp/gaiyo/sip/keikaku2/7_smartbio.pdf

38) 農林水産省：平成29年度食料需給表(概算値)(2019).
http://www.maff.go.jp/j/zyukyu/fbs/

39) 外務省：Japan SDGs Action Platform(2019).
https://www.mofa.go.jp/mofaj/gaiko/oda/sdgs/index.html

第6章　鮮度の評価技術

第2節　官能評価

株式会社生活品質科学研究所　門之園　知子

1. 官能評価の役割

　青果物を，流通を経由してお客さまに届けるまでには，「安全」，「安心」を確保するための品質管理に加え，「おいしさ」を維持するための技術と，それを官能評価や機器分析により客観的に評価する技術も重要となる。

　官能評価の課題は，食品は流通の過程で商品開発者，生産者，販売者，消費者などでさまざまなヒトが関わるため，ある食品の「おいしさ」を伝えようとしても，表現や感覚強度が異なったり，曖昧であったりし，互いの知覚を共有化できないことが挙げられる。また，においセンサや味覚センサなどの既存機器では客観的な数値情報は得られるものの，「おいしさ」の一部の要素を表現するに留まっている。

　また，食品のおいしさの特性は，外観，におい，味，食感などが複雑に影響しており(図1)，

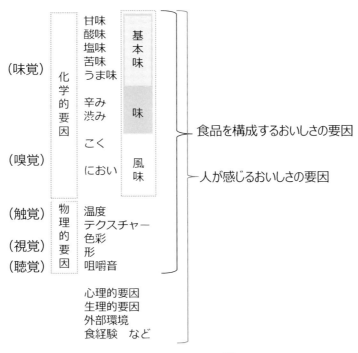

図1　おいしさに関わる要因[1)2)]

ヒトの鋭敏な感覚により,精密機器でも検出できない微量な成分の差異も感知することができる。

青果物の品質管理においても,糖度や酸度分析,光センサや味覚センサなどの分析が活用されているが,これらの数値を使った規格値で問題がない場合でも,官能評価において問題が確認されることもあり,ヒトによる総合的な評価は欠かせないものとなっている。

2. 官能評価の実施

官能評価とは,「人の五感(視覚,聴覚,嗅覚,味覚,触覚)によって事物を評価すること,およびその方法」を指し,目的によって嗜好型と分析型に分類される[1]。嗜好型とは,主観的判断でサンプルに対する好みを評価するもので,主にお客さまの嗜好を知る目的で実施される。一方,分析型は,トレーニングされたパネル[※1]による,対象特性の客観的・分析的な評価の総称である。これら分析型の評価を実施する際,訓練を受けたパネルでの官能評価が,「知る・作る・伝える・届ける」ためのコミュニケーションツールとして重要な役割を担う(図2)。

品質管理(合否,等級),お申し出対応,マーケティング,商品開発といった各ステージでの青果物の鮮度管理においては,分析型官能評価が実施されるが,ステージ・目的によって,評価,解析,結果提出の手法が異なる(表1)。品質管理(合否,等級)では,商品の品質が一定の範囲内かを判断することが目的であり,判断するにあたり必要な評価項目,基準を設定し,それらを共有化したパネル数名で合否の判定や,等級の判断を行う。

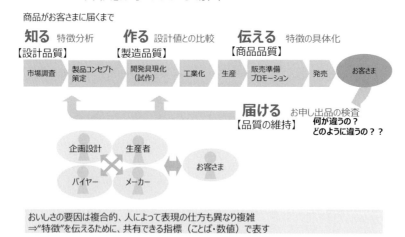

図2 商品がお客さまに届くまでの流れと,おいしさ評価が求められる場面

※1 パネル 官能評価の目的のために選ばれた,特定の資格を持った人々の集団。

表1 商品開発や品質管理における分析型官能評価の目的と手法(図2)

ステージ(図2)		目的	手法(評価・解析・結果提出)
品質管理 (合否, 等級)	品質の維持	商品の品質が一定の範囲内かを判断する	評価項目, 基準を設定し, 共有化したパネルで合否の判定や等級の判断
お申し出対応	品質の維持	正常品と差異があるか, どのような差異かを明確にし, お申し出原因の究明につなげる	三点識別, 異臭の有無の確認, 特徴評価など
マーケティング	設計品質, 商品品質	商品の特徴を明確にし, 伝える	評点法(5段階, 7段階など)
商品開発	製造品質	商品設計通り作られているか確認する	評点法(5段階, 7段階など)

　お客さまからのお申し出対応のような場面では, 正常品と比較し, 差異があるか, またどのような差異なのかを明確にし, お申し出原因の解明につなげる。マーケティングや商品開発においては, 商品の特徴を明確化することが目的となるので, 風味, 食感などその商品の特徴を表現するために必要な評価項目について評点法で評価し, 統計処理により有意差の有無を判断する。後段で, 設計品質, 商品品質での事例について記載する。

2.1 分析型官能評価における留意点

　再現性・妥当性のある結果を得るために, 変動要因となる可能性のある, 評価時の環境, 評価対象(もの)の手配と提供方法, 評価用語の設定, パネルの選定に留意する必要がある。

2.1.1 評価時の環境

　食品の官能評価は特に分析型の場合, 通常ではパネルの評価精度に影響が出ないよう, 図3のような官能評価室で行うのが望ましいとされている[1]。具体的には, 室温20～25℃, 相対湿度60%前後に保ち, 騒音や振動を最小限に抑え, 照明, 換気, 臭気などに配慮することが望ましい。

2.1.2 サンプルの手配と提供方法

　サンプルについては, 個体差(場所, 時期など), 喫食方法(切り方, 加熱の有無, 咀嚼方法など)の違いなどが変動要因となる。青果物は特に, 試験部位, 個体差, ロット差など, 変動要因が多い。評価したい特性以外は, 全て同一になるようにすることが必要である。また, 一回の試験で評価を実施するサンプル数は, 風味の強さなどを考慮し, 他のサンプルの評価に影響しない程度になるよう, パネルの意見も考慮しつつ決める。

　事前に, ロット間, サンプル間, 部位などの違いにどのくらいバラつきがあるのかについて

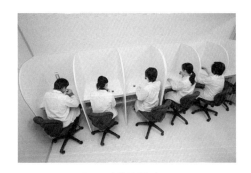

図3 官能評価ブース

の把握，繰り返し数，サンプリング部位・数などについて，評価目的に沿った方法を検討しておくことが望ましい。また，サンプルの提供者(生産者，流通)と評価者(開発者，販売担当者)が別々であることも多いので，サンプルのバックグラウンド(サンプリング場所や時期，流通経路など)について，共有できるようにしておくと，バラつきが生じた際の原因の特定と評価の改善がしやすくなる。

2.1.3　評価用語および尺度の選定

　評価の目的に合った用語を選択し，パネルの中で用語の認識が異ならないようにする。そのために，抽象的な表現は要素を整理して複数の用語に分けるか，定義づけをする。複数の意味にとらえられる用語は，定義づけしているつもりでもパネルに伝わっていない時もあるので，事前に実際のサンプルで評価して確認する必要がある。例えば，「やわらかさ」の場合，「ほろぼろとくずれて壊れる」と「しなやかに変形する」とでは異なる食感であるが，「やわらかい」という評価用語を設定した場合，どちらも同じように評価されてしまうことがある。その場合は，どのような「やわらかさ」か，具体的に定義づけ，目的通り評価できるように事前のトレーニングによるすり合わせが必要である。

2.1.4　パネル

　ヒトの感覚は鋭敏で，分析では検出できない微量な成分の差異を感知したり，複雑な風味の違いも評価することができるが，個人差や体調による違いなどがある。そのため，ヒトを計測器とみなして物事の特性を評価する分析型官能評価においては，一定の能力を持つパネルを選定するとともに，尺度や表現をすり合わせるトレーニングが必要となる。評価者の数は多いに越したことはないが，トレーニングされていなければ評価がばらつき，評価者全体(パネル)としての精度が高ければ数名でも価値のある評価結果が得られる。

　次項に，パネルの選定とトレーニング方法について具体的に記す。

2.2　パネルの選定とトレーニング

　嗜好型官能評価では，パネルの感度や専門的知識は要求されないが，分析型官能評価の場合には，パネルの能力として，一定の感度，試料間の差の識別力，再現性の良さ，判断の妥当性(評価が一致しているか)，特性の表現能力などが求められる。そのため，五基本味(甘味，酸味，塩味，苦味，うま味)を識別できるか，濃度の違いを識別できるかどうかなどの基本的な能力を確認する試験に加え，目的とする食品に対する識別能力，表現力などの試験やトレーニングを実施することが推奨されている[2]-[4]。

　当社では，味覚試験(五味の識別試験，濃度差識別試験)と嗅覚試験[5](基準臭の識別試験，濃度差識別試験，スティック型嗅覚検査法)を社内パネルの認定試験に用いている。また，必要に応じて，それぞれの評価対象食品を用いた識別試験やトレーニングも実施している。

表2 五味の識別試験に用いる溶液の例(溶質の種類や濃度は文献[1][2]参照)

味の種類	甘味	塩味	酸味	苦味	うま味
溶質	スクロース	塩化ナトリウム	クエン酸または酒石酸	カフェイン	グルタミン酸ナトリウム

2.2.1 味覚試験

(1) 五味の識別試験[1][2]

表2に記す基本味の希釈溶液に水3個を加えた計8個の試料液を被験者に与え，その中から甘味，酸味，塩味，苦味，うま味に該当するものを選別させる。合格基準は五味中の誤数が1個以下とする(図4)。

(2) 味の濃度差識別試験[1][2]

図4 味覚試験溶液

苦味を除く4種類の基本味について，各味ごとに3段階のわずかな濃度差の味溶液を作成し，基準SとX1，SとX2を比較し，どちらの方が濃いか回答させる。合格基準は8組中の誤数が2組以下とする。

2.2.2 嗅覚試験(図5)

代表的なにおいについて，薄い濃度で感知できるか，濃度差が識別できるかなど，味の試験と同様に確認する。ただし，におい成分は多様なため，試験合格者でも対象とするサンプル特有のにおいが識別できるとは限らず，各目的に応じてさらにトレーニングを実施することが望ましい。

(1) 基準臭(表3)の識別試験(嗅覚測定用基準臭[5])

試験紙5枚のうち2枚に基準臭液，3枚に無臭流動パラフィンを浸し，においのする試験紙を選ばせる。合格基準は全て正解。

(2) 基準臭の濃度差識別試験

それぞれのにおいについて，それぞれ3段階に希釈した溶液(濃い方から順に1・2・3とする)を1-2，2-3の組み合わせで比較し，どちらが濃いか判断する(2組×5種類＝10組)。

合格基準は10組中，8組以上正解で合格とする。

(3) スティック型嗅覚検査法(においスティック　OSIT-J　第一薬品産業㈱)

日本人にとってなじみのある12種類のにおい(花，果物，香辛料，草木，生活の中の危険なにおいなど)。12種類のにおいについて，それぞれ4つの選択肢からそのにおいを表す用語を選択する。

合格基準は12種中，誤答が2個以下。

その他，対象とする製品に応じて以下のにおい成分キットなどが販売されており，パネル選抜試験やトレーニングに用いることができる。

・オフフレーバーキット(製造販売元：林 純薬工業㈱，製品企画元：(一社)オフフレーバー研究会)

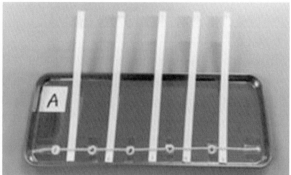

図5 嗅覚試験の様子

表3 パネル選定用基準臭(においの種類と試薬の種類)[5]

においの種類	花のにおい	甘い焦げ臭	むれた靴下のにおい	熟した果実臭	カビ臭いにおい
におい物質	β-Phenylethy Alcohol (β-フェニールエチルアルコール)	Methyl Cyclopentenolone (メチルシクロペンテノロン)	Isovaleric acid (イソ吉草酸)	γ-undecalactone (γ-ウンデカラクトン)	Skatole (スカトール)

・使用キット名:パネル選定基準濃度セット
・メーカー:第一薬品産業㈱

・同業界内で認知されているような評価後体系(フレーバホイール/フレーバーキットなど)を用いた表現のすり合わせ(ワイン,ビール[6],コーヒーなど)

2.2.3 食品の識別試験

　実際の評価対象の特性を識別できるかどうかを確認するために,それらを用いた識別試験や特性の強度評価などの試験を実施する(1対2点試験法,3点試験法,評点法,記述法など)。

(1)3点試験法:特性の異なる(品種,鮮度など)2種類の試料について,同じ試料(A)2点と,それとは異なる試料(B)1点とを同時に評価者に呈示し,性質が異なる1試料を選ばせる試験方法。なお,風味や食感の違いの識別力を確認したい場合は,外観の違いの影響が小さくなるようにする。

(2)特性の評価:特定の特性が異なる試料について,その特性の程度の違いが適切に判断できるか確認する(採点法:5段階尺度,7段階尺度など)。

2.2.4 パネルのトレーニング

　評価項目や尺度のすり合わせ,用語出しなどのトレーニングにより,パネルの識別能力,表現力を向上させると共に,バラツキを小さくしておくことで,より精度の高い結果を得られる(**表4**)。また,トレーニングは,パネルの選抜後も,一定期間で繰り返し実施することが望ましい。なお,トレーニングを始める前に,パネルには正しい評価手順(喫食量,喫食手順,感覚の評価のタイミング(先味,後味)など)を知らせておく。

表4　官能評価トレーニングの目的とトレーニング法(例)

身に付ける能力	トレーニング法
1. 表現力	言葉出し：特徴を具体的な言葉で表現する
2. 識別力	3点試験法，1対2点試験法
3. 真度	強度評価：特徴の強さを評価する (特徴を捉える，強弱を捉える)
4. 繰り返し精度	繰り返しによる評価

3. 事例紹介

3.1 カットキャベツの評価

目的：商品ごとの特徴の違いや洗浄方法変更による鮮度維持力の違いを確認する。

3.1.1 パネルの選定とトレーニング

・味覚試験，嗅覚試験に合格したパネルで以下の試験を実施した。

・3点識別試験：試験に用いたサンプル例は以下の通り。なお，異なると感じたサンプルについては，その特徴を記載するようにすると，適切に特徴が捉えられているかの確認や，評価用語選定の際の参考となる。

[用いたサンプル例]

(a)品種の違い，製造日の違いで実施。味やにおいの識別力を確認する際は，外観が類似したサンプルで実施。ただし，鮮度の違いには外観への影響も大きいため，外観の識別力を確認するための，色の差，みずみずしさの識別試験やトレーニングも必要である。

(b)におい成分の添加の有無：キャベツのにおい成分として知られている，ジメチルスルフィド，アリルイソチアネートなどを，わずかに感じられる程度添加した。

3.1.2 用語の選定，すり合わせ

数名のパネルに対し，[3.1.1]で用いたような検体について，それぞれの特徴を3つ以上記載するようにし，評価用語を収集した。その中から商品開発者とも相談し，鮮度の違いを表現するにあたり必要な評価用語を選定した。

[評価用語例]

・外観(青々しさ，黄色味，ハリのある様子，みずみずしさ[※2])

・におい(塩素臭，青々しいにおい)

・味(キャベツの甘味やうま味，苦味，辛み)

・食感(シャキシャキ感，歯応え，みずみずしさ[※2])など。

※2 「みずみずしさ」については「水っぽい」と混同されてしまうことがあるので，「キャベツが水分を含んでいる様子」，「噛むと水分があふれる」などの説明を加えるとともに，「みずみずしい」サンプルとそうでないサンプルを比較し，みずみずしさを共有化するようにした。

3.1.3　評価と結果

・評価は，初日（製造日翌日），2日目，3日目に実施した。

・サンプルは，ロット内のバラつきの影響を考慮し，3袋から平均的に採取した。

・評価尺度は，7段階で，コントロールを設けず絶対評価とした。

・評価項目の中で特に外観においてはロット差があり，複数回評価が必要であった。

3.2　バナナの評価

　目的：商品の訴求ポイントの明確化と経時変化と食べ頃ポイントの視覚化。

3.2.1　パネルの選定とトレーニング［3.1　カットキャベツの評価］と同様の手順で選定したパネルを用い，トレーニングを実施し，尺度や評価用語のすり合わせを実施した。

［用いたサンプル例］

(a)特徴の異なるバナナ：高地栽培バナナと低地栽培バナナ

(b)バナナの特徴的なにおい成分：ヘキサナール（青臭いにおい，若いバナナに特徴的なにおい），酢酸イソアミル（甘いにおい，熟したバナナで増えてくるにおい成分）

3.2.2　用語の選定（カットキャベツと同様の手順で選定）

［評価用語例］

・外観（色（白↔黄））

・風味（青臭さ，フルーティ）

・味（濃厚さ，甘味，酸味）

・食感（歯ごたえ，なめらかさ）など

3.2.3　評価と結果

・当研究所到着日を初日として，初日，2日目，3日目，4日目で評価を実施。

・評価尺度は，7段階評価で，コントロールを設けず絶対評価とした。

・保管は，温度の影響があるため，一定の温度で保たれた部屋に保管した。

・バナナは同じブランドでも一本あたりの重量の違いで食感や風味に違いが生じる。そこで，ロット内のバラつきを抑えるため，一房あたりの本数を揃えるようにした。

・噛み方で食感の感じ方に違いが出るため，噛み方，評価のタイミングについて，繰り返しトレーニングを行った。

・再現性を確認するために，年間通じて異なる時期に3回実施し，同様の傾向があるか確認した。

・バナナの種類ごとに熟すスピードが異なったが，2日目，3日目にピークを向かえるサンプルが多かった。

・甘味や濃厚さと糖度との相関性を見たところ，糖度だけでなく，糖度と酸度のバランスや食感も影響していると考えられ，糖度分析だけでなく官能評価での評価も重要であると考えられた。

・機器分析値のデータとも合わせ，商品ごとの特徴の違いや，経時変化を視覚化し，店頭POPへ記載し，商品の特徴訴求，お客さまの商品選びのサポートへと活用できた。

4. 今後の課題

　現在，食品の管理はグローバル化に伴いHACCPに基づく考え方が導入され，製造後に検査を実施して品質評価をする従来手法から，製造場所で継続的にモニタリングし工程管理をする手法へと変化しつつある。継続的モニタリングの考え方により，現場で管理すべき指標には，即時観察できる手法が求められている。製造や販売の現場において実施されている官能評価は，原料の受け入れ判断や製造物の最終判断の目的で活用されており，現場で即時観察できる手段として有効な手法だと考えられる。

　個体差が大きい青果物の販売現場での管理は，時間で管理する一般食品とは異なり，現場担当者の目利きによる管理によるところが大きい。また，販売管理ができるようになるまでには経験を要し，時間管理のような単純さもないため手間がかかるといえる。

　そのため，官能評価を製造・販売現場で，試験室のように精度よく活用していくためには，ヒトで官能評価をするあいまいさと訓練に要する時間やコストなどの要因を取り除くことが課題となる。

　これらの課題に対応するためには，訓練された者でなくても評価を可能とする数値化と，現場で利用できる連続モニタリング機器などがあれば可能なのではないかと考える。

　幸いにして新しい技術の目覚ましい発達により，センシング技術，AIによる自動化など，感覚領域でもヒトと同じような評価ができる可能性が広がりを見せているため，今後の技術進歩の変化を機会として積極的に取り入れたい。

文　献

1) 日本官能評価学会編：官能評価士テキスト，建帛社(2009).

2) 古川秀子：続　おいしさを図る—食品開発と官能評価，幸書房(2012).

3) JIS　Z　9080：2004：官能評価分析-方法(2009　確認).

4) ISO8586-Sensory analysis-General guidelines for the selection,training and monitoring of selected assessors and expert sensory assessors.

5) 斎藤幸子，井濃内順，綾部早穂：嗅覚概論—においの評価の基礎—，公益社団法人におい・かおり環境協会，第2版(2017).

6) 公益財団法人日本醸造協会：改訂第2版BCOJ官能評価法(2018).

第6章　鮮度の評価技術

第3節　ガスクロマトグラフィーとそのデータ処理（統計解析）による野菜の香りへのアプローチ

有限会社ピコデバイス　津田　孝雄

1. まえがき

　野菜の品質の測定は，多くは野菜をミキサーなどに入れてスラリー状にしてから測定する。これでは測定した野菜を，その後料理に用いることができないので，非侵襲な方法があればそれに越したことはない。

　青果物は良いにおいがする。モモの甘酸っぱいにおいは熟していることを示している。青果物が放つ自然の香りを用いて，青果物の品質を定めることができれば，測定終了後それを直接食し，さまざまな形で料理に用いることがでる。

　筆者らは，ヒト皮膚ガスを発見し，またヒトの健康や疾病と皮膚ガスの関連を追及している[1)-3)]。その中で微量ガスの濃縮法を開発し[3)]，この方法は野菜のにおいにそのまま適用できるので，その実施を試みた[4)-9)]。

　野菜の香りと品質については，これまでも検討されている[10)-13)]。

　香りの捕集，次いで香り測定，本稿ではクロマトグラフィーによる分離・データ収得，解析（クロマトグラフィーによる特定ピークのからの情報，統計解析による情報収得）が望まれる。ガスクロマトグラフィー（GC）の基本を紹介し，野菜の香りへの実施例，次いで香りのデータ（すなわちガスクロマトグラフにより分離されたピーク）と品質の相関を統計処理で検討したので，これらを記述する。

2. においの捕集

2.1 ガスクロマトグラフの構成用具と分離機構（図1，2）

　ガスクロマトグラフ（GC）の用具を図3に示す。GCは注入口，キャピラリーカラム，検知器（水素炎検知器，質量検知器，発光検知器など）によりなる。

　ガスクロマトグラフィーの分離機構は2相間の平衡（移動相と固定相間の平衡），すなわち気体-液体平衡，または気体-固体平

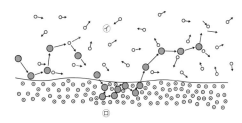

●：試料　→：流れているガス分子　●：とどまっている液体分子
㋐　移動相（気体）中で動きまわる分子
㋑　固定相（液体またはフィルム状ポリマー）内で動きまわる分子

図1　GCは気液平衡が基本

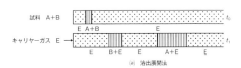

図2　キャリヤーガス（移動相）による試料（A＋B）の分離（4）

- 139 -

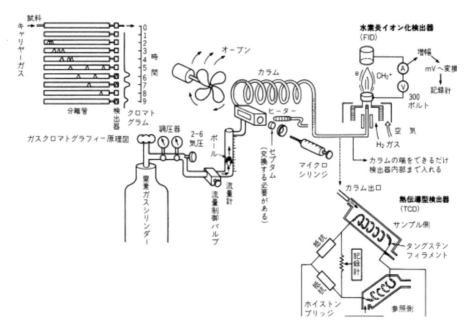

図3 ガスクロマトグラフの基本装置[14]

衡の繰り返しで，複数の化学成分を含んだガス試料をパルス的に導入し，その試料の複数化学成分を連続して分離していくシステムである（図3）。具体的には，fused-silica capillary column（溶融シリカキャピラリーカラム，中空キャピラリーカラム）を用いる（図4）。口径 0.25～0.53 mm，長さ 30 m のガラス管｛ガラス管壁（0.1 mm 厚）の外側に厚さ 0.1 mm 厚程度のポリイミドをコーティングして，丈夫になっている｝の壁面に厚さ 0.1～8 μm の化学結合した固定相を保持させる（図4）。または多孔体に液相を塗布し，これを口径 2～3 mm，長さ数メートルの充填カラムを用いる。

2.2 野菜のにおいを含んだガスの濃縮の必要性

fused-silica capillary column では，試料気体はガラス管中を通り抜け，この間に気液平衡（または気固平衡）を連続的に行っていく。この分離能力は非常に優れており，蒸留塔に比喩した段数で数えると，数十万段となる。欠点は断

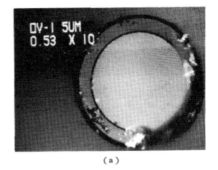
(a)

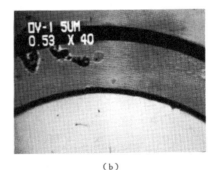
(b)

図4 キャピラリーカラムの内壁に化学結合層（(b) では 5 μm），キャピラリー口径 0.53 mm(a)[14]

カラム断面は内部から，化学結合層・ガラス層（約 50 μm）・外側にポリイミド（15 μm）被覆によるキャピラリーガラスの保護層より成っている。

面積(またはカラム内体積)が小さく,試料負荷量を小さく抑えねばならないので,注入できる試料ガス体積は,0.2〜1 mL 程度になる。また液体試料は 1 μL 程度になる。目的の試料をこの程度の体積で分離していくため,必然的に野菜のにおい成分を濃縮してから取り扱う必要があり,この濃縮方法が肝要である。

カラムが 10 万段理論段数を有すると,長さ 30 m のキャピラリーカラムでは,0.3 mm が一段となる。最大試料負荷量が液相の全量の 0.1〜1% とすれば,カラム長としては 3〜30 cm のキャピラリー液層に相当する。この液層の量は,負荷許容量を 0.1% とすれば 1.5 μL となる。この量は経験と一致する。相当するガス量は,液体体積の 200 倍がガス体積にあたるので,0.3 mL となる。

野菜の香りを含んだガスをキャピラリーカラムの試料量まで体積を減少させる必要があり,かつ検知器の感度からそのプロセスには濃縮が必要である。

3. 野菜の香り成分の分離測定への準備:前濃縮の方法

サンプルガスの捕集は,(1)目的物を容器(ガラスビン,プラスチック容器,サンプルバッグ中など)に入れる。(2)香りを含んだ空気を吸引ポンプで集めて,サンプルガス捕集バッグに入れる,の 2 つに大別される。得られたサンプルガスを次いで濃縮しなければならない。

サンプルガスの濃縮方法およびガスクロマトグラフの連結は,図に集約される。**図 5A** の方法は,針の中に吸着剤を入れ,この中に目的ガスを通過させて化学成分を吸着させ,次いでGC の注入口に注射針を挿入して,通常の注入と同じく注入口で加熱脱着を行う方法がある(商品名:NeedlEex 信和化工(株))。また吸着剤を小さな棒状針側面に保持して,これをサンプルガス中につるして,サンプルガスの自己拡散による吸着を待つ方法もある。さらに,しばらく放置した後,この針を注射針の中に保持して,GC 注入口に挿入する方法もある(固相マイクロ抽出,商品名:SPME Merck)。NeedlEx は処理するガス量が多いが,SPME は処理ガス量に限界がある。いずれも GC 注入口への直接注入で利便性がある。

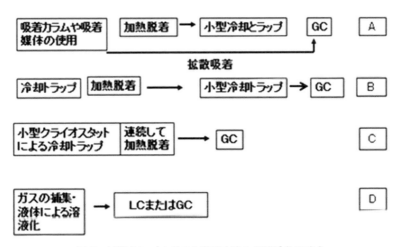

図5 捕集サンプルガスの濃縮方法と分離手段の適合

図5A にリストされる方法として，吸着管(内径 2〜3 mm，長さ 5〜10 cm の管に吸着剤を充填)を用いた方法がある。この場合は吸着剤充填量が数グラムになるので，多量のガス吸着ができる。次いで，この吸着管を加熱し目的成分の脱着を行い，さらに脱着ガスの冷却捕集を実施してガス体積を減少させ，これを加熱し GC へ導く，または再度加熱脱着後，再び冷却捕集を実施して GC に導く。すなわち量的に多くの試料処理ができるが，GC に注入するための体積を減少させるために 2 回，3 回の冷却を繰り返す。

図5B，C はまずサンプルガスの冷却捕集を実施する。B はビン中に冷却捕集するので，多量のサンプルガスが処理できるが，GC 注入への体積を減少させるために，加熱脱着，冷却捕集を繰り返したのち，GC カラムへ導く。

図5C は小型のクライオスタット(大きさ約 20×20×40 mm で濃縮部分の内容積 0.05〜0.1 mL)を用いる方法である。一例として，－100℃ に小型クライオスタットに設定して，試料ガスを 25 mL を 15 秒間で導入し，次いでクライオスタットを急速に加熱して冷却凝集した試料を気化して GC カラムに導く。試料は約 250 倍の濃縮が瞬時に達成されオンラインで GC カラムに導入される。サンプル保存バッグに保たれている試料ガスに適用できる(形式 NIT-P (有)ピコデバイス製)。図6 にその機構を示した。

図5D はサンプルガスを液体中に捕集する方法である。液体中への捕集には，例えばガス中に液体を噴霧する方法や，液体とガス体を長時間接触させて液体中へ試料を捕集する。この液体中の成分を濃縮捕集し，次いで GC または LC で分離分析を行う。例えば，表面に化学吸着層を保持した撹拌子を用いて濃縮捕集し，次いで加熱脱着して GC に導く方法がある(特許 4827032，クラシエフーズ(株)，(有)ピコデバイス)。

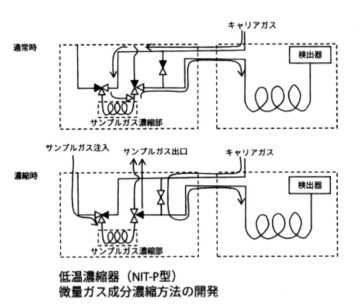

図6 低温濃縮器の機構
通常経路⇔濃縮時経路によりサンプルを低温濃縮し，次いで濃縮部を直接通電により急速加熱し，オンラインで GC キャピラリーカラムに導入する
(NIT-P (有)ピコデバイス製)

野菜の香りを GC で測定するとき，非常に濃いガスサンプルでは直接ガス導入により主成分分析は可能であろう。しかしながら一般的には濃縮方法は欠かせない。濃縮方法は冷却捕集と吸着剤による捕集である。冷却捕集過程における対象化学成分の化学変化はあまりないと考えられるが，吸着剤を用いたときは，対象化学成分の化学変化はしばしば生じる可能性があると一般的には考えられている。プロセス中の化学変化に注意して，測定結果を考察する必要がある。

4. クロマトグラフィーによる野菜の香り測定と統計解析の導入

4.1 リンゴ実施例

リンゴやトマトの香りをそのまま低温前濃縮器に導くセットアップを図7に示した。サンプルをプラスチックボックスに入れ香りをみたす。次いでこのにおいを低温前濃縮器にテフロンチューブで導き濃縮して，次いで GC/MS（図7右側）に導入する低温前濃縮のプロセスは約30秒間で行なう。図7に示したプラスチックボックスにリンゴ1個を入れ，次いで香りを低温濃縮器（NIT-P）に導き測定した。得られたクロマトグラムを図8に示し，この測定を72個のリンゴについて実施した。同時に各リンゴは，次の品質検査項目，すなわち DPPH, ORAC, Brix などの測定を実施した。図8のクロマトグラフの各ピークは炭化水素，各種アルコール類，エステル類，アセトン，リモネンなどに対応している。

4.2 ニンニクの実施例

ニンニクのクロマトグラムは FPD 検知器（flame photometric detector）（硫黄化合物の特性検知器）により得た。したがって同定されている化合物は，硫黄化合物である（図9）。

5. クロマトグラムにより分離された化合物への統計解析の導入

筆者らが構築した「香り質量情報からの野菜品質推定ソフト」のソフト画面を図10に示す。このソフトは野菜の香りを GC/MS で測定し，また別途，野菜の Brix, DPPH, ORAC を測定したデータを準備して，これらの相関を PLS 解析により見出す。GC/MS のデータからは，質量数（m/e）を複数選択して，それらの寄与度を数値化することができる。すなわち物性に寄与する香り化学成分を特定できる。

データ解析スキームは，まずリンゴ72検体

図7 ミニトマトの香りの測定
ミニトマトの香りをボックスから直接サンプリングして，低温濃縮器（NIT-P，（有）ピコデバイス，正面奥）に導き，オンラインで GC/MS（右側）に香りを導入する。

— 143 —

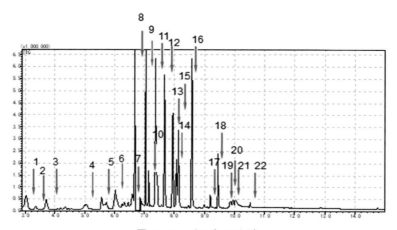

図8 リンゴの香りの測定

青森産リンゴ(サンつがる)丸ごと1個，GCMS-QP2010((株)島津製作所)，カラムWaxetr，前濃縮に低温濃縮装置(NIT-P)を用いた。GC/MS 使用。
各ピーク：(1)2,4-dimethylheptane，(2)acetone，(3)4-methyloctane，(4)ethanol，(5)n-propyl acetate，(6)2,4-dimethyl decane，(7)dodecane，(8)butyl acetate，(9)3-methylbutyl acetate，(10)butyl propanoate，(11)butanol，(12)limonene，(13)butyl butanoate，(14)2-methyl butyl butanoate，(15)2-methyl butanol，(16)hexyl acetate，(17)hexyl propanoate，(18)hexanol，(19)butyl hexanoate，(20)hexyl 2-methylbutanoate，(21)butyl hexanoate，(22)2-ethyl-1-ehexanol。

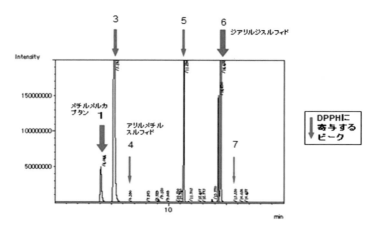

図9 青森産ニンニク(生輪切り)，FPD 検知器使用

香り成分：メチルメルカプタン(保持時間：4，寄与係数：6.76)，ジメチルフィッド(保持時間：4.4，寄与係数：5.4)，unknown(保持時間：5.1，寄与係数：2.02)アリルメチルスルフィド(保持時間：6.3，寄与係数：0.05)，unknown(保持時間：11.3，寄与係数：2.02)，ジアリルスルフィド(保持時間：14.5，寄与係数：3.36)，unknown(保持時間：16.4，寄与係数：0.36)。寄与係数については，品質への寄与度合を示す。

を5グループに分けて，4グループを PLS 回帰分析(野菜品質推定ソフト)に用いて検量作成した。この作成した検量線を用いて，1グループを実用性の評価に用いた。ORAC について，品質測定による実測値と香りから得られた予測値の相関を図11に示した。相関係数は 0.778

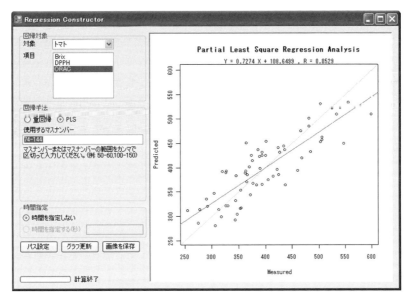

図10 「香り質量情報からの野菜品質推定ソフト」画面

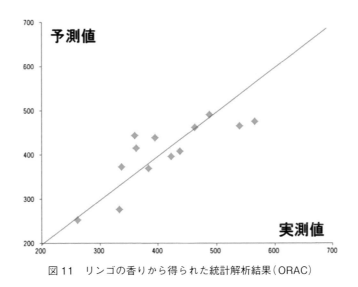

図11 リンゴの香りから得られた統計解析結果(ORAC)

である。この方法によりリンゴの品質 ORAC に関して，香りから非侵襲的に品質が測定できる。

　リンゴや生ニンニクのクロマトグラフィーデータと実際に従来法で測定した品質を示す値について，PLS(partial least square)や重回帰分析を実施して，関連をつけることができる。クロマトグラフ解析ソフト(PLS および重回帰解析用)を作成した。これにより，品質 ORAC や DPPH などに寄与する成分が明らかにできた。図9のニンニクに関して，各ピークの寄与度に対応して矢印を太くして表した。寄与係数は，複数の GC/MS データとあらかじめ測定された DPPH 値との相関を見出すものである。これは，野菜の品質を各ピークの一次的関係式で求めることができた。

- 145 -

6. おわりに

野菜の香りをガスクロマトグラフィーで測定して，野菜の新鮮さや，変化の状態を見出すことができる。この方法論は分析測定機器の小型化，簡便化と統計処理の方法論の進化により身近になってきている。また，ヒト皮膚ガスから糖尿病やパーキンソン病の重度の予測ができることを筆者らは開発している。香りの進展が，日常的な食生活で重要な野菜の安全性やプラスチック公害に汚染されていない指標などへの寄与が今後進むと思われる。

謝 辞

本稿の一部は，デザイナーフーズ㈱との共同研究に基づいた学会発表，知的財産出願書類などの公開資料を参考にした。丹羽真清氏，市嶋範久氏および共同研究者に感謝します。

文 献

1) K. Naitoh, Y. Inai, T. Hirabayashi and T. Tsuda：Direct temeperature-contorlled trapping system and its use for the gas chromatographic determination of organic vapor released from human skin, *Anal. Chem.*, **72**(13), 2797-2801(2000).

2) 津田孝雄：皮膚ガスから収得できる体の情報：香りと健康，第341回ガスクロマトグラフィー研究会特別講演会，GC研究懇談会，㈲ピコデバイス(2015).

3) 津田孝雄：ヒトの皮膚ガスと呼気からくる体臭分析，「においを"見える化"する分析・評価技術」，第7章第6節，R&D支援センター(2019).

4) 丹羽真清，松嶋俊紀，津田孝雄，久永真央：食材野菜からの香りのオンライン濃縮分析及び成分値による野菜の評価，日本分析化学会年会(2009).

5) 市嶋範久，津田孝雄，丹羽真清：香りによる青果物の機能性評価手法の開発，日本食品科学工業会(2011).

6) 津田孝雄，市嶋範久，丹羽真清：香りによる青果物の機能性評価手法の開発，日本分析化学会第61年会講演(2012).

7) 秋山朝子，今井かおり，石田幸子，小林正志，伊藤健司，中村秀男，野瀬和利，津田孝雄：食品摂取によるヒト皮膚から放出される香気成分および測定法の開発，日本分析化学会第54年会(2005).

8) ㈲ピコデバイス，デザイナーフーズ：食材野菜の香りの分析による成分値の算出に基づいた野菜の評価装置，実登3172015，実願2011-005708(2011/09/09).

9) ㈲ピコデバイス，デザイナーフーズ：食材野菜の香りのオンライン濃縮分析による成分値の算出に基づいた野菜の評価装置，実登3164140，実願2010-001953.

10) 喜多純一：におい分析における匂い識別装置の位置づけと食品評価への応用，日本調理科学会誌，48，No.5，367-373(2015).

11) 山口静子：可能評価から野菜のおいしさを考える，日本醸造協会誌，103，163-171(2008).

12) 岩渕久克：香り成分と製品開発，日本食品工学会誌，6，89-90(2005).

13) 飯島陽子，長尾望美，小池理奈，岩本剛：ゴボウおよびゴボウプラウトの香気特性とその比較，セッションID：3F-15,日本家政学会第68回大会(2016).

14) 津田孝雄：クロマトグラフィー，丸善(1989).

第6章　鮮度の評価技術

第4節　近赤外分光分析法を用いた農産物の鮮度評価

佐賀大学　田中　宗浩

1.　はじめに

　近赤外分光分析法(以下，近赤外法とする)は，食品および農産物の非破壊品質評価法として広く普及しており，特に，各地の果樹選果場では非破壊選果機のセンサとして導入されている。これらの選果技術では，近赤外法による内部品質検査の項目として，主に糖度や酸度が計測され，これらに可視光画像を用いた色彩や形状判別といった外部品質の非破壊計測，重量などが組み合わされて選別される技術となっている。これらの技術は，短期間に大量の果実を計測して直ちに選果を行うために最適化されており，各種センサデータと選別および搬送技術を複合的に組み上げた高度な選別施設となっている。一方で，近年では近赤外分光装置の小型化や高性能化も進み，さまざまな成分値を非破壊計測することによって，農産物や食品の鮮度を具体的に把握できる技術としても使用できるようになってきた。本稿では，農産物の鮮度を定量的に表現している内部成分や，硬さおよびテクスチャーといった物理的品質の非破壊計測例について紹介する。

2.　農産物の鮮度と含有される成分の関係

　農産物の鮮度を考える場合，果実や野菜に含まれる成分の変化に着目することは重要である。例えば，果実や果菜類の場合は，遊離糖やペクチンの変化をモニタリングすることによって果実の生育ステージや収穫後の品質変化を把握することが可能である[1][2]。近赤外法を用いることで，これらの成分値の非破壊測定や，これら成分変化に関連して表現されるさまざまな品質項目の非破壊計測が可能である。

2.1　遊離糖の構成と果実の鮮度～ニホンナシ(幸水)

　ニホンナシ(幸水)に含まれる主要な遊離糖として，ブドウ糖，果糖およびショ糖がある。また，光合成によって糖アルコールであるソルビトールが生成されている。表1は，近赤外法を用いてニホンナシ(幸水)に含まれる糖類濃度の検量モデルを作成した際の測定精度である。スペクトル測定範囲は1100～2500 nmでありPLS回帰分析を用いている[3]。図1は近赤外検量モデルを用いて，生育過程にある幸水果実中の糖濃度変化を経時的に計測した結果を示している[1]。幸水は，開花受粉後に果実細胞の細胞分裂が活発になり，この期間はソルビトールの濃度が5～6%程度まで上昇する。次に細胞の肥大が始まり，ソルビトールが次第に減少して

－147－

表1 近赤外法を用いたニホンナシ（幸水）に含まれる構成糖濃度の
PLS回帰分析結果[3]

検量線作成用試料の基礎統計値

	試料数	範囲	平均値	標準偏差
ショ糖	98	0.00〜3.00	0.43	0.73
ブドウ糖	98	0.19〜1.88	1.1	0.38
果糖	99	0.24〜6.47	3.51	1.82
ソルビトール	96	2.04〜6.87	3.86	1.25

検量線評価用試料の基礎統計値

	試料数	範囲	平均値	標準偏差
ショ糖	35	0.00〜2.85	0.56	0.85
ブドウ糖	35	0.84〜1.80	1.28	0.21
果糖	34	2.94〜6.30	4.62	0.93
ソルビトール	36	2.05〜6.84	3.73	1.29

PLS回帰分析による検量モデルの予測精度

	重相関係数	SEC	SEP	バイアス
ショ糖	0.96	0.21	0.21	0.03
ブドウ糖	0.90	0.17	0.17	−0.01
果糖	1.00	0.16	0.19	0.02
ソルビトール	0.99	0.17	0.31	0.06

スペクトル測定範囲：1100〜2500 nm/2 nm 間隔

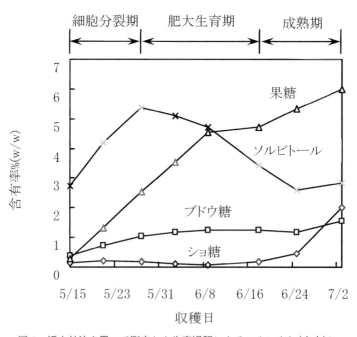

図1 近赤外法を用いて測定した生育過程にあるニホンナシ（幸水）に
含まれる構成糖濃度の経時的変化[1]

3%程度となる。細胞肥大が終了すると，樹上でクライマクテリックライズが発生して果実の成熟が始まる。つまり，それまで果実中に全く存在しなかったショ糖の集積が始まり，クライマクテリックライズから2週間程度を経るとショ糖濃度が3%程度へ達して収穫となる。果糖は受粉後から果実の収穫まで漸増を続け6%程度に達し，ブドウ糖は1〜2%を推移する。このようにニホンナシは果実中の遊離糖変化を非破壊的にモニタリングすることによって，果実の生育ステージを正確に把握することが可能である。また，収穫時の幸水には，ショ糖，果糖，ブドウ糖，ソルビトールが含まれが，収穫から時間が経過するに伴ってショ糖濃度は低下し，ブドウ糖と果糖の濃度が上昇することから，果実中の遊離糖をモニタリングすることによって収穫後の品質変化を客観的に定量分析することも可能である。さらには，ニホンナシのように成熟によってショ糖を集積する果実の場合は，収穫時の果実中に含まれるショ糖濃度をモニタリングすることで鮮度評価の客観的な指標として用いることも可能である。

2.2　ニホンナシ(豊水)のペクチン質および物理的品質

　青果物の硬さやテクスチャーなどの物理的品質は鮮度を表す重要な指標であり，構造多糖類で細胞間接着を司るペクチンと高い関連を持つことが知られている[2]。農産物の硬さやテクスチャーの変化を正確に把握するには，さまざまな種類のペクチン質の濃度を計測することが重要であるが，ペクチンの化学分析は大変な時間と手間を要する[4]。また，硬度やテクスチャーの測定は，物理的な圧縮や果肉への貫入を伴う破壊分析であることから，これらを農産物の鮮度評価として使用するためには，非破壊計測技術であることが望まれる[5]。

　ニホンナシを例にすると，果肉から抽出したアルコール不溶性固形物(AIS；alcohol insoluble solids)の中にさまざまな種類のペクチンが含まれている。果実のサイズおよび重量が増加すると，AISに含まれるシュウ酸可溶性ペクチン(OSP；oxalate soluble pectin)，水溶性ペクチン(WSP；water soluble pectin)，不溶性ペクチン(NSP；non-soluble pectin)，および全ペクチン(TP；total pectin)は増加する。また，中でもWSPの増加率は高く，果実の肥大生育中であっても重量あたりのWSP濃度は一定を維持するが，果実重量あたりのOSP，NSPおよびTPは有意に減少する。つまり，これらの現象は，果実の肥大生育に伴って，可溶性ペクチン比率(OSP/TP，WSP/TP)の増加と，不溶性ペクチン比率(NSP/TP)の減少が発生していることを示しており，果実の構造としては，果肉の細胞接着が弱くなり硬度やテクスチャーが低下する現象となる[2][4][5]。

　ペクチン質と果実の物理的性質は，近赤外法を用いて高い精度で計測することが可能である[6][7]。**表2**には，近赤外法を用いて計算したニホンナシ(豊水)の物理的性質とペクチン質の重回帰分析結果を示した。これらの果実試料は，果実の肥大生育から成熟期にかけて定期的にサンプリングを行い，ペクチン質および物理的品質の計測を実施してデータを蓄積した。ニホンナシ以外では，トマトの熟度とテクスチャーについても非破壊計測が可能であった[7]。このように，近赤外法を用いてペクチン質および物理的品質を非破壊的に計測可能であることから，青果物の鮮度を把握する方法として利用可能であると考えられる。

青果物の鮮度評価・保持技術

表2 近赤外法を用いたニホンナシ（豊水）の物理的品質および
ペクチン質の重回帰分析結果[2]

果実スペクトルを使用した場合			
	R	SEC	SEP	Bias
貫入試験				
破断力	0.96	0.90	1.28	0.17
靱性	0.92	13.38	12.96	−0.51
平均硬さ	0.91	0.69	0.73	−0.008
貫入力	0.96	0.39	0.52	−0.07
平板圧縮				
弾性率	0.92	0.003	0.003	0.001
ペクチン質				
AIS*	0.93	0.57	0.62	−0.12
OSP**	0.95	5.65	8.48	−0.47
果汁スペクトルを使用した場合			
	R	SEC	SEP	Bias
貫入試験				
破断力	0.96	0.89	1.09	0.11
靱性	0.96	9.83	10.61	−0.53
平均硬さ	0.91	0.69	0.64	0.16
貫入力	0.92	0.56	0.50	−0.06
平板圧縮				
弾性率	0.95	0.025	0.029	0.005
ペクチン質				
AIS*	0.93	0.53	0.63	0.13
WSP**	0.91	1.51	1.41	0.16
OSP**	0.91	7.34	7.93	0.95
TP**	0.94	9.53	11.52	2.57

*果実重量あたりの含有率　**AIS あたりの含有率。
十分な測定精度を確保することができた指標のみを掲載。
果実および果汁スペクトルは 1100〜2500 nm を 2 nm 間隔で走査測定。

2.3　農産物の貯蔵および流通履歴の非破壊評価〜ニホンナシ（豊水）

　収穫後の果実は，輸送振動や貯蔵温度の影響を受けて品質が変化する。このような収穫後の流通履歴についても，近赤外法を用いて判別することが可能である[8]。

　実際に佐賀〜大阪までの高速道路を輸送走行中のトラック荷台の振動を実測し，実験室内で上下方向の振動を再現してナシ果実へ振動刺激として与え，0℃と10℃で冷蔵貯蔵を行い，ナシ果実の貯蔵期間および振動の影響を近赤外法で判別できるかどうかを検討した。振動刺激は，輸送時間（加振時間）12時間，振動周波数範囲 0〜2000 Hz，メイン周波数 10〜30 Hz，加速度 0.2〜0.5 G の範囲であった。**表3**，**表4** に，果実の近赤外3波長の吸光度（2次微分値）を用いた判別分析による貯蔵期間および振動の有無の判別結果を示した。0℃区および10℃区の貯蔵期間の的中率は，それぞれ81％および66％を示し，0℃区の的中率が高くなった。0℃区および10℃区の振動の有無判別は，65％および79％を示し，10℃区の的中率が高くなった。また，これらの判別では，果汁のスペクトルを使用することによって判別精度は向上する。さらに，解析方法としては主成分分析や PLS-DA を用いることも可能である。

− 150 −

表3　近赤外法を用いて予測したニホンナシの貯蔵期間の判別精度[8]

3℃貯蔵		予測貯蔵日数		
		3日	14日	28日
実際の貯蔵日数	3日	23	4	0
	14日	4	20	2
	28日	0	6	23
判別精度81%				

波長：1232, 2168, 2220 nm

10℃貯蔵		予測貯蔵日数		
		3日	14日	28日
実際の貯蔵日数	3日	16	4	2
	14日	2	14	6
	28日	6	1	11
判別精度66%				

波長：1154, 1232, 1752 nm

表4　近赤外法を用いて予測したニホンナシへの加振有無の判別精度[8]

3℃貯蔵		加振の予測	
		有り	無し
実際の加振	有り	34	9
	無し	15	34
判別精度65%			

波長：1388, 1908, 2064 nm

10℃貯蔵		加振の予測	
		有り	無し
実際の加振	有り	42	11
	無し	11	40
判別精度79%			

波長：1219, 1245, 2129 nm

3.　総　括

　検量モデルに使用する吸光度データは，かつては重回帰分析や判別分析といった特定波長の吸光度を使用する多変量解析が主流であったが，近年では吸収バンドやスペクトル全体を使用する多変量解析法（PCA，PCR，PLS，PLS-DA）や機械学習が主流となっている。また，近赤外光を計測できるセンサの小型化や低価格化，センサのマルチスペクトルやハイパースペクトル化も日進月歩で進みつつある。

　近赤外法を利用して，収穫後の青果物の貯蔵や流通履歴を非破壊的に識別できれば生産者や消費者にとっては好都合である。ここで例示したように，近赤外法は測定対象物の成分値を非破壊的に計測できるだけではなく，測定対象物の成分変化に起因するカテゴリーデータへの分類，例えば熟度，流通および貯蔵履歴の判別やグルーピングにも対応することが可能である。今後，青果物の鮮度評価に対してもさまざまなアプリケーションが期待される。

文　献

1) M. Tanaka and T. Kojima：Near-infrared monitoring of the growth period of Japanese pear fruit based on constituent sugar concentrations, *Journal of Agriculture and Food Chemistry*, **44**(8), 2272-2277(1996).

2) T. Kojima, S. Fujita, M. Tanaka and P. Sirisomboon：Plant compounds and fruit texture：the case of pear, In Kilcast David (Ed.), Texture in foods(first ed.. Solid foods (**2**, 259-294). Cambridge, England：Woodhead Publishing Limited(2004).

3) 田中宗浩，小島孝之：PLS回帰分析を用いた近赤外分光法によるナシ果汁の各構成糖含有率測定，農業施設，**27**(4)，25-32(1997).

4) P. Sirisomboon, M. Tanaka, S. Fujita, T. Akinaga and T. Kojima：A simplified

method for determination of total oxalate-soluble pectin content in Japanese 578 pear, *Journal of Food Composition and Analysis*, **14**, 83–91 (2001).

5) P. Sirisomboon, M. Tanaka, S. Fujita and T. Kojima：Relationship between the texture and pectin constituents of Japanese pear, *Journal of Texture Studies*, **31**, 679–690 (2000).

6) P. Sirisomboon, M. Tanaka, S. Fujita and T. Kojima：Evaluation of pectin constituents of Japanese pear by near infrared spectroscopy, *Journal of Food Engineering*, **78**, 701–707 (2007).

7) P. Sirisomboon, M. Tanaka, S. Fujita, T. Kojima and P. Williams：Nondestructive estimation of maturity and textural properties on tomato 'Momotaro' by near infrared spectroscopy, **112**, 218–226 (2012).

8) 劉蛟艶, 小島孝之, 田中宗浩, 多々良泉：振動および貯蔵温度がナシ果実の品質に及ぼす影響, 農業施設, **28**, 217–224 (1998).

第6章　鮮度の評価技術

第5節　遺伝子マーカー―鮮度マーカー遺伝子―

国立研究開発法人農業・食品産業技術総合研究機構　永田　雅靖

1. はじめに

　地球上の生物は，遺伝子（DNA）を持っている。遺伝子の情報は，生育ステージと環境に応じてRNAに転写されて発現し，RNAの配列情報をもとに酵素活性を持ったタンパク質（ポリペプチド）が合成されてさまざまな代謝が行われている（図1）。収穫された青果物では，収穫という人為的な操作によって栽培環境から切り離され，水，養分，光が得られないというさまざまなストレスと，温度，湿度，ガス濃度など環境要因によって，収穫に起因する特徴的な遺伝子群の発現が促進される[1]。

　遺伝子に関するバイオマーカーは，大きく分けて2つある。1つは，遺伝子の塩基配列に変異が生じたもので，塩基配列の変異によって，翻訳されるタンパク質の特性が異なり，結果的に形質に変化が現れるものである。特徴的なDNAの配列を検出することによって，その個体の性質を推定できるもので，遺伝子マーカー（DNAマーカー）と呼ばれ，系統分類や品種選抜など利用される。もう1つは，ある生育ステージや刺激に対応して遺伝子の発現量が大きく変化するもので，発現マーカーと呼ばれることがある。

　植物には切断傷害などのストレスによって，特異的に誘導される遺伝子群がある。植物の傷害反応には，エチレン，ジャスモン酸，アブシジン酸などの植物ホルモン，システミンと呼ばれるペプチドや，オリゴ糖も関係して，傷害が与えられた部位だけでなく，植物全体が（全身的な）反応を引き起こすことがわかってきた[2]。これら傷害反応における遺伝子発現制御の機構が明らかになれば，鮮度評価の指標として利用できる可能性がある。

　青果物の鮮度に関するマーカーは，鮮度の低下に伴って，特異的に増加したり，減少したりする遺伝子を特定し，発現の増減を利用して，鮮度の変化を推定する[3]。それらの遺伝子の中

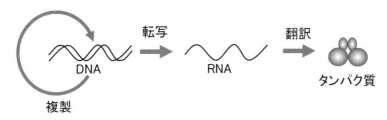

図1　生物の遺伝子に関連する生命活動の模式図
デオキシリボ核酸（DNA）の塩基配列として遺伝情報が複製される。生命活動に必要な遺伝情報は，リボ核酸（RNA）に転写された後，タンパク質に翻訳されて，酵素活性など，特定の作用を示す。

には、プログラム細胞死（PCD；Programmed cell death）あるいは、オートファジー（Autophagy）と呼ばれる過程に関与する遺伝子の発現が誘導される場合がある[4]。これらの特異的発現を示す遺伝子の発現を利用して、筆者らの研究グループでは、生理的な鮮度の変化を測定しようと考え、鮮度低下に伴って特異的に発現が変化する遺伝子を、「鮮度マーカー」と呼んでいる。

2. 鮮度マーカー遺伝子

「鮮度マーカー」研究の初期では、ホウレンソウやブロッコリー、ニラ、レタスなどを用いて貯蔵する前と後でRNAを抽出し、発現量の異なる遺伝子をサブトラクション法で濃縮して、プラスミドと大腸菌を用いた系で、クローニングされた遺伝子の配列を解析した。これらの中から、タンパク質分解酵素、糖加水分解酵素、感染特異タンパク質などをコードしている遺伝子が得られた（**表1**）。これらの経時的発現変化を調べたところ、ホウレンソウでは、貯蔵開始日には発現していないが、黄化が観察されない貯蔵1日、あるいは2日の段階で発現している遺伝子が認められた。これらを遺伝子マーカーとして利用することにより、外観に変化が現れるまでに、遺伝子発現レベルで鮮度低下の兆候を検出することが可能と考えられた。さらにこれらの遺伝子を、複数組み合わせたマルチプレックスPCRによって簡便に鮮度低下を検出可能な方法を開発し、特許出願した（**図2**）[3]。

表1 鮮度低下に伴って発現が変化する主な遺伝子

	酵素活性あるいは役割
発現が増加	タンパク質分解酵素
	多糖類分解酵素
	脂質分解酵素
	感染特異タンパク質
	エチレン生合成関連酵素
	褐変関連酵素
	水ストレス関連タンパク質
	傷害関連タンパク質
	ATP分解酵素
	ペルオキシダーゼ
発現が減少	クロロフィルa/b結合タンパク質
	ストレス関連タンパク質

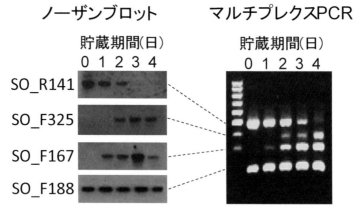

図2 鮮度マーカー遺伝子による鮮度評価法の比較
SO_R141, SO_F325, SO_F167, SO_F188は異なる遺伝子を示す。
数字はホウレンソウの10℃貯蔵日数。4日目に黄化。
左：ホウレンソウの鮮度低下に伴う遺伝子の発現変化（ノーザン法）
右：マルチプレックスPCRによる検出
点線は、各遺伝子の対応を示す

この方法を用いて，ホウレンソウの貯蔵に伴う多数の遺伝子の発現変化を明らかにするとともに，マルチプレクスPCRによって，異なる包装条件での鮮度マーカーの発現の差異を比較して，好適条件の判断にも使えることが示された（図3）[5]。

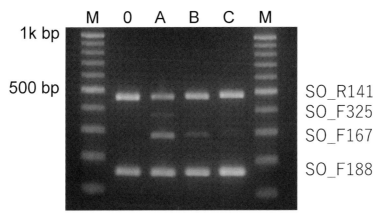

図3　包装条件の異なるホウレンソウ試料を10℃7日間貯蔵した場合の鮮度マーカー遺伝子の発現の比較

貯蔵開始時には，鮮度マーカー遺伝子（SO_F167, SO_F325）は発現していないが，10℃7日間貯蔵したAでは，SO_F167が強く発現し，SO_F325は弱く発現した。また，SO_R141の発現が減少した。包装により低酸素となったB, Cでは，SO_F167の発現が抑制され，Cの方がより発現が抑制された。これら鮮度マーカー遺伝子の半定量的PCRにより，鮮度の差を可視化することができた。
（0：貯蔵開始時，A：パンチ穴のあるポリエチレン（PE）包装，B：PE折りこみ包装，C：PE密閉包装，M：DNAラダーマーカー）

3. 新しい解析技術

近年では，遺伝子発現解析技術の急速な進歩によって，生体試料で発現している全てのRNAに由来するライブラリを調製し，次世代シーケンサーを用いて，100～150塩基の配列を両端から網羅的に解析し（RNA-seq），コンピュータ上でゲノムDNAへの貼り付け（マッピング）を行って，ある生命現象に関連して，どの遺伝子が，どの程度発現しているのか特定できるようになってきた。このような解析方法は「トランスクリプトーム解析」と呼ばれている[6]。

遺伝子発現を，生命現象のバックグラウンド（舞台裏）と捉えると，代謝物質（メタボローム）の変化は，フォアグラウンド（表舞台）の現象である。遺伝子発現の変化が，必ずしも酵素活性の変化を意味するものではないが，遺伝子発現の変化を見るトランスクリプトーム解析と，代謝物の変化を見るメタボローム解析の結果を，表裏一体として代謝マップ上で統合することにより，生理的な変化の全体像を俯瞰できるようになってきた[7]。遺伝子発現と代謝物の間には，酵素活性や，代謝物によるフィードバック阻害など，多様な要因が関与しており，遺伝子の発現量と酵素活性は，必ずしも単純な相関関係が認められるわけではないが，今後，さらに解析が進めば，遺伝子発現と代謝変化の関係がより詳細にわかるようになるものと期待している。

現状の解析手法では，全ての酵素活性を網羅的に解析することはできない。また，酵素反応の結果である代謝物のメタボローム解析においても，GC-MSやLC-MS，あるいはCE-MS

青果物の鮮度評価・保持技術

を駆使して，主要な低分子の数百種類の代謝物の変化を調べることはできるが，特殊な二次代謝産物や微量物質，高分子の多糖類やタンパク質については，低分子と同じレベルでの解析は困難である。一方で，遺伝子発現については，マッピング（遺伝子を貼り付ける）の土台となるゲノム配列が登録されていれば，原理的には，それぞれのサンプルから，適切な方法でRNAを抽出することによって，全ての遺伝子の発現情報を同じ手法で検出し，比較することが可能である。より発現の少ない遺伝子に対しては，読む回数（深度）を増やすことにより対応が可能である。さらに，ゲノム配列情報が不明な場合でも，1万塩基（10 kb）程度の配列が解析できるロングリード装置の利用や，ショートリードとの併用によって，ゲノム配列を新規に（*de novo*）決定することが可能になってきた。

4. 今後の展望

トランスクリプトーム解析の手法を用いることによって，従来の分子生物学的手法よりも遥かに効率良く，鮮度マーカーの特定につながるデータが得られるようになってきた。現状では，青果物流通に関連して，キャベツ[8]やブロッコリー[9]，レタス[10]などを対象にして，貯蔵に伴う遺伝子発現の変化の解析が始まったばかりであるが，異なる青果物の品目に対しても，同様な解析手法が適用可能なため，それぞれの品目に対応した「鮮度マーカー」遺伝子の解明が加速化されていくものと考えている。これらのマーカーを指標として，生理的な観点から，貯蔵好適条件の判定が可能である。遺伝子発現の変化は，単にその時点での生理状態のモニタリングに使うだけでなく，品種改良によって日持ち性の良い品種を育種する際の目印や，将来的にはゲノム編集等によって飛躍的に日持ち性を改善した青果物の実現にもつながる基礎的知見であると期待している。

近年，トランスクリプトーム研究や，メタボローム研究は，医学の分野で急速に発展しており，分析法もそれに伴って急速に高精度化，高速化，低コスト化が進み，これらの技術が，ヒト以外の生物にも使えるようになってきた。

次世代シーケンサーを用いた解析で，重要な概念に「アノーテーション（Annotation）」がある。これは，それぞれの遺伝子が，どのような働きがあるのか，注釈として記述したものである。例えば，ポリフェノール代謝に関連する「Phenylalanine ammonia-lyase」など酵素活性の記述がそれに相当する。アノーテーションを手がかりに，酵素的褐変やエチレン生成，アスコルビン代謝，カロテノイド生合成などに関する一連の酵素反応をピックアップして，トレースすることも可能である。今後は，AIによる大量解析技術を利用して，発現パターンの類似性によるマーカー遺伝子のピックアップや，青果物に共通的に働いている遺伝子の解明が進む一方で，青果物の品目（植物種）に特異的な遺伝子発現変化も明らかになっていくものと考えている。

日本においては，農産物を購入する際に鮮度が重視される食文化がある[11]。これまで，多くの青果物に関して，鮮度は，専門家による主観的評価によってきたが，今後は，客観的指標の開発が重要であると考えている。

現在，青果物のスマートフードチェーン構想として，栽培から，収穫，流通，消費まで，一

－156－

貫した物流とデータの流れにより，高品質青果物の流通，フードロスの削減，労力の削減などを効率的に実現するためのプロジェクトが進められている[12]。

　フードロス削減のためには，品種や栽培条件などのプレハーベスト（収穫前）条件とともに，温度，湿度，ガス濃度，光などや，包装方法，輸送方法などのポストハーベスト（収穫後）条件を適切に改善する必要がある。その際，品質や鮮度の客観的評価法を用いることによって，より好適な条件を設定し，検証することが可能になると考えている。

　鮮度マーカー（遺伝子あるいは物質）は，これまで主観的に行われてきた鮮度評価を客観的評価にするための第一歩と考えている。また，これを仮想尺度化して，近赤外分光法などを利用した鮮度の非破壊・迅速評価法の開発につながれば，青果物の荷受けや出荷現場への実装が可能になると期待されている。さらに究極的には，各青果物品目ごとの品質や鮮度の変化が，流通中の環境データ（温度，湿度，ガス，光，振動，衝撃など）のデータをもとに，コンピュータ上でシミュレーションできるようになれば（in silico），従来の流通に加えて，鮮度という付加価値のあるスマートフードチェーンの実現に貢献できるものと考えている。

文　献

1) 永田雅靖：青果物の鮮度に関する収穫後生理，食糧，**56**，43-66(2018).

2) 原光二郎，佐野浩：植物分子生理学入門，学会出版センター，217-221(1999).

3) 永田雅靖：青果物の鮮度評価方法および鮮度評価用プライマーセット，特許第5652778号(2014).

4) 市村一雄：切り花における収穫後の生理機構に関する研究の現状と展望，花き研報，**10**，11-53(2010).

5) 永田雅靖ほか：遺伝子発現に基づくホウレンソウの鮮度評価法の開発，日食保蔵誌，**42**(6)，247-253(2016).

6) 市橋泰範，福島敦史：植物科学におけるトランスクリプトーム解析の最前線，植物科学最前線，**7**，110-123(2016).

7) KEGG：Kyoto Encyclopedia of Genes and Genomes(2019). https://www.kegg.jp/kegg/

8) 永田雅靖ほか：カットキャベツの貯蔵に伴う遺伝子発現変化のRNA-seq解析，園芸学研究，**17**(別1)，261(2018).

9) 永田雅靖ほか：異なるガス条件に貯蔵したブロッコリー花蕾のトランスクリプトーム解析，園芸学研究，**17**(別2)，356(2018).

10) 永田雅靖ほか：カットレタスの貯蔵に伴う遺伝子発現変化のRNA-seq解析，園芸学研究，**18**(別1)，240(2019).

11) 岐阜県：農産物購入・食生活に関するアンケート調査結果(2015). http://www.pref.gifu.lg.jp/kensei/koho-kocho/iken-teian/11103/monitor-anketo.data/2015_05-1_nousanbutu.pdf

12) 内閣府政策統括官（科学技術・イノベーション担当）：スマートバイオ産業・農業基盤技術研究開発計画(2018). https://www8.cao.go.jp/cstp/gaiyo/sip/keikaku2/7_smartbio.pdf

第6章　鮮度の評価技術

第6節　果物の食べ頃の見える化

山形大学　**野田　博行**　マクタアメニティ株式会社　**幕田　武広**

1. はじめに

　一般消費者にとって，色の変化の少ない果物の非破壊による食べ頃判定は，甚だ困難である。その代表例は，西洋梨のラ・フランスやアールスメロンである。

　これまで，多くの研究者により，非破壊によるさまざまな食べ頃判定技術の実用化が検討されている。例えば，林ら[1]は，打音によるメロンの熟度判定を試み，伝播速度と果肉硬さ間の回帰分析から相関係数 0.832 が得られ，メロンの熟度判定が可能と結論付けている。大森，鷹尾[2]は，キウイフルーツとマスクメロンの軟らかさと圧縮変形量の関係から，軟らかさの非破壊評価が可能としている。また，大森ら[3][4]は，打音・振動特性によるラ・フランスの食べ頃判定装置を試作し，追熟程度の判定に利用可能としている。さらに，桜井[5]は，レーザードップラー法による果物の非破壊的粘弾性測定装置を開発し，さまざまな果実の粘弾性測定に成功している。しかし，いずれの方法も，生産，流通，販売の各分野で利用するには価格的，サイズ的に課題がある。大森[6]は，積算温度表示ラベルを試作し，ラ・フランスの食べ頃判定が可能としている。しかし，この方法もコストの点で課題があり実用化していない。

　一方，筆者らは，野菜や果物の可視画像を赤（R），緑（G），青（B）に分解した RGB ヒストグラムの平均値と標準偏差から，非破壊による美味しさ見える化システムの構築を試みている。その結果，16 種類の野菜と果物で，糖度（Brix 値）や味覚センサで測定した味覚値，グルタミン酸含量などと硝酸イオン含量および RGB データとの間に高い相関性が認められている[7]-[13]。これから，RGB 画像データにより野菜や果物の美味しさの見える化が可能と結論付けている。現在，スマートフォンやタブレットを用いた美味しさ見える化システムを構築し，生産，流通，販売に至るサプライチェーンでの実装に向けて取り組んでいる。また，適用品目の拡大を目指している。本稿では，美味しさの見える化技術を応用した果物の食べ頃の見える化の可能性について，ラ・フランスの事例を紹介する[14]。

2. 方　法

2.1　画像の取得

　市販の適熟前のラ・フランス（2018 年 11～12 月）を測定試料として用いた。可視画像は，汎用のデジタルカメラ（ニコンクールピクス S9400）を用い，黒色のスポンジ板上に果実を配置して撮影した。RGB の平均値と標準偏差は，Photoshop により画像解析して取得した。

– 159 –

2.2 RGBデータの解析

RGBデータはエクセル統計2012を用い，経過日数との相関関係を回帰分析した。得られた相関係数のうち，0.9以上のRGBデータを採用した。

3. 食べ頃の見える化

図1に，購入直後と日数が経過したラ・フランスの画像を示す。この画像から，日数の経過とともに，やや黄色味が帯びることがわかった。ただし，購入直後と比較すれば違いが判るものの，比較対象物が無ければ判別しにくいと思われる。図2は，画像処理ソフトを用いて画像をRGB分解したのち，R画像からG画像を減算処理した画像を示す。減算処理した画像（R-G）は，日数の経過とともに輝度が増大することが明らかとなった。これは，Gの反射光強度が減少していること，つまり緑色の吸収が増加していることを意味する。緑色成分の吸収が増加すればするほど，黄色として視認できる。

図3に，購入後の経過日数とR-G値の関係を示す。R-G値は，日数の経過ともに増大し，決定係数 $R^2 = 0.92$ であった。図4に，購入後の経過日数とR/G値の関係を示す。同様に，

0　　　　　　　7日後　　　　　　　11日後
※口絵参照

図1　ラ・フランスの経時的色の変化

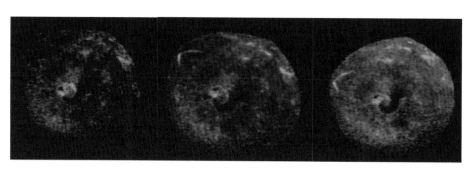

0　　　　　　　7日後　　　　　　　11日後
※口絵参照

図2　ラ・フランスのR-G差分画像の経時的変化

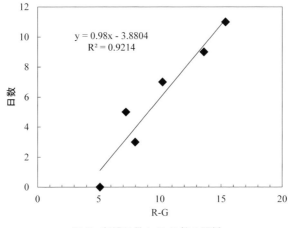

図3　経過日数とR-G値の関係

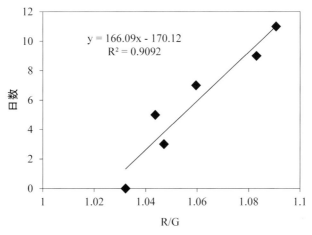

図4　経過日数とR/G値の関係

　R/G値も，日数の経過ともに増大し，決定係数$R^2=0.91$であった。R-G値，R/G値ともに経過日数と良好な相関性を示した。以降，R^2値が高いR-G値を用いて，食べ頃判定の可能性を議論する。

　図5に，色が異なるラ・フランス5個の購入直後と12日後（Eは7日後）の画像を示す。この画像から，ラ・フランスの個体差により，色の変化が異なり，特に，BとCは日数が経過しても色の変化に乏しく判別しにくいことが分かった。また，DとEでは腐敗が始まっていることがわかる。図6に，それぞれの購入後の経過日数とR-G値の関係を示す。R-G値は，数値の絶対値に差があるものの，日数の経過とともに増大した。特に，黄色のEのR-G値は他と大きく異なるものの，A〜Dと類似の挙動を示した。そこで，R-G値の購入直後の値を0として，図6をR-Gの変化量として規格化し，改図した。図7に，購入後の経過日数とR-Gの変化量の関係を示す。R-Gの変化量に変換すると，全て同じスケールで評価できることがわかった。官能評価から，R-G変化量が+5〜+9で購入後6〜12日が食べ頃範囲であることが明らかとなった。R-G変化量が+10を超えると，腐敗が始まることもわかった。

青果物の鮮度評価・保持技術

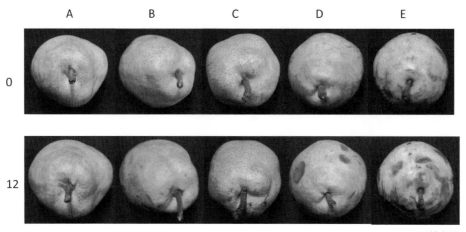

図5　ラ・フランスの購入直後と12日後の色の変化（Eのみ7日後）

※口絵参照

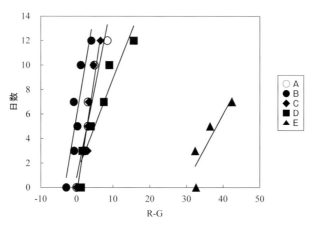

図6　図5のラ・フランスの経過日数とR-G値の関係
　　○, A；●, B；◆, C；■, D；▲, E.

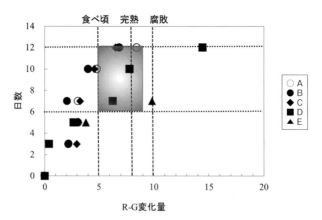

図7　図5のラ・フランスの経過日数とR-G変化量の関係
　　○, A；●, B；◆, C；■, D；▲, E.

- 162 -

4. おわりに

画像情報を用いた果物の食べ頃判定システムにおける判定の成否は，RGB データのばらつきをいかに低減するかにかかっている。ただし，背景色を固定するなどばらつきを低減する対応をとれば，おおよその食べ頃の判定，予測であれば実用上は問題ないと考えている。

また，食べ頃判定システムはスマートフォン（iOS とアンドロイド）に対応することを念頭に開発を進める予定である。今後は，マスクメロンなど高価格で，色の変化に乏しい果物への対応を検討していきたいと考えている。

文　献

1) 林節夫ほか：日本食品科学工学会誌，**39**(6)，465(1992).

2) 大森定夫，鷹尾宏之進：農業機械学会誌，**56**(2)，49(1994).

3) 大森定夫ほか：農業機械学会誌，**66**(3)，121(2004).

4) 大森定夫ほか：農業機械学会誌，**66**(4)，96(2004).

5) 桜井直樹：日本バイオレオロジー学会誌，**17**(3)，92(2003).

6) 大森定夫：農業機械学会誌，**62**(3)，26(2000).

7) 農産物判定システム，特許第 5386753 号.

8) 農産物判定システム，特許第 6238216 号.

9) 農産物判定システム，特許第 6362570 号.

10) 野田博行：農耕と園芸，**73**(6)，33(2018).

11) 野田博行：野菜情報，**175**(10)，38(2018).

12) 野田博行：産学官連携ジャーナル，**14**(11)，4(2018).

13) 野田博行：臨床栄養，**134**(2)，146(2019).

14) 追熟度判定装置，特願 2019-81001.

第6章　鮮度の評価技術

第7節　味覚センサを用いたイチゴの食味評価

佐賀県農業試験研究センター　**木下　剛仁**　　佐賀県工業技術センター　**柘植　圭介**

1.　はじめに

1.1　イチゴの食味評価について

　イチゴの食味評価は，従来，糖度および酸度の分析値を参考にしつつ，最終的には官能評価で判断してきた。しかしながら，官能評価はヒトの判断による相対的な評価であり，安定性にやや乏しく，多くの時間と労力を要する問題があった。

　他方，イチゴの食味は，甘味や酸味に代表される呈味，風味（香り）および物性などから構成されており，後2者については，「におい識別装置」や「レオメーター」などの客観的に測定する機器がすでに開発されている。また，呈味には，上記以外の基本味も知られているものの，これまでは，それらの呈味成分を数値化し，総合的に分析・評価を行うことは難しかった。

　そのような中，さまざまな呈味成分を客観的に数値化（デジタル化）できる「人工脂質膜型味覚センサ」が開発されたことから，テクスチャーなどの物性と合わせることで客観的な評価が可能となってきた。本節では，イチゴにおいて官能評価に代わる新たな食味評価法の開発を行ったので紹介する。

1.2　味覚センサとは

　味覚センサは，ヒトの舌による味認識のメカニズムを模倣した装置である。舌表面の感覚器である味蕾の中には味細胞があり，親水基と疎水基を持つ脂質の二分子膜とタンパク質でできた生体膜で覆われている。味細胞に呈味物質が吸着すると生体膜の電位変化が生じるが，この細胞は甘味を受容する細胞，苦みを受容する細胞というように，味の種類により細分化されている。呈味物質が吸着した細胞の種類や，電位の変化量などの情報が神経回路網によって脳に伝達され，ヒトが味として認識すると考えられている。

　味覚センサは，味細胞の生体膜を模した人工の脂質膜によって構成されている。膜はポリ塩化ビニルを主体として，可塑剤と数種類の脂質を加えて製造したもので，呈味物質が吸着すると，あたかも生体膜のように膜電位が変化する（**図1**）。㈱インテリジェントセンサーテクノロジーにより製品化された味覚センサ"TS-5000Z"では，加える脂質の種類と可塑剤の量を調節することによって，ヒトが感知する基本味の基準となる呈味物質に対して，各々特異的に応答するセンサが開発されている（**図2**，**表1**）。

　味覚センサの特徴の1つが，食品を口に含んだ瞬間の味（先味）だけでなく，飲み込んだ後に口の中に広がる味（後味）を測定できるというものである。センサを試料に浸した直後の測定値

– 165 –

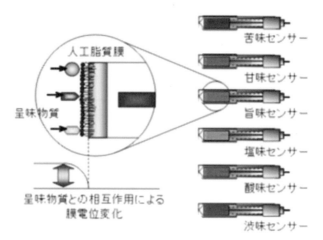

図1 味覚センサの味認識メカニズム[1]

図2 味覚センサ(TS-5000Z)

表1 センサの種類と味覚項目

センサ呼称	センサ名称	味覚項目	
		先味	後味
旨味センサ	AAE	旨味	旨味コク
塩味センサ	CT0	塩味	
酸味センサ	CA0	酸味	
苦味センサ	C00	苦味刺激	苦味
渋味センサ	AE1	渋味刺激	渋味
甘味センサ	GL1	甘味	

で表す「先味」と、だ液を模した洗浄液でセンサを一定時間洗浄した後の測定値で表す「後味」を合わせて評価することで、単純な基本味だけでなく、「こく」や「余韻」で表現される味の

深みや複雑さを数値化することができる。現在，食品用としては6種類の味（苦味，旨味，甘味，酸味，塩味および渋味）に応答するセンサが市販され，そのうち苦味，渋味および旨味の3種類については後味の評価が可能であり，最大で9種類の味の数値化が可能である（表1）。

また，味覚センサは，味に及ぼす食品成分の相互作用（相乗・抑制効果）を加味して評価できるという特徴がある。例えばコーヒーに砂糖やミルクを入れるとコーヒーの苦味が和らぐことが経験的にわかっているが，渋味を感じるタンニン溶液に食塩やショ糖を添加すると，渋味に応答する味覚センサの応答強度も低下する。このように，味覚センサは，呈味成分の相互作用や時間効果までも含めた，ヒトの感じ方に近い「味」を評価することができる。

味覚センサによる味の尺度は，センサの応答値を基に㈱インテリジェントセンサーテクノロジーによって独自に定義され，ヒトが味の違いを識別可能な最小濃度差といわれている1.2倍濃度差を1単位としている。同社では，それぞれの味における代表的な呈味物質を使って検量線を作成し，味を尺度化している。このようにして算出された味の尺度の識別能は0.1以下で，これはヒトの識別能の10倍以上である。また，味覚センサは，味の尺度を用いて過去の測定値と現在の値を比較することもでき，ヒトの官能検査にはない優れた特徴を有している。

2. イチゴにおける味覚センサ分析方法

2.1 試料の採取および前処理方法

味覚センサの測定対象は液体試料であるため，イチゴ果実（固体）を適切な前処理によって液状化する必要がある。その際，測定に及ぼす影響を小さくするため，粘度や濁度が低い液体試料とする必要がある。このため，前処理として，ヘタ部を除く果実（生果実）をジューサー（切断型）で破砕した後，遠心分離（20,000×g，15分）し，上清液をコーヒーフィルターなどでろ過して回収する。

「さがほのか」，「紅ほっぺ」，「あまおう」，「さちのか」，「女峰」，「ゆめのか」，「さぬき姫」，「こいのか」および「ひのしずく」の9品種を供試した果汁の回収率調査（延べ22回調査）では，60〜65％の範囲に入るサンプルが最も多く，次いで55〜60％である。また，最も回収率が高いものでは66％，低いサンプルは52％である（図3）。さらに，上記調査を時期別に複数回実施した4品種の回収率の変動は，「紅ほっぺ」が±7.5％と大きいが，他の品種は±5％以下である（図4）。

このように，果汁の回収率は品種や時期により変動するものの，果重の概ね50％以上の果汁を回収することができる。味覚センサの測定に際しては，1回当たり約35 mLの果汁（液体試料）が必要であることから，果実サンプルは70 g以上あれば測定が可能である。

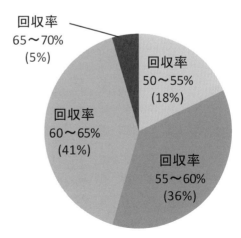

図3 前処理後のイチゴ果汁回収率（n＝22）
注1）調査時期：2011年12月〜2012年4月

2.2 分析方法

味覚センサから得られる分析値は，[1.2]に記載があるように，センサ応答値並びにその値から解析される各種味覚の値であり，先味(酸味，苦味雑味，渋味刺激，甘味，塩味，旨味)と後味(苦味，渋味，旨味コク)として表現される。この値は比較対照との差異を相対的な数値で示している。イチゴのように収穫時期などによって品質が変動しやすい試料を測定する場合，各測定バッチにおいて得られた値を単純に

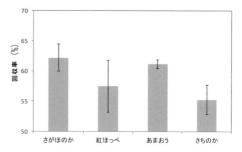

図4 4品種の平均果汁回収率(n=17)
注1)調査回数：さがほのか5回，その他品種4回

比較することは適切ではないと判断されるため，各測定において品質の変わらない標準試料溶液が必要である。現時点では，糖と有機酸の組成溶液(3.44%スクロース，2.08%グルコース，2.27%フルクトース，0.68%クエン酸，0.26%リンゴ酸)[2]を標準液としている。

また，甘味センサ(s甘味，以降各種センサは同表記)は2%PVPP処理(4°C 一晩)によってポリフェノール類を除去した測定試料を用いても測定値のばらつきが大きく，官能評価の甘味との相関が低い(表2)。したがって，現時点では，甘味の測定は，官能評価の甘味と化学分析の糖含量との相関が高いBrix糖度を用いている。

2.3 試料保存方法

イチゴの果実サンプルが得られる時期は，12～4月頃に限られるため，試料の保存ができれば年間を通して測定が可能となる。-25°C下で凍結保存した測定液(液体試料)を用いて，味覚センサ「TS-5000Z」による味分析(8項目)を比較した場合，酸味と苦味雑味は，他の項目に比べて凍結保存による変動が小さい(表3)。一方，旨味，塩味，苦味および旨味コクは凍結保存による変動が大きく，中でも旨味は保存期間が長くなるほど分析値が大きくなる傾向にある。また，塩味は17日後までは大きな違いはみられないものの，その後に分析値が大きくなる(表3)。

このように，測定液の凍結保存は，17日間の短期保存であっても項目によっては分析値の変動が大きく，現時点では，味覚センサ分析への適用は難しいと考えられる。

表2 食味官能評価および化学分析値と味覚センサ分析値およびBrix糖度との相関

		Brix	s酸味	s甘味
食味官能	甘味	0.680**	-0.411	-0.356
	酸味	-0.323	0.511*	0.604**
	食味総合	0.586**	-0.297	-0.406
化学分析	糖含量	0.651**	-0.237	-0.266
	酸含量	-0.069	0.814**	0.934**

注1) 2012年度試験データを使用(n=20)
　2) 化学分析(糖含量および酸含量)はHPLCで測定
　3) *は5%，**は1%水準で有意

表3 測定液の凍結保存（−25℃）が味覚センサの測定値に及ぼす影響

分析日		酸味	苦味雑味	渋味刺激	旨味	塩味	苦味	渋味	旨味コク
12/27	0日	0.93	3.76	1.42	−1.41	−0.28	−0.10	0.45	0.65
1/13	17日後	0.89	4.06	1.63	−0.79	−0.25	0.08	0.54	1.23
1/24	28日後	0.90	3.99	1.44	−0.39	0.13	0.05	0.47	1.14
2/16	51日後	0.86	3.89	1.21	−0.10	0.62	0.08	0.54	0.98

注1）試料調整日：2011年11月27日
　　2）測定品種：4品種（さがほのか，紅ほっぺ，あまおう，さちのか）

3. 味覚センサによる食味評価

3.1 異なる試料を用いた食味官能評価

　味覚センサを用いた食味評価法を確立するためには，食味官能評価との相関関係を把握する必要がある。このため，「さがほのか」を基準品種として表4に示したイチゴ10品種の食味官能評価をパネラー10〜16人で行い，各品種の味の特徴や総合的な美味しさを評価した（全11回）。その結果，「あまおう」は果実が軟らかく，ジューシーで，甘味が弱く，酸味と後味が強い。「おいCベリー」は果実が硬く，甘味，酸味，コク，後味および旨味が強い。「かおり野」は甘味が強く，酸味が弱く，コクおよび旨味は時期により変動する。「さちのか」は果実が硬く，酸味，コクおよび後味が強い。甘味および旨味は時期により変動する。「紅ほっぺ」は，果実が硬く，酸味が強い。甘味，コクおよび旨味は時期により変動する。一方，「こいのか」，「さぬき姫」，「女峰」，「ひのしずく」および「ゆめのか」は，各1回の評価であることから，品種の特徴を明確に把握することは難しい（表4）。

　また，食味官能評価の各項目に視点をおいた場合，硬さ，酸味，コクおよび後味は収穫時期による変動が少なく，ジューシーさ，甘味および旨味は収穫時期による変動が大きい。総合評価は，全評価時期を通じて有意差がある品種はないものの，「さちのか」，「かおり野」および「おいCベリー」の評価が高く，「あまおう」および「紅ほっぺ」の評価が低い傾向にある（表4）。評価の高い品種は，酸味だけでなく甘味やコクが強いことから，甘味およびコクが食味官能の総合評価に大きく関与していると考えられる。

3.2 味覚センサによるマッピング

　前述の食味官能評価と同一ロットの試料を用いて，味覚センサによる分析を行い，品種による味の違いをマッピングした結果では，各年度における品種間差が少ないセンサは，s渋味，s苦味およびs渋味刺激であり，差が最も大きいセンサは，s酸味である。また，「さがほのか」と「さぬき姫」は同様のチャート形状をしており，「さぬき姫」は，食味官能評価の全ての項目において「さがほのか」と有意差がないことから，食味の特徴が「さがほのか」と似ていると考えられる（図5）。

　次に，「さがほのか」，「あまおう」，「さちのか」および「紅ほっぺ」の4品種における分析結果から，年次変動の大きいセンサは，s酸味，s旨味およびs塩味である。また，品種別では，「さがほのか」および「あまおう」は年次変動が小さいのに対し，「さちのか」および「紅ほっ

表4 イチゴ品種の食味官能評価

品種名	評価日	硬さ	ジューシーさ	甘味	酸味	コク	後味	旨味	総合
あまおう	2011/12/27	−0.714**	0.929**	−0.500	1.143**	0.214	0.214	−0.071	−0.214
	2012/1/24	−0.500*	0.313	−0.875**	1.500**	0.250	0.563**	−0.125	−0.375
	2012/2/16	−0.533*	0.533*	0.067	1.267**	0.867**	0.667**	0.333	0.400
	2012/4/18	−1.000**	0.467*	−0.400	0.933**	0.333	0.600**	0.133	−0.200
	2013/1/7	−0.692*	0.385	−0.692**	1.308**	0.154	0.385	−0.385	−0.615**
	2013/1/21	−1**	0.6*	−0.4	1.3**	0.3	0.3	−0.3	−0.3
	2013/2/12	−0.769*	0.615**	−0.154	1.231**	0.358	0.385	−0.308	−0.385
	2013/2/26	−0.833*	0.583*	−0.25	1.25**	0.083	0.083	−0.167	−0.417
	2013/4/15	−1.071**	0.143	−0.5*	1.143**	0.214	0.429	−0.143	−0.429
おいC ベリー	2013/2/26	0.583*	−0.333	0.167	0.667**	0.583	0.417	0.25	0.25
	2013/3/11	0.143	−0.286	0.786**	0.429*	0.786**	0.5*	0.429*	0.571
かおり野	2013/1/21	0.5	0.1	0.7*	−0.5*	0.2	0	0.1	0.3
	2013/2/12	0.462*	−0.231	0.846**	−0.538**	0.615**	0.308	0.385*	0.308
	2013/2/26	0	−0.167	0.333	0.417	0.25	0.333	−0.083	0.25
	2013/3/11	−0.286	0.286*	0.357	−0.357*	−0.143	0.143	0.143	0.429
さちのか	2011/12/27	0.786**	−0.286	0.286	0.857**	0.714**	0.643**	0.357	0.571
	2012/1/24	1.438**	−0.375	0.188	1.000**	0.688**	0.625**	0.188	0.313
	2012/2/16	0.667*	0.000	0.667*	0.667**	0.800**	0.600**	0.600**	0.733**
	2012/4/18	−0.200	0.467*	1.000**	−0.400	0.867**	0.533*	0.600**	0.677**
	2013/1/7	1.077**	−0.154	0.923**	0.615	0.923**	0.385	0.385	0.385
	2013/1/21	0.5	0.1	0.3	0.5	0.8**	0.4	0.5	0.7*
	2013/2/12	0.769**	−0.231	0.154	0.846**	0.692*	0.692**	0.385	0.077
	2013/2/26	0.083	0.167	0.333	0.667*	0.833**	0.583*	0.25	0.167
	2013/3/11	0.643**	−0.143	−0.214	0.571*	0.429	0.5**	−0.071	0.071
紅ほっぺ	2011/12/27	1.143**	−0.214	−0.357	0.643*	−0.071	0.286	−0.571*	−0.857**
	2012/1/24	0.750**	−0.188	−0.438	0.938**	0.375	0.375	−0.250	0.063
	2012/2/16	0.267	−0.067	0.333	−0.067	0.400	0.000	0.267	0.467
	2012/4/18	0.400	0.000	−1.200**	−0.400	−0.333	−0.267	−0.267	−1.133**
	2013/1/7	1.385**	−0.308	−0.308	0.538*	0	−0.154	−0.308	−0.462
	2013/1/21	0.3	−0.1	−0.4	0.6**	0.1	0.1	−0.3	−0.2
	2013/2/12	0.231	0.231	0.615	0.077	0.538*	0.231	0.308*	0.385*
	2013/2/26	0.58*	0.25	−0.083	0.583	0.25	0.333	−0.083	−0.333
	2013/3/11	0.429**	−0.357	−0.714*	0.857**	0.286	0.214	−0.357	−0.5*
	2013/4/15	0.214	−0.071	−0.286	0.143	0.143	0	−0.214	−0.214
こいのか	2012/1/13	1.400**	−0.267	−0.667*	1.200**	0.400	0.467*	−0.533**	−0.600*
さぬき姫	2012/1/13	−0.200	0.267	0.133	0.333	0.400	0.333	0.267	0.200
女峰	2012/2/16	0.333	−0.333*	−0.400	1.067**	0.200	0.600**	0.067	−0.467*
ひのしずく	2012/1/13	0.467	−0.267	0.200	0.733**	0.800**	0.267	0.000	−0.133
ゆめのか	2012/1/13	0.867**	−0.267	−0.600**	0.467*	−0.067	0.133	0.000	−0.533*

1) 基準品種:「さがほのか」
2) 硬さ, ジューシーさ, 総合は, 劣～優を−2～＋2で評価
3) 甘味, 酸味, コク, 後味, 旨味は, 弱～強を−2～＋2で評価
4) t検定により, *および**は, 5％および1％水準で有意差あり

ぺ」は変動が大きい(図6)。

このように, 味覚センサによるマッピングを行う場合, 年次変動の大きい品種があるため, 同一年度のデータを比較する方がより精度の高い結果が得られると考えられる。

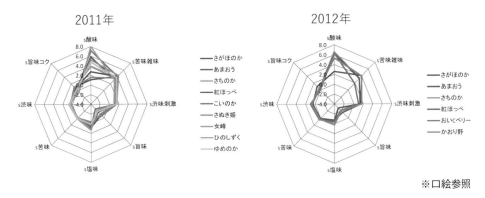

図5　各年度の品種別味覚センサ分析値

※口絵参照

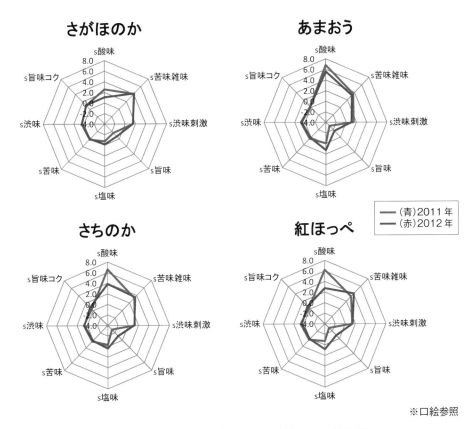

図6　イチゴ4品種における味覚センサ分析結果の年次別変動

※口絵参照

3.3　食味官能評価値と味覚センサの分析値との相関確認

　[3.1]の食味官能評価値と[3.2]の味覚センサの分析値を用いた単相関分析では，食味官能の甘味とs塩味の間に1％水準で有意な相関が認められる。同様に，酸味とs酸味，s旨味，s塩味，s旨味コクおよびs苦味の間に1％水準で有意な相関が認められ，s渋味刺激およびs渋味においても5％水準で相関が認められる。旨味とs塩味，後味とs渋味刺激との間にも5％水準で相関があり，食味総合値と相関が高いセンサは，s塩味のみである。Brix糖度値は，食味

- 171 -

官能の甘味，コクおよび総合値との間に1%水準で有意な相関が認められる（**表5**）。

次に，食味官能評価の総合値を目的変数とした重回帰分析（増減法）[3)-5)]では，s塩味，Brix糖度値およびs旨味コクの3変数からなる重回帰式（総合値＝−0.144×s塩味＋0.209×Brix糖度値＋0.162×s旨味コク−0.031）が得られ，決定係数は0.35である（**表6**）。

このように，食味官能の各評価値と味覚センサの分析値には種々の単相関が認められ，食味総合値と相関が高いセンサはs塩味であり，食味官能評価の総合値は，決定係数が0.35とやや低いものの，s塩味，Brix糖度値およびs旨味コクの3変数からなる重回帰式で推定される。

表5 官能評価値と味覚センサの各値との単相関係数（n＝39）

		食味官能					
		甘味	酸味	コク	旨味	後味	食味総合
食味総合		0.87**	−0.33*	0.73**	0.86**	0.38*	1.00
Brix糖度値		0.51**	0.08	0.59**	0.29	0.29	0.43**
味覚センサ	s酸味	−0.32*	0.58**	0.06	−0.27	0.28	−0.22
	s苦味雑味	−0.15	−0.10	−0.19	−0.12	−0.20	−0.18
	s渋味刺激	−0.04	−0.33*	−0.24	−0.09	−0.32*	−0.13
	s旨味	0.23	−0.49**	−0.09	0.21	−0.25	0.12
	s塩味	−0.51**	0.65**	−0.07	−0.32*	0.15	−0.47**
	s旨味コク	0.23	−0.58**	−0.09	0.23	−0.25	0.14
	s苦味	−0.25	0.42**	0.01	−0.21	0.17	−0.22
	s渋味	−0.23	0.36*	0.02	−0.15	0.20	−0.19

注1）** ：0.41以上で1%水準で有意差あり
　　 * ：0.32以上で5%水準で有意差あり

表6 食味官能評価の総合値を目的変数とした重回帰分析結果（2011〜2013年）

説明変数名	偏回帰係数	標準偏回帰係数	単相関	寄与率
s塩味	−0.144	−0.299	−0.465	0.139
Brix	0.209	0.411	0.434	0.178
s旨味コク	0.162	0.235	0.139	0.033
定数項	−0.031			

［分散分析表］

変動	偏差平方和	自由度	不偏分散	分散比	P値	判定
全体変動	8.218	38				
回帰による変動	2.876	3	0.959	6.281	0.001593	［**］
回帰からの残差変動	5.342	35	0.153			

4. 新しい美味しさ評価法の開発

4.1 味覚センサ値とBrix糖度値を活用した食味特性による分類

［**3.3**］により推定された重回帰式の説明変数のうち，寄与率が高かったs塩味およびBrix糖度値による分類を佐賀県の育成10系統（佐系15〜24号）に適用した解析結果では，佐系15，16，19および24号のグループ，佐系17，20，21および22号のグループ，佐系18および23号の3グループに分類することができ，「さがほのか」と類似のグループはない（**図7**）。

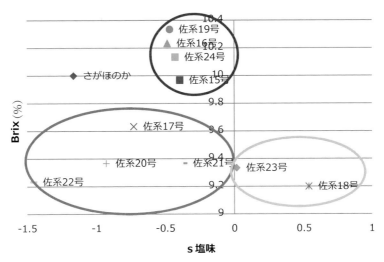

図7　s塩味およびBrix糖度値による供試系統の分類（2013年）

　このように，味覚センサの値とBrix糖度値を用いてグルーピングできることから，上記の3グループは「さがほのか」と異なる食味特性を持つとともに，食味特性ごとに大まかな分類が可能と考えられる。

4.2　物性テクスチャー評価

　食物の美味しさには，味や香りといった化学的要素の他にテクスチャーなどの物理的要素も関与している。後者のうち，イチゴの美味しさに寄与率が高いと考えられる硬度と多汁性について解析を行った結果では，食味官能の硬さと物性測定器による果実硬度，果肉硬度および果皮硬度には，1％水準で正の相関があり，多汁性には1％水準で負の相関がある。ジューシーさは，1％水準で多汁性と正の相関があり，果実硬度，果肉硬度および果皮硬度とは5％水準で負の相関がある。食味官能の総合評価は，5％水準で果実硬度および果皮硬度の間に正の相関があり，多汁性の間に負の相関がある（表7）。

　また，各品種の果実硬度は，1月は「紅ほっぺ」，3月は「さちのか」が高く，4月は「あまおう」が低い。全期間の平均値で有意差を示す品種は，「紅ほっぺ」と「さちのか」である。果皮硬度は，1月は「紅ほっぺ」および「さちのか」，3月は「さちのか」および「おいCベリー」が高く，4月は「あまおう」が低い。全期間の平均値で有意差を示す品種は，「紅ほっぺ」および「さちのか」である。果肉硬度は，1月は「紅ほっぺ」が高く，2月および4月は「あまおう」が低い。全期間の平均値で有意差を示す品種は，「あまおう」および「紅ほっぺ」である。多汁性は，1，2および4月で「あまおう」の値が高く，4月は「紅ほっぺ」も高い。全期間の平均値で有意差を示す品種は，「あまおう」である（表8）。

　このように，物性と食味官能の硬さ，ジューシーさおよび総合値との間には相関があることが明らかであり，イチゴの美味しさを評価する場合，物性値も考慮する必要がある。

青果物の鮮度評価・保持技術

表7 物性評価と食味官能評価の単相関(n＝22)

		果実硬度	果肉硬度	果皮硬度	多汁性
食味官能	硬さ	0.805**	0.723**	0.798**	−0.828**
	ジューシーさ	−0.507*	−0.515*	−0.463*	0.709**
	総合	0.462*	0.516*	0.392	−0.498*

注1)** は1％水準
　　* は5％水準で有意差あり

表8 各品種における物性評価(2013年)

		月別				全期間平均値
	品種	1月	2月	3月	4月	
果実硬度 (gf)	さがほのか	230	223	192	219	216
	あまおう	208	172	—	132**	171
	紅ほっぺ	378**	251	180	206	254*
	さちのか	298	259	242**	—	266*
	かおり野	293	262	189	—	248
	おいCベリー	—	247	204	—	225
果皮硬度 (gf)	さがほのか	152	141	118	152	141
	あまおう	148	117	—	94*	120
	紅ほっぺ	235**	170	107	135	162*
	さちのか	209*	172	166**	—	182**
	かおり野	193	170	125	—	162
	おいCベリー	—	167	139*	—	153
果肉硬度 (gf)	さがほのか	78	81	74	67	75
	あまおう	60	55**	—	38**	51**
	紅ほっぺ	142**	81	72	71	92**
	さちのか	88	88	76	—	84
	かおり野	100	92	64	—	85
	おいCベリー	—	80	65	—	72
多汁性 (g)	さがほのか	0.063	0.046	0.078	0.032	0.055
	あまおう	0.202**	0.209**	—	0.172**	0.194**
	紅ほっぺ	0.037	0.088	0.088	0.119*	0.083
	さちのか	0.071	0.076	0.050	—	0.066
	かおり野	0.013	0.021	0.147	—	0.060
	おいCベリー	—	0.051	0.124	—	0.088

注1)* および** は，Dunnett 検定により5％および1％水準で有意差あり(基準品種：さがほのか)
　2)果実硬度は5mm 円形プランジャーを用いて貫入速度0.5mm・s⁻¹ で測定し，貫通する際の最大ピークを果実硬度，その後のボトム値を果肉硬度，前2者の差を果皮硬度とした
　3)多汁性は直径10mm のコルクボーラーでくり抜いた果実をろ紙上で直径40mm の円形プランジャーを用いて貫入速度0.5mm・s⁻¹ で20秒間押しつぶした時に出る搾汁量とした

4.3 総合的な美味しさ評価法

　[3.3]と同様の重回帰分析を2012年の分析値に適用した結果では，食味官能評価の総合値は，s 塩味および Brix 糖度値の2変数からなる重回帰式(総合値＝−0.166×s 塩味＋0.221× Brix 糖度値−0.180)が得られ，決定係数は0.456である(**表9**)。

− 174 −

第 6 章　鮮度の評価技術

表 9　2012 年度データを用いた食味官能評価の総合値を目的変数とした
　　　重回帰分析結果

説明変数名	偏回帰係数	標準偏回帰係数	単相関	寄与率
s 塩味	−0.166	−0.444	−0.565	0.251
Brix	0.221	0.389	0.528	0.205
定数項	−0.180			

［分散分析表］

変動	偏差平方和	自由度	不偏分散	分散比	P 値	判定
全体変動	3.280	21				
回帰による変動	1.497	2	0.748	7.975	0.0031	［＊＊］
回帰からの残差	1.783	19	0.094			

表 10　物性評価値を加えたデータを用いた場合の重回帰分析結果
　　　（目的変数：食味官能評価の総合値）

説明変数名	偏回帰係数	標準偏回帰係数	単相関	寄与率
s 塩味	−0.136	−0.364	−0.565	0.206
Brix	0.226	0.398	0.528	0.210
多汁性	−1.324	−0.238	−0.383	0.091
定数項	−0.136			

［分散分析表］

変動	偏差平方和	自由度	不偏分散	分散比	P 値	判定
全体変動	3.280	21				
回帰による変動	1.663	3	0.554	6.174	0.004508	［＊＊］
回帰からの残差変動	1.616	18	0.090			

　次に，[4.2] の結果を考慮し，味覚センサの各分析値と Brix 糖度値に，物性値（硬度および多汁性）を加えて再度，重回帰分析を行った結果では，s 塩味，Brix 糖度値および多汁性の 3 変数からなる重回帰式（総合値＝−0.136×s 塩味＋0.226×Brix 糖度値−1.324×多汁性−0.136）が得られ，決定係数は 0.507 である（表 10）。

　このように，イチゴの総合的な美味しさを評価する場合，味覚センサの分析値と Brix 糖度値に，物性評価値を加えて総合的に評価を行うことで，精度の高い食味評価が行えるものと考えられる。なお，重回帰分析において，s 塩味および Brix 糖度値は，2 変数での決定係数はやや低いものの，複数年の解析にて説明変数として選ばれたことから，美味しさの評価を行ううえで重要項目であると考えられる。

5.　おわりに

　味覚センサは広域選択性を持ち，さまざまな呈味成分を数値化（デジタル化）できる利点があり，Brix 糖度値や物性評価値とあわせることで，従来の官能評価によらない，イチゴの客観的な美味しさ評価を行うことが可能であると考えられる。

− 175 −

青果物の鮮度評価・保持技術

　しかしながら，得られる分析値によっては，年次変動が大きいものもあるので考慮が必要である。また，甘味センサはPVPP処理(脱ポリフェノール類)を行った測定試料を用いた場合においても，正確な甘味の測定ができていないと判断されたため，測定方法の改良を行う必要がある。さらに，測定試料の凍結保存は，短期保存であっても項目によっては分析値の変動が大きいので，保存方法においても改良を行う必要がある。

　今後の研究によって，味覚センサを用いた，より精度の高い評価手法が開発されることに期待したい。

文　献

1) ㈱インテリジェントセンサーテクノロジーHPより.

2) 石原良行ほか：栃木農試研報, **44**, 109(1996).

3) 木下剛仁ほか：九州農業研究発表会要旨集, **74**, 151(2011).

4) 中山裕介ほか：九州農業研究発表会要旨集, **75**, 135(2012).

5) 西美友紀ほか：園芸学研究, **12**(別2), 402(2013).

第6章　鮮度の評価技術

第8節　音響振動法によるモモの内部障害の非破壊判別

岡山大学　河井　崇　　岡山大学　福田　文夫　　京都大学　中野　龍平

1. はじめに

　モモの重要な内部障害の1つとして，核割れが挙げられる(図1)。核割れは生育期間中の果実肥大により果実内部の核が縫合線に沿って割れる現象で，低糖度，苦味，渋味，日持ち不良といった品質低下を招くと考えられている[1)2)]。しかしながら，正常果と核割れ果を外観で識別するのは困難であるため，核割れ果の混入は市場における信用を低下させる大きな問題となっている。また，樹上においても，核割れは果実成熟を促進し早期軟化を招くほか，種子に養水分を供給する維管束が損傷を受けて胚発育が停止し，生理的落果の原因となる[3)]。これまで核割れは主に硬核期に発生すると考えられてきたが，樹上での核割れの正確な発生時期や発生メカニズムについては不明な点が多く，有効な栽培方法も確立されていないのが現状である。

　そこで筆者らは，青果物の熟度・硬度の非破壊測定に利用されている「音響振動法[※1]」を活用して，収穫後および樹上の両ステージにおいて核割れを非破壊的に判別できる技術の開発に取り組み，選果や栽培管理への応用について検討している[4)-7)]。本節では，[2. 収穫果における核割れ判別]および[3. 樹上における核割れ判別]の2項目に分けて，その取り組みの内容を紹介する。

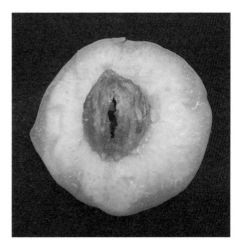

図1　モモの核割れ[7)]

※1　音響振動法
　　果実に微弱な音(振動)を与えると，特定の周波数において果実がその振動に共鳴する(共鳴周波数)。共鳴周波数は果実内部の構造や硬さを反映する性質を持つため，その情報を用いることで果実を破壊することなく内部の状態を予測できる[8)]。熟度・硬度の測定においては，音響測定で得られる第2共鳴周波数(f_2)や第3共鳴周波数(f_3)の値を単独で用いることにより推定されていたが，核割れの判別においては，f_3とf_2の比(f_3/f_2)の値が有効な指標となることが明らかになった(詳細は以下参照)。

2. 収穫果における核割れ判別

上述のとおり，音響振動法はもともと青果物の熟度・硬度(食べ頃)の非破壊予測を目的に開発・改良されてきた経緯があり，筆者らの研究チームも，当初はモモの熟度の非破壊判別を目的として音響測定の試験を開始した。中晩生のモモ品種'おかやま夢白桃'を供試し，機械選果レベルから完熟レベルに至るさまざまな熟度の果実の音響スペクトルを(有)生物振動研究所製の小型果実用非破壊硬度測定装置[9)10)]を用いて測定した(図2)。第2共鳴周波数(f_2)および第3共鳴周波数(f_3)の値と貫入抵抗(果肉硬度)との相関を求めたところ，f_3値と果肉硬度の間に強い正の相関関係が確認され，f_3がモモの熟度予測の有効な指標となることが示唆された。一方で，f_2については，直線的な相関関係から外れる果実が多く存在した。そこで，核割れの有無とこれらの結果を照合したところ，同程度の果肉硬度を持った果実において，f_3値は正常果と核割れ果で大きな差はなかったのに対して，f_2値は核割れ果で正常果より著しく低い値を示した(図3)。f_3とf_2の比(f_3/f_2)の値と果肉硬度との関係を確認したところ，果肉硬度によらず，大部分の正常果ではf_3/f_2比が1.35～1.4の範囲に収まったのに対して，核割れ果ではf_3/f_2比が1.45～2.0の範囲に分散した。そこで，300果以上の果実を対象にf_3/f_2比による核割れ判別を試みたところ，f_3/f_2比の閾値を>1.45とすると，核割れ果の95％(57果実中54果実)を判別することができ，一方で，正常果の誤判別率(正常果を誤まって核割れ果と判別する率)は1.6％(256果実中4果実)と低い値であった(図4)。

図2 モモの音響測定の様子[4)]
果実の縫合線に対して垂直に加振部と受振部をあて，加振部から果実へ音響振動を与える。果実の振動を受振部が受け，コンピュータにその信号が送られる。専用のソフトウェアで信号を解析することで音響スペクトルが得られる。

第6章　鮮度の評価技術

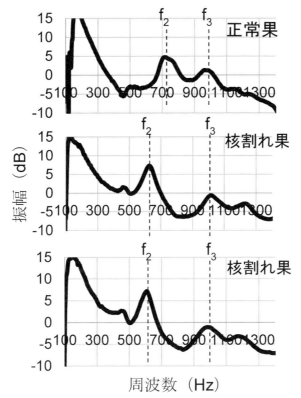

図3　正常果と核割れ果の共鳴周波数の比較[4]
果肉硬度が同程度の果実を比較した場合，第3共鳴周波数(f_3)の値は正常果と核割れ果でほぼ同じであるのに対して，第2共鳴周波数(f_2)の値は核割れ果で正常果より著しく低くなっている。

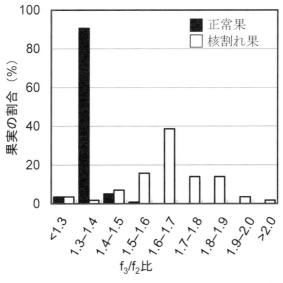

図4　f_3/f_2比で区分けした正常果および核割れ果の割合[4]
正常果256果実，核割れ果57果実

− 179 −

以上のように，音響測定により得られる f_3/f_2 値を指標として用いることで，高い精度で核割れ果を判別できることが明らかになった。核割れ果は外観での判別が難しく，その混入は市場における信用低下の一因となるが，この技術を選果に応用することで効率的に核割れ果を除去できると考えられる。特に，音響振動法はMRI，X線，CTなどを用いた他の非破壊判別の手法より安価かつ簡便に利用できるため，今後，実際の選果場における音響装置の導入が期待される。

3. 樹上における核割れ判別

　核割れは収穫果の品質低下を招くだけでなく，樹上においても早期軟化や生理的落果などの原因となる。一方で，樹上での核割れの正確な発生時期や発生メカニズムは明らかにされておらず，核割れ果の樹上選別の手法や，核割れの発生軽減に有効な栽培管理法なども確立されていない。そこで，収穫後のモモ果実において有効性が示された音響振動法を応用して，樹上での核割れ発生の特定を試みた。

　タブレット型PCで構成される野外測定用の音響装置を用いて，モモ'清水白桃'の樹上果実の共鳴周波数を経時的に調査した（図5）。各果実の共鳴周波数と核割れの有無との関係を確認したところ，核割れ果では生育期間中に f_2 値が急激に低下し，それに伴い f_3/f_2 比が急激に上昇しており，この時に核割れが発生したと考えられた（図6）。そこで，'清水白桃' 60果を対象に f_3/f_2 比の上昇から樹上での核割れ発生時期を推定したところ，少なくとも調査年度（2017年）の実験条件においては，6月上中旬の硬核期だけでなく，6月下旬〜7月上旬の第3期以降も核割れが多く発生することが明らかになった。また，各調査日の f_3/f_2 比をもとに最終的な

図5　樹上での音響測定の様子[5)7)]

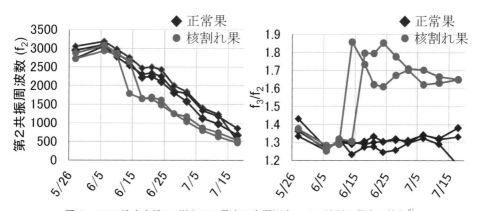

図6　モモ'清水白桃'の樹上での果実の音響測定による核割れ果実の検出[6]
樹上において経時的に共鳴周波数を測定し，収穫時に核割れの有無を調査した。急激に第2共鳴周波数が低下し，f_3/f_2が上昇した際に核割れが発生したと考えられる。

核割れ判別率を算出し，測定時期との関係を確認したところ，核割れ発生が終了する6月下旬～7月上旬以降に高い精度で収穫時における核割れの有無を予測できた。

以上より，音響振動法を用いることで，樹上においてもモモの核割れを有効に判別できることが示された。実用化に向けてさらなる装置改良や実証試験が必要になるものの，この技術を最終摘果と組み合わせることで核割れ果を優先的に除去できると考えられる。また，樹上での核割れ発生時期の推定が可能となったことで，今後，核割れ発生の環境的・遺伝的要因の特定や，核割れの軽減に有効な栽培管理法の開発に繋がるものと期待される。

謝　辞

本研究の一部は，生研支援センター「革新的技術開発・緊急展開事業」(うち地域戦略プロジェクト)の支援により実施した。

文　献

1) C. Crisosto et al.：*HortScience*, **32**, 820(1997).
2) 山田寿：最新果樹園芸学，水谷房雄編著：朝倉書店，218-234(2002).
3) F. Fukuda et al.：*J. Japan. Soc. Hort. Sci.*, **75**, 213(2006).
4) R. Nakano et al.：*Hort. J.*, **87**, 281(2018).
5) T. Kawai et al.：*Hort. J.*, **87**, 499(2018).
6) 中野龍平，福田文夫，河井崇：果実の貯蔵，鮮度保持，農業技術大系(果樹編)，第6巻追録第34号，農文協(2019).
7) 河井崇：よくわかる果樹用語解説 X.「～ブドウおよびモモの硬核期～」，果樹 **73**(5)，全国農業協同組合連合会　岡山県本部，22-26 (2019).
8) M. Taniwaki and N. Sakurai：*J. Japan. Soc. Hort. Sci.*, **79**, 113(2010).
9) M. Kadowaki et al.：*J. Japan. Soc. Hort. Sci.*, **81**, 327(2012).
10) M. Takahashi et al.：*J. Japan. Soc. Hort. Sci.*, **79**, 377(2010).

第 7 章

鮮度保持技術

第7章 鮮度保持技術

第1節 包装・プラスチックフィルム包装による 青果物の品質保持

千葉大学 椎名 武夫

1. 包装の定義と目的

1.1 包装とは

　JISによると，包装とは「物品の輸送・保管などにあたって価値および状態を保護するために適切な材料・容器などを物品に施す技術および施した状態」をいい，これは個装・内装および外装の3種類に分類される。個装とは，物品個々の包装をいい，物品の商品価値を高めるため，または物品個々を保護するために適切な材料・容器などを物品に施す技術および施した状態をいう。内装とは，包装貨物の内部の包装をいい，物品に対する水・湿気・光熱・衝撃などを考慮して，適切な材料・容器などを物品に施す技術および施した状態をいう。外装とは，包装貨物の外部の包装をいい，物品を箱・袋・タル・カンなどの容器に入れ，もしくは無容器のまま結束し，記号・荷印などを施す技術および施した状態をいう。

1.2 剛性容器・フレキシブル容器

　容器とは，物品または包装を施した物品を収納する入れ物の総称である。箱，カンなどある程度のこわさをもって一定の形態を保つものを剛性容器または半剛性容器と呼び，袋物のように，比較的に柔軟性を持ち，内容物を充てんしてはじめて立体形状を保つものをフレキシブル容器という。

　剛性容器にはビン，カン，タル，箱などがあるが，段ボール箱は丈夫なこと，規格の統一が容易なこと，装飾性に富むこと，軽量なことなど，外装としての必要な条件を満たしているため剛性容器の中で最も一般的に利用されるものである。段ボール箱の材料となる段ボールは，ライナと波形の段（フルート）を形成する中しんにより形成される。フルートは，30 cmあたりの段の数，段の高さからA，B，C，Eの4種類に分類される。ライナおよび中しんは，坪量（1 m²あたりの質量をgで表したもの）と強度から多くの種類に分類されている。したがって段ボールは，段の種類と使用するライナおよび中しんの種類の組み合わせにより，多種類に分類される。また，段ボールは，構造から片面段ボール（ライナ/段），両面段ボール（ライナ/段/ライナ），複両面段ボール（ライナ/段/ライナ/段/ライナ），複々両面段ボール（ライナ/段/ライナ/段/ライナ/段/ライナ）の4種類に分類され，使用目的によって選択される。

　フレキシブル容器には，紙袋，プラスチックフィルム袋，フレキシブルコンテナなどがある。プラスチックフィルムは，厚さ0.25 mm未満のプラスチック（合成樹脂）の膜状のものである。青果物包装用のプラスチックフィルムの素材としては，ポリエチレン，ポリプロピレン，ポリ

－ 185 －

スチレン，軟質塩化ビニル，エチレン・酢酸ビニル共重合体などが用いられる。ポリエチレンは，密度によって低密度(高圧法で製造)と高密度(低圧法で製造)に分けられるが，包装用にはおもに低密度ポリエチレンが使用される。高密度ポリエチレンは，フィルムとしては半透明の薄い状態で利用されており，スーパーなどで食品を入れるのによく用いられる。

1.3 食品のプラスチックフィルム包装

包装材料としては，ガラス，金属，紙，プラスチックなど種々の材料が現在用いられているが，プラスチック材料は，軽量であること，種々の形態に加工可能であることをはじめ，多くの長所を持っているため，包装材料としての使用量が急増した[1]。包装の機能には，内容物の「保護性」，商品への「簡便性」，「快適性」の付与があり，食品では「保護性」が最も重要である[2]。包装資材に求められる特性は，図1に示すとおりである[3]。

JIS Z 1707：2019「食品用プラスチックフィルム通則」では，性能項目として引張特性(引張強さ(引張力)，引張ひずみ，剛性(セカント弾性率))，ヒートシール強さ，突刺し強さ，静摩擦係数および動摩擦係数，衝撃強さ，水蒸気透過度，酸素ガス透過度，耐熱温度，ぬれ張力，ヘーズ(曇価)，表面粗さ，防曇性，収縮性，衛生性が挙げられており，これらの性能が包装の機能発現に大きな影響を及ぼすことになる。

これらの性能のうち水蒸気を含む気体透過性は，プラスチックフィルムの特性として重要であり，特に収穫後も生命活動を維持する青果物の品質保持においては，最も重要な特性であるといえる。表1は，主用なプラスチックフィルムについて，酸素透過度と水蒸気透過度を示したものである[4]。

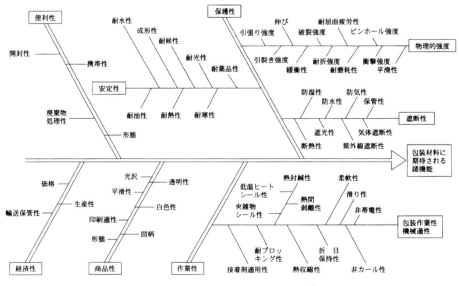

図1 包装材料に要求される諸機能[3]

表1　各種プラスチックフィルムの酸素・水蒸気透過度[4]

フィルム名	記号	厚さ（μm）	酸素透過度（25℃，90%RH）cc/m²・24 hr・atm	水蒸気透過度（25℃，90%RH）g/m²・24 hr
ポリブタジエン	BDR	30	13,000	200
エチレン・酢酸ビニル共重合体	EVA	30	10,000〜13,000	80〜520
軟質ポリ塩化ビニル	PVC	30	変化大 10,000	80〜1,100
ポリスチレン	PS	30	5,500	133
低密度ポリエチレン	LDPE	30	6,000	18
低密度ポリエチレン	HDPE	30	4,000	7
未延伸ポリプロピレン	CPP	30	4,000	8
延伸ポリプロピレン	CPP	20	2,200	5
ポリエチレンテレフタレート（ポリエステル）	PET	12	120	25
延伸ナイロン（ポリアミド）	ON	15	75（湿度の影響大）	134
ポリ塩化ビニリデン塗布	ハイバリアーフィルム			
＊延伸ポリプロピレン	KOP	22	8〜20	5
＊ポリエステル	KPET	15	8〜12	6
＊延伸ナイロン	KON	18	8〜12	12
＊セロファン	Kセロ	22	8〜20（湿度の影響大）	10
ポリ塩化ビニリデン積層	PVDC	30	5	2
ポバール	PVA	15	（湿度の影響大）	大
エチレンビニルアルコール　共重合体積層	EVOP	15	1〜2（湿度の影響大）	30
Kコート延伸ビニロン	OV		<0.5	
アルミ蒸着積層フィルム	VM		1〜5	1
酸化アルミ蒸着積層フィルム			3	4
セラミック蒸着積層フィルム	SiOx		0.1〜0.6	0.2
アルミ箔積層フィルム	Al		0	0

2.　青果物における包装

　青果物は，生鮮（新鮮）であることが求められる食品であり，鮮魚，精肉とともに生鮮三品と呼ばれる。このような特性から，青果物は，物流分野では特殊貨物のうち Perishable Cargo（腐敗貨物）に分類されている。このように，品質変化速度が大きく，長期間に亘って品質を維持することが困難であることが，青果物の特徴である。

　加えて青果物は，畜肉，魚介類などの生鮮食品，牛乳，乳製品を含むいわゆる日配品，冷凍食品（正確には凍結食品）とは異なり，収穫後も生命活動を維持している。そのため，基本的に低温により化学反応を抑えることで品質保持が達成されるこれら食品とは異なり，青果物の品質保持においては，「生命活動を維持している」という特徴に基づいて，温度以外の環境因子（湿度，ガス組成など）にも配慮した品質保持技術の適用が求められる。

　また，青果物は，品質変化の速度が極めて大きいことに加えて，品目ごとに品質特性や品質変化特性の違いが大きいという特徴があり，その品質保持においては，品目ごとに最適化された品質保持対策が不可欠である。このように，青果物においては，収穫後も生命活動を維持し

青果物の鮮度評価・保持技術

ていることに起因して制御すべき環境因子が多く，品目ごとの適正条件も異なるため，包装の
設計が難しい。

　次に，青果物の鮮度（品質）保持を目的とする包装，および，振動衝撃からの保護を目的とする緩衝包装について概説する。

2.1　鮮度（品質）保持包装[5)6)]

　従来，青果物の鮮度保持包装は，水分蒸散の抑制を目的としたものがほとんどであった。この場合，水蒸気の透過性（透湿度）の低いフィルムが使用され，その結果，包装内が過湿状態となり包装フィルム内面に結露が生じるという問題があった。1981年にフィルム内面への結露防止を目的とした防曇フィルム（東洋紡㈱製のFGフィルムと呼ばれるポリプロピレンフィルム）が開発され，中身がよく見えるため商品性向上につながることから，ホウレンソウをはじめとする各種野菜に普及していった。

　1985年頃から，青果物の鮮度保持に対する関心と要求の高まりから，鮮度保持を目的とした各種の包装資材が開発された。これらの包装資材は，機能性包装資材と呼ばれ，機能性フィルム，機能性段ボール箱，断熱容器，蓄冷材，機能性シート，鮮度保持剤などがある。

　国内において1985年頃から，プラスチックフィルムなどを用いて包装内のガス組成を制御する包装方法に関する研究が盛んになった。それ以前にも包装によるガス制御に関する試みがいくつかなされ簡易CA（包装）などと呼ばれていたが，この頃からMA包装（Modified Atmosphere Packaging）に関する研究が実質的にスタートしたといえる。

　表2に，青果物で実施されている包装方法（形態）の種類とその特徴を示す[7)]。

表2　プラスチックフィルムによる包装方法[7)]

名称	包材および方法	特徴，効果，適用例
ハンカチ法	ハンカチ型のポリスチレンフィルムで折りたたみ，テープ（ひねり）止め	蒸散抑制効果，レタス，カンキツ類など
シート被覆法	1枚の大型シートで容器全体を覆う。30μmポリエチレンを主に使用	蒸散抑制，CA効果，レタス，トマト，ピーマンなど
袋詰め非密封法	ポリプロピレンなどのフィルム小袋に入れるだけ，またはテープ止め	蒸散抑制効果，ホウレンソウ，シュンギクなど
袋詰め密封法	フィルム小袋の口を強く縛るかヒートシール	蒸散抑制，CA効果，青ウメ，カボスなど
箱内包装方法	木箱あるいは段ボール箱と組み合わせ鮮度保持剤を併用する場合もある	蒸散抑制，CA効果，リンゴ，レンコン，ブロッコリーなど
開孔フィルム法	開孔フィルムにより密封，対象により孔の数，大きさを調節	ガス障害防止，CA効果，サヤエンドウ，ピーマンなど
ガス置換密封法	内部の空気を二酸化炭素，窒素などのガスで置換	包装直後からのCA効果，ニラ，イチゴなど
減圧密封法	密封前に二酸化炭素で置換する方法と，真空包装する方法がある	渋ガキの脱渋など
シュリンク包装	延伸したフィルムの熱収縮を利用。ポリ塩化ビニル（PVC）を主に使用	蒸散抑制効果，キュウリなど
ストレッチ包装	自己粘着性のあるフィルム（PVCが主）を使用，トレーの併用もあり	蒸散抑制効果，アスパラ，ニンジン，シイタケなど各種

－ 188 －

2.2 緩衝包装

青果物は，工業製品などと比べて軟らかく，物流時の振動・衝撃により，商品性に影響を及ぼす損傷を生じやすい。青果物の出荷包装においては，荷扱いを容易にし積載荷重などから青果物を保護することを主目的とする外装容器に加えて，内装として振動・衝撃を緩和し青果物の物理的損傷を軽減するための緩衝包装が施される場合が多い。緩衝包装を施すことによって，遠隔地へ青果物を輸送することが可能となる。例えば，九州地方産のイチゴは，以前は，大阪以遠に輸送することが難しかったが，現在では，関東以遠まで輸送されている。これは，道路の整備，輸送車両の変化などに加えて，緩衝包装の高度化によるところも大きいと考えられる。

緩衝包装は，衝撃に対する対策と，振動に対する対策に大別される。

まず，衝撃に対する対策であるが，一般的には，一回の衝撃で損傷を生じないように緩衝材の種類や厚さが決められる。JIS Z 0119「包装及び製品設計のための製品衝撃強さ試験方法」においては，衝撃試験機を用いて得られる，「速度変化」と「最大整形加速度」の2パラメータによるダメージバウンダリーカーブに基づいて，緩衝材の設計が行われる。

一方，小さな振動加速度であっても，内容物には打撲，折れ，擦れといった物理的な破損が生じる。これら物理的損傷が，物品に反復して作用する力により疲労破損によって生じるといった概念を導入すれば，蓄積疲労に関する線形則によって，各種包装食品の耐振動性や緩衝包装の性能を定量的に評価することが可能となる。

詳細については，「第7章第5節　輸送中の損傷発生要因としての振動・衝撃」を参照されたい。

3.　青果物のプラスチックフィルム包装

3.1　プラスチックフィルム包装の機能

3.1.1　高湿度（適正湿度）の維持

青果物は，水分含量が80〜95％程度と高く，環境湿度が低い場合，水分蒸発散（物理現象である蒸発と生理現象である蒸散の総体）が起こる。青果物の水分蒸発散は，質量減少による直接的な損失に加えて新鮮さを表す張りや光沢の消失，しわの出現など外観上の品質低下を引き起こす。一般に，水分蒸発散により5％の質量減少が生じると，商品性の限界に達するといわれている。水蒸気透過度の小さいプラスチックフィルムで包装することによって，青果物からの水分蒸発散により蓄積した水蒸気で包装内が満たされ，包装内に高湿度環境を作り出すことができる。それによって，青果物の水分蒸発散が抑制され，品質維持が可能となる。

3.1.2　ガス組成の制御（MA包装）

青果物の保存環境ガス組成を空気中に比べ低酸素，高二酸化炭素条件にすることにより，呼吸や有用成分の分解が抑制されるとともに，その他の生化学反応も抑制されるため，品質変化を抑制することができる。保存ガス環境を青果物の品質保持に適した条件に制御する貯蔵方法がCA貯蔵（Controlled Atmosphere Storage）である。一方，被包装青果物の呼吸速度と包装

青果物の鮮度評価・保持技術

容量に応じたガス透過性を有する包装資材で包装することで，包装内に適正なガス組成環境を作り出す包装が，MA包装（Modified Atmosphere Packaging）である。MA包装は，"包装内を被包装食品の品質保持に適したガス組成に制御する方法"，と定義できる[8]。

3.1.3　その他の機能

前述のように，包装の機能には，「保護性」，「簡便性」，「快適性」があり，[**3.1.1**]，[**3.1.2**]は，保護性に関するものである。

簡便性は，小口に分けたり組み合わせたり，混同防止や，荷扱い時，販売時の能率向上や，運びやすく利用しやすくするなど，生活者が食品を利用する際のさまざまな簡便性を向上させる機能[2]である。非密封包装である上端開放包装，有孔・多孔（マクロホール）フィルム包装，スタンディングパウチ（スタンドパック），ボックスパックなどが簡便性機能に該当する。

保護性のその他の機能としては，微生物の制御，湿度制御（機能性シート併用），振動・衝撃による損傷の抑制（セイヨウナシ[9]，ブロッコリー[10]），エチレン除去（エチレン除去剤併用），エチレン作用阻害（ヒノキチオール），エチレン作用阻害剤 1-MCP の徐放などがある。

微生物の増殖は，おかれた環境の水分活性に影響されるため，湿度もその影響因子となる。湿度が高いほど水分の蒸発散が抑制されるため，青果物の品質保持には好適であるが，微生物の増殖も促進してしまう。出荷・貯蔵容器には，通常，多数の青果物が包装されることになるが，1個が腐敗すると，それが他の個体に伝播する。プラスチックフィルムなどによる個包装は，腐敗の伝播を抑えるために有効である。

3.2　MA包装の基礎と理論

[**3.2**]では，MA包装に関する基礎と理論について述べる。

3.2.1　MA包装フィルムの種類

非多孔質の基材であるプラスチックフィルムは，均質フィルムと呼ばれる。このような均質フィルムは，一見ガスを通すようには見えないが，実際には酸素，二酸化炭素などのガスの透過性を有する。青果物のMA包装で用いられるのは，低密度ポリエチレン（LDPE），ポリブタジエン（BDR）などのガス透過性の高いフィルムであり，延伸ポリプロピレン（OPP）ではガス透過性能が不十分で，嫌気条件となる可能性が高い。

図2は，既存のプラスチックフィルム（厚さ 30 μm）の水蒸気透過性と酸素透過性の関係に加えて，これらのプラスチックフィルムでブロッコリーを密封包装し，15℃で保存する場合の品質変化の様相を示したものである[11]。酸素透過性，水蒸気透過性がともに高い場合は花らいが黄化し，酸素透過性が高く水蒸気透過性が小さい場合はカビが発生する。酸素透過性が低い場合は異臭が発生し，水蒸気透過性も低い場合，結露や腐敗の発生が問題となる。この例では最適なプラスチックフィルム袋は存在しないが，低密度ポリエチレンであればガス透過性が 1.5 倍となる 20 μm 程度の厚さの小袋包装が適していると判断される。

多くの場合，OPP などの汎用プラスチックフィルムでは，フィルム自体のガス透過性が不十分である。そのため，開口を設けることで，ガスの移動特性を改善したフィルムが開発され，

－ 190 －

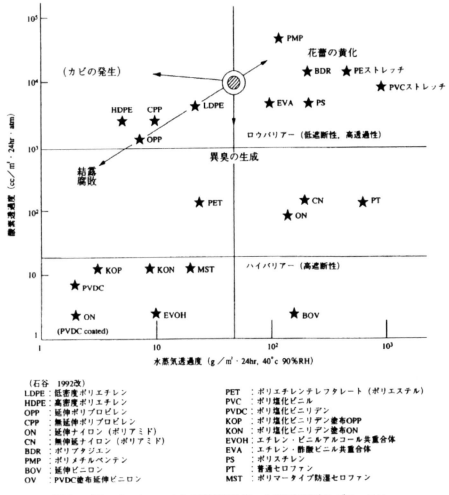

図2 プラスチックフィルムの酸素透過度・水蒸気透過度とブロッコリー
(15℃保存)の品質変化要因[11]

利用されている。最も一般的なものは，孔径数十μmの微細孔を，青果物の種類や包装サイズに応じて穿孔する微細孔フィルム(住友ベークライト㈱製，P-プラスフィルム)である。品質変化が急激な野菜およびカット野菜などの品質保持のために利用されている。

3.2.2 MA包装フィルムにおけるガス移動

(1)均質フィルムにおけるガス移動

均質フィルムにおけるガスの透過は，凝縮・溶解，拡散，脱着の各過程によって次のように説明される。すなわち，注目するガスの高濃度側に接しているフィルム表面に対象のガスが凝縮しフィルムに溶け込み，フィルム中をフィルムの反対側(低濃度側)に向かって拡散して行き，表面から低濃度側気体中に脱着される。

フィルムのガス透過の程度を表す単位として，ガス透過係数とガス透過度とがある。

ガス透過係数Pは，透過方向に1cmHgの圧力差がある時に，縦，横，高さがそれぞれ

しかし，これは青果物の温度，フィルムの温度，周辺空気の温度がいずれも同じ場合に限られる。すなわち，温度変化を伴う条件では必ずしも包装内のガス組成が最適とはならない。最も危険と考えられるのは，温度の高い（予冷していない）青果物をプラスチックフィルムで密封包装し，これを急に低温下に移す場合である。この場合，フィルムの温度低下に比べ品温の低下は遅いため，呼吸速度は包装時のままで，フィルムのガス透過速度だけが急激に低下してしまい，包装内が設計条件より低酸素，高二酸化炭素条件になる恐れがある。

従来のプラスチックフィルムでは，第2の方法を実現することは困難であるが，最も可能性の高い解決策は，ガス透過度の温度係数がより大きい資材，できれば4程度のものまでを開発することである。そうすれば，青果物のQ_{10}の範囲である2～4をカバーすることができる。

図4に，MA包装において温度がMA条件に及ぼす影響を示した。A(既存の一般的なプラスチックフィルム，ガス移動様式1))とB(ガスの相互拡散支配型，ガス移動様式2))の場合，第1の方法を採ることになる。すなわち，包装設計を高温側で行うことになり，低温時には十分なMA条件を達成することができず，大きなMA効果を期待できない。仮に，包装設計を低温側で行った場合，高温時には過剰なMA条件となり，ガス障害が発生する危険性が高い。一方，Cの場合，第2の方法を実現することが可能で，全ての温度域で適正なMA条件を達成できる。

3.3 MA包装の最新動向
3.3.1 高ガス透過性フィルムの開発

筆者は，MA包装のより広範な利用のためには，最も一般的なプラスチックフィルムの1つである低密度ポリエチレンのガス透過性をはるかに上回るフィルムの開発が必要であると主張してきた。しかし，その実現は困難で，諦めざるを得ないと思いかけていた。ところが幸いにも，昨年頃から，その考えが間違っていることが明らかになってきた。

花市[13]は，微細孔ではなく素材自体の透過性を高めた，無孔通気性フィルム「ポロフレッシュ」の開発を紹介している。この新しいフィルムについては，次のように説明されている。「フィルム成形時のPPベース素材中に界面(気体の透過経路)を発展させ，その界面を連続層とすることでPP非多孔質素材の3～4倍の透過性を実現させたものである。(中略)界面を細く小さくして繋げ，連続層構造を作らせると拡散係数も増強し，透明性にも有利となった。(中略。)更にこの通り道の大きさを可視光線の波長より小さくすることで，透明性を一般のOPP並みに近づけることができた。最終的に，この連続界面層に薄くフタをするようにPP層を被せた構造にして，透明で光沢のある穴のない全面通気性フィルムとしたのである。」

諸橋，吉田[14]は，特殊樹脂を用いた青果物の

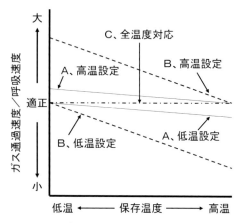

図4　包材の種類と温度が平衡時のMA条件に及ぼす影響[12]

長期貯蔵・輸出入用特殊包装資材「アドフレッシュ」について紹介している。低密度ポリエチレンと比べて，酸素透過度，二酸化炭素透過度がともに約10倍というデータが示されている。カキ(富有)，リンゴ(王林)，ブドウ(シャインマスカット)，マンゴー(アーウィン)などで，その品質保持効果が確かめられており，2019年中に上市される予定とのことである。

　今後，これらの均質フィルム(ポロフレッシュについても開口が無いという意味において)を用いた，青果物のMA包装の利用拡大を期待したい。

3.3.2　結露防止包装の開発

　通常，MA包装に使用されるプラスチックフィルムの水蒸気透過性は，加工食品の防湿包装に使用されるフィルムのそれに比べてかなり大きい[11]。しかしながら，MA包装においても，包装内の湿度が高くなり過ぎる過湿や，結露の発生が問題となる事例が出てきた。そのため最近，結露が生じにくいMA包装フィルムが開発された。このフィルムの出現により，従来，過湿によるデメリットが大きく利用されなかった青果物へのMA包装の適用が進んでいる[15]。

4.　おわりに

　容器包装は，使用後はほとんどの場合廃棄され，環境負荷の要因となることから，その削減が強く求められている。特に2018年から，プラスチックごみ問題が俄かにクローズアップされている。この問題に関しては，日本包装学会第28回年次大会の国際包装セミナー2019「各国のプラスチック戦略について」において，最新動向および将来方向について議論された。この中で海洋プラスチックごみのデータが極めて限定的で信頼性が低いこと，生分解性プラスチックの利用は海洋プラスチックごみの全面的な解決策には成り得ないこと，ごみの収集と集積場所からの流出防止が重要であること，などが明らかにされた。課題解決に向けた適切な方向性の選択が求められる。

　ところで，包装は，製品を保護する機能，すなわち価値を保全する機能があり，包装が不適切であれば価値が失われることになる。したがって，包装の適正化においては，保護機能を維持した状態で，その削減が求められる。包装の環境配慮に係わるISO規格などとしてISO 18601～ISO 18606の6つの規格とISO/TR 16218，ISO/TR 17098があり，また，その翻訳規格としてJIS Z 0130-1～JIS Z 0130-6がある。JIS Z 0130-2「包装システムの最適化」の理念は，「行き過ぎた包装削減が進むにつれて起こる，製品ロスが環境に与える負荷は，過剰包装度合いが進むにつれて起こる環境負荷の増加よりもさらに大きく，包装に求められる機能を果たすことが大切である」ということであり，上述の考え方と同一である。

　青果物を含む食品においては，包装が湿度，ガス組成，振動衝撃などの環境因子を制御する機能を持つことで，品質保持機能を発揮している。すなわち，このような品質保持の重要機能を維持した上で，包装の削減を目指す方向が望ましい。

文　献

1) 葛良忠彦：プラスチック包装・容器の歴史と機能，廃棄物資源循環学会誌，**21**(5)，273-280(2010).

2) 石谷孝佑：果実の品質・鮮度保持と包装，果実日本，**73**(8)，40-45(2018).

3) 石谷孝佑：新しい食品包装資材・技術を求めて―食品包装学的アプローチ―，食品工業，**35**(8)(766)，41-52(1992).

4) 石谷孝佑：食品の品質保持技術の開発動向，食品と開発，**28**(9)，16-21(1993).

5) 椎名武夫：内装材・緩衝材，'87版農産物流通技術年報，流通システム研究センター，86-90(1987).

6) 椎名武夫：包装による青果物の品質制御技術の最新動向，機能材料，**38**(12)，4-13(2018).

7) 椎名武夫：貯蔵輸送容器，農業施設ハンドブック，東洋書店，525-536(1990).

8) 椎名武夫：MA包装に関する研究の最新動向，日本包装学会誌，**17**(3)，133-144(2008).

9) 古田道夫：低温および包材活用による果実等の流通技術開発，日本食品保蔵科学会誌，**24**(2)，125-133(1998).

10) M. Thammawong, K. Nakano, H. Umehara, N. Nakamura, Y. Ito, T. Orikasa and T. Shiina：Evaluating the efficacy of modified atmosphere packaging(MAP)to reduce mechanical injury and quality loss of broccoli, *Acta Horticulturae*, **1120**, 49-56 (2016).

11) 石谷孝佑：食品流通技術，流通システム研究センター，**21**，35-43(1992).

12) 北海道農業試験場・畑作研究センター・流通システム研究チーム(椎名武夫)：青果物包装内のガス組成最適化のためのガス移動モデル，1994年研究成果情報，北海道農業研究センター(1995).
https://www.naro.affrc.go.jp/project/results/laboratory/harc/1994/cryo94-27.html

13) 花市岳：無孔通気性を付与した防曇フィルムによる鮮度保持包装技術，機能材料，**38**(12)，14-21(2018).

14) 諸橋慎，吉田存方：長期貯蔵・輸出入用特殊包装資材「アドフレッシュ」，コンバーテック，**551**，78-81(2019).

15) 椎名武夫：MA包装の技術基礎と最近の進展，日本包装学会誌，**26**(2)，91-105(2017).

第7章 鮮度保持技術

第2節 エチレン作用の抑制— 1-MCP の利用—

神戸大学 野村 啓一

1. エチレン

　エチレンは気体状の植物ホルモンで，植物の発芽，生育，成熟，老化の過程のさまざまな生理現象に関与している。特に収穫後の青果物については，その追熟，老化において中心的な役割を果たしている。従って鮮度保持においては，呼吸および蒸散と共に，エチレンとの相互作用は，抑制せねばならない三大要因の1つともいえる。エチレンの効果を抑制する方法としては，その生合成の抑制，分解・吸着除去，作用の抑制などが考えられるが，青果物の特徴によって，その対処法は異なってくる。

　青果物は大別してクライマクテリック型とノンクライマクテリック型に分けられるが，エチレンの発生パターンはそれぞれ異なっている。両者とも成熟期を通じて低レベルのエチレンを生成しており，これをシステム1エチレンと呼んでいる[1]。クライマクテリック型では，成熟時に呼吸量と共に内生エチレン生成量が増加し，このエチレン（システム2エチレン）がシグナルとなって，糖化，軟化，着色などの追熟が起こる。また，この呼吸量とシステム2エチレン生成量の増加は，外生エチレンによっても誘発される。これに対し，非クライマクテリック型は，成熟時の呼吸量やエチレン生成量の増加はない。外生エチレンに対しては，システム2エチレンの生成はないが，一時的に呼吸量が増加し，クロロフィルの分解や，離層形成などの老化に相当する生理的変化が起こる。一方，クライマクテリック型，非クライマクテリック型を問わず，傷害や乾燥などのストレスによってもエチレン（ストレスエチレン）の生成が起こり，これは外生エチレンと同じような効果を示すため，貯蔵，輸送時の傷害などには注意が必要である。

　このように収穫後の青果物は，エチレンによって多様な生理変化を示すことから，その作用抑制は不可欠であり，これには大きく分けて生合成の阻害，分解・吸着，エチレンシグナルの伝達の遮断といった3つの方策が考えられる。

2. エチレン作用の制御

2.1 エチレンの合成阻害

　エチレン合成阻害剤としては，アミノエトキシビニルグリシン（AVG；Aminoethoxyvinylglycine）やアミノオキシ酢酸（AOA；Aminooxyacetic acid）が知られているが，完全な阻害は望めない。また，チオ硫酸銀錯塩（STS；Silver thiosulfate）処理についても，バナナなどで追熟遅延

- 197 -

効果が報告されている[2]。しかしながら，その毒性ゆえ切り花などには利用可能であるが，食物となる青果物への利用はない。

2.2 エチレンの分解・吸着

エチレンの分解とは，エチレンを二酸化炭素まで酸化するのが一般的な手法であり，オゾン，過マンガン酸カリウム，ナノ酸化チタンなどが用いられるが，オゾンは青果物に対して有害であるのでその利用は限られる[3]。過マンガン酸カリウムについては，直接利用する方法もあるが，珪酸などをキャリアーとした吸着・分解剤が開発されている。一方，天然の多孔質石材である大谷石の微粉末を練り込んだ保存袋があり，「愛菜果」の商品名で市販されている。

2.3 エチレン作用の抑制

エチレンのシグナル伝達は，多くの因子が関与する極めて複雑な経路であるが，その作用の抑制には，一般にはエチレンとレセプターとの結合を阻害し，シグナル伝達そのものが起こらないような試みがなされている。最初にエチレン作用の阻害が報告されたのは 2,5-ノルボナジエン（2,5-NBD；2,5-Norbornadiene）である[4]。いくつかの青果物について報告はなされているが，2,5-NBD の不快臭と発がん性ゆえ商業的な利用はされていない。次いでジアゾシクロペンタジエン（DACP；Diazocyclopentadiene）の効果が報告され[5]，リンゴやトマトなどで効果が認められたが，DACP が強光下で起爆性があるため[6]，これも実際の利用には至っていない。その後，いくつかのシクロプロペンが，エチレン作用の抑制に効果があることが明らかになったが，中でも1-メチルシクロプロペン（1-MCP；1-Methylcyclopropene）は（図1），その安全性，使いやすさおよび低濃度で効果を示すことなどから[7]，多くの実施例が報告されている。

図1　1-MCP の構造

2.3.1　1-MCP の作用機作

1-MCP の作用機作の概念図を図2に示した。1-MCP は，エチレンレセプターのエチレン結合部位に拮抗的に結合することによって，エチレンのシグナル伝達を遮断し，その作用を抑制する[6)7]。詳細なメカニズムは文献5), 6)を参照されたいが，以下のような機構が提唱されている。すなわち，通常エチレンがエチレンレセプターの金属（Cu^+）から電子を引き抜いて遊離

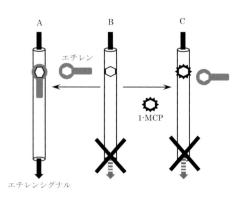

図2　エチレンのシグナル伝達における
1-MCP の作用の概念図

エチレンが存在しない場合は，情報の伝達はないが（B），エチレンは一連のシグナル伝達のコックのような役割をしており，エチレンが存在すると，コックを開け，シグナル伝達が起こる（A）。一方，1-MCP は，このエチレン結合部位に拮抗的に結合し，このコックを閉じたままにし，シグナル伝達が起こらない（C）。

すると共に，別のリガンドが金属と相互作用することでレセプターが活性化される。これによって下流の因子も逐次活性化され，シグナル伝達が起こる。

1-MCP も同様にレセプターに作用するが，この金属からの遊離がなく，レセプターが活性型とならず，以降のシグナル伝達が起こらないため，結果的にエチレン作用の抑制につながる。

2.3.2 1-MCP 処理の方法

1-MCP の使用については，現在世界的にはアメリカ，EU など 30 ヵ国以上で使用が認可されており，日本でも，2010 年にリンゴ，ナシ，カキを対象に農薬登録が認められている。1-MCP は本来気体状の物質で，不安定であることから，包接体，封入体などとして用いられることが多い。日本では α-シクロデキストリンの包接化合物が，「スマートフレッシュ」の商品名で，燻蒸剤として市販されている。水に溶かすことで 1-MCP を容易に発生させることが可能であるが，種々条件を選ばねばならないので，通常この処理は専門業者に委託されている。処理条件は，一般的に濃度は 0.1～100 μL/L，温度は 20～25℃，処理時間は 12～24 時間といった条件で行われるが，作物種，品種，生育ステージ・熟度によっても大きく異なる[8]。

2.3.3 実施例

前述したように，1-MCP を用いた貯蔵試験は，同じ作物種でも品種，生育ステージや処理条件で結果が異なるため，多様な条件での膨大な実施例の報告があるが，一部の主要な作物に関する結果を**表 1**にまとめた。なお，ここでは主に青果物について述べているが，花卉についても多くの使用例があるので，詳細は文献 8) などを参照されたい。以下，クライマクテリック型と非クライマクテリック型の結果について，特徴的な事例を述べておく。

クライマクテリック型果実は，その追熟にシステム 2 エチレンが関与していることから，

表 1　1-MCP を用いた種々の青果物の貯蔵期間延長の実施例

青果物	1-MCP 濃度	貯蔵温度	効　果	文　献
クライマクテリック型				
バナナ	0.1～ 500 μL/L	20℃	追熟および果皮色の変化の遅延。ただし，収穫時の熟度によって効果が異なる。	9)
リンゴ	0.8～ 1 μL/L	0℃	硬度と滴定酸度は 6 ヵ月後でも維持。20 ～24℃でも 60 日は貯蔵可能。	10)
キウイフルーツ	20 μL/L	1℃	硬度，アスコルビン酸含量を維持し 5 週間貯蔵可能。	11)
カキ	300 nL/L	20℃	軟化抑制	12)
ナシ	1 μL/L	25℃	呼吸，エチレン生成，果心部の褐変抑制。クロロゲン酸含量と PPO 活性の低下。	13)
トマト	1 μL/L	―	クライマクテリックエチレンピークを 12 日遅延。PG 活性を抑制。	14)
非クライマクテリック型				
ブドウ	2 μL/L	25℃	脱粒を 60％抑制。	15)
ライム	1 μL/L	5℃	緑色の保持。	16)
イチゴ	5～ 50 nL/L	5, 25℃	硬度と果皮色の維持。ただし高濃度では効果が落ちる。	17)

－ 199 －

青果物の鮮度評価・保持技術

1-MCPの開発当初から使用対象とされ，多くの貯蔵期間延長効果が認められている。しかし，例えばバナナでは，貯蔵性の改善は見られても，追熟後の果皮色に不揃いが生じたり[9]，特有の芳香が失われて[18]商品価値が低下することがある。このような場合は，適切な濃度のエセフォン（Ethephon）と共に処理することで，改善が認められている[19]。一方，モモはクライマクテリック型果実であるが，1-MCPの効果はほとんど見られない[20]。これは当初1-MCPの果実内への拡散量が少ないためと推定されていたが，減圧下で1-MCP処理を施して吸収効率を上げても顕著な相違が認められず，別の要因が関与していると考えられている[21]。一方でこの結果から，減圧下での処理は，処理時間の短縮効果があることが明らかになっている。

非クライマクテリック型果実では，追熟ではなく，収穫後におこる種々の老化現象の抑制について効果が検討されてきた。ブドウにおいて，脱粒の抑制[15]に加え，穂軸の褐変の抑制[22]にも効果があることが明らかになっている。カンキツについては，緑色が好まれるライムではクロロフィルの分解抑制効果が認められているが[16]，逆にオレンジやグレープフルーツなどでは着色の進行を妨げることになる[23,24]。ただし，一般にカンキツに対しては，糖度や酸度などの内成分には影響しない[23,24]。イチゴに対しては，硬度の維持など貯蔵期間の延長が認められる反面[17]，高濃度で使用した場合には病害発生や貯蔵期間の短縮につながり，これはPAL活性の低下に伴う，フェノール性物質の減少によると考えられている[17,25]。さらにオウトウでは，呼吸や果皮色の変化はないが，酸化ストレスに呼応する酵素の活性の増加が認められており[26,27]，結果的に貯蔵性の改善につながっている。

3. 今後の展望

現在，日本では，リンゴ，ナシ，カキの3品目が認可されているが，その有効性ゆえ今後使用範囲は拡大すると考えられる。さらに他の鮮度保持技術との併用によって，より有効な鮮度保持技術が開発されると思われる。実際，後述する可食性コーティングのフィルムに1-MCPを混合し，両者の長所をあわせ持つ技術に関する報告もある[28,29]。しかし，このような使用品目の拡大には，品種間差，収穫期による差など多くのデータの蓄積が必要である。また，作用機作の分子レベルでの解析は，使用品目の拡大に向けての一助ともなる。

1-MCPは，ポストハーベスト処理に利用する農薬（植物成長調整剤）に相当する。したがってその使用に際しては，安全性はもとより，科学的なエビデンスなどあらゆる情報を消費者に提供せねばならない。

文　献

1) W. B. McGlasson：*HortScience*, **20**, 51(1985).

2) M. E. Saltveit et al.：*J. Am. Sci. Hortic. Sci.*, **103**, 472(1978).

3) A. A. Kader：*Postharvest Technology of Hirticultural Crops*, University of California, Agriculture and National Resources：

Oakland, CA, **3311**(2002).

4) E. C. Sisler and A. Pain：*Tabacco. Sci.*, **17**, 68(1973).

5) E. C. Sisler and C. Wood：*Plant Growth Regulation*, **7**, 181(1988).

－200－

6) J. Zhang et al. : *J. Agric. Food Chem.*, **65**, 7308(2017).

7) E. C. Sisler and M. Serek : *Physiol. Plant.*, **100**, 577(1997).

8) S. M. Blankenship and J. M. Dole : *Postharv. Biol. Technol.*, **28**, 1(2003).

9) D. R. Harris et al. : *Postharv. Biol. Technol.*, **20**, 303(2000).

10) X. Fan et al. : *J. Amer. Soc. Hort. Sci.*, **124**, 690(1999).

11) S. Lim et al. : *Food Chem.*, **190**, 150(2016).

12) R. Nakano et al. : *J. Japan. Soci. Hort. Sci.*, **70**, 581(2001).

13) Y. Dong et al. : *Hortic. Environ. Biotechnol.*, **56**, 207(2015).

14) L. Li et al. : *J. Food Process. Preserv.*, **41**, e12883(2017).

15) R. S. Silva et al. : *Acta Hortic.*, **2012**, 509 (2013).

16) R. A. Kulge et al. : *Postharv. Biol. Technol.*, **29**, 195(2003).

17) V. V. V. Ku et al. : *HortScience*, **34**, 119(1999).

18) J. Golding et al. : *Postharv. Biol. Technol.*, **14**, 87(1998).

19) X. Zhu et al. : *Postharv. Biol. Technol.*, **107**, 23(2015).

20) F. M. Mathooko et al. : *Postharv. Biol. Technol.*, **21**, 265(2001).

21) H. Hayama et al. : *J. Japan. Soci. Hort. Sci.*, **74**, 398(2005).

22) L. Li et al. : *Postharv. Biol. Technol.*, **107**, 16 (2015).

23) R. Porat et al. : *Postharv. Biol. Technol.*, **15**, 155(1999).

24) G. McCllum and P. Maul : *HortScience*, **42**, 120(2007).

25) Y. Jiang et al. : *Postharv. Biol. Technol.*, **23**, 227(2001).

26) M. Sharma et al. : *Postharv. Biol. Technol.*, **125**, 239(2010).

27) Q. Yang et al. : *Front. Agric. China*, **5**, 631 (2011).

28) Z. Huanhuan et al. : *J. Hort. Sci. Biotechnol.*, **94**, 94(2019).

29) H. Zhijun et al. : *Bioresources*, **12**, 2234 (2017).

第7章 鮮度保持技術

第3節 新しい鮮度保持技術

第1項 青果物の収穫後生理・化学的特性と鮮度保持技術

岩手大学 高木 浩一 岩手大学 高橋 克幸

1. はじめに

　食品の品質劣化は，栄養素や味，色，におい，食感が変わることで生じ，食品の構成成分が生物的もしくは化学的に変化する場合と，食品自体が物理的に変化する場合とがある。特に，野菜や果物では，収穫後も植物体として生命活動を維持していることから，それ自身の生理作用（呼吸や蒸散など）による自己消耗型の化学変化が，品質劣化に大きく影響する。特に，エチレン（C_2H_4）などは植物ホルモンとして働き[1]，追熟を促進させる。このため，農産物の鮮度（品質）維持には，保存温度の制御や，CA貯蔵（Controlled Atmosphere Storage）など保存空間のガス組成の制御が大切となる。また，農産物にタンパク質，炭水化物や脂質，ビタミン，水分など，微生物が増殖するのに必要なものが含まれている。このため微生物の産生する酵素などにより可食性が失われる腐敗を引き起こす[2]。このため，腐敗を引き起こす微生物制御として，加熱などによる殺菌，ろ過などによる除菌，包装などによる遮断，冷蔵などによる静菌などがとられる[3]。

　高電圧現象（静電気の働き）として，帯電およびクーロン力を利用した集塵，酸化・還元などの反応性に富むイオンや活性種の生成，電界印加によって細胞膜に穴をあける（電気穿孔法）などがある。例えば，カビの胞子など空中浮遊菌は静電気で捕集することができ，静菌技術として利用できる[4]。また，エチレンを静電気で生成したイオンや化学的活性種を利用して分解することもでき，この技術を用いることで，混載輸送が可能となる[5]。ここでは，ポストハーベストでの高電圧現象，プラズマの利用として，プラズマによる菌の不活性化，空中浮遊菌の静電捕集，混載輸送時におけるプラズマでのエチレン分解を通した農産物の長期鮮度保持について述べる。

2. 高電圧による静電気力を利用した空中浮遊菌の捕集

　農産施設とは，収穫された農産物を貯蔵・加工・選別する施設（穀物乾燥調整貯蔵施設や精米施設，果実共同貯蔵施設や選果施設など）のことをいう。農産施設の空間内は塵埃が多く，空中浮遊菌（細菌・真菌）濃度は高いことが知られており，浮遊細菌や浮遊真菌は，農産物に付着することで腐敗や，保存過程や流通過程での交差汚染を促進させる。したがって，農産施設内の空気洗浄は農産物の微生物制御を行うにあたり大きな意味を持つ。農産施設の集じん装置は，サイクロンやスクラバ（共乾施設では湿式集じん機）やフィルタなどが主であるが，圧力損

－203－

失を非常に低く抑えることができ，0.5〜20 μm の微細なダストを高効率集じんでき，構造の簡単さから保守・点検容易である電気集じん装置の利用は有効となる。

線対平板といった一般的な電極配置の電気集じん装置の，印加電圧に対する粉砕もみ殻（空中浮遊菌）の捕集率を図1に示す[4]。農産施設から入手したもみ殻をコーヒーミルで粉砕し，粒径 210 μm 以下の粉砕もみ殻（一般生菌数 7.5 log 10 CFU/g, カビ・酵母数 7.1 log 10 CFU/g）を作製し，これを空中浮遊菌のモデルサンプルとしている。電圧を印加すると集じん率は増加する。これは荷電されてクーロン力を受けた粉砕もみ殻が接地電極に付着することによる。なお図1中の実線はサンプルの粒子の誘電率と粒径を，Deutsch の式に代入して計算した値である。

図2に，電気集じんリアクタ通過後の微生物数を示す[4]。微生物数は，電気集じん装置を通

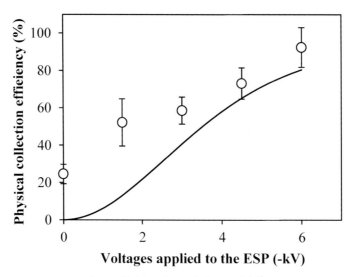

図1 粉砕もみ殻の電気集じん効率[4]

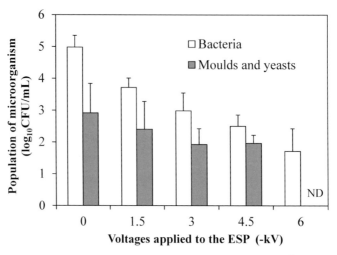

図2 電気集じん測定後のインピンジャー内微生物数[4]

- 204 -

過した粉砕もみ殻を捕集し，PCA培地とPDA培地を用いて求めている．電気集じん装置の微生物捕集率(細菌および真菌の捕集率)は，オゾンが発生しない条件(印加電圧−6.0 kV)でも，ほぼ100%となる．また微生物捕集率は電気集じん効率よりも高い値を示す．このほか微生物捕集能は，湿度の大小にかかわらず，おおよそ一定となる．農産物が置かれている場では，農産物の呼吸などで湿度が変化しやすい．そのような環境でも，一定の性能で微生物を捕集することができるといった装置特性は，実用上重要となる．

　電気集じんは，直流以外に交流高電圧を用いても可能となる．商用周波数の交流電場は，安価なトランスのみで実現することができるため，容易に製品開発が可能となる．低温食品保存と交流電場を組み合わせた食品鮮度保持用の製品は，複数の会社から販売されており，「非熱エネルギー保存」(マーズカンパニー社)や「静電エネルギー保存」(㈱氷感/㈱以輪富)といった名称が使われている．図3に，一例として，イチゴの保存状態を交流電場の有無で比較した結果を示す．保存温度は，電場の有無に対して9℃および5℃と，電場なしより温度としては不利な状況での試験とした．実験には，あらかじめ交流50 Hz，10 kV出力のトランスを組込んでいる市販品の保管庫(氷感庫:㈱以輪富)を用いている．図3より，電場なしのイチゴは，5日後よりカビが発生し，写真のように10日後だと，かなりカビが広がっている．比較して，交流電場ありの保存のイチゴでは，カビの発生は確認できない．

※口絵参照

図3　電場の有無によるイチゴの保存状態の差異
左:電場なし，右:電場あり

3. プラズマによる農産物の殺菌・殺カビ

　農産物貯蔵庫や選別・加工工程において，沿面放電やバリア放電による殺カビ・殺菌で鮮度を保持する技術も，現場への導入が進められている[6]。一例として，林氏らにより報告された，ミカン貯蔵庫において大気圧沿面放電チップを用いてオゾンおよび紫外線（254 nm）を生成し（図4），その有無による7日間保管後のカビの様子を調べた結果を図5に示す。この試験では，被対象ミカンのへた周辺に，きりで深さ約1 mmの傷を8ヵ所につけたのち，ミドリカビ胞子の懸濁液を霧吹きで散布した後に，貯蔵庫へ入れている。実験では，無処理区およびオゾン区にわけ，オゾン区では，沿面放電チップを6時間おきに15分間駆動した。貯蔵期間は7日で，その後，カビの繁殖を調べている。図5より，無処理区ではミカンの位置に限らず全てでミドリカビによる汚染が確認できるが，オゾン処理を行っている区では，沿面放電チップ1個においても，全てのケースでカビの発生が抑えられていることがわかる。

　ミカンの洗浄・選別工程での導入例として，柳生らにより報告された，ローラー状電極やカーテン状電極を用いたバリア放電処理（図6）によるウンシュウミカンの防カビ・殺菌について調べた結果を図7に示す[6]。この試験では，被対象ミカンにミドリカビ胞子の懸濁液（4.0×10^7 CFU/mL）を散布後，自然乾燥させることで疑似汚染している。殺菌装置には，ベルトコンベア上部にアレイ状にシート状電極を配置し，処理対象を搬送しながら殺菌するベルトコンベア型としている。シート状電極は，誘電体およびアルミシートで構成され，交流高電圧電源によりプラズマを生成したときの殺菌特性を調べている。図6より，ベルトコンベアに配置し

提供：林信哉氏

図4　沿面放電オゾナイザを用いたミカン貯蔵庫の鮮度保持実験

第7章　鮮度保持技術

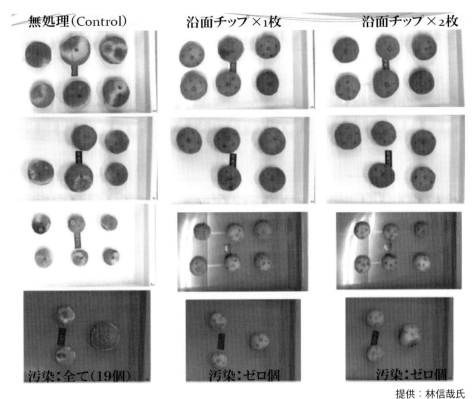

提供：林信哉氏
※口絵参照

図5　沿面放電オゾナイザを用いたミカンの鮮度保持（保存期間：7日間）

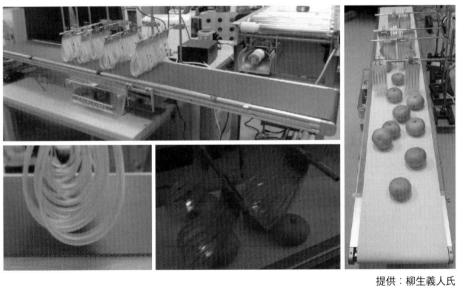

提供：柳生義人氏
※口絵参照

図6　ベルトコンベア型プラズマ殺菌装置

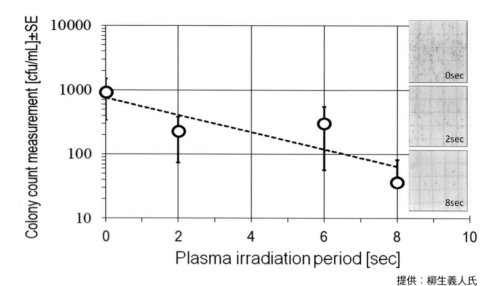

図7　ベルトコンベア型プラズマ殺菌装置によるミカンの処理時間とミドリカビ菌数との関係

た殺菌処理対象とシート状電極との接触面にプラズマが生成され，シート状電極一本あたりの殺菌可能範囲は，電極直下だけでなく電極より広い範囲に及ぶ。菌数は，8秒の処理で約1桁減少している。この装置は，対象物が電極に触れた箇所にのみプラズマが生成され殺菌処理が行われるため，無駄な電力を消費しない特徴を有する。

4. エチレン分解による農産物の混載輸送

　農産物の輸出においては，少量・多品目を低価格で効率よく輸送するために，同一コンテナによる異種混載輸送が行われる。農産物の品目には，リンゴのようなエチレン（C_2H_4）放出量が多い果実が含まれる可能性が高い。エチレンは植物ホルモンの一種で，青果物の成熟を促進するが，過度な成熟は腐敗を進行させる。そのため，カキなどのエチレン感受性が高い青果物を混載した場合，品質を維持するため，果実の軟化防止処理やエチレンの除去が必要となる。果実軟化防止には，1-メチルシクロプロペン（1-MCP）処理などが有効であるが，処理工程やコスト増加が問題となり，輸出用カキへの適用には限界がある。また，活性炭やゼオライトなどの吸着剤も用いられるが，長時間の輸送では吸着量が不足し，効果が十分に得られない。このためプラズマを用いたエチレン分解装置の開発が進められている。

　はじめに非熱平衡プラズマ（コロナ放電やバリア放電など）によるエチレン分解特性として，バリア放電の投入電力密度とガスフロー中のエチレン濃度の関係を，図8に示す。バリア放電の生成には，同軸円筒構造の放電リアクタを用い，これに周波数1 kHz，パルス幅50 μsの方形波パルスを印加した[5]。エチレンの初期濃度は200 ppm，流量は5 L/min.で，ガス構成は$N_2：O_2＝8：2$としている。エチレン濃度は投入エネルギー密度の増加とともに線形的に減少している。直線の傾きより，エチレン除去のエネルギー効率はおおよそ10 g/kWhとなる。これは1 Wの電力で，おおよそ$1×10^{-7}$ mol/sの分解速度となり，光触媒（TiO_2）を紫外線（ブラッ

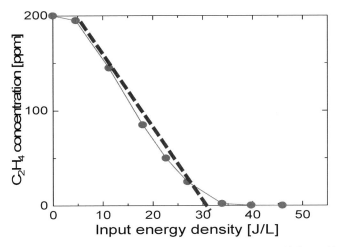

図8 バリア放電の投入電力密度とガスフロー中のエチレン濃度の関係
エチレン初期濃度：200 ppm

クライト）16 W で処理した際の分解速度 $3×10^{-10}$ mol/s（1 W に換算）に対して，3ケタほど速い。

　農産物輸出用コンテナでは，農産物の活性を低く保つために，多くの場合は低温でかつ酸素の一部を二酸化炭素で置換する CA（controlled atmosphere）貯蔵が用いられる。図9 に，エチレン希釈ガス中の酸素濃度を，20，10，2% と 3 通り変化させて，エチレンの分解特性を調べた結果を示す[7]。リアクタ構成が異なるため，図8の傾向とは異なるものの，エチレン分解量は酸素濃度が減少しても減少しておらず，処理量は増加する傾向になることがわかる。

　エチレン分解に寄与する主な反応式は，以下となる。

$$e + O_2 \rightarrow O + O + e \tag{1}$$
$$k_1 = 1.3 \times 10^{-9} \text{ cm}^3/\text{s}$$

$$O + O_2 + M \rightarrow O_3 + M \tag{2}$$
$$k_2 = 6.2 \times 10^{-34} \times (300/T)^2 \text{ cm}^3/\text{s}$$

$$O + C_2H_4 \rightarrow CHO + CH_3 \tag{3}$$
$$k_3 = 3.45 \times 10^{-18} \times T^{2.08} \text{ cm}^3/\text{s}$$

$$O + C_2H_4 \rightarrow CH_2CHO + H \tag{4}$$
$$k_4 = 2.0 \times 10^{-18} \times T^{2.08} \text{ cm}^3/\text{s}$$

$$O_3 + C_2H_4 \rightarrow \text{products} \tag{5}$$
$$k_5 = 1.2 \times 10^{-14} \times \exp(-2630/T) \text{ cm}^3/\text{s}$$

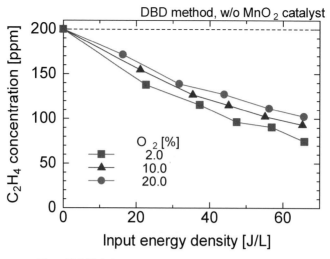

図9　酸素濃度をパラメータとしたエチレンの分解特性
エチレン初期濃度：200 ppm

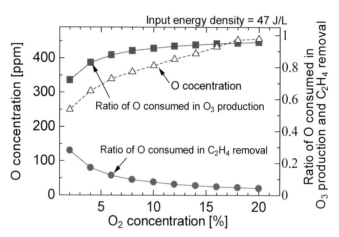

図10　酸素濃度に対するOラジカル生成量およびOラジカルの
オゾン生成およびエチレン分解への寄与割合

これらの式を用いて，Oラジカルの発生量と，Oラジカルがオゾンを生成する反応式(2)に寄与する割合，およびエチレン分解反応式(3)，(4)に寄与する割合の，酸素濃度依存性を計算した例を図10に示す[7]。オゾンの生成速度は，反応式(2)より以下となる。

$$d[O_3]/dt = 2.6 \times 10^{19} \times k_1[O][O_2] \quad [cm^{-3}/s]$$

エチレンの分解速度は[O]に線形な関係に対して，オゾンの生成速度は[O][O_2]に線形となる。このため，酸素濃度が増えると，生成された[O]ラジカルのオゾン生成の寄与割合が増える。このため，エチレン分解は，酸素濃度の増加に対して増加傾向を示さない。このことはCA環境下の酸素濃度が低い条件でも，非熱平衡プラズマによるエチレン分解の速度は維持されることを示している。

図11に，コロナ放電電極を用いたエチレン除去装置の概略図を示す。装置は，長方型のダクト状となっており，装置後方に設置されたファンによって，コンテナ内の空気を吸入する。コロナ放電電極には，13本の針電極を備えたコロナ放電型イオナイザ(シシド静電気，BOS-400)を採用している。このコロナ放電型イオナイザは，主に電子機器の製造現場などにおける静電気管理に用いられており，長時間の駆動や汚れなどに対しての性能劣化が少ない。このコロナ放電電極に，商用周波数交流高圧電源(シシド静電気，SAT-11)によってAC 7 kVの高電圧を印加している。イオナイザ1台あたりのエチレン分解性能は，空気中において6 mg/h程度となり，図12に示すように，初期濃度100 ppm程度のエチレンを短時間で除去できる。

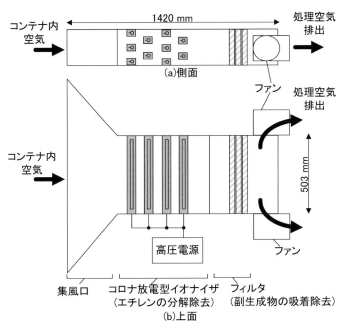

図11　コロナ放電方式エチレン分解装置の概略図

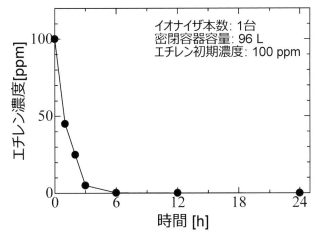

図12　コロナ放電による密閉容器内のエチレン濃度の時間変化

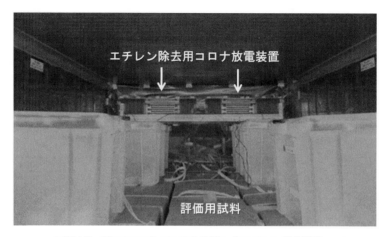

図13　20フィートコンテナを用いたエチレン分解試験

　エチレン除去装置を，カキとリンゴを5kgずつ混載した20フィート冷蔵コンテナ内に2台設置し，実際の輸出に要する日数を考慮して20日間の実証試験を行った(図13)。コンテナ内のエチレン濃度は，エチレン除去装置を設置しない場合，1日あたり約7.5ppm増加し，20日後には約150ppmとなる。一方，エチレン除去装置を設置した場合，20日間の実験期間中，エチレン濃度は7ppm程度の低濃度で推移した。このことから，本装置によって，エチレン濃度を大幅に低減可能であることがわかる。また，オゾンや一酸化炭素などの副生成物は，検出限界濃度以下であり，作業環境基準を満たしていた。コンテナ内に静置したカキの品質の評価として，硬度，糖度(Brix値)，果皮色などを測定し，これらが維持されていることを確認している。

5. おわりに

　本稿では高電圧・パルスパワー・プラズマを活用した腐敗菌の捕集，輸出コンテナにおいて植物ホルモンとして農産物から放出されるエチレンの分解を利用した老化抑制について紹介した。腐敗菌の捕集は，イオンによる帯電とクーロン力による集じんを組み合わせたもので，菌の不活性率は，浮遊粒子の捕集率以上となる。また，コロナ放電を用いたエチレン分解でも，農産物輸出用のコンテナ内のエチレン濃度を一定値まで引き下げ，農産物から排出されるエチレンによる濃度増加を抑えることができる。これらは，従来の温度制御および保存庫内のガス成分制御による鮮度維持技術と組み合わせることで，これまでの課題に対するブレークスルーへつながるポテンシャルを有しており，今後の製品化や性能向上による，フードサプライチェーンへの大きな貢献が期待できる。

謝　辞

　本稿で紹介した研究成果は，多くの共同研究者のご協力のもとに行われたもので，ここに厚く御礼申し上げます。本研究の一部は科研費(基盤研究(S)：19H05611)の支援を受け行われました。

文　献

1) F. B. Abeles, P. W. Morgan and M. E. Saltveit Jr.："Ethylene in Plant Biology", Academic Press Inc.(1992).

2) 津志田藤二郎編著：食品と劣化, 光琳(2003).

3) 土戸哲明, 高麗寛紀, 松岡英明, 小泉淳一：微生物制御, 講談社(2002).

4) S. Koide et al.：*J. Electrostatics*, **71-4**, 734 (2013).

5) K. Takaki et al.：*IEEE Trans. Plasma Sci.*, **43-10**, 3476(2015).

6) 林信哉, 柳生義人：電学誌, **136**, 798(2016).

7) K. Takahashi et al.：*J. Jpn. Appl. Phys.*, **91**, 61(2018).

第7章　鮮度保持技術
第3節　新しい鮮度保持技術

第2項　LED と光触媒

徳島大学　川上　烈生　　徳島大学　白井　昭博

1. はじめに

　LED(light-emitting diode)は，pn 接合により電子(electron, e⁻)と正孔(hole, h⁺)を再結合させ発光させる半導体であり，原理的に単一波長の発光源である[1)-5)]。図1のように，例えばプラズマ放電によるブラックライト(black light lamp, 低圧水銀ランプに紫外線蛍光体を塗布したもの)とは発光波長の範囲が異なる。用途に応じて LED の発光波長を選択できる点が魅力的である。LED の発光波長を変化させることにより今までにない新奇な物理化学現象[6)]が見出されたり，省エネや小型化の観点から LED 応用研究も分野横断的に広く行われている。LED 応用研究として最たるものは一般照明[7)-9)]や直物育成用照明[10)-12)]であるが，鮮度保持という観点から UV-A(波長 315～400 nm) LED を用いた光殺菌技術[13)-17)]の研究も精力的に行われている。

　他方，光触媒は，逆に光の吸収により電子と正孔を励起させる半導体であり，コストと耐腐食性からワイドバンドギャップ半導体である TiO_2 に関する研究や応用研究が際立っている[18)-22)]。ただし，原理的に半導体のバンドギャップエネルギー以上の量子エネルギーを有する光子でないと電子と正孔を励起できない。電子と正孔を再結合させない電荷分離を促すことが光触媒反応性を高めるために極めて重要である。図2のように，TiO_2 が光子を吸収すると，価電子帯から伝導帯へ電子が励起され，価

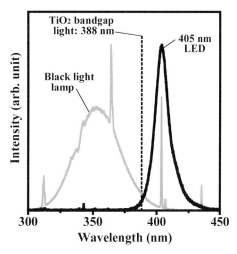

図1　LED とブラックライトの発光スペクトルの比較

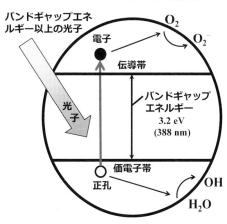

図2　バンド理論に基づく TiO_2 の光触媒反応機構[25)]

電子帯には正孔が生成される。光励起した電子は表面近傍の空気中酸素(O_2)を還元しO_2^-ラジカルを生成する。一方の光励起した正孔は水(H_2O)を酸化し、OHラジカルを生成する。これらのラジカルが細菌やウイルスの死滅、そして有機物の分解に寄与する。

筆者らは、TiO_2光触媒とその光源としてLEDを利用した鮮度保持技術の開発研究を行っている。研究当初は、アナターゼ型TiO_2のバンドギャップエネルギーが3.2 eV（波長388 nm）なので、光源波長365 nm（光子エネルギー3.4 eV）のUV-A LED[23]を利用した鮮度保持技術の研究を行ってきた[24)25]。しかしながら、紫外線ダメージなどにより鮮度が損なわれやすいことがわかった。また、405 nm LEDと高価な可視光応答型光触媒ナノ粒子（石原産業㈱、MPT-623、粒径18 nmのPt-doped TiO_2）の組み合わせによる鮮度保持結果と405 nm LEDと安価なアナターゼ型TiO_2ナノ粒子（石原産業㈱、ST-01、粒径7 nmのTiO_2）の組み合わせによる結果に大きな違いがないこともわかってきた。

そこで現在は、光源波長405 nm（3.0 eV）の可視光LEDとアナターゼ型TiO_2ナノ粒子（ST-01）を利用した鮮度保持技術の開発を行っている[23)24]。特に、**図3**のような鮮度保持装置（㈱タカトリ、横幅60 cm、高さ32 cm、奥行き33 cm）を開発し[26)-28]、それを利用した鮮度保持実験を行っている。特徴は、紙製放熱シート（阿波製紙㈱）を施した405 nm LED（日亜化学工業㈱、52 mA×18個）を鮮度装置内の上部、下部、側壁（紙面に向かって奥）に配置し、各種の光触媒を容易に交換できる点である。他方、健康被害の低減や合成樹脂劣化の低減の観点から、光源波長365 nm（3.4 eV）の紫外線LEDとアナターゼ型TiO_2ナノ粒子（ST-01）利用した殺菌処理技術の開発も行っている[25]。本稿では、筆者らが取り組んでいるLED照射下での光触媒ナノ粒子やナノ複合材による鮮度保持効果および殺菌効果について紹介する。

図3　LEDと光触媒による鮮度保持装置（㈱タカトリ社製）の写真
真ん中の白い網状トレーの上に生鮮食品を置く。

2. LED照射下での光触媒ナノ粒子による殺菌と鮮度保持効果
～酸素プラズマ支援アニーリングしたTiO₂ナノ粒子～

現状のTiO₂光触媒反応性は実用的観点において決して高くなく，反応性を向上させるための多くの研究が行われている[29)-31)]。利便性の観点から，世界的には電気炉アニーリング法がよく知られている[32)-34)]。昨今，誘電体バリア放電（DBD；Dielectric Barrier Discharge）[35)-37)]に基づく酸素プラズマ支援アニーリング法を筆者らは新規に開発し，未処理サンプル（TiO₂ナノ柱状薄膜）と比べ約2倍の光分解力（メチレンブルー色素の脱色力）を有することを報告した[38)]。電気炉アニーリング温度400℃よりも低温な300℃で結晶転移（アナターゼ相へ転移）が生じ，光分解力が高い点が特長である[38)]。

最近，このプラズマ支援アニーリング法をTiO₂ナノ粒子（ST-01）に施したところ（サンプルA），TiO₂ナノ柱状薄膜同様に，光分解力が著しく向上することを見出した[39)]。さらには，殺菌力と鮮度保持力も優位性があることがわかってきた。サンプルAの365 nm LED照射下での殺菌効果を図4に示す。比較のため，同図に400℃電気炉アニーリングしたTiO₂ナノ粒子（サンプルB）と未処理のTiO₂ナノ粒子（サンプルC）の結果も示す。Control条件は未処理のガラス表面による結果である。使用菌株は，枯草菌（ATCC 6633）の栄養細胞で，初発生菌数が約 $1×10^6$ CFU/mLになるように調製した。枯草菌含有溶液をTiO₂ナノ粒子表面に滴下した直後に，365 nm LED（日亜化学工業㈱，NVSU233A）を用いて強度63.3 mW/cm²の紫外線を10秒間照射した。その後，TiO₂ナノ粒子に吸着した細菌をSCDLP培地で十分に洗い出し生菌数をコロニー法により測定した。

10秒間の365 nm LED照射だけでは枯草菌への殺菌効果は全くないが，サンプルAを併用するとlog生菌数は0.9 CFUへと劇的に減少する。他方，サンプルBのlog生菌数は3.4 CFU程度である。サンプルCのlog生菌数に至っては5.8 CFU程度でありControl条件と大差がない。したがって，この結果は，酸素プラズマ支援アニーリングした光触媒TiO₂ナノ粒子の殺菌力は極めて大きく，実用的なレベルまで到達していることを示す。今後，他の細菌やウイルスなどについても検証する計画である。

図5は，各サンプルの405 nm LED照射下での鮮度保持効果を示す。処理したTiO₂ナノ粒子を図3の鮮度保持装置の側壁（紙面に向かって奥）に取り付け，鮮度保持装置内温度を24℃に保ち5日間貯蔵した。使用した食品は，果皮変色が容易に判断できるバナナである。鮮度保持評価として，バナナから放出されるエチ

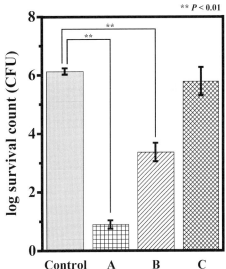

図4　LED光を吸収したTiO₂ナノ粒子による殺菌効果

サンプルAは酸素プラズマ支援アニーリングしたTiO₂ナノ粒子，サンプルBは電気炉アニーリングしたTiO₂ナノ粒子，サンプルCは未処理のガラス表面での照射処理後の結果である。Control条件は未処理ガラス表面上（無照射）での結果である。

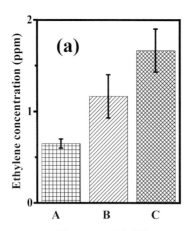 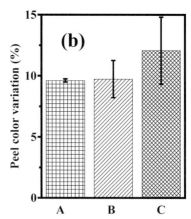

図5 LED光を吸収したTiO₂ナノ粒子による鮮度保持効果
(a)は鮮度装置内のエチレンガス濃度を，(b)は貯蔵前後の果皮色変化の結果である。
サンプルA, B, Cは図4のサンプルに対応する。

レンガス濃度，酢酸エチルガス濃度，エタノールガス濃度を測定分析した。また貯蔵前後のバナナ果皮色の変化率も画像解析により定量的に分析評価した。ガス濃度や果皮色変化率が小さいほど，鮮度保持効果が高いことを意味する。

サンプルAのエチレン濃度は，図5(a)に見られるように，サンプルBとサンプルCに比べ最も小さい。酢酸エチルガスとエタノールガス濃度は，どのサンプルにおいても検出されなかった。他方，図5(b)に見られるように，サンプルAの果皮色変化率はサンプルCと比べ小さいが，サンプルBと同程度である。しかしながら，サンプルAのエラーバー(標準偏差)は小さく，サンプルAの鮮度保持力の再現性が高いことを示唆する。したがって，酸素プラズマ支援アニーリングした光触媒TiO₂ナノ粒子は，鮮度保持効果に対しても優位性があることがわかる。

3. LED照射下での光触媒ナノ複合材による鮮度保持効果

3.1 TiO₂ナノ粒子被覆竹炭微粒子

原理上，LED照射したTiO₂表面に，バナナから放出されたエチレンガスなどを付着させるため，図3の鮮度保持装置内に空気循環器(回転数250 rpmを1分間に5秒間隔で動作)を設けている。吸着力が高い活性炭を併用すれば，空気循環器の必要性がなくなり，より利便性が向上する[40]。このような背景の下，図6と図7に見られるようなTiO₂ナノ粒子(ST-01)と竹炭微粒子(バン㈱，孟宗竹，粒径23 μm)複合させた新規材料を開発した[41]。図6は竹炭微粒子の細孔周辺の電子顕微鏡写真で，細孔の側壁に白い部分が観測される。図7は電子顕微鏡写真

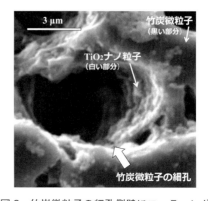

図6 竹炭微粒子の細孔側壁にコーティングされたTiO₂ナノ粒子(TiO₂ナノ粒子被覆竹炭微粒子)の電子顕微鏡写真[41]
白い部分がTiO₂ナノ粒子，黒い部分が竹炭微粒子，中央の丸い黒い部分は竹炭微粒子の細孔である。

で観察される(a)黒い部分と(b)白い部分からのエネルギー分散型スペクトル(EDS；Energy Dispersive X-ray Spectrometry)を示す。図7(a)ではTi Kαピークが観測されるが図7(b)では観測されない。これらの結果から，竹炭微粒子細孔の側壁にTiO₂ナノ粒子がコーティングされていることがわかる。これにより，竹炭微粒子細孔のファンデルワールス力によるガス吸着性と細孔側面にコーティングされたTiO₂ナノ粒子による分解効果が期待できる。

このTiO₂ナノ粒子コーティング竹炭微粒子(サンプルA)を図3の鮮度保持装置内の上部，下部，側壁(紙面に向かって奥)に取り付け，装置内温度24℃でバナナを5日間貯蔵し，図5と同様な鮮度保持実験を行った。**図8**にエチレンガス濃度と果皮色変化率の結果を示す。比較のため，TiO₂ナノ粒子(サンプルB)と竹炭微粒子(サンプルC)の結果も示す。Control条件は，LEDや光触媒ナノ複合材などがない場合の結果である。サンプルAとサンプルCについ

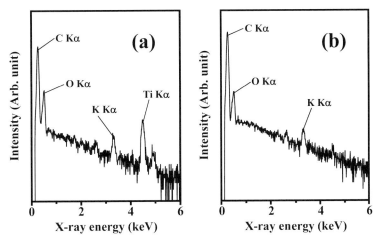

図7 図6の電子顕微鏡写真で観測された(a)黒い部分と
(b)白い部分のEDSスペクトルの比較[41]

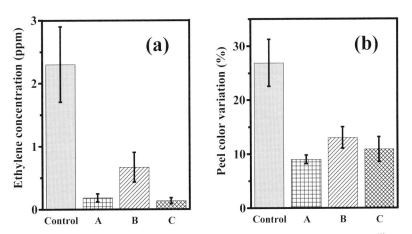

図8 LED光を吸収したTiO₂ナノ粒子被覆竹炭微粒子による鮮度保持効果[41]
(a)は鮮度装置内のエチレンガス濃度，(b)は貯蔵前後の果皮色変化の結果である。サンプルAはTiO₂ナノ粒子被覆竹炭微粒子，サンプルBはTiO₂ナノ粒子，サンプルCは竹炭微粒子の結果である。Control条件はLEDや光触媒ナノ複合材などがない場合の結果である。

ては空気循環器を利用していない。サンプルAのエチレンガス濃度は，サンプルBと比べ小さいが，サンプルCと同程度である。果皮色変化率についても同様な傾向を示している。したがって，空気循環器がないにもかかわらず，竹炭微粒子によるガス吸着力と細孔側面のTiO$_2$ナノ粒子による分解力との相乗効果により，TiO$_2$ナノ粒子被覆竹炭微粒子は高い鮮度保持効果を有することがわかる。

3.2 TiO$_2$ナノ粒子と酸素吸着粒子

鮮度保持効果の観点から，竹炭微粒子を併用しても，鮮度保持装置内の酸素ガス濃度の低減は十分でない。酸素ガス濃度の十分な低減を実現できれば酸化作用を抑制し，さらに鮮度保持効果を優位に向上させることが期待できる。筆者らは，TiO$_2$ナノ粒子(ST-01)とNa$_2$SO$_3$酸素吸着粒子(関東化学㈱，37285-00)の併用を着想し，2種類の光触媒ナノ複合材シートを開発した[42]。1つ目は，TiO$_2$とNa$_2$SO$_3$を体積比1対1で混合させたシートである(サンプル1)。2つ目はTiO$_2$とNa$_2$SO$_3$を市松模様に配置したシートである(サンプル2)。

これら2種類のサンプルを図3の鮮度保持装置に適用し，装置内温度24℃下での5日間のバナナ鮮度保持実験を次の条件A，B，Cで行った。実験条件Aはサンプル1を利用した通常の鮮度保持実験である。実験条件Bはサンプル2を利用した通常の鮮度保持実験である。実験条件Cでは，サンプル2を利用し，酸素ガス吸着を高めるため開始から1時間のあいだ空気循環(回転数250 rpmを連続動作)を行い，続けて通常の鮮度保持実験を行った。実験条件Cの場合，鮮度保持容器内の酸素ガス濃度は，実験条件AとBに比べ，**図9**のように開始から1時間程度で急激に減少した(図9の灰色個所)。

3つの実験条件に対する放出エチレンガス濃度と果皮色変化率の結果を**図10**に示す。TiO$_2$ナノ粒子のみの結果と比較し，実験条件Aの場合，エチレンガス濃度が大きくなり果皮色変化も変わらなかった。これはNa$_2$SO$_3$が光触媒反応性を妨げ，エチレンガス濃度を増加させ熟

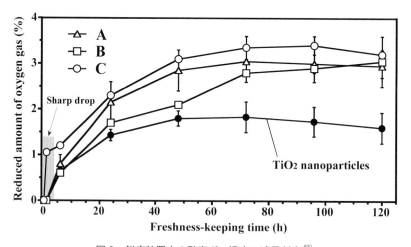

図9　鮮度装置内の酸素ガス濃度の減量割合[42]
実験条件Aはサンプル1を使った通常の鮮度保持実験結果，実験条件Bはサンプル2を使った通常の鮮度保持実験結果，実験条件Cはサンプル2を使って，酸素吸着を高めるために1時間の空気循環(250 rpm)を行い，続けて通常の鮮度保持実験を行った結果である。

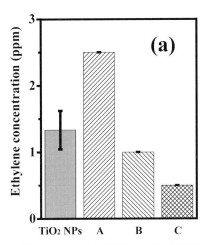
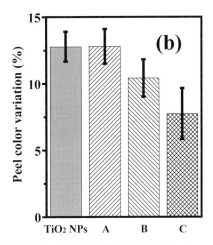

図10 LED光を吸収したTiO₂光触媒ナノ粒子とNa₂SO₃酸素吸着粒子を併用した複合材シートの鮮度保持効果[42]
(a)は鮮度装置内のエチレン濃度変化,(b)は果皮色変化の結果である。
A,B,Cは図7の鮮度保持条件に対応する。

成を進行させたと考える。実験条件Bの場合は,TiO₂ナノ粒子のみの結果と比較し,エチレンガス濃度と果皮色変化率は小さくなる。これは市松模様の配置により,TiO₂の光触媒反応性とNa₂SO₃の酸素吸着力が寄与したためと考える。実験条件Cの場合は,実験条件Bの結果と比べ,エチレンガス濃度と果皮色変化率がさらに小さくなった。これは,開始から1時間以内でNa₂SO₃の酸素吸着力を最大限に発揮させたためと考える。したがって,Na₂SO₃酸素吸着粒子を効果的に併用させることにより,鮮度保持効果が劇的に向上することがわかる。

4. まとめ

筆者らが研究開発している,LEDと光触媒TiO₂ナノ粒子を用いた鮮度保持および殺菌技術を述べた。TiO₂ナノ粒子へ酸素プラズマ支援アニーリングを施すことにより,秒単位での殺菌処理が実現可能であることや優位な鮮度保持効果を有することを示した。竹炭微粒子の細孔側壁にTiO₂ナノ粒子をコーティングしたところ,空気循環器を使用せずとも,高い鮮度保持効果を有することも示した。さらに,Na₂SO₃酸素吸着粒子を効果的に併用させることにより,鮮度保持効果が劇的に向上することも示した。これらの成果は,将来の実用化に向けての有益な知見であり,今後のLEDと光触媒技術の発展の架け橋になれば幸いである。

謝 辞

ご協力を頂いた,徳島大学名誉教授 木内陽介 博士,日亜化学工業㈱取締役 向井孝志 博士,松下俊雄 氏,相澤俊彦 氏,㈱タカトリ 吉田雅彦 氏,㈱奈良智造社長 山路諭 氏,徳島大学 宮脇克行 博士,芳谷勇樹 氏,髙見直樹 氏,東知里 氏,バン㈱社長 大西和男 氏,大野民之助 氏,湘南セラミックス㈱社長 徳岳文夫 氏に感謝申し上げます。

文　献

1) S. Nakamura, T. Mukai and M. Senoh：*Jpn. J. App. Phys.*, **30**, L1998(1991).

2) S. Nakamura et al.：*Jpn. J. Appl. Phys.*, **34**, L797(1995).

3) S. Nakamura：*Phys. World*, **11**, 31(1998).

4) S. Nakamura, T. Mukai and M. Senoh：*J. Appl. Phys.*, **76**, 8189(1994).

5) D. Feezell and S. Nakamura：*Comptes Rendus Physique*, **19**, 113(2018).

6) R. Kawakami et al.：*Vacuum*, **159**, 45(2019).

7) M. Fontoynont：*Comptes Rendus Physique*, **19**, 159(2018).

8) P. M. Pattison, M. Hansen and J. Y. Tsao：*Comptes Rendus Physique*, **19**, 134(2018).

9) S. Yoomak and A. Ngaopitakkul：*Sustainable Cities and Society*, **38**, 333(2018).

10) Q. Quan, X. Zhang and X. Z. Xue：*IFAC-PapersOnLine*, **51**, 353(2018).

11) M. Anpo, H. Fukuda and T. Wada：Plant Factory Using Artificial Light, Elsevier, 319-325(2018).

12) Y. Wu et al.：*J. Alloys Compd.*, **781**, 702(2019).

13) M. Aihara et al.：*J. Med. Invest.*, **61**, 285(2014).

14) M. Mori et al.：*Med. Biol. Eng. Comput.*, **45**, 1237(2007).

15) A. Hamamoto et al.：*J. Appl. Microbiol.*, **103**, 2291(2007).

16) A. Shirai and Y. Yasutomo：*J. Photochem. Photobiol. B*, **191**, 52(2019).

17) J. R. Chueca et al.：*Water Research*, **123**, 113(2017).

18) K. Qi et al.：*Chinese J. Catal.*, **38**, 1936(2017).

19) V. Kumaravel et al.：*Appl. Catal. B: Environ.*, **244**, 1021(2019).

20) P. Mazierski et al.：*Appl. Catal. B: Environ.*, **233**, 301(2018).

21) N. R. Khalid et al.：*Ceram. Int.*, **43**, 14552(2017).

22) R. Singh and S. Dutta：*Fuel*, **220**, 607(2018).

23) 日亜化学工業株式会社 http://www.nichia.co.jp/jp/product/uvled.html.

24) 松下俊雄，川上烈生：UV-LED 光触媒技術と鮮度保持への応用，電気計算 10 月号，30-33，電気書院(2015).

25) 川上烈生，白井昭博：日本防菌防黴学会誌，**46**(7)，321(2018).

26) 川上烈生ほか：LED 総合フォーラム 2013 in 徳島 論文集，77(2013).

27) 川上烈生ほか：LED 総合フォーラム 2014-2015 in 徳島 論文集，137(2015).

28) 川上烈生ほか：LED 総合フォーラム 2015 in 徳島 論文集，117(2015).

29) N. Rahimi et al.：*Prog. Solid State Chem.*, **44**, 86(2016).

30) S. G. Ullattil et al.：*Chem. Eng. J.*, **343**, 708(2018).

31) S. Yanagiya et al.：*ChemNanoMat*, **5**, 1(2019).

32) N. R. Mathews et al.：*Solar Energy*, **83**, 1499(2009).

33) C. P. Ling et al.：*Energy Procedia*, **34**, 627(2013).

34) A. S. Bakri et al.：*AIP Conf. Proc.*, **1788**, 030030(2017).

35) C. Tendero et al.：*Spectrochim. Acta B*, **61**, 2(2006).

36) R. Kawakami et al.：*Jpn. J. Appl. Phys.*, **50**, 01BE02(2011).

37) R. Kawakami et al.：*Jpn. J. Appl. Phys.*, **51** 08HB04(2012).

38) R. Kawakami et al.：*Vacuum*, **152**, 265(2018).

39) Y. Yoshitani et al.：Proceedings of International Symposium on Dry Process 2018, 255(2018).

40) 川上烈生ほか：LED 総合フォーラム 2016 in 徳島 論文集，157(2016).

41) 川上烈生ほか：LED 総合フォーラム 2018 in 徳島 論文集，125(2018).

42) 川上烈生ほか：LED 総合フォーラム 2019 in 徳島 論文集，77(2019).

第7章 鮮度保持技術
第3節 新しい鮮度保持技術

第3項　マイクロバブルオゾン水洗浄処理による カット野菜の品質保持効果

ライオンハイジーン株式会社　西村　園子
ライオンハイジーン株式会社　渡部　慎一
ライオンハイジーン株式会社　鍋田　優

1. 概　要

　近年，単身者世帯の増加や核家族化に伴い，食の簡便化が進み，カット野菜のニーズが高まってきている。カット野菜の殺菌工程(以下，微生物に対して殺菌剤を用いて細菌数を低減することを殺菌と称する)には，高い殺菌効果を有し，安価な処理コストである次亜塩素酸ナトリウム水溶液が幅広く利用されている。しかしながら，次亜塩素酸ナトリウムで殺菌処理したカットキャベツの微生物的品質や外観品質などについては，殺菌処理直後に萎れ，褐変，異臭の発生が見られることや，10℃の貯蔵において，殺菌処理を行っていない製品と比較して，一般生菌数の増殖が著しく，変色が早く起こり，品質の低下が早いことが報告されている[1]。さらに上記に加え，塩素ガスによる作業環境の悪化や食品への有機塩素化合物の残存が懸念されており，次亜塩素酸ナトリウム水溶液に替わる殺菌方法が求められている[2]。

　次亜塩素酸ナトリウム水溶液によるカット野菜の殺菌処理を代替する手段として，オゾンガスの活用が検討されてきた[3]。オゾンは3つの酸素原子からなる酸素の同素体で，分子式はO_3，常温では気体の物質である。オゾンは強力な酸化剤であることから，オゾンを利用した食品の殺菌方法は，塩素系殺菌剤による殺菌工程を代替する手段として注目されている[4]。しかしながら，オゾンは水に溶けにくく，水溶液中で不安定であり，さらに作業環境中に揮散したオゾンガスは人体に有害であるため，そのハンドリングが難しく，その用途は半導体ウェハの洗浄など，一部に限られてきた。筆者らは，オゾンガスをマイクロバブル化して水中に供給することによって，オゾンガスの溶解速度を高め，水溶液中で安定化させる技術を開発し，その応用を試みてきた。ここで，マイクロバブルとは直径100 μm以下の微細な気泡であり，ミリサイズのバブルより体積あたりの表面積が非常に大きく，かつ水中での滞留時間が長くなる。さらに，ミリバブルでは観察されない生理活性現象や洗浄効果が数多く報告されている[5)-7)]。マイクロバブルの生成方法としては，物理的なせん断力で気泡を微細化する手法や，過飽和状態から減圧することで発泡させる手法など，さまざまな方法が知られている[8)9)]。本検討では，界面活性剤を用いて気液界面張力を低下させる

図1　オゾンガス曝気の様子
A：薬剤未添加，B：薬剤添加

ことで，オゾンガスを水中でマイクロバブル化する手法を採用した(図1)。

上記方法により調整したマイクロバブルオゾン水によって，千切りキャベツの加工処理を行い，千切りキャベツの細菌数測定，保存時の外観や食味の評価を行った。千切りキャベツの保存による細菌数および外観品質の変化の評価については，ポリエチレン袋による包装で10℃にて保存したサンプルについて評価を行った。

1.1 マイクロバブルオゾン水のカット野菜洗浄プロセスへの応用

本システムは，①オゾン発生・制御部(オゾン発生装置)，②オゾン分解部(オゾン分解機)，③洗浄部(洗浄機)の3つの部位から構成されている(図2)。洗浄液には，界面活性剤(マイクロバブル化剤)を添加し，洗浄機の循環流路に備えたエジェクターにオゾン発生・制御部で生成したオゾンガスを一定量供給することで，洗浄水中にオゾンガスをマイクロバブルとして供給することができる。オゾン発生装置の制御は自動で制御され，洗浄機から送られてくる起動信号でオゾンガスの発生，供給をコントロールする仕組みとなっており，オペレータがオゾン発生装置を操作する必要がない仕様となっている。オゾンガスの発生機構は，コンプレッサーの乾燥空気から圧力スイング法で酸素ガスを濃縮し，沿面放電式オゾナイザによってオゾンガスを生成する機構となっている。本システムの微生物に対する効果の検証は，腸管出血性大腸菌 O157 に対するポテンシャル試験および野菜洗浄機を用いた千切りキャベツの細菌数の評価により実施した。

1.1.1 腸管出血性大腸菌 O157 に対する殺菌ポテンシャル試験

水(硬度 3°DH，400 mL，20±2℃)にマイクロバブル化剤を 30 μL 加え洗浄液とした。散気管にてオゾンガスを曝気して，溶存オゾン濃度を 0.1 mg/L に調整し，洗浄液に腸管出血性大腸菌 O157 (*Escherichia coli* (O157 : H7) RIMD0509939)溶液を添加した。添加後，直ちにオゾンガスを 90 秒間曝気させた。試験水に不活性化剤を添加して，試験菌に対する殺菌作用を停止させ，菌数測定試験液とした。Tryptic Soy Agar(Difco 社製)を用いて，平板混釈培養により 36±2℃で 48 時間培養後の細菌数を求めた。この試験を 3 回繰り返した。対照として，洗浄液に空気を曝気して，空試験を行った。その結果，溶存オゾン濃度 0.1 mg/L の条件におい

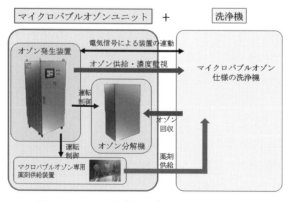

図2　マイクロバブルオゾン野菜洗浄システム

表1 腸管出血性大腸菌O157に対する殺菌効果(ポテンシャル試験)

菌数単位:CFU/試験水1mL

試験条件	菌数(3回の平均値) 初期	菌数(3回の平均値) 90秒	菌数対数減少値
対照　洗浄液	$3.6×10^6$	$4.6×10^6$	−
マイクロバブルオゾン	−	<10	>5.5

(報告書:2017_0340号,北里環境科学センター)

て,作用時間90秒で定量下限値未満(<10 CFU/mL)まで菌数が減少し,菌数対数減少値 >5.5であることを確認した(表1)。

1.1.2 野菜洗浄機を用いた千切りキャベツの処理

千切りキャベツについて,野菜洗浄機を使用して殺菌処理を行い,処理直後および保存後の細菌数の測定を行った。マイクロバブルオゾン水処理については,当社の『野菜キレイMiBOシステム』を使用してマイクロバブルオゾン水

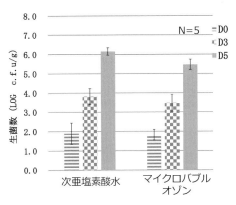

図3 千切りキャベツの殺菌効果

を生成し,千切りキャベツの殺菌処理に用いた。次亜塩素酸水処理については,次亜塩素酸ナトリウム水溶液のpHを6.0,有効塩素濃度を50ppmとなるように調整した次亜塩素酸水を比較対照として用いた。処理後の千切りキャベツを生理食塩水中でストマッカー処理し,標準寒天培地を用いて平板混釈培養により36±2℃で48時間培養後の一般生菌数を求めた。その結果,処理直後の殺菌効果は次亜塩素酸水処理と同等であった。また,保存(10℃,3日間,5日間)による細菌数増加傾向も,ほぼ同等であった(図3)。

2. マイクロバブルオゾン水で殺菌したカット野菜の品質

2.1 外観

図4に千切りキャベツの外観を示す。千切りキャベツを次亜塩素酸水処理した場合は,くすんだ黄色に変色しボリュームがダウンしたのに対して,マイクロバブルオゾン水処理した場合は,野菜本来の白～黄緑色を呈し,千切りキャベツ自体に張りがあった。

次に,色調の違いについて,色差計によって外観の色味を数値化した結果を示す。処理後の千切りキャベツをポリエチレン袋に入れ,コニカミノルタジャパン㈱製の色彩色差計(型番:

※口絵参照

図4 千切りキャベツの外観比較
A:次亜塩素酸水処理,
B:マイクロバブルオゾン水処理

CR-300)にて位置を変えながら $L^*a^*b^*$ 表色系による明度(L^*)と色度(a^*)を50点測定して色の数値化を行った。洗浄直後および5℃, 4日間保存後に測定した結果, 図5に示すようにマイクロバブルオゾン水処理は, 水処理とほぼ同等の明度と色度であった。一方, 次亜塩素酸水処理では, 処理直後から色度の数値が大きくなり, 緑色が薄くなる方向に変化(退色)するとともに, 4日保存後には, 明度, 色度が大きく変化し, 暗く, 赤色方向に変化(褐変)していることが明らかとなった。

2.2 食味

洗浄処理した千切りキャベツの食味を, 臭気や香味など6種の指標に基づいて, 一般パネラー44名による官能試験により評価した。次亜塩素酸水処理では, 水処理と比較して, 甘みやシャキシャキ感が弱く, 薬品臭や辛味が強くなった。一方, マイクロバブルオゾン水処理では, 水洗いに極めて近い食味であり, 野菜の食味を損ないにくい処理方法であることが明らかとなった(図6)。

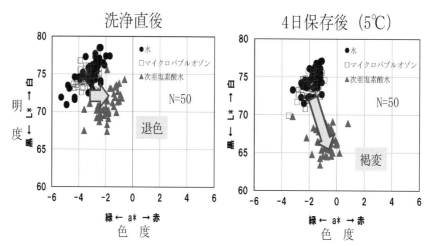

図5 千切りキャベツの色彩値(明度・色度)測定結果

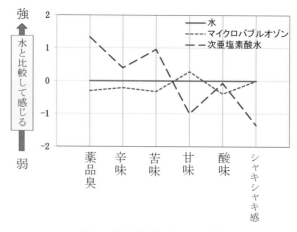

図6 食味評価結果(N = 44)

2.3 千切りキャベツの細胞損傷状態の観察

上記結果の要因を明らかにするため，損傷した細胞膜が色素のような巨大分子を透過させる作用を利用し，青色色素を用いた染色による細胞の損傷状態の観察を行った。色素にトリパンブルー（Mw：960）を用いて染色したキャベツの顕微鏡観察を行った結果，図7に示すように次亜塩素酸水処理は，マイクロバブルオゾン水処理と比較してスライス面に染色されやすい部分があり，断面の観察で細胞内へ色素が浸透している様子が観察された。マイクロバブルオゾン水処理は，水処理と同程度の染色状態であり細胞ダメージが少ないことがわかった。

2.4 千切りキャベツのドリップ

各洗浄処理を施した千切りキャベツを，プラスチックフィルム袋で包装し，10℃で保存した結果，袋表面に水滴が付着していた。その程度は，マイクロバブルオゾン水処理に比べ，次亜塩素酸水処理で激しかった（図8）。洗浄処理後のカットキャベツに対して，円筒状のプローブで一定荷重（圧縮速度：250 mm/min，負荷重量：3 kg）を負荷した結果，図9に示すように，次亜塩素酸水処理に比べてマイクロバブルオゾン水処理はドリップ量が少なかった。

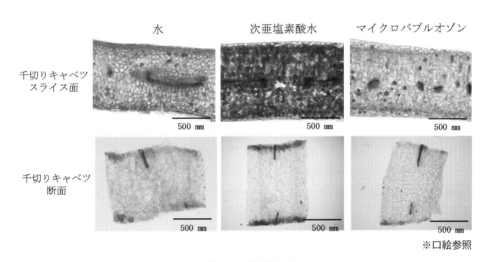

図7　トリパンブルーで染色後の千切りキャベツ

図8　千切りキャベツの袋表面の水滴（10℃，7日間保存）

次亜塩素酸水　　　　マイクロバブルオゾン

図9　千切りキャベツのドリップ（加圧試験）

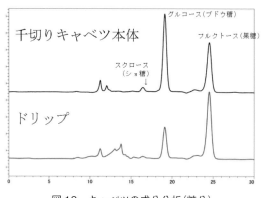

図10　キャベツの成分分析（糖分）

　これらの結果は，先述のように次亜塩素酸水で処理を行ったキャベツの細胞膜が損傷をしていることによって細胞質内の水分が滲出しやすくなっていることを示唆していると考えられる。また，このドリップの成分を液体クロマトグラフィーで分析した結果，千切りキャベツに含まれているブドウ糖や果糖といった成分が多く検出された（図10）。この結果は，先の一般パネラーによる次亜塩素酸水処理品の甘味の低下を裏付けるものであり，ドリップの滲出によって野菜の味が損なわれてしまっていることを示唆していると考えられる。

2.5　マイクロバブルオゾン水処理の千切りキャベツへの影響

　殺菌処理直後の千切りキャベツの外観やボリュームから，マイクロバブルオゾン水処理は，次亜塩素酸水処理に比べ，色や張りといった品質への影響が少ないことがわかった。また，10℃，4日間保存後の色度，明度が大きく変化せず，処理直後の色合いを保持していた。一般パネラーによる食味評価では，水処理に極めて近い評価となり食味への影響が小さいことがわかった。これらの要因を明らかにするための染色による細胞損傷の評価では，トリパンブルーの細胞染色程度が水処理と同等であることから，洗浄工程におけるマイクロバブルオゾン水処理によるカットキャベツの細胞損傷は小さいことが示唆された。さらにドリップの分析で，マイクロバブルオゾン水処理は，次亜塩素酸水処理に比べ，ドリップとして甘み成分が滲出する程度が小さいことで，食味に差が出たと推察される。

　カット野菜の品質保持には，殺菌工程以外にも原料品種，製造，包装，流通の各条件が大きく影響する。近年，包装においては，保存中の品質維持のため，カット野菜の呼吸速度の大小

第7章　鮮度保持技術

に対応できるフィルムが開発され，包装内を適度な酸素濃度と二酸化炭素濃度に調整する MA 包装が行われている製品もある[10]。今後，製造工程においてマイクロバブルオゾン水で野菜を低損傷で殺菌洗浄し，さらに包装中のガス濃度をコントロールすることで品質保持効果を高めることができると考えられる。

文　献

1) 橋本俊郎：茨城県工業技術センター研究報告，**24**，44-46(1995)．

2) N. Taguchi：*Ann. Rep. Tokyo Metr. Inst. Pub. Health*, **61**, 273-279(2010)．

3) 柘植秀樹監修：マイクロバブル・ナノバブルの最新技術，シーエムシー出版 197-200(2007)．

4) 津野洋：オゾンハンドブック，サンユー書房 321-337(2016)．

5) K. Terasaka et al.：*Chemical Engineering Science*, **66**, 3172-3179(2011)．

6) T. Shibata et al.：*Journal of Fluid Science and Technology*, **2**, 242-251(2011)．

7) M. Takahashi：*Journal of Physical Chemistry B*, **109**, 21858-21864(2005)．

8) H. Onari：*Journal of the Japan Society of Mechanical Engineers*, **108**, 2-3(2005)．

9) S. Yamada et al.：*Japanese Journal of Multiphase Flow*, **1**, 84-90(2007)．

10) 太田英明，菅原渉：調理化学，**19**(4)，242-248(1986)．

第7章　鮮度保持技術

第3節　新しい鮮度保持技術

第4項　ファインバブル化した電解水による鮮度保持 ―カット野菜について―

株式会社テックコーポレーション/近畿大学名誉教授	**野村　正人**	株式会社テックコーポレーション	**中野　由則**
株式会社テックコーポレーション	**新長　琢磨**	株式会社テックコーポレーション	**大田　和平**
株式会社テックコーポレーション	**根岸　忠志**	株式会社テックコーポレーション	**西川　直樹**

1.　はじめに

　最近の著しい高度情報化による社会構造の変化から，さまざまな食事の取り方による健康被害などが問題となり，食卓に占める野菜への関心が深まりつつある。また，若者の野菜離れが進む中で，高齢者にとっては健康維持のためのサプリメントへの関心が深まる一方，日々の健康バランスのために生鮮野菜の摂取が必要である。その安全性が問われている[1]。すなわち，野菜類は一般に生産者である農家で収穫後，消費者に届くまでに生育期間中における土壌菌汚染，ならびに流通過程で発生する一般微生物菌の繁殖などに対して十分に対応しているとは言えない状況にある。現状はさまざまな薬品(次亜塩素酸ナトリウム，電解水およびオゾンなど)を使用した洗浄[2]-[5]が行われている。その中でも次亜塩素酸ナトリウム水溶液での洗浄効果は高い殺菌効果が認められているが微生物の完全除去および不活性化には至っていない。また，十分な水洗にも関わらず食材に塩素臭が残るなど食材の風味劣化と健康面への被害などが問題視されるようになっている。食材は一般に食品衛生法，ならびに衛生規範などの規格基準に従いその品質管理が行われているにも関わらず，十分な安全性を得るには至っておらず食品製造関係者の多くは新たな手段による食中毒の発生を抑え，あるいは腐敗を防止することができる取り組みを模索しているのが現状である。このような中で，新たな除菌・洗浄に腐心することなく，新鮮で安全な食材を食卓に提供できる処理方法の開発が望まれている。そこで今回，環境にも優しく高い不活性化効果を有し，人的にも負荷が少ない次亜塩素酸を含み，カット野菜への効果が謳われている電解水[6][7]の新たな使用方法として，すでに鉱工業分野では汎用され，食品分野においても使用されているマイクロバブル[8]-[13]に比べて，報告例が少ないファインバブル化[14]した酸性電解水の利用として，カット野菜の除菌，ならびに鮮度について検討したので報告する。

2.　ファインバブル発生装置

　装置は当社が開発したファインバブル発生装置(NANO-AQUA MN-20型)を使用した。その発生方法は高速旋回方式を用いて，ファインバブルの成分は空気であり，その平均粒径は110 nm，体積分率1.0%のものを発生時間10 minの条件下で行った。また，ファインバブル

青果物の鮮度評価・保持技術

酸性電解水(以下,軟水に溶かした塩化カリウム水溶液を電気分解することにより,陰極側に生成する pH 3.0〜4.0 を有する酸性電解水をファインバブル化(以下,FB 酸性電解水))した。その中の有効塩素量はヨウ素試薬吸光光度法(有効塩素濃度測定キット:柴田科学㈱製 AQ-102P を使用)に準拠し透過吸収を測定したところ,濃度範囲 10〜60 mg/L のファインバブル酸性電解水を得た。その生成量は 10〜20 L/min である。

3. 試験水と試験方法

試験水としては生活用水である上水道(pH 7.83/24.3℃,ORP440 mV),酸性電解水(pH 3.01/24.6℃,ORP1110 mV,遊離残留塩素濃度 40 ppm)およびファインバブル酸性電解水(pH 3.05/24.6℃,ORP1095 mV,遊離残留塩素濃度 40 ppm)の 3 種類を使用した。なお,使用した pH メーターはポータブル pH/EC 計 WM-32EP(東亜ディーケーケー㈱社製)を,塩素濃度計は高濃度有効塩素濃度計 RC-2Z(笠原理化工業㈱社製)を使用した。また,使用した野菜(葉物および根菜類)は,スーパーなどで販売されている緑色葉茎菜類(サニーレタス,キャベツおよびボストンレタス),根菜類(ニンジンおよびダイコン)および果菜類(トマト,イチゴおよびスイカ)を試験体として用いた。なお,今回は除菌効果が顕著に認められたボストンレタスに対する処理方法を記述する。すなわち,ボストンレタスの葉 4 枚(約 7〜10 g 程度)に対し,バスポンプで約 50 L 吸い上げた上水道,酸性電解水およびファインバブル酸性電解水(バブル個数;0.34 E^8)でそれぞれ 2 分間流水洗浄した。その後,軽く水道水で水洗を行い試験体とした。なお,コントロールとして使用した無処理の葉についても軽く水道水で洗浄した。

4. 除菌効果と鮮度判定

各々の方法で洗浄した試験体(葉)を 1 分間ホモジナイズし検体とした。次いで,P.B.S(リン酸緩衝生理食塩水)で 10 倍量に希釈したものを試験水とした。その 1 mL を標準寒天培地に混釈法により塗布後,35℃で 48 時間培養し一般生菌数(コロニー数)をカウントした。また,それぞれの水で洗浄した葉を野菜専用の保存用袋に入れて冷蔵庫(野菜庫)に保管した後,3 日後の鮮度を目視した。なお,これらの試験を 3 回行い,コロニー数を平均した。

5. 結果および考察

地球温暖化の影響によると考えられる生活環境の変化により,年間を通じて身近なスーパーなどで購入した緑色葉茎菜類,根菜類および果菜類が関わった細菌性食中毒が増加している傾向がある。その主な理由として,最近の健康志向から生野菜を加熱処理ならびに発酵工程を経ずに,含有する成分の機能保持を重視し手軽に摂食できるという要因により食中毒が多発している。その対策として,調理前の洗浄と殺菌は必要不可欠であり,同時に加工工程での二次汚染についても,その対策が必要となっている。一般に次亜塩素酸ナトリウム(NaOCl)の水溶液などで処理しているのが現状である。そこで筆者らは,身近で入手容易なさまざまな野菜類に

-232-

ついての洗浄効果について検討した。今回，その中でも緑色葉茎菜類で葉形などを含むその形状から安定したデータが得られ，著しい効果が期待されると考えたサラダ菜で国内的にも人気のあるボストンサラダについて，酸性電解水およびファインバブル酸性電解水での洗浄を行い，その効果を明らかにした。すなわち，上水道水，安定した酸性水およびファインバブルを含む酸性水でボストンサラダを洗浄した後，一般生菌数の繁殖状況を観察した結果を図1に示す。入荷直後の葉に付着している一般生菌数は 5.5×10^5（log cfu/g）に対して，一般水道水で洗浄した葉では 1.5×10^4 の値を示し，洗浄による減菌傾向が見受けられるが，野菜を通じての食中毒の要因を拭い去れないものがある。そこで，酸性電解水とファインバブルを含む酸性電解水で洗浄した効果について比較した。

その結果，酸性電解水で洗浄（8.8×10^3）した場合よりもファインバブルを含む酸性電解水で洗浄した場合の方がその除菌効果に顕著な差が認められ，一般生菌数が 5.0×10^2 個に減菌することを確かめることができた。一方，食材の鮮度は現在，科学的な定義がなく，多くの緑色葉茎菜類，根菜類および果菜類の鮮度を外観（形状，表面色，硬さ，熟度，腐敗の有無および切口の変色），ならびに官能（硬さ，甘味，辛味および香り）検査によって，その総合評価が行われている。そこで今回の除菌効果の結果を踏まえて，露地栽培で多くのビタミンおよびミネラルを含むなどの特徴を有し，取り扱いやすさから人気のあるボストンレタスのファインバブル酸性電解水で洗浄処理した後の鮮度について検討した。無処理，上水道および酸性電解水で洗浄したボストンレタスを冷蔵庫の野菜庫に3日間保管した後の様子をファインバブルを含んだ電解水処理（FB）したものと比較したところ，特に無処理および上水道で洗浄されたボストンレタス葉の萎れ方や表面の色，手触りおよび包丁による切口は熟度が進み，切口は腐敗した様子が観察された（図2）。

筆者らが期待したファインバブルを含む酸性電解水での洗浄では，より顕著な鮮度維持が保持されている様子が感じられ，シャキシャキした歯ざわりの感触が残っていた。今回の実験で良好な結果が得られなかった野菜では，根菜類であるニンジン（抗菌作用を持つルテオリンを含む）およびダイコン（辛味成分である trans-4-メチルチナ-3-ブテニルイソチオシアナートを

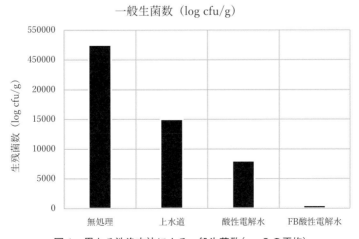

図1　異なる洗浄方法による一般生菌数（n＝3の平均）

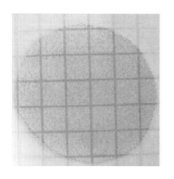
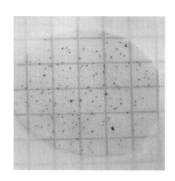
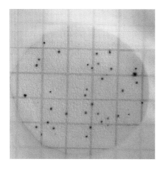
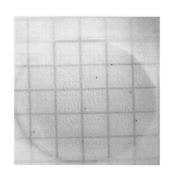

無処理　100倍希釈　　　　　　　　上水道　100倍希釈

酸性電解水　10倍希釈　　　　　　FB酸性電解水　10倍希釈

※口絵参照

図2　異なる処理方法での一般生菌繁殖の様子

含む)は，これらの化学成分による抗菌作用と表皮を洗浄後，皮を剥いて加熱調理することが多く，また，果菜類であるトマトおよびイチゴなどは，新たな生育環境(水耕栽培による植物工場)の下で生産されていることが多く，その除菌対策については十分に取られている。

　一次産業である農業における従来の栽培から収穫→洗浄→保管→出荷の各段階における管理法(GAP，GMPおよびGHP)により，品質保証と衛生的な取り扱いが指示されているが，最終の流通過程で二次汚染防止策として，今回のファインバブル酸性電解水での洗浄処理が施されれば，野菜が要因となった新たな食中毒の防止対策にもなり得るものである。このような農作物への幅広い洗浄利用が可能なことから，生体活性化効果が期待される。

文　献

1) 清水英世：生食用カット野菜の細菌汚染，岐阜市立女子短期大学研究紀要，**第55輯**，55-57(2005).
2) 長谷川ゆかり，中村優美子，外海泰秀，小畑満子，伊藤誉志男：細菌及び酵母に対する亜塩素酸ナトリウムの抗菌作用　食品添加物の有効性に関する研究(第1報)，食品衛生学雑誌，**30**，240-249(1989).
3) M. Abadias, J. Usall, M. Oliveira, I. Alegre and I. Vinas : Efficacy of neutral electrolyzed water(NEW)for reducing microbial contamination on minimally-processed vegetables, *International J. Food Microbiology*, **123**, 151-158(2008).

4) F. Forghani and D. H. Oh：Hurdle enhancement of slightly acidic electrolyzed water antimicrobial efficacy on Chinese cabbage, lettuce, sesame leaf and spinach using ultrasonication and water wash, *Food Microbiology*, **36**, 40-45(2013).

5) 太田義雄，高谷健市，中川禎人：次亜塩素酸ナトリウムによるキュウリの殺菌洗浄効果，日本食品科学工業会誌，**42**，661-665(1995).

6) 小関成樹，伊藤和彦：電解水によるカット野菜の洗浄・殺菌における物理的補助手段の併用効果　強酸性電解水を用いたカット野菜の殺菌(第3報)，日本食品科学工学会誌，**4**，914-918(2000).

7) 山口庸子，中村弥生：マイクロ・ナノバブル水の洗浄に関わる基本性能，共立女子短期大学生活科学科紀要，**57**，15-21(2014).

8) 阿久澤博之，天谷賢児，舩津健人，高草木文雄，田部井勝稲，野田佳久：マイクロバブル流による円管内壁の洗浄効果に関する研究，混相流，**24**，454-461(2010).

9) A. Ushida, T. Hasegawa, K. Amaki and T. Narumi：Effect of Microbubble mixtures on the washing rate of surfactant solutions in a swirling flow and an alternating flow, *Tenside Surfactants Detergents*. **50**, 332-338 (2013).

10) 立花克郎，入江豊，小川皓一：超音波の治療への応用，超音波医学，**33**，631-639(2006).

11) H. Kato, K. Miura, H. Yamaguchi and M. Miyanaga, ：Experimental study on microbubble ejection method for frictional drag reduction, *J. Marine Science and Technology*, **3**, 122-129(1998).

12) S. Deutsch, M. Money, A. A. Fontaine and H. Petrie：Microbubble drag reduction in rough walled turbulent boundary layers with comparison against polymer drag reduction, *Experiments in Fluids*, **37**, 731-744(2004).

13) W. C. Sanders, E. S. Winkel, D. R. Dowling, M. Perlin, S. L. Ceccio：Bubble friction drag reduction in a high-reynolds-number flat-plate turbulent boundart layer, *J. Fluid mechanics*, **552**, 353-380(2006).

14) 新井喜博：加速するファインバブル技術の産業化，ARCリポート(㈱旭リサーチセンター)，18-21(2016).

第7章 鮮度保持技術

第3節 新しい鮮度保持技術

第5項 熱ショック処理

茨城大学 佐藤 達雄

1. 熱ショック処理の定義

1.1 高温処理

　鮮度保持を目的として収穫後の青果物を高温環境に暴露処理することは，高温処理あるいは熱処理と呼ばれている。高温処理は品目や部位，目的に応じて一般に35〜60℃程度の温度で数十秒〜数時間行われ，処理方法としては保蔵庫の温度を上げる方法，温湯浸漬，温湯散布，スチーム処理などの方法がある。高温処理には多面的なメカニズムがあることが知られている。熱エネルギーの物理的な効果として，対象物の洗浄，消毒作用がある。これには温湯などを用いて付着細菌を消毒したり作物の分泌液を洗浄したりするものであり，微生物の密度を減らすとともに青果物表面を清潔に保ち，微生物の繁殖を抑制する効果がある。この場合，処理の対象となるのは主として微生物であり，青果物に対して生理的反応を期待するものではないため，青果物表面の耐熱条件の範囲内で消毒，洗浄効果を勘案し適切な温度，時間等の処理条件が決定される。

1.2 熱ショック処理

　高温は植物に一種の環境ストレスとして作用する。植物は受けたストレスからの回復や順化，あるいはその過程で起きる交差反応によってさまざまな機能が活性化あるいは抑制される。これに期待し，人為的な高温処理が行われることがある。鮮度保持のための高温処理の応用の1つであるが，物理的効果を狙った処理と区別するため，ここでは熱ショック処理と呼ぶ。本稿では熱ショック処理を主として扱う。青果物表面の微生物対策と異なり青果物の生理的機能にまで影響を与えるため，処理条件は前者とは異なる。

2. 熱ショック処理の原理

2.1 熱ショックによる遺伝子発現のメカニズム

　現在のところ熱ショック処理が青果物の保鮮に果たす役割について体系的な知見に乏しいが，一般に熱ショックに暴露された細胞では活性酸素種などのシグナルが集積し，これらがトリガーとなってストレス耐性や生体防御関連遺伝子のアップレギュレーション，ダウンレギュレーション，あるいは酵素活性の調節が起きているものと考えられる。熱ショックによる遺伝子発現の模式図を図1に示した。環境ストレスや病害ストレスからの防御に関連する遺伝子

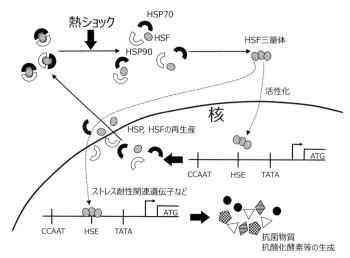

図1 熱ショックによる遺伝子発現の模式図

の中には，プロモーター領域に熱ショックエレメント（HSE：Heat shock element）と呼ばれる特異的な塩基配列を持つものがある。これは一般に 5'-nGAAnnTTCn-3' を最小モチーフとしており，熱ショック転写因子（factor）の結合サイトとなる。HSF は通常時は HSP70，HSP90 と結合して不活性の状態で細胞質内に存在している。細胞が熱ショックに暴露されるとこの結合が解消され，遊離した HSF 同士が結合して三量体となり活性化する。これが核膜を透過して核内に進入し，各遺伝子の HSE に結合して遺伝子発現をアップレギュレートする。

2.2 熱ショックによって発現する遺伝子

Sato et al.[1] は水稲において抗酸化酵素の1つアスコルビン酸ペルオキシダーゼ遺伝子が上流域に HSE を持つことを見出した。そこで高温処理で発現レベルを上げ，低温による活性酸素種の集積を回避することによって低温障害から作物体を保護できることを明らかにした。Arofatullah et al.[2] はトマトにおいて PR1，キチナーゼ，β-1,3 グルカナーゼなどの病原菌感染特異的タンパク質遺伝子も HSE を持ち，熱ショックにより発現を誘導できる可能性を示唆した。さまざまな植物で各種遺伝子の上流域に HSE に類似する配列が見つかっており，これらは種を超えた普遍的なメカニズムであると考えられる。

3. 熱ショック処理の具体的事例

3.1 イチゴ果実における熱ショック処理の効果

八分着色で収穫直後のイチゴ'とちおとめ'の果実を50℃の温湯に浸漬したときの灰色かび病発生ならびに外観の変化に及ぼす影響を図2に示した。灰色かび病は冬期間のイチゴ施設栽培における主要病害の1つであり，収穫後にも発生する。無処理ではすでに灰色かび病が果実全体に広がり，10秒処理でも一部に発生が見られる。また，20秒ならびに40秒処理では灰色かび病は確認できないが果実表面の光沢が失われている。これに対し80秒処理ならびに

第7章　鮮度保持技術

図2　温湯浸漬がイチゴ果実の腐敗に及ぼす影響
処理温度：50℃，室温で10日間保存後

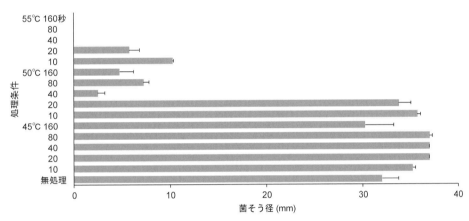

図3　温湯浸漬が灰色かび病菌の菌糸伸長に及ぼす影響
直径5mmの菌そうを温湯浸漬後，ポテトデキストロース寒天培地に置床3日後（n＝4）

160秒処理では光沢が保たれている。図3では温湯浸漬が灰色かび病菌の菌糸伸長に及ぼす影響を示した。灰色かび病菌菌糸が死滅するのは55℃で40秒以上の処理を行った時のみであり，50℃で20秒では菌糸の伸長は無処理と変わらず，40秒以上でも生存している。したがって温湯の消毒効果だけでは鮮度保持効果を説明できず，熱ショックが果実に作用し果実の成熟や老化を抑制していることがわかる。

3.2　青果物に対する熱ショック処理に関する既往の報告

必ずしも各種青果物について前項との関係が明らかにされたわけではないが，さまざまな作物で報告されている効果を表1にまとめた。品目については葉菜類，果菜類，果樹など広範囲にわたっている。処理方法は温風を当てる方法，温湯に浸漬する方法の2種類に大別され，温風の場合は45～50℃程度で2～3時間，温湯浸漬の場合は数分の処理が多い。実用的にみて温湯浸漬の方が対象物の品温上昇が早く，短時間かつ斉一な条件で処理を行うことができるが，大量の温湯を使用すること，処理後に濡れた状態が続くと微生物の繁殖などによる腐敗を招きやすいことなどの問題がある。温風の場合，コストがかからず大量の対象物を同時に処理

青果物の鮮度評価・保持技術

表1　青果物に対する熱ショック処理の事例

品　目	処理方法	処理条件	効　果	報告者
ブロッコリー	温風	50℃，2～3時間	20℃保管での色彩維持，エチレン発生抑制（ACCからエチレンへの変換抑制）	Terai et al.[3]
	温風	50℃，2時間	クロロフィル分解酵素抑制	Fukumoto et al.[4]
	温風	48℃，3時間	0℃保管での色彩維持，電解質漏出抑制，老化，組織損傷防止	M. L. Lemoine et al.[5]
アスパラガス	温湯浸漬	47.5℃，2～5分	湾曲防止	Paull and Chen[6]
	温湯浸漬	55℃，2～3分	アントシアニン合成阻害	Anastasios et al.[7]
	温湯浸漬	55℃，3分	エチレン発生抑制，着色防止	Anastasios et al.[8]
タイム	温湯浸漬	50℃，20秒	抗菌活性を有する精油成分合成の促進	Eguchi et al.[9]
マンゴー	温風	50℃，10分	炭疽病抑制，重量減少低下，呼吸速度低下，外観品質低下	広瀬ほか[10]
	温湯浸漬	60℃，40秒	炭疽病防除，果皮の品質は低下するが果肉は品質低下せず	照屋ほか[11]
イチゴ	温風	42～48℃，3時間	貯蔵性向上，腐敗防止，軟化抑制，着色抑制	Civello et al.[12]
	温風	45℃，3時間	発色遅延，重量減少防止，硬度維持，腐敗防止	Vicente et al.[13]
	温風	45℃，3時間	腐敗減少，抗酸化能向上	Vicente et al.[14]
	温風	45℃，3時間	硬度維持	Martinez and Civello[15]
モモ	温風	37℃，12～16時間	果実硬度維持，質量損失減少	Zhou et al.[16]
	温湯浸漬	48℃，10分	ストレス，生体防御関連タンパク質の増加	Zhang et al.[17]
カンキツ	温湯浸漬ドレンブラッシング	52℃，2分　60℃，10秒	重量減少防止，硬度維持，軟化抑制，着色維持	Rodov et al.[18]

できるメリットがある一方で処理開始から品温が目的温度に達するまでのタイムラグがあること，また青果物に由来する水分も含め湿度により加温効率が影響を受けること，容器の形状，配置などにより気流の死角が生じやすいことなどが課題である。

　期待される効果として，一般的にエチレン生成，クロロフィル分解による退色，アントシアニン合成，成熟，老化，細胞壁軟化，呼吸量などについて熱ショック処理は抑制的に働く。一方で抗菌活性，抗酸化能などは向上する。可食部を用いた事例ではないものの，熱ショック処理を行ったキュウリ（芳野ほか）[19]，メロン（Widiastuti et al.）[20]，イチゴ（Widiastuti et al.）[21]，トマト（Arofatullah et al.）[2]の葉にはサリチル酸の集積と，サリチル酸によってアップレギュレートされる病原菌感染特異的タンパク質や抗酸化酵素などの遺伝子発現が認められている。サリチル酸は植物の耐熱性誘導に関与するとともに病原菌が感染した植物の個体で全身的な抵抗性を誘導するシグナルであり，ジャスモン酸/エチレンやアブシジン酸と拮抗的に作用することが知られている。これらのことから可食部においても熱ショック処理によって同様なメカニズムにより抗菌活性の向上，エチレン生成の抑制やこれに伴う成熟，老化の遅延効果が得られている可能性が考えられる。

－240－

4. 熱ショック処理の課題

4.1 栽培条件と熱ショック処理条件

植物にとって熱ショックは環境ストレスの一種であることから生育期間中に高温に遭遇するとストレスからの回復や順化反応が起きる。すなわち栽培前歴によって収穫後の熱ショック処理に対する反応が異なる可能性がある。冬季の最高温度10℃以下の露地圃場と夏季の最高気温45℃以上のビニールハウスで生産された青果物を同じ条件で処理しても同じ結果にならない。これは鮮度保持のみならず処理後の高温障害の発生についても同様であり，特に低温期に栽培した作物では熱ショック処理のストレスは大きいため処理条件を精査する必要がある。

4.2 潜在的な有害性

パセリでは熱ショック処理により栽培中のうどんこ病の抑制，収穫後の鮮度保持効果が期待できる。図4にパセリの温湯浸漬処理後のParsleyPR2遺伝子発現量の増加を示した。ParsleyPR2はリボヌクレアーゼ活性を持ち病原菌感染特異的タンパク質のPR-10ファミリーに分類されることから，本遺伝子の発現レベル上昇はパセリの抗菌活性の向上に寄与しているものと考えられる。一方でPR-10ファミリーは食物アレルギーのアレルゲンとしても重大なものである。

ParsleyPR2のアミノ酸配列と相同性を持つメジャーアレルゲンとして表2のようなものがある。多くのペプチドは易消化性のため，それ自身は感作抗原となりにくいが，すでに他の類似抗原で感作が成立してしまっている場合は誘発抗原として口腔アレルギー症候群の原因となる。異なる植物種に由来するペプチドが同じアレルゲンとして認識されるため原因がよくわからないこともある。また花粉症との関係も指摘される[22]。作物育種で病害抵抗性やストレス耐性を改良しようとする際も同様の懸念があり，現時点では具体的な症例の報告はないと思われるが，安全性評価については今後の対応が必要であると考えられる。

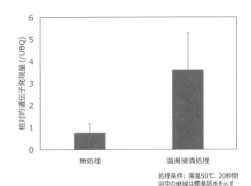

図4 温湯浸漬処理がパセリPR2遺伝子の発現に及ぼす影響

表2 ParsleyPR2のアミノ酸配列と相同性を持つメジャーアレルゲン

植 物	抗 原
クリ(花粉)	Cas s 1
ヨーロッパブナ(花粉)	Fag s 1
キウイフルーツ，オーク	Bet v 1
イチゴ	Fra a 1
リンゴ	Mal d 1
セロリ	Api g 1
ニンジン	Dau c 1

文　献

1) Y. Sato et al. : *J Exp Bot*, **52**, 145(2001).

2) N. A. Arofatullah et al. : *Agronomy*, **9**, 2(2019).

3) H. Terai et al. : *Food Preserv Sci*, **25**, 221 (1999).

4) Y. Fukumoto et al. : *Postharvest Biol. Technol*, **24**, 163(2002).

5) M. L. Lemoine et al. : *LWT-Food Sci Technol*, **42**, 1076(2009).

6) R. E. Paull and N. J. Chen : *Postharvest Biol. Technol*, **16**, 37(1999).

7) S. S. Anastasios et al. : *Postharvest Biol. Technol*, **38**, 160(2005).

8) S. S. Anastasios et al. : *Innov Food Sci Emerg*, **11**, 118(2010).

9) Y. Eguchi et al. : *Physiol Mol Plant Path*, **94**, 83(2016).

10) 広瀬直人ほか：日食保蔵誌, **34**, 267(2008).

11) 照屋亮ほか：園学研, **11**, 265,(2012).

12) Civello et al. : *J. Agric. Food Chem*, **45**, 4589 (1997).

13) A. R. Vicente et al. : *Postharvest Biol. Technol*, **25**, 59(2002).

14) A. R. Vicente et al. : *Postharvest Biol. Technol*, **40**, 116(2006).

15) G. A. Martinez and P. M. Civello : *Postharvest Biol. Technol*, **49**, 38(2008).

16) T. Zhou et al. : *J. Food Eng*, **54**, 17(2002).

17) L. Zhang et al. : *J. Proteom*, **74**, 1135(2011).

18) V. Rodov et al. : *Postharvest Biol. Technol*, **20**, 287(2000).

19) 芳野ほか：園学研, **10**, 429(2011).

20) A. Widiastuti et al. : *Physiol Mol Plant Path*, **82**, 51(2013).

21) A. Widiastuti et al. : *Physiol Mol Plant Path*, **84**, 86(2013).

22) 片田彰博：口腔科, **27**, 35(2014).

第7章　鮮度保持技術

第3節　新しい鮮度保持技術

第6項　電解水処理技術あるいはストリーマ技術による微生物制御

大阪府立大学名誉教授/帝塚山学院大学　阿部　一博

1. 青果物の生命活動と微生物

　青果物は収穫されることで，個体の生命維持や生理代謝に必要な物質の供給が断たれた状態となり，しかも個体内には圃場での栽培期間中からさまざまな微生物が存在した状態であるが，収穫後も一定期間は生理機能が作用して生命活動を行っている。つまり，生命活動を行っている青果物内には多数の微生物が存在・共存した状態であるが，個体内の微生物に対する抵抗物質が多くて生命維持能力が高い場合は，微生物の生育を抑制している。しかし，青果物が老化したり，あるいは外部からの物理的損傷を受けたり，カット野菜製造時のように切断などのストレスを受けると共存・拮抗していた微生物の生育が促進されて，腐敗につながる。

　筆者が，栽培・流通条件が異なるニンジンに存在する一般生菌数を調べたが，収穫直後と流通過程のニンジンには，産地・品種・栽培条件が異なっても，組織別の一般生菌数が，皮層部＞師部＞形成層部≧木部であり，無菌状態のニンジンは存在しなかった[1]。

2. 電解水処理技術による品質保持と微生物制御

2.1　電解水の特性

　電解水が世に出て30余年が経ち，電解水という言葉は多くの分野でかなり普及しているが，適切に理解されていない場合があるので簡単に解説する[2]。電解水は，水に各種電解助剤（食塩，塩酸，乳酸カルシウムなど）を加えて電気分解して得られる水溶液で，飲用・調理用に利用されるものと洗浄・除菌を目的に利用されているものがある。

　これらの中で，洗浄・除菌を目的として食品分野の衛生管理に使用される電解水として，酸性電解水・アルカリ性電解水・電解次亜塩素酸ナトリウム水があり，殺菌作用を有する。1998年に電解次亜塩素酸ナトリウム水が，食品に使用できるようになり，その後，2004年に次亜塩素酸水として，強酸性電解水ならびに微酸性電解水が食品添加物として指定された。

　本稿では，筆者が共同研究を行ったホシザキ㈱が製造・販売している機器から生成された強酸性電解水と強アルカリ性電解水が，圃場での栽培中に使用された場合の効果ならびに青果物の収穫後の微生物制御や品質保持に及ぼす効果についての総合的な共同研究の成果を記述する。

青果物の鮮度評価・保持技術

2.2　電解水処理による農業生産管理

　　農業生産活動では栽培の初期段階での種子の選別が重要であるが，親個体からの微生物を種子内に受け継いでいるので，種子消毒を行うことが多い。

　　種子消毒に強酸性電解水が効果的であり[3]，水稲種籾消毒や馬鹿苗病防除に効果があること[4]，圃場での散布はトマトとキュウリのうどんこ病の防除に効果があること[5]，栽培中に発生するイチゴ灰色かび病やキュウリ炭疽病に対する強酸性電解水散布防止効果があるが散布を中断すると症状が再現すること[6]，などが報告されている。

　　農業生産現場における聞き取り調査[7]においても，ミツバ・ニラ・ネギ・トマト・イチゴ・ナシなどの栽培中や収穫物の出荷調整時に強酸性電解水や強アルカリ性電解水を利用すると生産量が増加し，生産物の品質が向上すると共に，流通適性も高まることもあることが明らかとなった。

　　カイワレダイコンは生食されることが多く，収穫直後のカイワレダイコンの一般生菌数は，根≧子葉＞胚軸であるが，生食の場合は微生物がそのままヒトの体内に入る。カイワレダイコンの種子を強酸性電解水で処理すると発芽・生育したカイワレダイコンの生菌数が減少し，種子消毒時の強酸性電解水の温度が低いほど微生物数が減少することも明らかとなっている[8]。

2.3　栽培中の電解水処理による微生物制御と収穫量増加効果

　　電解水を養液栽培の培養液として使用する場合に，強アルカリ性電解水濃度が高い場合には根腐れが生じて全く生育しないが，希釈して使用するとミツバの生育促進効果があり，収穫量も増加した[9]。また，ミツバ栽培中に葉面散布を行うと収穫量が増加した[10]。ネギの養液栽培中に強酸性電解水と強アルカリ性電解水の交互散布を行うとネギの生菌数の抑制と収穫量が増加する効果があることが報告されている[11]。

2.4　電解水処理による青果物の微生物制御
2.4.1　青果物とエディブルフラワーの除菌効果

　　ニンジンの一般生菌数は[1][12]，表層部：$10^{5～6}$，師部：$10^{3～4}$，木部：$10^{2～3}$であり，強酸性電解水で処理するとそれぞれの部位で1～1.5オーダーの減少効果はみられたが，内部の減少は表層部が減菌されたことで，切断時の内部への微生物的な汚染が軽減されたためである。また，カイワレダイコンの一般生菌数は[8]，根：$10^{6～7}$，子葉：$10^{6～7}$，胚軸：$10^{5～6}$であり，強酸性電解水で処理すると，根：$10^{5～6}$，子葉：$10^{5～6}$，胚軸：$10^{4～5}$となり，軽減効果がみられたが，ニンジンと同様に減菌効果には限界がみられた。

　　サラダなどに使用される装飾用や生食用のエディブルフラワーならびに葉物の生菌数は，他の農産物とほぼ同じであった。花弁や葉などは組織が薄く，強酸性電解水による生菌数減少効果は大きいと思われたが，他の農産物と同様に1～1.5オーダー程度の減菌効果であった[13][14]。

2.4.2　カット青果物の除菌効果と生理・化学的変化に及ぼす影響
2.4.2.1　処理による除菌効果

　　カット青果物は切断ストレスを受けているので，生理・化学的変化が顕著であり，生体内に

－ 244 －

存在している微生物の生育も顕著となる。生理・化学的変化を抑制するために低温管理が有効であり，微生物の生育もある程度は抑制される。

カット青果物製造時には切断面における組織や細胞の破壊が顕著で，微生物は切断面で増殖を始めるので水や次亜塩素酸ナトリウム水などで洗浄が行われている。

市場での流通量が多いカットキャベツへの強酸性電解水処理の効果を調べると，除菌効果は次亜塩素酸ナトリウム水処理と同等であり，官能検査においても味に差が無く，臭いの発生もないことを明らかにし，カットキャベツのトリハロメタン生成の生成が無いことを明らかにした[15]。外食産業を想定した大量のカットキャベツに大腸菌を接種して除菌効果を調べると，カットキャベツを低温管理すると官能検査で良好と判断されても接種後8時間を経過すると殺菌効果はみられないことを明らかにした[16]。

市販密封サラダと持ち帰り用に盛られたサラダを電解水処理すると前者の除菌効果は低かったが，後者は除菌効果がみられた[17]。つまり後者の場合には販売ディスプレイ中や盛り付け時に二次汚染された可能性があり，カット青果物の低温管理と同時に販売者への衛生管理教育の必要性が明らかとなった。

製造工場で多量に生産されているカットネギに強酸性電解水処理を実施すると，一般生菌数では処理前が$10^5 \sim 10^6$であったが処理後に$10^4 \sim 10^6$に減菌され，大腸菌群では$10^4 \sim 10^6$を陰性～10^4に減菌する効果がみられた[18]。しかし，共焦点蛍光レーザー顕微鏡によって強酸性電解水処理を行ったカットネギの微生物の存在状態の観察を行うと，切断面や表皮の微生物密度は低くなるものの組織内部の微生物の減少効果は少ないことを明らかにした[19]。

一般的には青果物の内部では微生物は維管束組織や細胞間隙などに存在し，表面では表皮を保護するクチクラ層などの表面や間隙に存在している。カット青果物に対する強酸性電解水による除菌操作によって，破壊された切断面やクチクラ層の表面に存在する微生物を減少させる効果はみられるものの減菌効果には限界がある。

除菌効果を上げるために，ミツバの葉身[20]と切断形状の異なるカットキャベツ[21]に強酸性電解水処理を行う時に超高速振動を併用すると除菌効果は向上した。また，ニンジンの師部や木部からディスクを調製して，強酸性電解水に浸漬して吸引脱気処理することで細胞間隙への電解水の浸透を促進すると除菌効果は向上した（**図1**）[12]。

2.4.2.2　処理による生理・化学的変化

ニンジンから調製した師部や木部のディスクに吸引脱気処理の併用で細胞間隙に強酸性電解水を浸透させると細胞間隙に存在する微生物の除菌効果はみられたものの，細胞間隙が強酸性電解水で満たされた状態になったので，ディスクの呼吸量が増加した[12]。ストレスを受けた青果物では呼吸量が増加し，品質劣化は顕著になるので，十分な品質管理の手段を施さなければならない。

強酸性電解水と超高速振動の併用によりミツバの除菌効果が上がったが，クロロフィル含量も維持されたので，強酸性電解水処理によって葉菜類の重要な品質である緑色保持効果も上がることが明らかとなった[20]。

未熟バナナ果実から輪切り切片を調製して，強酸性電解水処理後に20℃で貯蔵すると切断面の微生物数が減少して，果皮のクロロフィル減少抑制と果肉の還元糖の増加抑制の効果がみ

－245－

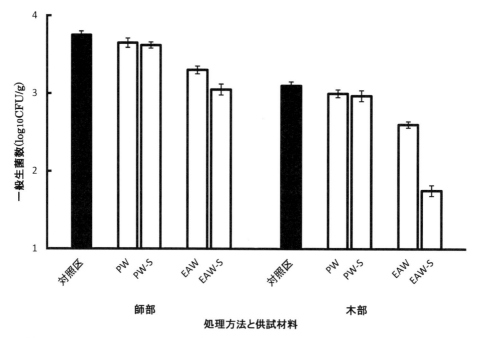

図1 ニンジンから調製したディスク（師部と木部）の微生物密度に対する純水あるいは強酸性電解水による洗浄と吸引脱気の効果
PW：純水洗浄，PW-S：純水と吸引脱気，EAW：強酸性電解水洗浄，EAW-S：強酸性電解水と吸引脱気

られた。これらの変化はバナナ果実の追熟時に起きる現象であり，強酸性電解水が追熟抑制に効果があることが示唆された[22]。エチレン処理されたバナナ果実切片においても，同様の現象が観察され，切断面の酵素的褐変も抑制された[23]。

このように強酸性電解水の処理は，微生物の軽減効果のみならず，生理・化学的変化にも効果があることを明らかにした。

3. ストリーマ技術による品質保持と微生物制御

3.1 ストリーマ技術の特性

強酸性電解水による青果物の微生物制御に関する研究を行っているが，液体である強酸性電解水が組織内に浸透し難いため，青果物の表面における殺菌効果はみられるものの細胞間隙や維管束あるいはクチクラ層の内部に存在する微生物の殺菌は困難である。しかし，オゾンは気体であるために組織内部に浸透しやすく，殺菌効果があるが，実用的なオゾン処理時には厳重な濃度管理が必要とされている。

プラズマ放電の1つであるストリーマ放電は電極間全体が電離空間となる放電形態であり[24]，ストリーマ放電は強い高速電子を広い範囲に多量に供給して高い殺菌性がある[24,25]ので，安全性が確認されたうえで一般家庭の空気清浄機や空調機に組み込まれている。なお，ストリーマ放電による殺菌作用は，放電で生成された高速電子が酸素や窒素を励起状態にした活性種を生じ，酸化分解能力がある活性種が殺菌効果を有するためであると報告されている[24]。

ストリーマ放電の活性種による殺菌効果に注目して，ダイキン工業㈱と共同研究[26]を行ったので，研究成果を本稿で記述する。

3.2 ストリーマ技術による微生物制御と品質保持効果

3.2.1 ストリーマ放電で生成した活性種による殺菌効果

ストリーマ放電ユニットで生成された活性種を青果物に照射した場合の殺菌作用を調べるために，ストリーマ放電ユニットで発生した活性種をシャーレ上のホウレンソウ切片に直接照射できるように設置して生菌数の変化を調べた。

照射前のホウレンソウ切片の生菌数は 6.4 ± 0.1（$\log_{10}$CFU/g，以下単位省略）であったが，ストリーマ放電で生じた活性種による殺菌処理では，30分：5.9 ± 0.1，60分：5.2 ± 0.1，120分：5.1 ± 0.2 であり，水洗（30秒）：6.0 ± 0.1 より除菌効果が高く，強酸性電解水（30秒）：5.2 ± 0.1 とほぼ同等の殺菌効果があることを明らかにした。照射2時間後のホウレンソウ切片では，組織の破壊や緑色の退色などは全くみられなかった。

3.2.2 ストリーマ技術による微生物制御と品質保持効果

通常の空気が循環する対照区，ストリーマ放電を受けた空気が循環するストリーマ区，オゾン（0.1 ppm）を含む空気が循環するオゾン区を設定し，3区とも貯蔵温度を20℃とした。

パセリ，ミョウガ，ホウレンソウ，ナス，ミニトマト，キュウリ，レモン，オレンジ，スダチ，サクランボでは，3日間の貯蔵中にほとんど外観変化が認められなかった。ネギ，レタス，サヤエンドウは2日目に萎凋が認められ，モヤシは2日目に腐敗した。14品目ともに3区間の差異はみられなかった。

シソ，ピーマン，サヤインゲン，巨峰，デラウエアブドウは，貯蔵3日間では対照区とストリーマ区では，ほとんど外観変化が認められなかった。しかし，オゾン区では，シソ：褐色の斑点発生，ピーマン：ガクの褐変，サヤインゲン：全体が褐色に変色，巨峰とデラウエアブドウ：果梗の褐変，が認められ品質低下が明らかであった。

ブロッコリーでは，ストリーマ放電を受けた環境ガスで貯蔵すると，対照区やオゾン区より花蕾の黄化の進展と生菌数の増加が遅れて，アスコルビン酸含量とクロロフィル含量の減少が抑制され，緑色青果物の黄化時に観察される遊離アミノ酸含量の増加が遅れた。

ストリーマ技術では，ストリーマ放電で生成した活性種によって無菌状態となった空気が庫内を循環するので，青果物の品質保持に対する効果は少ないと思われたが，庫内のエチレンガスが除去され，ブロッコリーは自身が有する微生物の影響を受けやすくて品質変化が顕著なので，品質劣化抑制の効果がみられた。

文　献

1) 阿部一博，阿知波信夫，安藤愛，島昭二，草刈眞一：日本食品保蔵科学会誌，**30**(6)，277 (2004).

2) 阿知波信夫：防菌防黴誌，**32**(1)，41 (2004).

3) N. Achiwa and K. Abe：*J. Japan. Soc. Agri. Tech. Manag.*，**10**(2)，107 (2003).

4) 草刈眞一，阿知波信夫，阿部一博：防菌防黴誌，**32**(12)，581(2004)．

5) 草刈眞一，阿知波信夫，阿部一博：近畿中国四国農研，**80**，16(2006)．

6) 草刈眞一，阿知波信夫，阿部一博，岡田清嗣：関西病害虫研究会報，**55**，17(2013)．

7) N. Achiwa et al.：*Vegetarian Research*，**7**，13(2006)．

8) 阿部一博，金谷和俊，塩崎修志，草刈眞一，岡井康二，島昭二，片寄政彦，吉田恭一郎，阿知波信夫：日本食品保蔵科学会誌，**35**(3)，115(2009)．

9) K. Abe et al.：*Food Preser. Sci.*，**30**(6)，281(2004)．

10) N. Achiwa et al.：*Food Preser. Sci.*，**29**(4)，203(2003)．

11) N. Achiwa et al.：*Food Preser. Sci.*，**31**(1)，15(2005)．

12) 阿部一博，阿知波信夫：日本食品保蔵科学会誌，**39**(6)，319(2013)．

13) 阿部一博，山下祐加，小菅亜希子，芝原広恵，笹本真季子，塩崎修志，島昭二，下山亜美，岡井康二，阿知波信夫：ベジタリアン・リサーチ，**10**，45(2009)．

14) 阿部一博，山下祐加，塩崎修志，嘉悦佳子，島昭二，下山亜美，岡井康二，阿知波信夫：日本食品保蔵科学会誌，**37**(1)，13(2011)．

15) N. Achiwa et al.：*Food Preser. Sci.*，**29**(6)，341(2003)．

16) N. Achiwa et al.：*Food Preser. Sci.*，**30**(2)，69(2004)．

17) N. Achiwa et al.：*Food Preser. Sci.*，**30**(4)，185(2004)．

18) 吉田恭一郎，阿知波信夫，片寄政彦，小関成樹，五十部誠一郎，阿部一博：日本食品科学工学会誌，**52**(6)，273(2005)．

19) 吉田恭一郎，阿知波信夫，片寄政彦，木澤由美子，小関成樹，五十部誠一郎，阿部一博：日本食品科学工学会誌，**52**(6)，266(2005)．

20) 阿部一博，嘉悦佳子，阿知波信夫：日本食品保蔵科学会誌，**38**(6)，329(2012)．

21) 阿部一博，嘉悦佳子，阿知波信夫：ベジタリアン・リサーチ，**13**，5(2012)．

22) 阿部一博，嘉悦佳子，石丸佳奈子，塩崎修志，草刈眞一，岡井康二，島昭二，片寄政彦，吉田恭一郎，阿知波信夫：日本食品保蔵科学会誌，**36**(2)，59(2010)．

23) 阿部一博，嘉悦佳子，阿知波信夫：日本食品保蔵科学会誌，**38**(6)，321(2012)．

24) 香川謙吉：防菌防黴，**39**，343(2011)．

25) 札元泰輔，波平隆男，勝木淳，秋山秀典，今久保知史，真島隆司：電気学会論文誌A，**126**，669(2006)．

26) 阿部一博，大霜清典，江口悟史，西岡克浩：日本食品保蔵科学会誌，**39**(5)，208(2013)．

27) 緒方邦安編：青果保蔵汎論，建帛社(1977)．

28) 岩田隆他：食品加工学，理工学社(1996)．

29) 園芸学会編：新園芸学全編，養賢堂(1998)．

30) 長谷川美典編：カット野菜実務ハンドブック，サイエンスフォーラム(2002)．

31) 矢澤進編：野菜新書，朝倉書店(2003)．

32) 泉秀実編：カット野菜　品質・衛生管理ハンドブック，サイエンスフォーラム(2009)．

33) 茶珍和雄編：園芸作物保蔵論，建帛社(2016)．

34) 長澤治子編：食べ物と健康，医歯薬出版(2019)．

第7章　鮮度保持技術
第3節　新しい鮮度保持技術

第7項　高性能冷蔵コンテナ利用低温貯蔵技術

岡山大学　福田　文夫　　岡山大学　河井　崇
岡山大学/(現)岡山県農林水産総合センター　深松　陽介　　京都大学　中野　龍平

1. はじめに

　日本産果物の国内需要の掘り起こしやアジア圏への輸出拡大を目指すうえで，いくつかの果樹でみられる収穫期と国内外の高需要期とのずれを解消することは，重要な課題といえる。筆者らは，農林水産省生研支援センターの「革新的技術開発・緊急展開事業」(うち地域戦略プロジェクト)の支援を受け，なるべく簡便かつ安価に収穫期から高需要期まで供給期間を延長する低温貯蔵技術の開発を実施した。すなわち，冷蔵コンテナ型の鮮度保持装置(㈱デンソー，futecc，20フィート型，図1)を導入して，コンテナ内温度を精密に制御することが岡山県産のモモやブドウの貯蔵状態に及ぼす影響を評価するとともに，ブドウ'シャインマスカット'については，生産組織主体の大規模な長期貯蔵実証も行った。本項では，高性能冷蔵コンテナ装置の貯蔵に関係する特徴を紹介するとともに，これらの貯蔵事例を基に，高性能冷蔵コンテナ利用低温貯蔵技術を紹介する。

装置表面（扉面）

装置裏面

図1　高性能冷蔵コンテナの様子
庫内の奥面から吸い込まれた空気が装置裏面に設置されたツイン冷却器で冷却され，保管庫の下を抜けて扉面で冷却空気が噴出する構造となっている。温度などは装置裏面の制御パネルで設定する。

青果物の鮮度評価・保持技術

2. 高性能冷蔵コンテナの概要と試験貯蔵温度条件下での 温湿度・電力使用量の把握

　従来は，冷蔵庫の温度振れのために，凍結障害が発生するために，0℃付近での貯蔵は困難であった。近年，冷蔵機器の性能が向上し，0℃付近での貯蔵が可能となり，青果物によっては通常の5℃付近の温度帯よりも鮮度保持に有効であることが報告されている。しかしながら，一般に温度振れの小さい精度の高い冷蔵施設は高額であり，産地への導入が難しい。一方，海上輸送用の冷蔵コンテナは，20 または 40 フィートサイズとサイズが固定されるが，5〜10 トン程度の貯蔵が可能であり，冷蔵施設と比べて安価で，小さな生産組織でも導入しやすい。

　導入した鮮度保持装置は，海上輸送用の冷蔵コンテナの冷却機能を高め，かつ精密な温度制御によって，簡便な管理でも鮮度保持期間を長くすることを目標としているものである。インバータ制御されたツイン冷却機で，庫内温度に設定された空気をすばやく作出するとともに，コンテナ奥の噴き出し部から底面を金属板で覆うことにより，その冷却された空気が，底面を通り，空気取り込み口と逆側の扉部から放出されて庫内を循環する。そのため底面伝導的に貯蔵物や庫内空気を冷やすことができる。また，通気ダクトを閉めておくことで，外気の導入は少なくなり，庫内の湿度は高く保たれるため，貯蔵物の水分ロスも小さいと考えられている。

　このような装置を用いて，ブドウの長期貯蔵を中心に有効性が検討されている0℃を筆者らは貯蔵温度とした[1]。5℃前後の貯蔵では低温障害を生じやすいモモでも，近年注目されている温度帯である[2,3]。果実はいずれの種も糖類を中心に溶質を多く含有しているため，−1℃程度までは凍結障害を引き起こすことがなく，貯蔵温度が低いほど品質を高く保つ期間が長いことが知られている。しかしながら，ファンによる強制循環型の一般的な冷蔵庫では，設定温度よりも著しく低い温度の冷気を作成し循環させることから，0℃設定では長期の貯蔵で，部分的な凍結障害を引き起こす可能性が考えられ，冷蔵においてこのような貯蔵温度を利用しづらい。一方，海上コンテナでは，設定温度付近に冷却された空気を循環させるため，温度変化の小さい安定した庫内環境を作り出せ，安定して0℃設定で利用可能と考えられた。試験開始にあたって，まず，庫内および果実箱内の温湿度環境を調査した。庫外の温度が高い9月に実施したが，0℃に設定して，温湿度計(㈱佐藤計量器製作所，SK-L200α)を用いて継続測定した庫内の温度は，デフロスト作動時や扉を開いた場合を除いて，0〜0.5℃の範囲で変化した(図2)。一方，一般的なブドウの5 kg コンテナ箱内に設置した温湿度計では，1℃程度で安定していた。湿度に関しては，1ヵ月ほぼ閉じたまま保つと，庫内が約70〜80％程度で変化し，加湿装置は接続されていないが，ダクトを開けない条件で，一定の高湿度を保つようになっていることが示された。果実箱内の湿度は，庫内よりもさらに少し高く保たれる傾向が示された。

　また，試験貯蔵のため，冷蔵コンテナの開閉の多い条件であるが，1日ごとの電力量を1年以上に渡って把握したところ，最大となる時期は6月末〜9月初めで，約25 kWh を示し，冬季は1日 10 kWh ほどであることが示された。1 kWh を 20 円と仮定すると，モモでの使用時期には，1月1万5千円前後，ブドウで用いる10〜12月は，20 kWh から 11 kWh へ低下していく時期で，電気料金として1ヵ月平均約1万円程度のコストとなるとみなされた(図3)。

− 250 −

第7章　鮮度保持技術

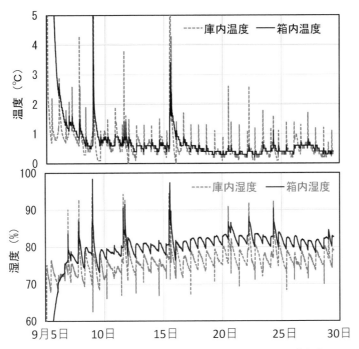

図2　冷蔵コンテナにおける庫内および果実箱内の温湿度変化
測定期間：2016年9月5日～30日。試験装置（20フィート型，futecc）の
稼動条件：設定温度0℃，エコモード。

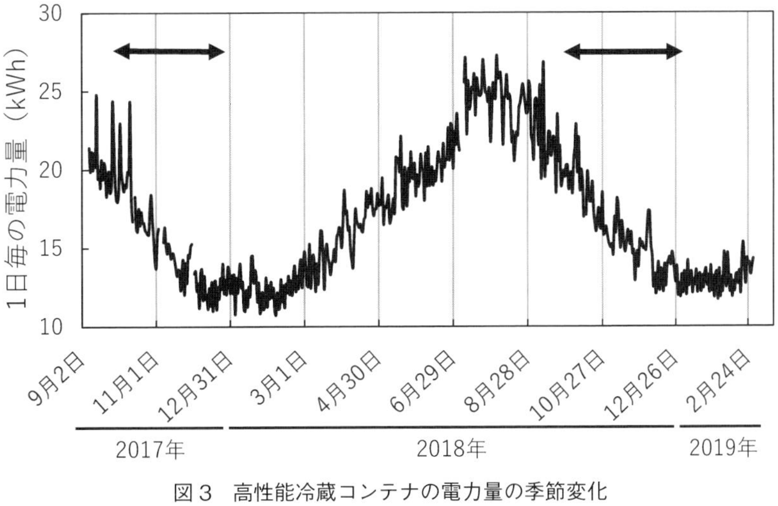

図3　高性能冷蔵コンテナの電力量の季節変化
測定期間：2017年9月7日～2019年2月28日。試験装置（20フィート型，futecc）
の稼動条件：設定温度0℃，エコモード。

3. 岡山県産モモの鮮度保持試験

　岡山県産モモは，果肉が急速に軟化し，可食時にはトロッとした肉質となることを特徴としている。搬入時の状態によって低温障害も生じやすいことから，岡山県農業総合センター農業

研究所の協力によって，8月以降に収穫される'おかやま夢白桃'[4]と新品種の'岡山PEH7号(白皇)'[5]および'岡山PEH8号(白露)'[6]を，3年間，収穫直後から0℃貯蔵し，室温に戻して障害の発生の有無を調査した。その結果，2週間貯蔵ではいずれも問題なく追熟できたが，4週間貯蔵では，果実の状態に依存して，品種や年次によって粉質化のような軟化異常障害症状が認められた。1週間ほどで低温障害を生じる5℃貯蔵と比べて長いものの，安定して貯蔵できる期間は2週間程度とみなされた。それほど長い保持期間ではないが，0℃貯蔵によるこの鮮度保持期間を販売先への流通期間に充てたり，各品種の収穫適期が短く，複数品種が一斉に収穫となるケースがあることから，供給量の平準化や品種間の収穫時期の重なりの解消に利用できる可能性が示された。

4. 黒紫色系ブドウ'オーロラブラック'の鮮度保持試験

岡山県育成品種で脱粒性が小さく，果房のしまりがよい黒紫色ブドウの'オーロラブラック'[7]について，0℃設定下の貯蔵性を確認したところ，市販状態(5kg段ボールコンテナに紙セロで包装された果房が7，8房詰められた状態)で，3ヵ月まで貯蔵中の水分損失はほとんどなく，また果実硬度の変化も小さかった。一方，低温貯蔵後に室温において状態変化を見ると，1.5ヵ月貯蔵でも1週間以内に果軸が褐変しながら細り，脱粒や腐敗が進んだが，10℃で保管すると，3ヵ月貯蔵では1週間後に軸枯れは指数2程度に達するものの，脱粒や腐敗を生じることがなく，対比の2ヵ月貯蔵ブドウ'ピオーネ'と大差ない状態を維持して，貯蔵性の高さを示した(図4)。特に，果軸の緑色保持程度が'ピオーネ'よりも優れることも商品性を高めていた。

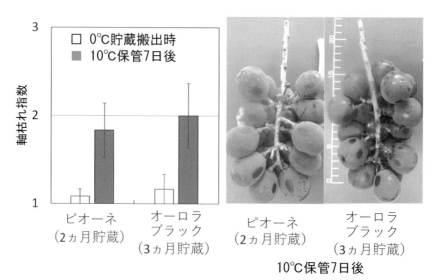

図4 3ヵ月0℃貯蔵したブドウ'オーロラブラック'の搬出時と
10℃保管時の軸枯れ指数(左)と果軸の様子(右)

2ヵ月0℃貯蔵ピオーネを対比とした。軸枯れは，指数1が果軸の0〜10％未満，指数2が10〜50％未満，および指数3が50％以上軸枯れとして評価した。

'オーロラブラック'は，現在，その後に収穫され，貯蔵性があまり高くない'ピオーネ'に販売が圧迫されやすい。冷蔵可能期間をこのように長く保つことができることから，貯蔵後に低温管理が維持されれば，'ピオーネ'の供給期間を飛び越えて，黒色系ブドウが品薄となる時期に販売していくことも可能になるかもしれない。さらなる長期貯蔵を実現するために，冷蔵環境の最適化に加えて，MA包装の形態などのブラッシュアップがなされることが期待される。

5. 緑色系ブドウ'シャインマスカット'の鮮度保持試験

　シャインマスカットについては，これまでも貯蔵性が優れることは知られており，長野県などの先行事例があるが，これまで，岡山県では冷蔵ブドウの認識は少なく，冷蔵施設を有するいくつかの生産組織で実施されているのみであった。そこで，岡山県産の良形のシャインマスカットを用いて，簡便な出荷形態での0℃貯蔵を行い，商品性を保つ期間を調査した。シャインマスカットは全般的に軸枯れ，脱粒しにくい品種特性を有しているが，岡山県では，強い樹勢の短梢せん定栽培で作出されることから，穂軸が太く，果粒の密着度も高い。このような特徴が利点となって，2.5ヵ月の貯蔵では，セロメッシュ包装のみであっても，包装内の軸の枯れが生じにくかった。また，果粒の品質は冷蔵期間が2.5ヵ月に至ってもほとんど変化しなかった(図5)。一方，4ヵ月貯蔵では，腐敗の発生はほとんどなかったものの，軸枯れは著しく進み，

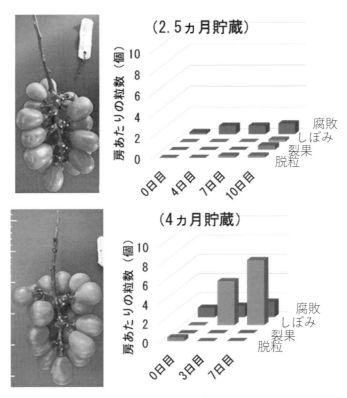

図5　2.5ヵ月および4ヵ月0℃貯蔵したブドウ'シャインマスカット'の
　　　10℃保管中の異常果粒数の変化

果実の張りが劣り，底面に触れる果実を中心にしぼみ果の発生が急激に高まった。このように，搬入時までの管理で腐敗発生の抑制対策ができれば，2ヵ月以上は十分に商品性を保つことが示された。さらなる長期の貯蔵を達成するために，果実や果軸からの水分損失を防ぐ方法や底敷きの緩衝力を高めて，しぼみ果の発生をなくすことが必要とみなされた。

6. 生産組織による'シャインマスカット'の貯蔵実証 （2017，2018年）

　上記のように，高性能冷蔵コンテナを用いて簡便な0℃での1.5ヵ月以上の貯蔵が可能であることを受けて，生産組織による貯蔵実証試験も実施した（図6A，B）。2017年には1組織が5kgコンテナ120ケースを10月初めに搬入して，2ヵ月間貯蔵し，12月初めに搬出して，その組織が保有している冷蔵施設で保管しながら12月下旬まで随時販売する計画を実施した。長期貯蔵を実現するべく，貯蔵期間中，冷蔵コンテナの温湿度変化が小さくなるように，扉の開閉を最小限にとどめた。この組織が保有する冷蔵庫での貯蔵も実施されていたことから，本試験のみの果実提供であった60ケースを追跡調査したところ，1房特秀箱で販売できる果実が貯蔵されたことから，減量も小さく，貯蔵量の約90％をその形態で出荷でき，出荷期間中

図6　ブドウ'シャインマスカット'の大規模長期貯蔵の様子
　　　((A)2017年，(B)2018年)，(C)搬出時の箱内の様子，
　　　(D)冷蔵果実の1房箱に調整，出荷される様子

も品質が維持された(図6C, D)。これらが高値で取り引きされたことから,通常出荷よりも差益を生じさせることが明らかになった。一方,2018年には3組織から協力を得て,5kgコンテナ約400ケースを搬入する試験を実施した。温湿度記録装置(ユーピーアール㈱,なんつい)を用いて遠隔モニタリングを行ったところ,各組織で搬入や搬出の時期が異なったため,開封回数が多く,吹き出し口で記録した庫内の環境が変化していたことが示された。特に湿度の変化が大きく,10月初めには約70%であったが,搬入時に扉を開けることで循環空気の湿度が数パーセント低下しながら,その後密閉状態が続くことで,12月初めに82%まで上昇していった。ダクトを閉めていたことから,湿度の上昇には,果実内水分が利用されたと考えられ,果実が萎れたり,果実袋内が過湿になりやすくなったと推測された。このためと推察されるが,いずれの組織の果実箱とも,搬出時から出荷時にかけての腐敗発生が多かった。さらに,熟度が進んだ状態で搬入された果実箱については,一部で,冷蔵ヤケのような果皮が赤くなる状況も認められた。これらのことから,2018年の試験ではロスが多くなった。品温が下がった中での開封では,セロメッシュ包装内で結露が生じやすく果実表面にも水分が付着することで腐敗進行を助長させる可能性がある。この年は,9月期の温度が高く,熟度進行が早かったり,成熟期までの病虫害予防の適期管理がやりづらかったとのことで,搬入される果実の熟度の把握(果実の有機酸含量が低下しすぎていない時期)や収穫までの腐敗病菌の付着を抑えておくことも重要とみなされた。困難であるが,搬入を一斉に行い,その後なるべく冷蔵庫内を閉塞した状態を保つことの重要性が認識された。なお,本試験では,出荷状態の箱詰めで保管された。しかしながら,市販状態では搬出時の果房の状態のチェックや腐敗粒の除去を行いにくいようであった。労力を要するが,搬出時のチェックの正確さは冷蔵品の商品価値に大きく影響することから,作業性を良くするために,1房ずつ別の箱に抜いての保管や,5kgコンテナ1,2箱分を収めることができるようなプラスチックコンテナの冷蔵資材としての利用を検討していった方がよいと考えられた。なお,プラスチックコンテナを用いる場合は,果実からの水分ロスを少なく保つために,スリットの少ない密閉性の高いものが適しているように思われるが,これについては果房における腐敗発生の有無などを今後評価,検討していく必要があると考えられる。

7. モモ, ブドウにおける高性能冷蔵コンテナ導入低温貯蔵の利用法

このように,温度管理が精密な冷蔵設備を導入,夏季から冬季にかけて利用することで,モモやブドウにおいて,簡便に供給期間の延長が可能となることが示された。例えば,7月末〜8月半ばにかけては,リレー収穫されるモモ品種の供給時期の重なりを解くために,'おかやま夢白桃'のように果肉軟化しやすいが貯蔵性には優れる一部の品種の貯蔵に利用できる。また,脱粒しづらく貯蔵性に優れる'オーロラブラック'では少なくとも収穫後2ヵ月程度は保持できることが示されたことから,11月以降の黒色系ブドウの品薄に対応することができるとみなされた。'シャインマスカット'については,収穫時もしくは搬入時の果房の状態に依存するが,簡便な市場出荷状態での冷蔵法で,2.5ヵ月程度,鮮度保持が可能であることが示され,10月以降に,贈答品として需要がある果房重が800g前後で,外観品質が優れる特秀水準の果実を

– 255 –

青果物の鮮度評価・保持技術

中心に，1コンテナあたり400〜500ケース貯蔵していくことで，年末の高需要期に安定して供給することができると考えられた。なお，高性能冷蔵コンテナの導入には，500万円ほどの経費を要するが，8年ほどで減価償却しながら，収穫直後の販売のみと比べて，導入当初から上述のようなメリットが得られ，有利販売につなげられるだろう。

今後，モモ，ブドウとも，本高性能冷蔵コンテナ利用低温貯蔵技術と，個別の果実もしくは箱ごとのMA包装との組み合わせを検討，精査していくことで，安定してさらに鮮度保持期間の延長を図っていくことが期待される。

謝　辞

本研究は，生研支援センター「革新的技術開発・緊急展開事業」(うち地域戦略プロジェクト)の支援により実施した。果実の提供では，岡山県農林水産総合センター普及連携部および農業研究所に多大な協力を賜った。

文　献

1) 明石秀也，北澤裕明：青果物収穫後のロス削減につながる最新の研究事例(その2)，ブドウ'シャインマスカット'の長期出荷技術および損傷防止技術の開発，食品と容器，**58**，270-277(2017).

2) 高野和夫，繁田充保，久保田尚浩，多田幹郎：完熟モモ流通のための収穫適期，鮮度保持および輸送方法の検討，園学研，**5**(2)，179-184(2006).

3) S. Lurie and C. H. Crisosto：Chilling injury in peach and nectarine, *Postharvest Biology and Technology*, **37**, 195-208(2005).

4) 笹邊幸男，藤井雄一郎，各務裕史：モモの新品種'おかやま夢白桃'の育成，岡山農研報，**23**，13-16(2005).

5) 日原誠介，田村隆行：モモの新品種'岡山PEH7号'，岡山農総セ農研報，**5**，7-11(2014).

6) 日原誠介，田村隆行：モモの新品種'岡山PEH8号'，岡山農総セ農研報，**5**，13-16(2014).

7) 尾頃敦郎，小野俊朗，村谷恵子：ブドウの新品種'オーロラブラック'の育成岡山農研報，**21**，1-3(2003).

第7章　鮮度保持技術

第4節　青果物の冷凍

日本大学　小林　りか　　東京海洋大学　鈴木　徹

1.　はじめに

　果実や野菜といった青果物は季節性を持つうえ，その生産量は天候などの自然環境に左右されやすい。そのため，需要を鑑みた流通には，長期保蔵が必要である。また，青果物を輸出入する際には，比較的長時間の流通期間を要することから，高品質を保ちながら長期保蔵できる技術が不可欠である。

　食品冷凍技術は，加工度が低い状態でシェルフライフを飛躍的に延長できるという大きな利点を持つ食品保蔵技術である。冷凍技術が食品の長期保蔵を可能にする本質は，食品を凍結点以下の環境で保存することで，分子運動を抑制し，微生物増殖も含む，酵素反応，自動酸化反応などの生化学反応の進行速度を大幅に遅らせることにある[1]。更に水分を凍結するという操作は，水と他成分を相分離させることで，疑似的に乾燥や塩蔵などと同様に脱水を行っているとも解釈でき，自由水の減少による保存能向上効果を生んでいるとも理解できる。このような冷凍技術は，青果物の流通上，有効な保蔵技術であると言える。

　実際に，(一社)日本冷凍食品協会の冷凍食品に関する統計データ[2]によると，2018年では日本国内で消費されている冷凍食品は約2,893千トンに上り，そのうち冷凍果実や野菜の消費量は，全冷凍食品消費量に対し約39%と大きなウエイトを占めている。これらの値は10年前の消費量と比較して，約1.07倍と増加しているように，冷凍青果物は需要が高まっていることがうかがえる。

　しかしながら，一旦凍結された果実や野菜は，水濡れ様の外観の出現，保水性の低下，組織の軟化や色調の劣化といった様に，解凍した後の復元性が芳しくないものも多く，他の食品よりも冷凍耐性が低いと理解されている。

　青果物は，水分含量が比較的多いうえ，多様な組織構造を持ち，収穫後も呼吸や蒸散作用などの生理活性を持つ，生きた食品である。このような特徴が，他の食品と比較して，青果物を冷凍する際の扱いやメカニズムの理解をより難しくしている。それゆえ，依然として青果物の冷凍による劣化メカニズムの詳細ははっきりとしない部分が多く存在する。

　他方，青果物の凍結や低温に関連する研究は，先人たちによって数多くなされてきた。大別すると，植物の低温および凍結ストレスや低温馴化の機構解明を目指す生化学的な側面からのアプローチと，いかに冷凍青果物を高品質に製造および流通させるかという課題を命題とする食品工学的な側面からのアプローチがなされてきた。

　本稿では青果物の冷凍や低温利用に関連する知見について，先述のように生化学的アプロー

青果物の鮮度評価・保持技術

チと食品工学的アプローチとをそれぞれまとめ，双方の知見を総合して今後の課題を抽出することを目指した。

2. 植物の低温ストレスと障害

自然界で植物が凍結点以上の低温環境にさらされた際に，可逆または不可逆的な障害を受け，水濡れ様の外観や，細胞内電解質の漏洩などが出現する現象を低温障害（Chilling Injury）と呼ぶ。また，植物が凍結点以下に晒された場合に，同様の現象が生じる障害を，凍結障害（Freeze Injury）と呼ぶ。植物は，低温ストレスを受けると代謝や組織を遺伝子レベルで変化させ，低温および凍結耐性を得ようとする。この現象を低温馴化と呼び，多年生植物が越冬するために必要不可欠なプロセスである[3]。

青果物は，収穫後も生理活性を持つため冷凍による品質劣化の多くは，植物の凍結障害，低温馴化といったミクロな変化と密に関連すると考えらえる。実際に，低温馴化させた苗から収穫したニンジンでは，冷凍による組織損傷が軽減されたことも報告されている[4]。

まず，ここでは植物のミクロレベルでの低温および凍結ストレスとその回避機構に関する知見をまとめた。

2.1 低温障害の発生機構

低温障害の発生機構は，植物の組織期間や発育段階で異なると考えられているが，生体膜に含まれる脂質の一部が低温で液晶状態からゲル状態へと相転移することで生体膜の機能が失われることや，膜結合酵素の低温変性により細胞の恒常性が崩れることなどが生じるためと指摘されている[3]。

また，低温ストレスによって活性酸素が生成することによって，脂質の過酸化物が産生されDNAへの損傷が生じるうえ，タンパク質が酸化されることで酵素が不活性化される。すると，活性酸素を減少させる酵素の活性も低下するため，損傷からの回復が難しくなるといった悪循環が発生するとの指摘もある[5]。

2.2 氷結晶の生成機構と凍結障害

凍結障害は，氷結晶の生成によって直接的または間接的に発生する。植物細胞では特に，氷結晶の生成する場所が凍結障害に対して大きな影響を及ぼす。

一般的に自然界では，植物は緩慢に冷却されるため，細胞外凍結が起こる。細胞外液は，細胞内液と比較して希薄な水溶液であるうえ，氷核となり得る細菌やさまざまな物質を含むため，先に氷核が発生する。その後，細胞内外の水分勾配が生じるため，細胞内液は細胞膜を通じて徐々に脱水され，細胞外の氷晶に取り込まれていく。このようにして，細胞外の氷晶が大きく成長し，細胞内は脱水収縮を受ける凍結機構を，細胞外凍結と呼ぶ。他方，濃度の高い細胞内液で氷晶が発生する場合もあり，これを細胞内凍結と呼ぶ。細胞が急速に冷却されると，細胞内液が細胞外氷結晶によって完全に脱水される前に過度な過冷状態となり，過冷却が解消することで，細胞内に氷核の発生が生じる。植物の生死を考える場合，細胞内での氷晶の生成

－258－

は機械的に細胞内組織に損傷を与えるため，致命的な現象であると理解されている[6]。

　一方細胞外凍結が起こった場合も，細胞は複数のストレスにさらされる。植物細胞は，氷晶の体積増加による機械的ストレス，凍結脱水によるストレス，脱水の進行に伴って細胞内の溶質濃度が高くなることによる塩・浸透ストレスなどの複数のストレスに耐えうる必要がある。細胞外凍結による凍結障害は，植物の細胞膜や液胞膜といった膜組織が凍結に伴う脱水を受け損傷し，その半透性が失われることが主要因であると理解されている[7]。次に，細胞膜の損傷機構の詳細をまとめた。

2.3　細胞膜組織の損傷機構

　植物プロトプラストを用いた観察により，細胞外凍結に伴う膜組織の損傷発生機構の詳細が明らかにされている[8]。比較的高温度帯(-5℃程度)での凍結解凍では，凍結による膜からの脱水は比較的軽度となり，以下のような機構で膜の損傷が生じる。すなわち，脱水過程での細胞膜の収縮に適応しようと，細胞膜から小胞が生じることで，膜の表面積が減少する。この膜表面積の減少によって，解凍過程で細胞が再水和した際の膨潤に，膜組織が耐え切れず，損傷すると報告されている。一方，より脱水が進行する-10℃程度の凍結では，原形質膜が他の膜と異常近接することとなる。すると膜融合が生じ，浸透圧抵抗性のロス，電解質の漏洩や，解凍時の遊離水を引き起こすと報告されている。

　上記の膜融合による，細胞膜微細構造の変化による損傷機構は，樹木の柔組織を用いた実験によって以下のようにより詳しく述べられている[6]。すなわち氷結晶は生成する過程において周囲の組織から水を脱水するため，細胞膜や液胞膜などの膜組織は浸透圧ストレスにさらされる。また凍結による脱水および濃縮を受けることで，タンパク質と脂質とから成る膜組織は他の膜組織と異常近接する。すると膜内では，タンパク質と脂質，水和度の大きい脂質と小さい脂質といったように水和特性の違いによる相分離が生じ，近接した脂質二重膜の単相間に水和度の小さい脂質分子の集合による逆ミセル中間構造体が形成され，膜融合が進行する。このようにして原形質膜の微細構造が変化することが，膜構造の損傷に繋がると理解されている。

2.4　低温馴化による対凍性獲得の機構

　植物は上述の凍結による損傷を回避するため，いくつかの戦略を取っている。寒冷地樹木では，深過冷却と呼ばれ，細胞外氷晶が生成しても，過度の脱水が生じず，細胞内液は過冷却状態を取り，組織の凍結障害を避ける[9]。他方，アポプラスト(細胞外)への氷結晶の生成は許すが，低温馴化による組織や成分の変化によって，凍結障害を減じ，致命的な障害を回避する，凍結耐性(freeze tolerance)と呼ばれる機構が存在する[8]。

　低温馴化によって植物細胞内では，可溶性糖類，有機酸，プロリン，グリシンベタインなどの細胞内液の溶質濃度の増加が生じる[3]。

　さらに，細胞膜中の水和度の高いリン脂質含量の増加，リン脂質内の飽和脂肪酸分子種の減少と不飽和脂肪酸分子種の増加，低温応答性細胞膜タンパク質の発現といった，細胞膜分子の再編が生じる[7]。さらには，アポプラスト内に不凍タンパク質(AFP)を蓄積する。AFP は界面活性作用を持ち，凍結融解時や凍結貯蔵時の氷結晶の再結晶化を抑制し，凍結障害を抑える

－ 259 －

青果物の鮮度評価・保持技術

役割を担うとされる[5]。上記のような多様で複雑な生理反応は，究極的には凍結脱水に付随して生じる細胞膜の機能の喪失を防ぐために生じていると考えられている[7]。

実際に低温馴化させたプロトプラストでは，エキソサイトーシスによって膜の表面積が増加させられ，解凍時の膜の膨圧溶解を避ける上，－35度程度の深凍結によっても細胞膜のラメラ構造からヘキサゴナルⅡ型への転移が起こらないことが観察されている。その一方で，プロトプラストと実際の植物細胞を用いた観察を比較すると，凍結損傷が生じるメカニズムが異なることも報告されている。また，細胞膜と細胞壁の相互作用がその詳細は不明であるが，凍結障害に対して大きく影響を与えるとの指摘もある[8]。

3. 青果物の冷凍操作による品質劣化と技術的取り組み

青果物を冷凍すると，水は氷に相変化すると共に体積を増し，物理的に周囲の組織，細胞や中葉に損傷を与えると理解されている[10]。さらに氷が成長する際は，周囲の組織から水を取り去り成長するため，細胞膜や液胞膜などの膜組織は浸透圧によるストレスにさらされることとなる[11][12]。その結果，冷凍後の青果物はテクスチャーの軟化，組織からの離水やオフフレーバーの発生などの品質劣化が生じる。

これらの不可避な現象に対し，青果物を冷凍する際のプロセスを最適化することでこれらのダメージを最小化する試みが多くなされている。以下に青果物の冷凍で起こる品質劣化現象に関する知見とそれに対する技術的な取り組みをまとめ，[2.]で述べた植物の凍結回避に関する知見と比較しながら，現状の課題を抽出することを試みた。

3.1 冷凍青果物で生じる品質劣化と氷結晶の存在

青果物の冷凍による品質劣化の根底には植物細胞と同様，氷結晶の生成と成長による直接的，または間接的な影響が存在する[13]。

前述の通り植物細胞の凍結障害回避には，氷結晶の生成機構が細胞外凍結であることが大前提である。細胞外/細胞内凍結を決定づける凍結速度は，個々の細胞の自由水量，凍結点，膜の透過性など多様な因子によって決定されるが，これまでの研究によると，1℃/hour～3℃/hour 程度の緩慢な凍結が細胞外凍結に必要であるとされる[8]。

他方，実際の商業的な冷凍では，国際連合食糧農業機関（FAO）および世界保健機関（WHO）による急速冷凍食品の加工および取り扱いに関する国際的実施規範（CAC/RCP 8-1976）の中で，商業的凍結装置によって急速に凍結を行うことが推奨されている[14]。すなわち，自然界で植物細胞が受ける極緩慢な凍結条件は，商業的な青果物の冷凍操作とはかけ離れた条件であると言える。

これまでバルクの青果物の中に生成する氷結晶を観察する手法は長く確立されなかったが，近年凍結状態のまま低真空SEMや高輝度のX線CTを用いて青果物の中に生成する氷結晶を観察した報告があり，それらの実験条件下では青果物の細胞内に氷結晶が生成している様子が観察されている[15][16]。

すなわち，青果物の冷凍による劣化を抑制し，高品質な冷凍青果物を得るためには，植物細

－260－

胞にとって致命的である細胞内凍結が生じるうえで，最終的な青果物の品質劣化を最小化する必要があると言える。

3.2 凍結前の青果物の状態の影響

　冷凍食品の品質を決定付ける因子として Product-Processing-Packaging ファクター（P-P-P ファクター）と呼ばれる因子があり，その1つが Product，すなわち凍結前の青果物の状態および品質である。

　野菜や果物といった青果物は生鮮品の状態で多種多様な構成成分や構造を持ち，異なった特徴を示す。既存の研究では，凍結による品質劣化に対する各青果物の種類が3段階に分類されている。最も劣化の激しいグループにアボカド，モモなどが，中程度の劣化を受けるグループに，リンゴやブロッコリーなどを，高い凍結耐性を示すグループにビーツやキャベツなどが分類されている。

　また青果物の栽培条件，例えば土中のアニオンやカチオンの比率，施肥の状態なども耐凍性に影響を及ぼすとされる。また，露地栽培の野菜の方が，ハウス栽培や促成栽培より冷凍に強いとも報告されている。加えて，同一の青果物の中でも冷凍処理に向く品種とそうでない品種が存在する。冷凍に適する品種改良に関してはヨーロッパでは企業の R&D 部門で先行しているが，学問としての研究が遅れているのが現状と言われている[17]。

　以上のように，凍結解凍後の品質劣化には，凍結前の青果物の種類や生鮮状態での品質，熟度，収穫後から凍結処理までの時間など，多様な因子が影響する。しかし，各青果物で生じる品質劣化を左右する要因について体系的な整理が十分とは言えない。[2.]にまとめた知見と合わせて考察すると，それぞれの青果物の持つ膜組織のミクロな構成成分や，細胞壁と細胞膜との相互作用の強さなどが，対凍性の高い青果物とそうでないものの区分けに影響するとも考えられるが，そのようなアプローチが十分でないのが現状である。

3.3 凍結前処理技術と冷凍青果物の品質

　青果物を冷凍する際には，古くよりブランチングと呼ばれる前処理を行う場合が多い。　特に野菜で多く行われ，中温度のお湯や蒸気で短時間加熱し，酵素や微生物を失活させる目的で行われる。ブランチング処理は，凍結解凍後のテクスチャーや色調，香り，栄養価の保持，また害のある微生物の死滅といった利点を持つ。その一方で，ブランチング処理による，元来の植物組織の破壊やテクスチャーロス，栄養価の流出などの欠点も上げられ，その利用に是非が存在する[15]。

　また，青果物はある程度の水分を脱水した後，凍結される脱水凍結（Dehydro Freezing）も古くから適用されてきた。この処理は，植物が低温馴化する際に，可溶性糖類や有機酸といった細胞内液の濃度を上昇させ，細胞内凍結および膜組織の近接を避ける戦略と，根本的な考え方が同じであると考えらえる。

　実際には，空気乾燥によって水分を減じた後凍結する方法や，糖溶液や糖アルコール溶液などを使用し，浸透圧差によって組織から自由水の一部を取り除く方法（浸透圧脱水凍結）が適用される[18]。また，近年では，高電場パルスと浸透圧脱水を組み合わせて適用する例も報告され

青果物の鮮度評価・保持技術

ている[19]。

　凍結前処理操作は，凍結解凍後のテクスチャー保持など品質にある程度の効果を持つ一方で，元来の青果物の組織構造に少なからず損傷を与える処理である。すなわち凍結前処理技術の適用は，それぞれの青果物の特性を理解し，適切な条件を設定することが肝要となる。

3.4　凍結操作の技術的制御と冷凍青果物の品質

　先述のように青果物の冷凍では，植物にとって致命的である細胞内への氷晶発生が生じる。その一方で，やはり氷晶サイズの抑制は冷凍による品質劣化をある程度抑制する[15]。

　一般的に急速に凍結するほど生成する氷晶は細かく多量になる。これは，凍結点までの冷却が速いほど深く過冷却が進み，多くの氷核が発生するうえ，熱を迅速に食品から取り去るほど，すなわち品温が低くなるほどその後の氷晶の成長速度が遅くなるためである[10]。

　そのため，超音波や高圧力を利用することで凍結過程の氷晶の生成および成長を抑制し，青果物の最終品質を向上させようとする試みが数多くなされている。超音波や高圧力を利用すると，核発生頻度が上昇し，微細な氷結晶が生成する。詳しい総説があるので，超音波や高圧力を利用した凍結の詳しいメカニズムなどはそちらを参考にされたい[20][21]。

　超音波や高圧力を利用した凍結によってダイコンやブロッコリー，ニンジンなどの野菜類では，組織破壊やテクスチャー軟化の抑制といった品質の向上が見られているとの報告がある。しかしながら，やはり細胞膜の損傷によって引き起こされる細胞の膨圧の損失に起因する離水やテクスチャーの劣化は現状不可避であり，完全に防ぐことは出来ないと報告されている[22]。

　すなわち，凍結過程の制御が全ての青果物の冷凍における主要な制御因子でないことを踏まえ，多様な青果物の特性に合わせて，数多く存在する凍結技術を取捨選択する必要がある。しかしながら多種多様な青果物中で何が致命的な因子となって冷凍劣化が生じるのかという体系的な理論が構築されていないことがやはり，判断をするうえで大きな課題となると言える。

3.5　冷凍貯蔵操作と冷凍青果物の品質

　農産物に限らず食品を冷凍する際には凍結後，貯蔵(以後，0℃以上での貯蔵と区別して冷凍貯蔵と呼ぶ)過程を必ず経る。

　冷凍貯蔵過程においても，青果物には物理的な変化に起因する品質劣化が生じる。冷凍貯蔵過程での主な品質劣化因子は，氷結晶の再結晶化と，氷結晶の昇華現象である[17]。

　氷結晶の再結晶化とは，食品が冷凍貯蔵される間，貯蔵温度が一定であるにもかかわらず，氷結晶が凝集，再合一する現象を指す。表面の自由エネルギーを減ずる方向に反応が自発的に進むため，小さな氷結晶は大きな氷結晶に取り込まれ，氷結晶の数が減る一方，氷結晶のサイズが増し，単一結晶内では氷結晶の凸凹が次第に消失し，氷結晶同士が接している部分は焼結するといった氷結晶の再配向が生じる。アイスクリームでは再結晶によってテクスチャーが顕著に変化することが知られているが，冷凍青果物の品質も氷結晶によって物理的に影響を受ける[23][24]。

　もう一方の氷結晶の昇華現象は，貯蔵温度の微妙な上下変動によって生じ，冷凍食品の低温下での乾燥，いわゆる冷凍焼けを引き起こす。冷凍焼けが進行した冷凍青果物では，食品の表

– 262 –

面で，激しい乾燥や霜の付着が生じるだけでなく，乾燥した食品表面で酸化が生じやすくなり，フレーバーの劣化が起こるとされている[17]。

　低温貯蔵過程で進行する諸変化の反応速度は保管温度に依存し，基本的に分子運動が抑制されることから低温になるほど遅くなる。さらに変化量は保管期間に依存する。貯蔵時間と貯蔵温度の品質保証に対するデータをまとめて T-T-T（Time-Temperature-Tolerance）と呼び，古くから食品ごとに設定されている[25]。他方，一部の報告では低温でのガラス転移を示す食品，例えば冷凍ベリー中のフェノール量変化[26]は，貯蔵温度を凍結濃縮層のガラス転移温度（T_g'）以下に設定することによって，劣化反応を著しく抑制できるという報告もある。さらに，凍結過程の違いが冷凍貯蔵中の劣化反応の進行挙動，例えば冷凍貯蔵後のブドウ内の総フェノール類量の変化[27]や，ブラックベリー中のアントシアニン類増加量[28]に影響するといった報告もある。

　しかし，上記の影響を体系立ててまとめ，T-T-T に反映させられるほどには情報量がないのが現状である。品質を保持するうえで最も効率的な貯蔵条件を設定するために，より詳細な研究が望まれる。

4. まとめ

　本稿の前半では，青果物も含まれる「植物」が，いかようにして自然界での凍害から身を守り，耐凍性を獲得するのかという知見をまとめ，後半では，実際に青果物を冷凍というアプリケーションに当てはめる際の個々の技術的取り組みと課題をまとめた。

　現状，冷凍前処理技術や凍結技術に関する開発や研究は数多くなされ，かなり発展している。しかしながら，それらの技術を青果物の特性に合わせ，適切に取捨選択するための普遍的な理論が十分に構築されていない点が今後の大きな課題の1つであると考えられる。

　加えて，多くの総説で指摘されるように，青果物の冷凍を考える際には，青果物は細胞構造を有するうえ，その細胞は生きた状態であるという特徴に十分留意しなければならない。すなわち，冷凍による品質劣化を最小化するという一般的な食品冷凍のアプローチだけでなく，いかに植物細胞の生存能力を守るかという視点を加えることが重要になってくると考えられる。いくつかの総説[18][29]においても，凍結前の品質の影響にフォーカスした研究が絶対的に少ないと指摘されている。その一方で，植物の対凍性獲得メカニズムから考察すると，青果物を高品質に冷凍するためには，やはり冷凍される前の青果物そのものの特性を把握し，冷凍劣化に対する影響を理解することが，重要であることは明白である。

　食品冷凍のプロセス（process）に関する研究や技術が発展している今，青果物そのものの特性（product）にフォーカスした研究が今一層求められると考えられる。

文　献

1) 公益社団法人日本冷凍空調学会編著：新版食品冷凍技術，第1章，1-17（2009）.

2) 冷凍食品に関する統計データ「平成30年（1～12月）冷凍食品の生産・消費について（速

青果物の鮮度評価・保持技術

報)」，(一社)日本冷凍食品協会ホームページ
https://www.reishokukyo.or.jp/statistic/

3) 吉田静夫：温度に対する生理応答，寺島一郎
編：環境応答，朝倉書店，115-125(2001).

4) G. G. Frderico and S. Ingegerd：*Trends in food Science and Techonology*, **15**(1),39-43 (2004).

5) F. G. Galindo et al.：*Critical Reviews in Food Science and Nutrition*, **47**(8),749-763 (2007).

6) 藤川清三：化学と生物，**34**(10)，656-666 (1996).

7) 上村松生：低温生物工学会誌，**60**(1)，1-8 (2014).

8) Rajeev Arora：*Plant Science*, **270**, 301-313 (2018).

9) 荒川圭太：冷凍，**92**(1078)，547-553(2017).

10) W. D. Powrie：In O. R. Fennema, W. D. Powrie and E. H. Marth(Eds.)：*Low-temperature preservation of foods and living matter*, Marcel Dekker, Inc., New York, 352-385(1973).

11) H. Ando et al.：*Journal of Food Engineering.*, **108**, 473-479(2012).

12) S. Ohnishi et al.：*Food Science and Technology Research*, **10**(4), 453-459(2004).

13) K. J. Piyush et al.：*Food Research International*, **121**, 479-496(2019).

14) 急速冷凍食品の加工及び取扱いに関する国際的実施規範，農林水産省ホームページ http//www.maff.go.jp/j/syouan/kijun/codex/standard.../cac-rcp8.pdf

15) S. Chassagne-Berces et al.：*LWT-Food Science and Technology*, **43**(9), 1441-1449

(2010).

16) R. Kobayashi et al.：*International Journal of Refrigeration*, **99**, 94-100(2019).

17) Da-Wen Sun：Handbook of Frozen Food Processing and Packaging Second Edition, Part Ⅲ, 387-484(2011).

18) Y. Ando et al.：*Journal of Food Engineering*, **169**, 114-121(2016).

19) P. Oleksii et al.：*Journal of Food Engineering*, **183**, 32-38(2016).

20) A., Le Bail et al.：*International Journal of Refrigeration*, **25**(5), 504-513(2002).

21) X. Cheng et al.：*Ultrasonic Sonochemistry*, **27**, 576-585(2015).

22) 安藤泰雅ほか：日本食品科学工学会誌，**64**(8)，391-428(2017).

23) A. Regand and H. D. Goff：*Food Hydrocolloids*, **17**(1), 95-102(2003).

24) T. Hagiwara et al.：*Journal of Agricultural and Food Chemistry*, **50**(11), 3085-3089 (2002).

25) 公益社団法人日本冷凍空調学会編著：新版食品冷凍技術，第6章，111-117(2009).

26) R. M. Syamaladevi et al.：*Journal of Food Science*, **76**(6), 414-421(2011).

27) L. Santesteban et al.：*Journal of the Science of Food and Agriculture*, **93**(12), 3010-3015 (2013).

28) R. Veberic et al.：*Journal of Agricultural and Food Chemistry*, **62**(29), 6926-6935 (2014).

29) B. C. Giovana et al.：*Food Reviews International*, **32**(3), 280-304(2016).

第7章　鮮度保持技術

第5節　輸送中の損傷発生要因としての振動・衝撃

国立研究開発法人農業・食品産業技術総合研究機構　北澤　裕明

1.　はじめに

　青果物の輸送中における品質劣化の要因は，生理的な変化を伴う変質と機械的なストレスによる損傷とに大別できる。ここでは，後者に関して輸送中の振動と衝撃に着目し，その発生要因および対策に関する事項について述べる。

2.　損傷発生要因としての振動・衝撃

　青果物は，トラック(および各種自動車)，鉄道，船舶，航空機のいずれかを用いて輸送される。わが国では，トラックが輸送工程の大半を占めている。また，その間に，積荷の中継が生じたり輸送機関の変更(例：トラック→鉄道，トラック→航空機)が生じたりすることもあるが，その場合，フォークリフトやクレーン，(飛行場内では)コンテナドーリーなどが使用される。さらに，小売店に到着した際には，手押し台車によって短距離の輸送が行われることもある。そして，これらの輸送工程全てが振動・衝撃の発生源であり，青果物の損傷発生要因となっている。

　振動が物体に作用する場合，比較的小さな加速度(力)が継続して作用することとなる。したがって，振動による青果物の損傷は，「スレ」などと呼ばれる擦り傷として現れる傾向にある。振動の主な発生要因としては，トラック，鉄道，手押し台車などが挙げられる。特に，その構造上の理由により，手押し台車による輸送中の振動程度は他の輸送機関と比べて大きい傾向にあり，また，衝撃成分も含まれるため[1]，短時間の輸送であっても注意が必要である。

　衝撃が物体に作用する場合，比較的大きな加速度が瞬間的に作用することとなる。したがって，衝撃による青果物の損傷は，「オセ」などと呼ばれるような，変形を伴う圧迫傷として現れる傾向にある。衝撃の発生要因としては，人的要因(積荷の中継時などにおける落下および放り投げ，急ブレーキ)と機械的要因(仕分け時のコンベアなど)が挙げられる。また，飛行場内におけるコンテナドーリーによる輸送は，衝撃による損傷発生要因として無視できないと考えられる[2]。なお，あまり馴染みがないが，鉄道輸送における貨車の突放が，水平方向の衝撃の発生要因となることもある。

青果物の鮮度評価・保持技術

3. 損傷対策のための理論

3.1 振 動

　青果物に振動が加わる，すなわち小さな力が継続して作用することによって，損傷は蓄積疲労の結果として現れることが多い。そのため，物品の蓄積疲労損傷モデルであるS-N曲線理論を適用し，輸送振動による損傷を評価する手法が用いられている。S-N曲線理論では，物体に任意の蓄積疲労が生じるまでの応力（以下，S）およびその繰り返し回数（以下，N）の関係は，以下の式で表される。

$$N = aS^{-b} \tag{1}$$

　ここで，aおよびbは定数である。式(1)の関係が成立する場合，N回の応力によって損傷する物品が，n回の応力を受けた際に蓄積される損傷度（以下，D）は，以下の式で表すことができる。

$$D = n / N \tag{2}$$

　式(2)より，損傷発生時は$n = N$であるから，$D = 1$となる。振動による損傷発生の評価にS-N曲線理論を応用する際には，Sを振動加速度と読み替えるとともに，Nに周波数と加振時間の積を代入する。なお，青果物の共振周波数付近では，振動が増大されて伝達される。そこで，共振周波数付近の振動の影響を評価する際には，振動加速度が増大する程度を振動加速度伝達率として把握するとともに，その値をSに乗じる必要がある。

3.2 衝 撃

　衝撃による青果物の損傷に関して，工業製品を対象とした損傷限界曲線（DBC；Damage Boundary Curve）理論を適用し，評価した事例がある[3]。この理論では，物品に衝撃が作用した際における衝撃パルス（**図1**）の最大加速度（力），および速度変化（エネルギー）の組み合わせに対応するDBC（**図2**(a)）を衝撃試験によって導出し，これを用いて物品が破損するかどうかを判断する。しかし，DBC理論は1回の衝撃による損傷を評価するためのものであり，そのままでは輸送中に衝撃を繰り返し受けることによって生じる青果物の損傷を評価することは困難であった。このことを踏まえ，従来のDBCに繰り返し回数の要因を加味することによる，DBC理論の拡張が図られることとなった（図2(b)）[4]。この新規DBC理論では，任意の衝撃が作用した際における疲労の蓄積程度に対応するDBCを導出する際に，［**3.1**］で示したS-N曲線理論を導入している。この新規DBC理論によって，輸送中における衝撃の繰り返しによる損傷の評価精度が飛躍的に向上するものと期待されている。

　一方，衝撃の繰り返しによる損傷発生が非線形，すなわち疲労の蓄積程度の算出にS-N曲線が適用できない品目の場合，現状では理論に則った損傷の評価は困難であり，そのことは振動による損傷の評価についても同様である。現時点では，そのような品目の報告はみられないが，そもそも，どのような状態を「損傷した」と捉えるかによって，非線形な損傷の発生が充分に想定できることに注意が必要である。

－ 266 －

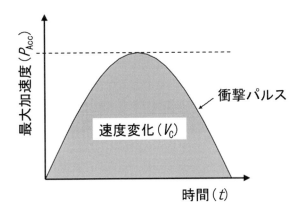

図1 正弦半波衝撃における衝撃作用時間(t)，最大加速度(P_{Acc})および速度変化(V_C)の関係

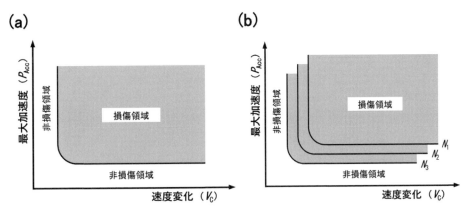

図2 台形波衝撃から導出される損傷限界曲線(DBC)(a)および衝撃繰り返し回数を考慮したDBC(b)
(b)における各Nは，任意の損傷程度をもたらす衝撃繰り返し回数を示す。
図1で示した正弦半波衝撃から導出されるものではないことに注意。

4. 振動・衝撃の計測と再現

4.1 輸送環境の計測

　振動対策と衝撃対策の両立が難しい場合もあり，そのような場合，想定される輸送機関や経路に基づき，どちらが損傷の主要因であるのかを特定したうえで対策を講じる必要がある。そのような原因の特定においては，加速度センサ，メモリおよびバッテリーを内蔵した記録計が使用される。振動を正確に記録するためには，短いサンプリング間隔の設定が可能であり，かつメモリが大容量の記録計を使用する必要がある。しかし，そのような記録計は高価格であるのが難点である。一方，衝撃の大きさや回数を把握する場合，衝撃加速度のピーク値のみを記録する，比較的安価なタイプのものでも対応できることもある。いずれにせよ，振動・衝撃を記録可能な計器によって，どこで，どのくらいの振動または衝撃が，どの程度の頻度で起きているのかを把握することによって，初めて緩衝包装などの対策を講じることが可能となる。

青果物の鮮度評価・保持技術

4.2 振動の再現

イチゴの振動加速度伝達率は，15〜20 Hz 付近で増加する[5]。一方，そのあたりの周波数は，トラックのタイヤの固有振動数に近い[6]。したがって，イチゴのトラック輸送では，この周波数付近の振動伝達を減少させることによって損傷発生を軽減できる可能性が高いといえる。このような例において，対象とする青果物の共振周波数および振動加速度伝達率を明らかにしたい場合，振動試験機を用いた正弦波一定振動試験や掃引試験（スイープ試験）が有効である。

しかし，輸送中に青果物に作用する振動の周波数や加速度は一定ではない。そのため，振動による損傷の評価は，可能であればランダム振動試験と呼ばれるランダム振動を用いた振動試験に基づき実施されることが望ましい。ランダム試験を実施するためには，輸送中の振動データをフーリエ変換することによって得られるパワースペクトル密度（PSD）に関するデータが不可欠であるが，[4.1]で述べた通り振動データを適切に収集すること自体が困難であるうえに，任意の PSD データが入力でき，実輸送振動を再現可能な振動試験機が少ないことが一連の評価を妨げる一因となっている。さらに，青果物の輸送中に作用する振動の方向は，上下，水平および前後の3次元であることにも注意を払う必要がある。必要に応じて，各方向の振動発生状況を把握するとともに，それぞれへの対策を講じなければならない場合もある。

4.3 衝撃の再現

輸送中の衝撃発生状況に基づき，どの程度の衝撃が何回くらい発生しているのかを把握することができれば，落下試験機を用いてそれらを再現し，損傷評価を実施することとなる。その際，各衝撃加速度に対応する落下高さを算出しておき（最大加速度-落下高さ変換），落下試験を行うことが一般的である。しかし，[3.2]で述べた通り，衝撃の繰り返しによる損傷評価では，速度変化の影響を考慮しない場合，評価精度が低下することから，衝撃パルスの最大加速度と速度変化の双方を制御可能な衝撃試験機を使用することが望ましい。

なお，DBC を導出するためにも衝撃試験機が必要となるが，一般的な衝撃試験機の場合，DBC の導出に適した台形波衝撃を生成することができず，図1に示すような正弦半波衝撃しか生成することができない。その場合，任意の損傷程度に対応する DBC の最大加速度側の限界値が，理論上一定にならないことに注意が必要である。

5. 損傷防止のための包装設計

5.1 基本事項

振動・衝撃による青果物の損傷を防止するために，包装は不可欠な存在である。振動対策の場合，対象物の共振周波数付近における振動加速度伝達率が低くなるような包装資材（含・緩衝材）の選択や容器形状の設計が基本となる。包装資材の選択においては，それ自体の共振周波数にも注意が必要である。また，容器形状の設計においては，内部の隙間や段差（ガタ）が共振時などにおける対象物の動きを助長する可能性があることにも注意を払う必要がある[7]。

衝撃対策では，最大加速度と速度変化の値が図2で示した DBC の外側となるように，緩衝材の素材や厚さを選択することが基本となる。

5.2 損傷防止包装の事例

5.2.1 宙づり式

　包装容器底面方向からの振動や衝撃を緩和する方法として，対象物が容器内で宙づりになるように設計されている事例が多くみられる。イチゴでは，伸縮性のあるプラスチックフィルムで果実を上下から挟み，転がりを抑えながら容器内で宙に浮かせるタイプのものや，敢えてたわみを持たせたプラスチックフィルム上に果実を配置し，やはり転がりを低減しながら，宙づりにするもの（ハンモック型）などが商品化されている。また，リンゴでは果実を収納するパルプモールドトレイの口径を，果実の直径よりも一回り小さくすることによって，てい あ部がパルプモールドに直接接触しないようにするといった方法も提案されている[8]。この場合，ナシの包装への応用も期待できる。

5.2.2 宙づり式以外

　イチゴを対象として，果柄部分を挟み，果実を立てたうえで個別包装する方法が提案されている。果実において比較的硬度が高いが く（ヘタ）付近以外の部分が容器や他の果実と一切接触しないため，高い損傷防止効果が得られる。また，ブドウを対象として，口径の異なる貫通穴を有するスポンジシートを積層することによって，いかなる形状の果房であっても，脱粒の原因となる容器内の隙間を確実に解消する方法が提案されている[9]。

　その他，多段積み包装において，段と段との間に板状の緩衝材を配置することによって，包装全体に任意の衝撃が加わった際に，各段において想定される衝撃加速度と速度変化の組み合わせを制御できる可能性が報告されている[10]。この方法は，［**3.2**］で述べた新規 DBC 理論に基づく包装設計の具現化に貢献するものと考えられる。

6. 損傷と生理的変化との関わり

　振動・衝撃は，擦り傷，圧迫傷，変形，剥皮，果汁の滲出などといった外観品質への影響が大きく，その他の影響として比較的大きい，あるいは無視できないものとしては，香りの変化，腐敗の発生および助長などが挙げられる。

　外観に現れない程度の振動・衝撃の影響について，トマトでは一定の振動を与えると直後に呼吸量が増加すること，および振動を中止しても呼吸量の増加が数時間継続したことが報告されている[11]。また，同じくトマトでは，落下衝撃を与えた部位において，エチレン生成に関わる遺伝子が発現することが報告されており[12]，熟度のステージによっては衝撃によって成熟が促進される可能性がある。トマト以外の青果物では，ブロッコリーに一定の振動を与えた場合，呼吸量は加振直後から増加するものの，加振中止から1時間程度で，呼吸量は加振前と同程度となること，および糖，クロロフィル，アスコルビン酸などの内容成分について有意な変化は生じなかったことが報告されている[13]。

　いずれにせよ，極端な損傷が発生していない限り，振動・衝撃が生理的変化に及ぼす影響は，温度やガス環境といった，その他の要因が及ぼすものと比較して小さいと考えられる。

青果物の鮮度評価・保持技術

7. おわりに

　[3.2]において，どのような状態を「損傷した」と捉えるかについて触れた。そもそも，青果物における損傷とは，外観変化として認識される傷や変形，破壊の類と括ることができるのかもしれないが，「動作しない＝故障」といった客観的な判定が可能な工業製品と比較すると，その定義は非常に曖昧なものである。極端な話，明らかに目視可能な傷が存在しても，それが販売されるうえで問題とされないのであれば，損傷していないともいえる。

　リンゴにおいて果実表面の打撲傷の大きさ（損傷程度）が異なっても，消費者が期待する値引き率は，さほど変わらないという報告がある[14]。この例について，値引きを想定しない販売では，少しの傷も許されないことを示唆していると捉えることができるし，一方で，当初からある程度の値引きを想定しているのであれば，傷の大きさの違いは問題とならないことを示唆していると捉えることもできる。いずれにせよ，この例は販売状況によっては，損傷の程度を議論する必要がほとんど無いという状況があり得るということを明確に示している。このような点を考慮し，任意の販売条件を踏まえたうえで「損傷」を定義し，そのことに基づき対策を行うことが，青果物の損傷対策において今後，重要になってくるものと思われる。

文　献

1) 細山亮，中嶋隆勝：日本包装学会誌，**19**(2)，113(2010).

2) 石川豊，北澤裕明，今野勉：日食保蔵誌，**39**(1)，25(2013).

3) N. L. Schulte, E. J. Timm and G. K. Brown：*HortScience*, **29**(9), 1052(1994).

4) H. Kitazawa, K. Saito and Y. Ishikawa：*Packag. Technol. Sci.*, **27**(3), 221(2014).

5) H. Kitazawa, Y. Ishikawa, F. Lu, Y. Hu, N. Nakamura and T. Shiina：*J. Packag. Sci. Technol., Jpn.*, **19**(1), 33(2010).

6) J. Singh, S. P. Singh and E. Joneson：*Packag. Technol. Sci.*, **19**(6), 309(2006).

7) H. Kitazawa, Y. Ishikawa, N. Nakamura, F. Lu and T. Shiina：*Food Preser. Sci.*, **34**(6), 331(2008).

8) H. Kitazawa, L. Li, N. Hasegawa, J. Rattanakaran and R. Saengrayap：*Environ. Cont. Biol.*, **56**(4), 167(2018).

9) H. Kitazawa, S. Akashi, N. Hasegawa and M. Nagata：*Food Preser. Sci.*, **43**(1), 23(2017).

10) H. Kitazawa, K. Saito and Y. Ishikawa：*J. Packag. Sci. Technol., Jpn.*, **24**(2), 69(2015).

11) 中村怜之輔，伊東卓爾：園学雑，**45**(3)，313(1976).

12) H. Usuda, D. Nei, Y. Ito, N. Nakamura, Y. Ishikawa, H. Umehara, P. Roy, H. Okadome, M. Thammawong, T. Shiina, M. Kitagawa and T. Satake：*J. Am. Soc. Hort. Sci.*, **133**(5), 717(2008).

13) 池田浩暢，石井利直，茨木俊行，小島孝之，太田英明：日食保蔵誌，**27**(5)，263(2001).

14) Y. Kyutoku, N. Hasegawa, I. Dan and H. Kitazawa：*J Food Qual.*, **2018**, Article ID: 3572397(2018).

第7章　鮮度保持技術

第6節　青果物輸送効率化，超軽量発泡パレットの開発

長崎県農林技術開発センター　土井　謙児

1. 背景と研究の目的

　市場遠隔産地から出荷される青果物の輸送は，産地の選果場と消費地の卸売市場などにおいて手作業で積み降ろしを行う「バラ積み輸送」(輸送中パレット不使用)が主流である。パレット輸送への転換が進みにくい主な理由は，パレットの回収や紛失補充の費用が嵩むことである。しかし近年トラックドライバーの労働力不足・高齢化が進展し，遠隔産地ではトラック便の確保難や輸送費の上昇などが懸念されている。その対応策として，当センター(長崎県農林技術開発センター)，農業団体，民間企業がコンソーシアムを結成し，ワンウェイ使用前提の発泡スチロール(EPS)製パレット(以下，「本パレット」)を開発した[注1]。

2. 基本仕様

　輸送試験[注2]，強度試験[注3]の結果をもとに本パレット2種類(二方挿し，四方挿し)の外観と基本仕様を決定した(2017年3月実用新案登録)。このうち，より普及性が高いと見込んで

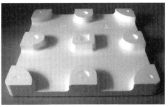

図1　開発したパレット(四方挿し)
(左)天板側，(右)底面側

※注1　平成27〜29年度農林水産省「生産システム革新のための研究開発委託プロジェクト(青果物の調製，鮮度保持，流通・加工技術の開発)」の成果。コンソーシアム構成員は，長崎県農林技術開発センター，全国農業協同組合連合会長崎県本部，㈱JSP，東海化成工業㈱，日本通運㈱長崎支店。
※注2　輸送試験は，長崎県(一部は鹿児島県)から主に三大都市圏の卸売市場などに，青果物(バレイショ，ウンシュウミカン，ダイコン，小玉スイカ，カボチャなどの重量物を中心に実施)をトラック輸送(一部は鉄道コンテナ輸送)する形で実施した。
※注3　実施場所は，㈱日通総合研究所輸送環境試験所(東京都)。

いる四方挿しタイプの外観と基本仕様を**図1**，**表1**に示す。10トントラックの荷台には本パレットを16枚並置（8枚×2列）することができる。

表1　開発したパレットの基本仕様（四方挿し）

素　材	発泡スチロール（EPS）
サイズ	1辺 1,120 mm，高さ 130 mm（うち天板 60 mm）
発泡倍率	60倍
1枚の重量	約 1.6 kg
積載可能重量	800 kg/枚

3. 利点

3.1 ワンウェイ使用の利点

リターナブル使用と比較した場合のワンウェイ使用の利点として主なものは，①回収が不要，②洗浄・修理が不要，③卸売市場などでの保管が不要，などである。ただし，パレットの最終到達地で適切な処分が必要になる。

3.2 EPS製の利点

EPS製であることの利点として主なものは，①軽い，②湿気に強い，③虫がつかず衛生的（燻蒸も不要），④リサイクルの流れが確立している[注4]，などである。①は，取り回しが楽であるほか，一般のパレット使用と比べて1回の輸送でより多くの荷を輸送できることにつながる。また，EPSは発泡倍率を変えることで，1つの金型でニーズに応じたより丈夫な製品を成形することが可能である。

4. 取り扱い上の留意点

本パレットには一般的なEPS製品と同様の取り扱い上の留意点があるが，荷役作業上特に重要なことは，①天板面全体に均等に荷重がかかるように積み付ける，②袋物の直接積み付けは不可，③フォークリフトの爪で破損しないように扱う，などである。また，均等な荷重と荷崩れ防止のために，ストレッチフィルムやエアバッグなどの資材の使用を推奨する（**図2**）。

図2　荷崩れ防止資材
（左）ストレッチフィルム，（右）フィルムとエアバッグ

※注4　国内における使用済み発泡スチロールの2018年のリサイクル率は90.8％（マテリアルリサイクル52.8％とサーマルリサイクル38.0％の計）であり，国際的には，「加盟国は輸入された発泡スチロール包装材を国産品と同様にリサイクルする」ことを趣旨とする「国際リサイクル協定」の締結国が30ヵ国となっている（2019年7月時点）（発泡スチロール協会HP，https://www.jepsa.jp/）。

5. 積み降ろし作業の効率化

5.1 荷降ろし作業の効率化

「バラ積み輸送」での荷降ろし作業は，通常ドライバー1人(卸売市場などで補助者がつくこともある)によって10トントラック1台1〜3時間ほどかけて行われる(市場での待機時間は含まない)(図3)。本パレットを用いた輸送試験[※注2]では，フォークリフトを使用してパレット1枚あたり1〜2分の速度で荷降ろしをすることができた(図4)。パレット輸送により遠隔産地のドライバーも荷降ろし開始後30分程度で卸売市場を出発できるようになり，パレット輸送が増加すれば卸売市場での待機時間の短縮と混雑緩和も期待できる。

図3　ドライバーの手作業による積み降ろし
(左)積み込み，(右)荷降ろし

図4　輸送試験
(左)着荷時の状態，(右)荷降ろし作業

5.2 積み付け・積み込み作業の効率化

青果物が入った段ボール箱のパレットへの積み付け作業とトラックへの積み込み作業は，選果場のパレタイザーで直接積み付けなければ時間短縮にならない。出荷物流における一貫パレチゼーションを実現して手作業での積み降ろしをなくすには，既存のパレタイザー(図5)のチェーンコンベヤ上でも本パレットが破損しないよう，本パレット脚底(接地面)の補強が当面は必要である。そこで2種類の資材のプロトタイプを作製した(図5)。将来はこれらの資材なしで本パレットが使える構造のパレタイザーへの改良または更新が理想である。

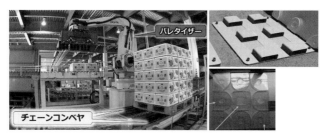

図5　パレタイザー対応化
(左)パレタイザー，(右上)アダプター型資材，(右下)脚キャップ型資材

6. 真空予冷装置への適合性

　本パレットは選果場で野菜の真空予冷処理を行う際に予冷庫内に入れて使用することが可能である。野菜の出荷前に行う真空予冷と同じ処理を長崎県内の選果場において施した本パレットについて，室内強度試験[※注3]を実施したところ，処理を施さなかった場合と同等の強度を示した。

7. 使用後の処理

　本パレットの最終到達地となる卸売市場にEPSの減容処理設備(EPS製品を破砕し減容する)がある場合，卸売業者や仲卸業者は，市場内処理の実施主体に処理費用を拠出している。他方，自前の処理機を持つ業者は処理費用を直接的に負担している。水産物の多くはEPS製の容器で卸売市場などに輸送され，青果物でも一部でEPS製の容器が輸送に用いられている。卸売市場や小売業者においてEPSの減容機は処理量に応じたさまざまな規模(性能)のものが導入されており，そのうち大型の機種は本パレットをそのまま投入できたが，中・小型の機種は投入前に本パレットを複数に分割する必要があり処理に時間を要した(図6)。

図6　減容処理試験
(左)大型機，(右)小型機

第7章　鮮度保持技術

8. パレット輸送の他の方式との比較

(1) 本パレットをワンウェイ使用する場合，最終到達地での処分費用や作業が必要となる。他方，リターナブル使用（一般的に木製またはプラスチック製パレット）では，パレットを購入するかレンタルするかを問わず，産地から届いた荷のパレット交換やパレット保管の費用・作業・スペースが卸売市場などにおいて必要となる。

(2) 本パレット使用ではパレット購入費用がかかる。他方，リターナブル使用のうち購入パレットの場合は，パレット輸送開始時の購入費用や開始後の紛失補充費用がかかる。レンタルパレットの場合は，レンタル料の他に破損・紛失時の補償費や予定外の場所までの回収費がかかるとともに，借り受けと使用についての事務作業が他の方式よりも煩雑になる可能性がある。

(3) 本パレット使用で一貫パレチゼーションを実現するには，パレタイザーで直接積み付けるための資材購入またはパレタイザー改造（または更新）の費用が必要である。

(4) 輸送回数（便数）の面で本パレットは他の材質のパレットよりも有利である。例えば6,000トンの野菜を12トン積みトラックで「バラ積み輸送」するのに最低必要な輸送回数は500回であるのに対して本パレット使用だと502回となる。この回数が木製やプラスチック製のパレットだと，1枚15kgの場合511回，25kgの場合518回となる。

(5) 今後，運送業者による「積込料および取卸料」と「待機時間料」の追加請求[注5]があるならば，「バラ積み輸送」とパレット輸送とで運送業者への支払額はさほど大きな差が開かない可能性がある。なぜなら追加請求額は，現行の「バラ積み輸送」の方がパレット輸送よりも大きいと見込まれるからである。

9. 普及に向けた可能性と課題

(1) パレット輸送の各方式にはそれぞれ長所短所があり，リターナブル使用でのパレット輸送が普及しにくい「市場遠隔産地」において，本パレットのワンウェイ使用は青果物輸送の円滑化に有効な選択肢の1つである。

(2) EPSに関する「国際リサイクル協定」締結国向けの輸出であれば，使用後の処理に関して特段問題は生じないと見られ[注4]，本パレットは輸出用パレットとしても有望と考えられる。特に運賃が重量

表2　費用と便益（産地側でパレットを購入する場合）

関係者		費用（▲）と便益（○）
産地（農家，農業協同組合など）		▲パレット購入費用発生 ○円滑な輸送（持続可能）
運送業者	組織	○運送効率・収益性向上 ○ドライバー確保
	ドライバー	○軽労化・作業時間短縮
卸・仲卸・小売業者	組織	▲処理費用発生 ○保管の手間・コスト不要 ○円滑な荷捌き（効率化） ○市場の混雑緩和
	リフト作業者	▲作業速度低下（慎重な扱い）

※注5　国土交通省による「標準貨物自動車運送約款」や「トラック運送業における下請・荷主適正取引ガイドライン」の改正が行われたことによる（2017年11月施行）。

青果物の鮮度評価・保持技術

によって決まる場合はパレット自体の軽さが利点となる。また，木製パレットに求められる燻蒸処理も不要である。

(3)　本パレット使用の費用負担と便益のバランスは，産地側（農家や農業協同組合など），運送業者，卸・仲卸・小売業者で異なっているため（**表2**），不満や不公平感を生じないよう，関係者の間で事前に本パレットの使用や費用負担などに関して相互理解と合意形成を図ることが普及の鍵であると思われる。

第7章　鮮度保持技術

第7節　揮発性成分プロファイリングを用いた農産物の品質・生理状態の非破壊診断

国立研究開発法人農業・食品産業技術総合研究機構　田中　福代

1.　はじめに

　高品質農産物の安定供給を目指すとき，農産物の状態の非破壊診断は欠かせない。収穫前では栄養や環境ストレス・生理状態，収穫適期の診断や風味予測，病害虫被害の早期診断があり，収穫後では，食べ頃，品質（風味，老化・劣化）診断，貯蔵害虫や腐敗の検出などが求められている。さらには，収穫時にその個体の日持ち性と風味のバランスを総合的に判断し，早く販売するものと長期貯蔵に耐えられるものを判別する技術への要望がある。これらを実現する手段の1つとして，本節では，農産物が発する揮発性成分を利用して診断し，貯蔵・流通をサポートする技術の現状と将来展望について紹介したい。

2.　揮発性成分のプロファイリング

　近年，医療分野で揮発性成分やにおいを用いた診断に注目が集まっている。例えば，がん探知犬がヒトの尿，呼気，体臭などからがんの有無を判定するという。がん探知犬は「がん細胞には特殊な代謝があり，そこで生じる揮発性有機物質（VOCs；volatile organic compounds）に反応しているのではないか」と考えられ，「犬が嗅ぎ分けているにおい物質を特定し，早期発見の技術につなげることが重要」とされている[1]。「がんに特殊な代謝」を「農産物の何らかの現象に特殊な代謝」と置き換えると，同様の発想で農産物の各種診断にも応用することができる。揮発性成分の利用には，農産物を損なうことなく常時モニタリングが可能というメリットがある。近年急速に展開しているアグリインフォマティクスシステムとも相性の良いデジタルデータとして活用も可能となるだろう。このような観点から，農業分野でも揮発性成分によるモニタリングへの期待が高まりつつある。まず，生育・貯蔵中の揮発性成分プロファイル事例から紹介する。

2.1　リンゴの褐変−リンゴ内部の生理障害発症の成分変化をとらえる

　リンゴは国産品の周年供給が実現しているが，これは高い貯蔵技術と販売戦略に支えられている。特に，収穫翌年の7～8月頃まで品質を維持する長期貯蔵技術は周年供給に欠かせないものである。長期貯蔵用の果実は老化に関与するエチレンの生成を抑制するため，CA（controlled atmosphere）貯蔵や1-MCP（1-methylcyclopropene）処理が実施されている。CA貯蔵とは貯蔵庫の空気の酸素濃度を2～3%まで低下させ，二酸化炭素濃度を1～3%まで上昇

－277－

させることで呼吸を抑制する方法であり，1-MCPとはエチレン受容体に結合してその機能を抑制するエチレンの拮抗阻害剤である。これらの方法により，単なる冷蔵貯蔵(普通冷蔵)に比べて食感や食味を長く維持できる。詳しくは[第8章第1節第1項]を参照されたい。

残念なことに，リンゴはCA貯蔵で半年を過ぎた頃から内部褐変(図1)の発生が増加するという問題がある。これは代表的品種「ふじ」において発生率が高く，なかでも無袋果「サンふじ」で顕著なことが知られている[2]。

筆者らはエチレン抑制下で貯蔵した「ふじ」の揮発性成分の特徴の可視化し，さらに褐変と関連する揮発性マーカー成分の探索を試みた[3]。貯蔵条件は0℃で，①普通冷蔵(対照区)，②1-MCP処理，③高炭酸CA貯蔵(CAH)：5.0% CO_2, 2.2% O_2，④低炭酸CA貯蔵(CAL)：1.5% CO_2, 2.2% O_2の4条件とした。CAL区は標準的なCA貯蔵の条件，CAH区は厳しいエチレンの抑制と，貯蔵障害(内部褐変，炭酸障害など)が発生する条件である。貯蔵開始から4～8ヵ月後に各処理から10果以上取り出し，ガラス容器内で1果ずつ1時間密封し，果実から発生するガスをガスクロマトグラフ質量分析計(GC-MS)を用いて分析した。その後，果実を輪切りにし，褐変面積を判定し，検出された全揮発性成分のピークの強度と褐変面積の単相関により褐変のマーカー物質のスクリーニングを行った。

スクリーニングの結果，ヘキサン酸(Hexanoic acid)，2-メチル酪酸(2-Methylbutanoic acid)，酪酸(Butanoic acid)のメチルエステルとエチルエステルが候補としてリストアップされた。特に，メチルエステルは対照区とエチレン抑制処理区の間で異なる回帰直線を取り，それぞれの褐変が進行している時期(エチレン抑制処理では4～6月，対照では6～8月貯蔵時)に有意な正の相関を示した。図2に褐変面積と高い相関の認められた成分の1つメチルヘキサン酸と褐変面積の散布図を示した。このようなメチルエステルと褐変面積の正の相関は，異なる収穫年でも認められ(図3)，1-MCP処理した「シナノゴールド」の褐変現象でも確認できた。

褐変現象は不自然な老化に伴う酸化ストレスに関連し，細胞の液胞膜や細胞膜などの微小構造の崩壊を伴っていると考えられている[4]。具体的なメカニズムは未解明だが，これらの構造

※口絵参照

図1　長期貯蔵した「ふじ」の断面
右は内部褐変が発生している(2019年7月)

第7章 鮮度保持技術

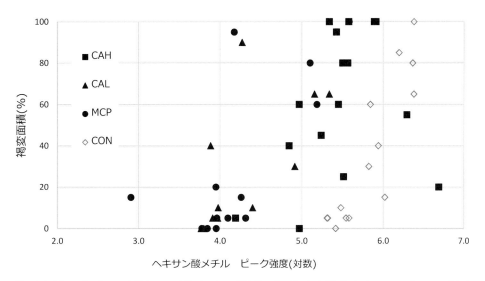

Reprinted from Postharvest Biology and Technology 145, Tanaka, F., et al., Methyl ester generation associated with flesh browning in 'Fuji' apples after long storage under repressed ethylene function, 53-60, Copyright (2018), with permission from Elsevier.

図2　ヘキサン酸メチル強度とふじ褐変面積（貯蔵6月）[3]
CAH：高炭酸CA貯蔵, 5.0% CO_2, 2.2%O_2, CAL：低炭酸CA貯蔵1.5% CO_2, 2.2% O_2, MCP：1-MCP処理, CON：普通冷蔵（対照）

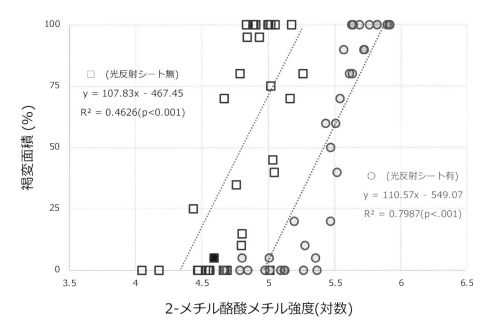

Reprinted from Postharvest Biology and Technology 145, Tanaka, F., et al., Methyl ester generation associated with flesh browning in 'Fuji' apples after long storage under repressed ethylene function, 53-60, Copyright (2018), with permission from Elsevier.

図3　2-メチル酪酸メチル強度とふじ褐変面積[3]
光反射シートの有無の2種類の条件で栽培し，CA貯蔵した果実各35個について検証を行った。

- 279 -

青果物の鮮度評価・保持技術

の崩壊と関連する何らかの事象がトリガーとなってPME(ペクチンメチルエステラーゼ)を活性化し，ペクチンからメタノールが遊離しているのだろう。このメタノールがエステル化に使用されているものと推定している。一方，成熟や老化に伴うペクチンの脱メチルとそれに伴う揮発性メチルエステル類の発生は正常な代謝過程であり，褐変が起こらなくても進行する。例えば，王林は内部褐変を生じにくい品種であるが，成熟・軟化とともに多量のメチルエステル類を発生する。図3では光反射シートの有無で検証したところ，回帰直線の傾きには有意差がなく，切片が異なった。すなわち，光反射シートを用いた方が同程度の褐変面積の時のメチルエステル発生量が大きかった。また，図2の対照区とエチレン抑制区ではメチルエステル類と褐変面積の回帰直線の切片が異なり，相対的に対照区の方がメチルエステル類の発生量が多い。このようなことから，メチルエステル類は栽培・貯蔵条件がよく似た個体間での褐変のマーカー成分となり得るものの，褐変を引き起こす直接の原因物質ではないといえる。

　揮発性成分のプロファイリングは，障害が可視的に生じる前にその予兆をとらえる可能性があること，リンゴ内部で生じている生理的変化を代謝の変化として非破壊でとらえ，メカニズムの解明につながる情報を収集できる点で価値がある。また，同一個体の変化を経時的に追跡することができるというメリットがある。生理障害の発生のメカニズムを解明し，早期発見と改善策を検討するために揮発性成分の解析は有効な手段と考えられる。

2.2　栽培中のオオバに発生するハダニと香気成分

　オオバ(青ジソ)を試験栽培したとき，生育中のオオバの香りが突然変化し，遅れてハダニの発生が確認されるという場面に何度か遭遇した。ハダニの専門家であればいち早く発生を検出していたかもしれないが，筆者の場合は嗅覚での検知(オオバらしい香りの消失)が常に先行した。そこで，急遽ハダニが発生しやすいガラス室を利用し，農薬(コロマイト乳剤)散布の有無を設けて香りの比較実験を行った。オオバは茨城在来種を用い，葉身を試料とした。ハダニ被害を受けなかった個体を対照とし，加害された個体については被害程度の顕著なものと，軽微なものの2種類について採取し，合計3処理とした。

　GC-MSで得られた香気成分の強度について主成分スコアとローディングを図4に示す。第1主成分でハダニ被害の有無(農薬使用の有無)，第二主成分で被害個体のハダニ類の被害程度に応じた香気プロファイルの相違が生じる結果となった。個々の成分についてみると，被害葉ではシソの重要香気であるペリラアルデヒド(Perillaldehyde)やシトラール(Citral)などの芳香成分が顕著に低下し，オオバらしい香りが失われたという感覚ともよく一致した。ペリラアルデヒドは特徴的な香りなので，生産者は容易に検知できるだろう。ペリラアルデヒドの濃度はオオバが取り引きされるときの重要な品質指標となっており，常に気にかけているのが良いだろう。一方，被害葉では(E)-2-ヘキサナール((E)-2-Hexanal)，酢酸3-ヘキセニル(3-Hexenyl acetate)などの緑の香り成分の増加が認められた。これらは，草食害虫の摂食被害にあった植物が放出する成分として知られている[5]。これらを考慮すると，オオバ自身がハダニを検知して代謝を制御している可能性が推察された。この実験では自然発生するハダニを利用したが，微小害虫の専門家と連携し，他の虫種(アザミウマ，コナジラミなど)を含めた接種試験を行い，より幅広い虫種での有効性を検討するなど，さらに詳細な検討が必要である。

– 280 –

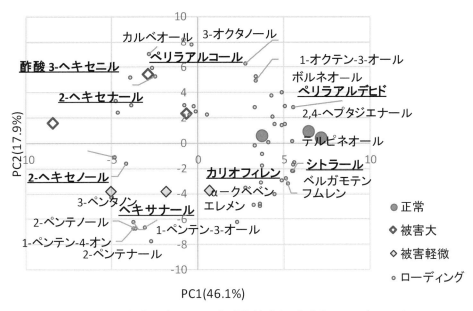

図4 ハダニ加害を受けたオオバの揮発性成分の主成分スコアプロットと
ローディングのバイプロット

2.3 貯蔵中の食品害虫の発生を検知する

　消費者や実需者に安全な農産物を届けるために，貯蔵・流通段階での害虫発生の制御は重要な課題である。規模の大きい貯蔵倉庫などで食品害虫が発生すると被害は甚大である上に，大規模な食品ロスにつながる。現在は貯蔵倉庫ではフェロモントラップなどが利用されているが，その特性上，一定密度以上に成虫が飛び回るようになるまでは見つけることができない。できれば，飛び込み世代の産んだ卵が成虫に達して繁殖する前の段階で存在を検知し，適正な対策をとりたい。そのためには，幼虫の発する揮発性成分を解析する必要がある。ここでは玄米に発生する害虫の揮発性マーカー成分による検出の試みについて紹介する

　日本国内で貯蔵中の玄米に発生する主要な害虫ノシメマダラメイガとコクゾウムシを含む7種類（ガ5種，甲虫2種）について検討した[6]。玄米をガラス容器に入れ，害虫の卵（100～150個）を1種類ずつ投入し，通気口を設けたふたをして2ヵ月間約25℃で培養した。実験は2反復で行った。害虫を添加しないものをコントロールとし，容器のヘッドスペースガス中の揮発性成分をGC-MSを用いてノンターゲットに分析した。検出された全ての成分のうち，少なくとも1つの虫種の2反復両方で検出され，かつ，ピーク強度がコントロールに対して有意（$p<0.05$）に異なる成分を対象として，主成分分析を行った。図5は，卵接種後約1ヵ月の主成分スコアプロットである。第1主成分方向でガ類を含む玄米の香りが明瞭に分類された。また甲虫とコントロールは第2主成分で分離できた。このように，害虫のいる玄米の揮発性成分プロファイルは虫種に応じた特徴を示すことが示された。

　さらに，マーカー成分を選抜するため，上記の成分のうちコントロールにおけるピーク強度が閾値（10000）以下の成分に絞り込んだ。これは，害虫の生によって特異的に生成する成分をマーカーに選定するためである。この戦略に合致する成分群を保持時間指標とMSスペクトル

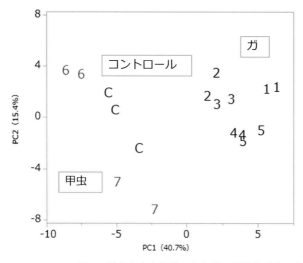

図5 貯穀害虫を接種した玄米の揮発性成分の主成分スコアプロット
玄米に貯穀害虫卵を接種し，容器のヘッドスペースガスを経時的に分析。34日後のデータ。ピーク強度 $P<0.05$ の60成分を主成分分析

ライブラリを用いて同定し，選抜された成分について濃度変化を解析した。その結果，イソプレノール（Isoprenol）とその異性体プレノール（Prenol）の2成分が害虫を添加した玄米のみから共通して検出されることがわかった。特に，ノシメマダラメイガやガイマイツヅリガ，スジマダラメイガではプレノールとイソプレノールのどちらかが1週間以内に検出された。このように孵化直後に検出可能となったことから，成虫トラップ法よりかなり早い段階で検出できるだろう。また，ジメチルジスルフィド（DMDS；Dimethyl disulfide），ジメチルトリスルフィド（DMTS；Dimethyl trisulfide）などのポリスルフィドも広く検出され，特にコクゾウムシで顕著だった。供試した7虫種の中で最も容易に検出できると考えられるのはガイマイツヅリガで，プレノールとそのアルデヒドであるプレナールを多量に発生した。ユニークなパターンを示したのはコクヌストモドキで，古米化のパターン（ヘキサナールなどのアルデヒドや，ペンチルフランなどのアルキルフラン類の増加）が強く表れた。このような虫種に独特の成分変化パターンや主成分スコアとマーカー成分の定量を組み込めば，これら害虫の早期検出と虫種の特定が可能になると考えられる。

これまでに害虫のニオイを分析した報告はあるが，いずれも成虫を対象にしており，今回筆者らが検出した成分は貯穀害虫の発する成分としては新規であった。玄米や玄米中の微生物の代謝産物である可能性も含めて，これら成分の代謝経路を解明し，マーカー成分としての信頼性を高めたい。また，小規模な培養実験では卵の接種から遅くとも2～3週間以内に検出できるというものの，実際の貯蔵倉庫で局所的に発生する揮発性成分の検出には工夫が必要だろう。穀物貯蔵庫での貯穀害虫の生態には未解明の点が多く，貯穀害虫の総合防除に向けて取り組むべき課題が山積みしている。食品の安全性やロスが重要な課題となる現在，食品害虫研究への取り組みの増加に期待する。

3. オンサイト揮発性バイオマーカーモニタリングの展望

　ここまで，農産物の状態診断に使える揮発性成分の事例を紹介してきた。では，実際にはどのように揮発性成分を検出すればよいだろうか。マーカー成分を同定する研究段階では SPME（固相マイクロ抽出）や加熱脱着を利用し，これらに対応した試料導入装置を搭載した GC-MS を利用するのが一般的である。しかし，分析に時間を要するため，そのまま実装するのは現実的ではない。科学捜査に利用されるポータブル GC-MS はガスの直接サンプリングも可能であり，オンサイトでの利用に可能性がある。また，この 10 年ほどで普及してきたリアルタイム質量分析計[7]-[10]は試料ガスの直接サンプリングが可能なうえに，GC による分離をしないので高速分析が可能である。また，パターン認識とマーカー成分の定量の 2 方式に対応できる点も有利であろう。リアルタイム質量分析計は医療分野で各種疾病の診断研究や食品のフレーバーリリース研究などで成果を上げており，揮発性マーカー成分を利用した診断を実現するために注目すべき装置と考えている。そこで，国内各地に展開している農産物や食品の成分分析を実施している受託分析会社に期待する。今後多くの有用な揮発性マーカー成分が提案され，それぞれについてマーカー成分の閾値の設定がなされると信じている。それまでに，各地の分析機関において，ガス試料中の揮発性マーカー成分の分析の受け入れ体制が整ってほしいと考えている。

　マーカー成分の直接定量とは異なるアプローチも求められている。揮発性成分プロファイルの相違に応じて栽培や貯蔵環境などを制御するアグリインフォマティクスシステムに組み込むためには，IoT センサであることが重要である。オンラインリアルタイム質量分析計よりもさらにさらに簡便でロバストな装置が求められる。具体的な装置として，物質・材料研究機構を中心とする MSS フォーラムが開発応用を進めている MSS（Membrane-type Surface stress Sensor）や，理化学研究所光量子工学センターが開発しているレーザーによる微量ガス検知技術などが挙げられる。これらは，マーカー成分の定量ではなく，パターン認識を路用している。パターン認識とは，例えば図 4，図 5 のように主成分スコアの相違を利用するものであるが，個々の信号が成分に帰結されている必要はない。予めコントロール（正常品など）と診断対象の状態既知の試料を計測して揮発性成分のパターンを登録しておくことにより，未知の試料の状態を診断するものである。MMS は，膜型表面応力センサの応答を電気的に検知する仕組みで，これまでに酒のアルコール度数，西洋ナシのラ・フランスの熟度の推定を可能にし，さらに広い分野での嗅覚センサの社会実装へ向けた研究開発が行われている。がん探知ならぬがん探索 MSS も視野に入れているらしい[10]。後者は，園芸作物の早期病害診断の検出が可能だという。いずれも，精度良く診断するために必要な膨大なデータの蓄積を進めつつ，実用を目指している。

　既存のガスセンサはどうか。現在市販されているガスセンサには半導体式，接触燃焼式，電気化学式，非分散型赤外線方式がある。それぞれの方式に得意な成分群があり，運よくマーカー成分がセンサとうまく合致すれば容易に IoT モニタリングに持ち込める。しかしながら，現実には既存のセンサでは特異性や感度が不足する場合が多く専用の特異的センサの開発が必要となる場合が多いだろう。専門分野を超えた連携が鍵となる。

青果物の鮮度評価・保持技術

4. おわりに

揮発性マーカー成分や特徴的なプロファイル研究は注目を浴び，国内でもいくつかの事例が報告されている。しかしながら，農産物でも，医療現場においても，国内で実用化されている例はない。今後も，揮発性成分を使った診断指標の探索は分析技術や解析手法の急速な進展に支えられてどんどん進むだろう。課題はその先にある。これらの診断指標を用いて農産物の価値を高め，安全性を確保する技術の開発にむけて，農業生産・流通現場と分析・解析技術開発・研究のコラボレーションに期待する。

文　献

1) ㈱セントシュガージャパン HP より
   http://stsugar.com/publication/pdf/research_miyashita.pdf

2) 葛西智，小林達，工藤剛，後藤聡：園芸学研究，**18**(2)，173(2019).

3) F. Tanaka et al.：*Postharvest Biol. Technol.*，**145**, 53(2018).

4) de Castro, E. et al.：*Postharvest Biol. Technol.*，**48**, 182(2008).

5) K. Matsui：*Current opinion in plant biology*，**9**(3), 274(2006).

6) F. Tanaka et al.：*Food Chem* **303**, 15, January (2020)125381.

7) E. Aprea et al.：*Journal of Chromatography B*, **966**, 208(2014).

8) U. Navaneethan et al.：*Gastrointestinal Endoscopy*, **81**, 4,943(2015).

9) S. Kumar et al.：*Analytical Chemistry*, **85**(12), 6121(2013).

10) https://gendai.ismedia.jp/articles/-/63623?media=bb

第7章　鮮度保持技術

第8節　可食性コーティング（Edible Coating）

神戸大学　野村　啓一

1. 可食性コーティング（Edible Coating）とは

　可食性コーティングとは，文字通り可食性の天然高分子で形成した薄膜で食品を被い，その貯蔵性を高める技術である。対象とする食品は，青果物だけでなく，魚，肉にも応用されている。青果物では果物をはじめとした果菜類によく利用され，近年ではカットフルーツへの使用の報告も多く見受けられる。コーティングの方法の概略を図1に示しておく。すなわち，青果物をフィルム形成素材を溶かした溶液に浸漬するか，場合によってはその溶液をスプレーなどで噴霧したり，直接塗布した後乾燥させる。これによって青果物をフィルムで覆うことで，フィルム内でMA貯蔵を行うことになる。このためには用いるフィルムの物理的性質が重要である。一方，コーティング溶液に抗菌剤や抗酸化剤などの生理活性物質を加えることで，より貯蔵性を高めたり，機能性物質を加えることで付加価値を高めようとする試みもなされている。簡便で安価，環境に優しい点から現在海外では盛んに研究が行われている手法である。

　フィルム素材としての天然高分子は，多糖，タンパク質，脂質およびそれらの混合物が用いられるが，それぞれの特性は異なる。一般に，多糖は規則的な水素結合を形成し，ガスの透過を抑制することで呼吸を抑えるが，その親水性のため水蒸気のバリアとはなりにくい。タンパク質はペプチド鎖の相互作用で比較的強度の高いフィルムを形成できるが，ガスの透過性は劣る。脂質は極性が低いことから，水蒸気の透過を抑制するといわれている[1]。収穫後の青果物を処理する場合には，使用する物質は，「食品添加物」となるが，現在用いられている天然高分子はほぼ全て食品添加物の認可を受けたものであり，安全性の問題はない。以下，汎用されている天然高分子をいくつか挙げて説明する。

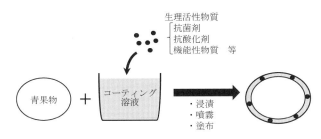

図1　可食性コーティングの概念図
フィルム形成にはコーティング溶液への浸漬，スプレーなどによる噴霧，あるいは塗布などがある。近年では，コーティング溶液に生理活性物質を添加し，より貯蔵性を高めたり，付加価値を付与しようという試みがなされている。

青果物の鮮度評価・保持技術

2. フィルム素材の特性

2.1 多 糖

　青果物のコーティングに最も広く使用されているのが多糖である。中でもキトサン，アルギン酸ナトリウム，カルボキシメチルセルロース（CMC）などがよく使用されているが，近年はアロエベラ，チアシードの粘性物，さらには産業廃棄物の果実から抽出したペクチンなども使用されている。可塑剤としてグリセロールやソルビトールなどを添加することがある。

2.1.1 キトサン

　キトサンはD-グルコサミンを構成単位とする直鎖状多糖であり，エビなどの甲殻類の外骨格に含まれるキチンを脱アセチル化することで得られる。キトサンは通常酢酸やクエン酸など酸性で溶解した後，弱酸性（pH 5～6）にして使用されるが，この溶解性は脱アセチル化の程度によって異なる[2]。また，アミノ基を持つことから，分子全体としては正に帯電している。一般にキトサンフィルムは，酸素，二酸化炭素の透過を抑制すると共に，それ自体が抗菌作用もあるといわれている[3][4]。

2.1.2 アルギン酸ナトリウム

　アルギン酸は褐藻などに含まれ，β-D-マンヌロン酸のホモポリマーとα-L-グルロン酸のホモポリマー，2つのブロックからなる直鎖状多糖でのナトリウム塩である。糖酸が構成多糖となっているので，分子全体として負に帯電しており，Ca^{2+}の添加によって架橋し，より強固なゲルが作成できる。一般にキトサンに比べてガス透過性は低い傾向にあるが，単独での抗菌性は望めない[5]。

2.1.3 アロエベラ

　アロエベラのゲルは，単一の多糖ではなく，ビタミン，アントラキノン，有機酸などを含み，それ自体が生理活性物質を含む複合体といえる。主要構成多糖は，マンナン，アラビノガラクタンと考えられている[6]。

2.1.4 Layer-by-Layer

　2つのフィルム素材を混合するのではなく，別々に2層のコーティングを行う手法である。代表的な組み合わせとして，1層目にアルギン酸やCMCなど負に帯電したフィルムを形成し，2層目にこれと逆に正に帯電したキトサンでコーティングを行う方法がある[7]。これによってアルギン酸のガス透過抑制効果と，キトサンの抗菌効果の両方を具備したフィルムを形成することを目的としている。

2.2 タンパク質

　フィルム素材として用いられるタンパク質としては，ゼラチン，ゼイン，グルテンなどもあるが，最もよく用いられているのは，ダイズのホエータンパク質であろう。タンパク質のフィ

－286－

ルム全体に言えることは，機械的強度とガスの透過抑制には有効であるが，多糖同様その親水性のために，水分透過抑制には劣る[8]。またこれらのタンパク質は，アレルゲンともなり得るので，可食性とはいえ，実際に口にする場合は注意が必要である。

2.3 脂　質

脂質はその疎水性ゆえ，水蒸気透過性を抑制するため，蒸散およびそれに伴う重量減少の抑制に用いられる。多糖やタンパク質のようなフィルムを形成することはないが，それらに添加して使用されることが多い。単独では，化粧品などにも使用されているキャンデリアロウ，カルナバロウなどの植物由来のワックスがコーティング素材として用いられている[9)10)]。

具体的な使用例は，膨大な報告があるので，個々の事例は挙げないが，主だった使用例を表1に示しておく。

表1　各種フィルム素材のカット青果物への利用例

フィルム素材	青果物	添加物	効　果	文　献
キトサン	パパイア	―	重量減少と微生物の繁殖抑制	11)
キトサン	メロン	シンナムアルデヒド	硬度，糖度，ビタミンCの低下抑制 活性酸素種の軽減	12)
アルギン酸Na	リンゴ	シナモンオイル	重量減少と褐変抑制	13)
アルギン酸Na	マンゴー	―	硬度の維持	14)
アロエベラ	キウイフルーツ	―	呼吸速度と微生物繁殖の低減	15)
ペクチン	マンゴー	エッセンシャルオイル	重量減少，アスコルビン酸減少の抑制 腐敗の抑制	16)
ダイズホエー	リンゴ	カラギーナン，アルギン酸	褐変の抑制とテクスチャーの維持	17)

3.　可食性コーティングの問題点

最も大きな問題は，フィルム素材の規格が一定でなく，また対象とする青果物の特性との関係が明確ではないことが挙げられる。例えば，同じキトサンでも，分子量，脱アセチル化の程度が異なるなど，同じ濃度のコーティング溶液を用いても，結果が異なることがある。さらに添加する可塑剤の種類，濃度などでフィルム特性が異なると共に，青果物によって向き・不向きが生じるなど，一般則が確立されていない。今後，多くの事例の系統的な解析と共に，フィルム自体の物性など基礎的な情報の集積が待たれる。特に，ペクチンなどは，原料によって糖組成，分子量などが大きく異なるので，糖鎖構造との相関についての情報も必要である。このほか，安価といえどもコーティング溶液の廃棄は産業排水となり，処理設備の確保などの初期投資がかさむこと，また，前述したようにフィルム素材によってはアレルゲンとなり得ることなどが挙げられる。

4. 今後の展望

　可食性コーティング自体は特に目新しい手法ではなく，海外では約20年前から盛んに研究が行われてきたが，日本ではほとんど研究が実施されていない。この主な理由として，日本では収穫後の青果物に処理を施すことを，消費者が好まないこと，国内だけを見た場合，輸送距離が短く，現行の低温，CA，MA貯蔵で十分に事足りること，それゆえ現時点ではコストがかかることが挙げられる。一方，諸外国において研究が盛んなもう1つの理由に，食料ロスを加えた環境問題への意識がある。可食性コーティングは，収穫後の腐敗によるロスの軽減を，簡便な設備で行えることに加え，特に今日問題となっている海洋プラスチックごみの軽減にも有効である。人口減少の顕著な日本において，今後農産物の輸出は必要不可欠であるが，現行の化石燃料を用いたMA貯蔵の品をどれだけ受け入れてもらえるかは大きな問題である。さらに国内を見ても，少子高齢化やライフスタイルの変化で，カット青果物の需要が高まっており，これに規格外で廃棄処分となる青果物を利用することで食料ロスの軽減にもつながるが，日持ちの悪い品の供給過多にもなり得る。

　可食性コーティングは，これらの問題点を包括的に解決する1つの手法と考えられるが，前述したように系統立ったデータの蓄積が必要であると共に，安全性の認知度を広める必要があるといえる。

文　献

1) B. Hassan et al.：*Int. Natl. J. Biol. Macro.*, **109**, 1095(2018).

2) R. A. Shiekh et al.：*Food Sci. Technol. Res.*, **19**, 139(2013).

3) P. K. Dutta et al.：*Food Chem.*, **114**, 1173 (2009).

4) C. A. Campos et al.：*Food Biprocess Technol.*, **4**, 849(2011).

5) T. S. Parreidt et al.：*Foods*, **7**, 170(2018).

6) J. Misir et al.：*Am. J. Food Sci. Technol.*, **2**, 93(2014).

7) H. Arnon-Rips and E. Poverenov：*Trends Food Sci. Technol.*, **75**, 81(2018).

8) M. Kurek et al.：*Food Packag. Shelf Life*, **1**, 56(2014).

9) E. Ochoa et al.：*Am. J. Agric. Biol. Sci.*, **6**, 92 (2011).

10) M. Chiumarelli et al.：*Food Hydrocoll.*, **28**, 59(2012).

11) P. J. Chien et al.：*Food Nutr. Sci.*, **4**, 9(2013).

12) R. L. Carvaiho et al.：*Postharv. Biol. Technol.*, **113**, 29(2016).

13) V. Chiabrando and G.Giacalone：*Qual. Assur. Safe. Crops Foods*, **7**, 251(2015).

14) B. Salinas-Roca et al.：*Food Control*, **66**, 190 (2016).

15) S. Benitez et al.：*Postharv. Biol. Technol.*, **81**, 29(2013).

16) M. Radi et al.：*J. Food Process. Preserv.*, **42**, e13441(2018).

17) R. A. Ghavidel et al.：*Int. J. Agric. Crop Sci.*, **6**, 1171(2013).

第8章

国内流通および輸出拡大への取り組み事例

第8章　国内流通および輸出拡大への取り組み事例

第1節　青果物国内流通・貯蔵技術

第1項　リンゴ生産地における CA 貯蔵による品質保持と出荷調整

青森県産業技術センター　**葛西　智**

1.　はじめに

　青森県に西洋リンゴが初めて導入された 1875 年以来，地の利を活かした雪巻き冷蔵庫にはじまり，後に Controlled atmosphere（CA）貯蔵の普及によって確立した周年供給体制は，青森県産リンゴの優位性を支える大きな強みとなっている。本項では，青森県のリンゴ品種，栽培法および貯蔵法を組み合わせた計画出荷による周年供給体制について解説する。

2.　青森県のリンゴ生産量と品種構成

　青森県のリンゴ生産量は 40 万トンを超え，国内生産量の半数以上を占めている（**表1**）。次いで長野県が約 15 万トンと，両県で全体の 8 割近くに達する。青森県における品種構成は，早生種の「つがる」，中生種の「ジョナゴールド」，晩生種の「王林」および「ふじ」の 4 品種が主体で，その中でも食味や貯蔵性に優れる「ふじ」がおよそ半数を占めている（**表2**）。

表1　リンゴの主産県別生産量（2017 年産）

生産地	青森県	長野県	山形県	岩手県	福島県	秋田県	その他	全　国
生産量 （トン）	415,900	149,100	47,100	39,600	27,000	23,500	33,000	735,200
割　合 （%）	56.6	20.3	6.4	5.4	3.7	3.2	4.5	100

注）農林水産省作物統計資料より作成
　　四捨五入の関係で割合の内訳の合計が 100% にならない場合がある

表2　青森県におけるリンゴ品種別生産量（2017 年産）

品　種	ふ　じ	王　林	つがる	ジョナ ゴールド	その他	合　計
生産量 （トン）	194,800	45,800	44,300	41,600	89,400	415,900
割　合 （%）	46.8	11.0	10.7	10.0	21.5	100

注）農林水産省作物統計資料より作成

3. 有袋栽培と無袋栽培

　果実に袋をかけて栽培する方法を有袋栽培(図1)，袋をかけない栽培法を無袋栽培と呼ぶ。有袋栽培は害虫防除を目的として1900年代から始まった方法であり，かつては有袋栽培が一般的であった。袋をかける期間は幼果期から収穫1ヵ月前頃までであり，除袋後の果実は一斉

図1　有袋栽培

表3　リンゴ「ふじ」の有袋果・無袋果別の果実品質

調査時期		区	果重(g)	硬度(lbs)	糖度(°Brix)	酸度(g/100mL)	みつ程度(0-4)	内部褐変発生果率(%)
収穫時		有袋果	320	14.3	12.8	0.311	1.2	0
		無袋果	333	14.3	13.8	0.327	2.1	0
		有意性	n.s.	n.s.	**	n.s.	**	―
貯蔵後	4月上旬	有袋果	328	15.1	13.9	0.252	0	0
		無袋果	334	14.1	14.8	0.253	0.2	0
		有意性	n.s.	**	**	n.s.	―	―
	5月中旬	有袋果	316	14.7	13.4	0.210	0	0
		無袋果	318	13.3	14.8	0.215	0	55.0
		有意性	n.s.	**	**	n.s.	―	―
	6月中旬	有袋果	325	13.9	13.8	0.169	0	5.0
		無袋果	339	12.7	15.1	0.176	0	55.0
		有意性	n.s.	**	**	n.s.	―	**
	7月中旬	有袋果	319	13.7	13.4	0.147	0	2.5
		無袋果	334	11.8	14.9	0.143	0	67.5
		有意性	n.s.	**	**	n.s.	―	**

注)収穫日：有袋果は2016年10月28日，無袋果は11月10日
　貯蔵条件：2017年4月上旬までCA貯蔵(酸素濃度2.2%，二酸化炭素濃度1.5%)，以降は普通冷蔵
　みつ程度：0(発生なし)〜4(大)
　有意性：**は1%水準で有意差あり，n.s.は有意差なしを示す

に日射を受けるため，着色が進んで揃いやすい。「ふじ」や「ジョナゴールド」はもともと着色が揃いにくい品種であるが，有袋栽培によって着色が容易となり，また，貯蔵性が高まる利点もあることから，やや未熟な状態で収穫されて長期貯蔵用に仕向けられる。一方で無袋栽培は，生産労力の低減や食味重視の生産を推進するため1970年代から奨励され，病害虫防除技術の進歩や着色しやすい変異系統（着色系統）の広がりもあり，1990年代以降急速に普及が進んだ。

「ふじ」の有袋果と無袋果の果実品質の違いを**表3**に示す。有袋果は被袋による遮光条件下で生育するうえ，やや未熟な状態で収穫されるため，収穫時の糖度は無袋果より低く，みつ入りの程度も低い。しかし，有袋果は貯蔵後の果肉硬度の低下が無袋果よりも緩慢であり，内部褐変（**図2**）などの貯蔵障害の発生も少ないことから，品質管理の面で扱いやすく長期貯蔵に向く。

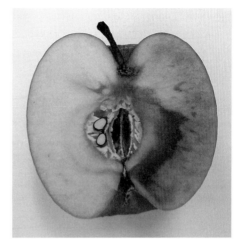

図2　「ふじ」の内部褐変

4. 貯蔵管理

果実の細胞は収穫後も生命活動が維持されているため，次第に老化が進んで品質が低下していく。したがって，貯蔵管理の基本は生命活動を抑え，老化を遅延させることであり，呼吸量やエチレン作用を抑制することに重点が置かれる。

4.1 低温貯蔵（普通冷蔵）

果実の呼吸は温度に影響を受けやすく，10℃上昇すれば呼吸量は2〜4倍程度上昇する[1]。そのため，常温の20℃から0℃まで冷却すれば，果実の呼吸量は10分の1程度にまで抑制できることになる。リンゴの氷結温度は−2℃前後にあり，低温ほど品質保持効果が高いことから，0℃からややマイナス側で管理することが推奨されている[2]。ただし，品種によっては軟性やけ症（**図3**）などの低温障害が発生することがあるため注意が必要である。リンゴの生産・流通関係者はCA貯蔵と区別するため，低温貯蔵のことを普通冷蔵と呼ぶことが多い。

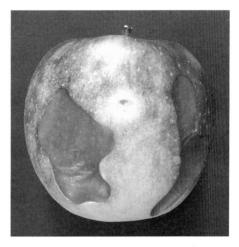

図3　「ジョナゴールド」の軟性やけ症

4.2 CA貯蔵

CA貯蔵は,低温貯蔵にあわせて庫内の気体組成を人為的に調整することにより青果物の品質を保持する貯蔵技術で,1920年代にイギリスで開発された[3]。低酸素条件は青果物の呼吸量を低下させ,高二酸化炭素条件は成熟ホルモンのエチレンの作用を抑制する効果がある[4]。リンゴでは,CA貯蔵庫内の気体組成を酸素濃度1.8〜2.5%,二酸化炭素濃度1.5〜2.5%の範囲で管理することが推奨されている[2]。酸素濃度が適正範囲を下回ると嫌気呼吸が誘導されてエタノールが蓄積し,発酵臭を帯びて食味に悪影響を及ぼす。また,二酸化炭素濃度が高すぎ

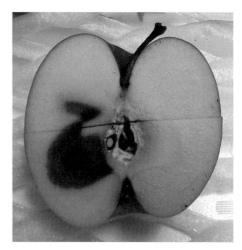

図4 「ふじ」の炭酸ガス障害

ると果肉が褐変する炭酸ガス障害(図4)が発生してしまう。「ふじ」は二酸化炭素に対する耐性が弱く,この障害が発生しやすいことから,細心の注意を払う必要がある。中でもみつのたっぷり入った果実ほどリスクが高まるので,無袋果では二酸化炭素濃度を1.5%以下で管理することが望ましい。また,CA貯蔵庫から出庫した果実は呼吸代謝が回復することから,果肉の硬さや酸味が失われるなどの品質低下が進む。出庫後は常に低温を維持し,なるべく呼吸を抑える必要がある。

CA貯蔵が1960年代に国内に導入された当初は技術や知識が未発達であったことから果実に障害が多発し,数年と利用されずその機能は停止した。その後,1970年代になると改善が

表4 各品種におけるCA貯蔵・普通冷蔵別の長期貯蔵後の果実品質

品種	調査時期	区	果重(g)	硬度(lbs)	糖度(°Brix)	酸度(g/100 mL)
ジョナゴールド(有袋果)	収穫時	—	322	18.5	13.8	0.559
	貯蔵後	CA貯蔵	321	11.9	13.7	0.319
		普通冷蔵	334	9.7	12.8	0.143
		有意性	n.s.	**	**	**
王林	収穫時	—	338	16.1	14.5	0.342
	貯蔵後	CA貯蔵	329	10.7	15.4	0.127
		普通冷蔵	317	7.7	14.8	0.069
		有意性	n.s.	**	**	**
ふじ(有袋果)	収穫時	—	360	14.6	12.9	0.353
	貯蔵後	CA貯蔵	339	13.9	13.2	0.182
		普通冷蔵	331	12.4	12.2	0.071
		有意性	n.s.	**	**	**

注)収穫日:「ジョナゴールド」有袋果は2014年10月9日,「王林」は10月27日,「ふじ」有袋果は10月30日
　貯蔵後の調査:2015年6月中旬出庫後,20℃恒温下で5日間保存後に調査
　CA貯蔵:2015年6月中旬までCA貯蔵(酸素濃度2.2%,二酸化炭素濃度2.0%)
　有意性:**は1%水準で有意差あり,n.s.は有意差なしを示す

図られるようになり，青森県内を中心に普及した。一般的なCA貯蔵施設は窒素ガス置換方式であり，Pressure swing adsorption（PSA）法により大気から分離した窒素を庫内に注入し酸素濃度を低下させる[5]。表4に示す調査事例でも明らかなように，CA貯蔵は普通冷蔵よりも高い品質保持効果を得ることができるため，リンゴの長期貯蔵を可能とし，周年供給体制の確立に大きく貢献した。

4.3　青森県内のリンゴ貯蔵収容能力

　青森県内のリンゴ貯蔵庫の全収容能力は37万トンを超え，万全な貯蔵基盤が備わっている（表5）。そのうち，CA貯蔵庫は17万トンに迫り，全体の45.4％を占めている。青森県では古くから移出業者（商人）がリンゴの集出荷を担ってきたことから，施設保有量は現在でも移出業者が農協を上回っている。

表5　青森県内のリンゴ貯蔵庫収容能力（2017年現在）

区　　分	普通冷蔵庫 （トン）	CA貯蔵庫 （トン）	簡易冷蔵庫 （トン）	合　　計 （トン）
移出業者	89,160	114,088	600	203,848
農　　協	77,875	49,059	480	127,414
出荷組合	11,165	3,734	1,312	16,211
倉庫業者	2,097	0	0	2,097
生産者	6,923	1,360	12,968	21,251
合　　計	187,220	168,241	15,360	370,821

注）青森県農林水産部りんご果樹課調べ

5.　青森県産リンゴの周年供給体制

　青森県産リンゴは，品種，栽培法および貯蔵法を組み合わせた計画出荷が徹底されており，周年的に供給されている（図5）。まず，8月は極早生種「夏緑」などが収穫され，盆前出荷を皮切りにスタートする。9月に入ると早生種「つがる」の収穫が盛期となって青森県産リンゴの本格的な出荷が始まり，秋の味覚として普通冷蔵で10月中旬まで販売される。10月は中生種「ジョナゴールド」の収穫となるが，無袋果は果肉が軟質化しやすく，果面がべたつく油あがりが発生しやすいため，普通冷蔵で年内までの出荷となる。有袋果は貯蔵性が高いため普通冷蔵で翌年の3月まで，CA貯蔵では4〜6月の後期販売用に仕向けられ，「ふじ」の販売を補完する役割を果たす。10月下旬収穫の晩生種「王林」は黄色品種であり着色管理を要しないため無袋栽培のみであるが，比較的貯蔵性が良く，普通冷蔵で翌年の3月まで，CA貯蔵で2〜6月まで出荷され，「ふじ」とのセット販売が中心となる。10月下旬〜11月上旬はいよいよ「ふじ」の収穫盛期となり，食味重視の無袋果の出荷は普通冷蔵で翌年の3月まで，CA貯蔵の場合でも2〜3月までである。4月以降の無袋果は，CA貯蔵であっても出庫後は内部褐変の発生リスクが高いため，3月までに販売を終了させることが望ましい。4月からは有袋果の出荷に切り替わり，普通冷蔵で5月まで，CA貯蔵で7月まで販売される。

－ 295 －

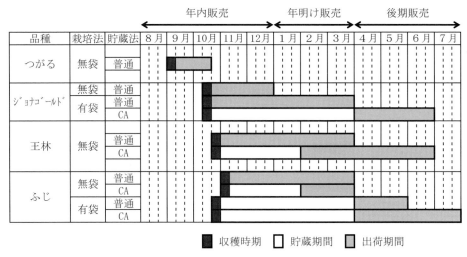

図5　青森県産リンゴの計画出荷モデル

6. 青森県産リンゴの課題と展望

　高品質果実の周年供給体制の確立により，青森県産リンゴは安定商材として位置づけられ，これまで確固たる信頼を維持してきた。ところが近年，生産現場の深刻な労働力不足を背景として有袋栽培が減少し続けており(**図6**)，この体制の足下が揺らいできている。このような中，北半球の端境期を狙ったニュージーランド産果実の輸入が増加傾向にあり，後期販売において強力な競合相手になりつつある。
　青森県産リンゴの周年供給体制を維持・強化するためには，後期販売用果実の安定的な確保が必要であるが，手間のかかる有袋果の増産は見込めない。そこで，筆者らは無袋果の長期貯

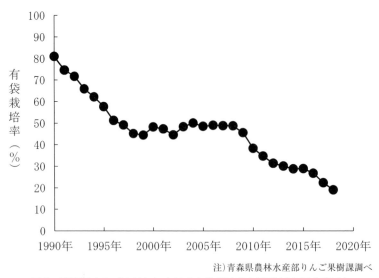

注）青森県農林水産部りんご果樹課調べ

図6　青森県内の「ふじ」における有袋栽培率の推移(2017年現在)

蔵を可能とするため，エチレン作用阻害剤の1-メチルシクロプロペン（1-Methylcyclopropene，1-MCP）を活用した技術改善に取り組んでいる。「ふじ」では内部褐変を抑制できないが，「秋陽」，「ジョナゴールド」，「こうたろう」および「シナノゴールド」の4品種については，1-MCP と CA 貯蔵の併用により，長期貯蔵後も高い品質を維持できることが明らかとなった[6]。本成果が波及すれば，後期販売が安定化するだけではなく，「ふじ」に偏重した品種構成の見直しが促され，生産現場の労働力配分も効率化できると期待している。

文　献

1) M. H. Haller, P. L. Harding, J. M. Lutz and D. H. Rose : *Proceedings of the American Society for Horticultural Science*, **28**, 583 (1932).

2) 青森県りんご生産指導要項編集部会：青森県りんご生産指導要項平成30年度改訂版，公益財団法人青森県りんご協会，168-169 (2018).

3) F. Kidd and C. West : *Report of the Food Investigation Board*, 27-33 (1925).

4) 久保康隆，平田治，稲葉昭次，中村怜之輔：園芸学会雑誌，**65**(2)，403 (1996).

5) 工藤亞義：日本食品保蔵科学会誌，**37**(3)，127 (2011).

6) 葛西智，小林達，工藤剛，後藤聡：園芸学研究，**18**(2)，173 (2019).

第8章　国内流通および輸出拡大への取り組み事例

第1節　青果物国内流通・貯蔵技術

第2項　亜熱帯特産農産物による市場開発

沖縄県工業技術センター　広瀬　直人

1.　県外出荷に対応した農産物の鮮度保持

　沖縄は年間平均気温が23.5℃（2018年那覇市・気象庁）と温暖な気候に恵まれた，日本で唯一の「亜熱帯海洋性気候」に属する県であり，冬春期を中心とした野菜や花きの出荷，熱帯果樹であるマンゴーやパインアップルの生産など，温暖な気候を生かした特色のある農業が展開されている。沖縄県では，農林水産物の市場競争力の強化により生産拡大および付加価値を高めることが期待できる品目として，野菜16品目や果樹12品目を含めた57品目（2019年2月末現在）を戦略品目に認定している。なかでも野菜ではニガウリとトウガン，果樹ではマンゴーとパインアップルおよびシークワシャー，花きでは小ギクが，それぞれの全国シェア1位（2018年度）を占め，「おきなわブランド」形成の主翼を担っている。

　沖縄は大消費地から遠隔であることから，農産物の輸送コストと品質保持が大きな課題である。輸送コストの面からは船舶輸送が望ましいが，航空輸送に対して輸送時間が長くなるため，良好な鮮度を保持するためには低温輸送が必須である。しかし，亜熱帯性農産物の多くは低温に弱く，通常の冷蔵温度では低温障害を生じて品質を損なう危険がある[1)2)]。沖縄を代表する野菜であるニガウリは14～15℃で温度・呼吸速度直線に変曲点が観察されたことから，14℃以下では低温障害の発生が危惧された。一方，ニガウリの主要な輸送・貯蔵病害である*Phoma* sp.によるニガウリ実腐病は12℃以上で発生頻度が高くなった。そこで，輸送温度を10～12℃としたところ，良好な鮮度が保持できた。また，実腐病の防止には果実表面の乾燥が効果的であり，真空予冷施設を利用した乾燥処理が可能であった[3)4)]。

　島嶼県である沖縄では，離島の生産地から沖縄本島を経由して大消費地に輸送される場合がある。航空輸送では離島-本島間の運行機材が小型であることが多く，出荷時期が観光シーズンと重なるパインアップルやマンゴーでは輸送能力の制限から滞貨の発生も懸念される。輸送の全行程を温度管理下に置くことが理想であるが，離島-本島-大消費地間を全て船舶輸送で結ぶと，航空輸送に比べて輸送時間が1～3日間も延びる。そこで，低温の船舶輸送と常温の航空輸送を組み合わせた複合輸送について検討した。パインアップルの主要な産地である八重山地域からは，離島-本島間を10℃で低温船舶輸送，続く本島-大消費地間を常温航空輸送とすることで，鮮度を維持した輸送が可能であった[5)]。マンゴーでは，低温貯蔵時の最適温度は12℃と報告されているが[6)]，輸送行程の一部を低温とした場合には，常温暴露時に結露が発生して炭疽病を誘発する恐れがある。また，マンゴーのほとんどは施設栽培であるが，収穫期が盛夏にあたることから収穫時の果実品温が高く，30℃以上では急激な品質劣化が懸念される[7)]。

－299－

青果物の鮮度評価・保持技術

そこで，マンゴーの主要な産地である宮古島からは，生産地に設置した20℃の保冷庫中で荒熱を取った果実を，結露の恐れが小さい25℃で沖縄本島まで船舶輸送することで，続けて常温航空輸送を行っても品質が低下しないことを示した[8]。

八重山地域では2013年3月に2,000 m級滑走路を有する新石垣空港が供用開始となるなど，沖縄の輸送環境は大きく変化しつつある。今後も，生産現場の実態に合わせた輸送技術開発が必要と考えている。

2. 亜熱帯の特産野菜「島ヤサイ」

沖縄では温暖な気候を生かし，他地域では見られないような野菜が多く生産されている。このうち「戦前から導入され，伝統的に食されてきた地域固有の野菜」28品目を沖縄伝統野菜（島ヤサイ，表1）と定義している（平成17年度伝統的農産物振興戦略策定調査事業・沖縄県農林水産部）。これら島ヤサイは沖縄の健康・長寿に大きく寄与していると考えられ，栄養成分や機能性成分の分析が進められている[9]-[11]。島ヤサイの多くは自家利用が主であり流通が限られていたため，鮮度保持に関する知見は少ない。そこで，鮮度保持における基礎的データとして，主要な島ヤサイの呼吸量や有用成分含有量を比較した[3][11][12]。その結果，葉菜類のニシヨモギやボタンボウフウで呼吸量が高く，果菜類であるニガウリやパパイアおよびヘチマで低かった（表2）。有用成分では，ニシヨモギやボタンボウフウで還元型アスコルビン酸およびポリフェノール含有量が高く，さらにニシヨモギではカロテノイド含有量，ボタンボウフウでは葉酸含有量も高値であった[11]。

島ヤサイの多くは栽培体系が未確立で，収穫時期も限られるものが多い。また，呼吸量や有用成分の含有量は，品種あるいは系統によって大きく異なる[11][13]。島ヤサイの知名度向上や販路拡大を図るためには，栽培品種の育成を進めると共に，消費者が手に取る機会を増やすために，加工品の開発を進める必要があると考えている。

表1　沖縄の伝統的農産物（島ヤサイ）28品目

葉茎菜類			果菜類			根菜類		
和名	方言名	科名	和名	方言名	科名	和名	方言名	科名
フダンソウ	ンスナバー	アカザ	ニガウリ	ゴーヤー	ウリ	島ダイコン	島ダイコン	アブラナ
カラシナ	シマナー	アブラナ	トウガン	シブイ	ウリ	タイモ	タイモ	サトイモ
カキチシャ	チシャナバー	キク	島カボチャ	島カボチャ	ウリ	島ニンジン	島ニンジン	セリ
ホソバワダン	ニガナ	キク	ヘチマ	ナーベーラー	ウリ	サツマイモ	紅イモ	ヒルガオ
スイゼンジナ	ハンダマ	キク	キュウリ	モーウイ	ウリ	ダイジョ	ヤマイモ	ヤマノイモ
ニシヨモギ	フーチバー	キク	パパイア	野菜パパイア	パパイア	島ラッキョウ	島ラッキョウ	ユリ
ウイキョウ	イーチョーバー	セリ	シカクマメ	シカクマメ	マメ			
ホタンボウフウ	サクナ	セリ	ジュウロクササゲ	フーローマメ	マメ			
オオタニワタリ	オオタニワタリ	チャセンシダ						
ヨウサイ	ウンチェー	ヒルガオ						
カズラ	カンダバー	ヒルガオ						
アキノワスレグサ	クワンソウ	ユリ						
ノビル	ニービラ	ユリ						
葉ニンニク	葉ニンニク	ユリ						

－300－

3. 亜熱帯の特産果実

3.1 マンゴー

近年は九州をはじめ各県の猛追を受けているものの，沖縄県の生産量は1,296トンで全国シェア1位，産出額は20億円(いずれも2016年度)と，沖縄の果樹生産をリードする品目である。国内で生産されているマンゴーのほとんどは，独特の甘い香りと鮮紅色の果皮，柔らかい肉質を特徴とする'アーウィン'種である。沖縄では'アーウィン'の他にも晩生の'キーツ'が生産されており，さらに中晩生の'バレンシア

表2 主要な島ヤサイの呼吸量

品目名	呼吸量 (CO_2 mg/kg/hr)
ニシヨモギ	427
ボタンボウフウ	329
カラシナ	251
ホソバワダン	200
スイゼンジナ	182
カズラ	142
ニガウリ	130
パパイア	80
ヘチマ	79

収穫した試料を25℃で一夜置いた後に，25℃で測定した。

プライド(商標名：てぃらら)'および'リペンス(同：夏小紅)'を導入して，出荷期間の拡大を図っている。

マンゴーの主要な病害として，*Colletotrichum gloeosporioides* などの糸状菌によるマンゴー炭疽病が知られている。これらは幼果段階で感染し，果実の追熟とともに発症する潜在感染を示す[14]ために出荷段階の選別が困難であり，市場流通段階で炭疽病が発生することが経済的損失を大きくする要因となっている。炭疽病の発生抑制方法として温水中で52℃・20分間加熱する温湯処理が確立されている[15]が，一定温度を保持可能な水槽や処理後の水冷および乾燥工程など，大規模な施設を必要とすることが課題であった。そこで，55℃・98％の高湿度空気を用いて，果皮表面温度50℃以上で10分間の温和な処理を行う温熱処理を開発した[16]。温熱処理果実は，処理後2日目に実施した市場評価において炭疽病は発生せず，果皮の香りが無処理果実よりやや弱くなるものの品質は同等と評価された[17]。60℃の温水中で40秒間の処理を行う短時間温湯処理では，さらに処理時間が短縮されるとともに，果肉の品温上昇を抑えられることから処理後の冷却工程が省略可能であった[18]。

3.2 パインアップル

パインアップル産業はサトウキビに次ぐ沖縄の基幹産業であったが，1990年の農産物輸入自由化によってパイン缶詰や果汁の輸入が増加したこともあり，従来の加工用パインアップル生産量は大きく減少した。一方で，外国産に比べて短時間で消費地まで輸送できることを生かして，近年は生食用の育種育成が進んでいる(表3)。従来の加工・生食兼用品種である'N67-10'の夏実では5℃が貯蔵適温である[19]が，生食用品種の低温感受性は品種によって異なった[20]。'ソフトタッチ'は'N67-10'と同程度であったが，'サマーゴールド'では低温貯蔵時に内部褐変が頻発し，5℃および15℃の商品限界は5日間程度であった[21]。1993年度には出荷量の25％であった生食用が2017年度には66％まで増加し，今後も生食用パインアップルの出荷量増大が期待されるなか，品種育成においては低温耐性も重要な指標の1つとして考慮すべきであると考えている。

– 301 –

表3 沖縄県で育成された主要な生食用品種

品種名	果肉色	果肉硬さ	果汁量	糖度(%)	酸度(%)	由来
ソフトタッチ(ピーチパイン)	乳白色	柔らかい	多い	17	0.5	スムースカイエン種ハワイ系×I-43-880
サマーゴールド	黄色	柔らかい	多い	16	0.45	クリームパイン×McGregor ST-1
ゴールドバレル	黄色	柔らかい	中程度	16.5	0.53	クリームパイン×McGregor ST-1
ジュリオスター	黄白色	柔らかい	多い	16	0.6	「N67-10」×「クリームパイン」
沖農P17	黄白色	やや硬い	多い	19	0.7	「ゆがふ」×「サマーゴールド」
N67-10(加工・生食兼用品種)	黄白色	中程度	多い	14	0.7	スムースカイエン種の栄養系分離

※糖度と酸度は夏実の数値を示す。

3.3 シークワシャー

シークワシャー(沖縄の慣用名はシークヮーサー)は20～50g程度の小型在来柑橘で、特有の強い香りと酸味を有する。栽培適地は沖縄本島北部の山間部など狭隘な傾斜地であり、他の品目と同様に生産者の高齢化や過疎化が問題となる中で、ノビレチンなどポリメトキシフラボン類を含有することが見出されたことや、折からの健康志向や沖縄ブームの相乗効果もあって、生産量は2001年の1,590トンから2014年には2,799トンまで急増している[22]。主な用途はジュース加工であるが、果実が小型であるためにベルトプレスや遠心分離法によって搾汁され、その搾汁効率は50%程度である。ポリメトキシフラボン類は果皮に含有されるため、搾汁残渣に85%程度が残存する[23]。香気成分も果皮に多く含まれていることからポリメトキシフラボン類と同様に搾汁残渣へ多く残存すると考えられ、これら有用成分に富んだ搾汁残渣の利用が課題である。そこで、醸造酢を用いて搾汁残渣の破砕抽出を行ったところ、ノビレチンなどポリメトキシフラボン類が抽出できることを見出した[24]。さらに、搾汁残渣から苦味成分であるリモニンを多く含有する種子を取り除いた後に破砕抽出することで、ノビレチンを7.5 mg/100 mL含有する、風味良好なシークワシャー抽出酢を製造することができた[25](図1)。抽出酢には、カンキツの香りの重要な寄与成分であるリナロールやテルピネン-4-オールなどのモノテルペンアルコール類が多く含有されていた。この抽出酢を原料としたポン酢が上市されるなど、シークワシャーの香りや有用成分を生かした調味料原料としての利用が期待される。

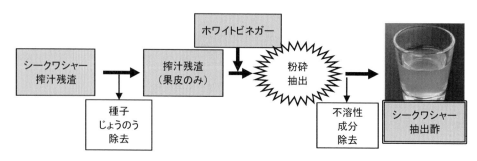

図1 シークワシャー抽出酢製造法の概略

3.4 その他果実の加工利用

沖縄ではマンゴーやパインアップルの他にも多くの熱帯果樹が生産されているが，「収穫可能時期が短い」「収穫後の棚持ちが悪い」など，熱帯果樹に共通した課題を抱えている。そこで，これら果実が有する色や味，香りを生かした加工技術の開発を進めている。グアバやパパイア（ここでは野菜用途の未熟果ではなくフルーツパパイアを指す）はペクチン質に富んだ果肉を持ち，リコピンやβ-カロテンなどのカロテノイドを豊富に含む[26]ことから，類似した性状を有するトマトと同じく，ケチャップ原料として利用可能と考えた。そこで，グアバケチャップ[27]やパパイアケチャップ[28]を試作したところ，いずれも原料果実の色と芳香を生かしたケチャップが製造できた。ケチャップの粘度は，ペクチナーゼなどによる酵素処理で調節可能であった。また，ドラゴンフルーツ（ピタヤ）では，ベタシアニン色素を生かした鮮紅色の発泡酒が製造できた[29]。加工技術の開発により消費者に触れる機会を増やすことで，これら熱帯果樹のさらなる生産振興に繋がることが期待される。

文　献

1) 平田貴美子ほか：日食工誌，**34**(9), 566-573(1987).

2) 弦間洋：熱帯農業，**46**(5), 373-382(2002).

3) 広瀬直人，前田剛希：沖縄農研報，**1**, 6-10(2008).

4) 広瀬直人ほか：沖縄農研報，**3**, 1-6(2009).

5) 広瀬直人，前田剛希：沖縄農研報，**1**, 11-14(2008).

6) 田尻貴巳ほか：農業施設，**27**(2), 65-70(1996).

7) 照屋亮ほか：沖縄農研報，**1**, 23-27(2008).

8) 広瀬直人ほか：沖縄農研報，**5**, 32-38(2011).

9) 須田郁夫ほか：食科工誌，**52**(10), 462-471(2005).

10) 前田剛希ほか：食科工誌，**58**(3), 105-112(2011).

11) 広瀬直人ほか：南資源誌，**33**(1), 35-42(2018).

12) 照屋亮ほか：日食保蔵誌，**37**(5), 227-232(2011).

13) 広瀬直人ほか：南資源誌，**34**(1), 13-17(2019).

14) K. C. Kuo：*Proc. Natl. Sci. Counc. ROC*(*B*), **23**, 126-132(1999).

15) 安富徳光ほか：九州農業研究，**53**, 221(1991).

16) 広瀬直人ほか：日食保蔵誌，**34**(5), 267-273(2008).

17) 広瀬直人ほか：沖縄農研報，**3**, 7-11(2009).

18) 照屋亮ほか：園学研，**11**(2), 265-271(2012).

19) 田尻貴巳ほか：農業施設，**26**(3), 145-151(1995).

20) 照屋亮ほか：日食保蔵誌，**37**(3), 109-114(2011).

21) 照屋亮ほか：日食保蔵誌，**39**(1), 9-12(2013).

22) 広瀬直人：食科工誌，**59**(7), 363-368(2012).

23) M. Takenaka et al.：*Food Sci. Technol. Res.*, **16**(6), 627-630(2010).

24) 宮城一菜ほか：日食保蔵誌，**39**(6), 337-341(2013).

25) 広瀬直人：日食保蔵誌，**44**(3), 155-159(2018).

26) M. Yano et al.：*Food Sci. Technol. Res.*, **11**(1), 13-18(2005).

27) 広瀬直人ほか：日食保蔵誌，**39**(3), 143-148(2013).

28) 照屋亮ほか：沖縄農研報，**4**, 36-41(2010).

29) N. Hirose et al.：*Food preserv. Sci.*, **40**(4), 177-184(2014).

第8章 国内流通および輸出拡大への取り組み事例

第1節 青果物国内流通・貯蔵技術

第3項 パーシャルシール包装による地域農産物の鮮度保持技術

高知県農業技術センター　宮﨑　清宏

1. 高知県における鮮度保持の必要性

高知県は冬期に温暖，多日照な気象条件を活かして，江戸時代から野菜の早出し栽培に取り組み始め，1950年代からのビニールハウスの急速な普及により，全国有数の野菜園芸産地として発展してきた。

高知県で生産された野菜の多くは，JA高知県を通じた「一元集出荷体制」によって東京，大阪などを中心に全国の市場に出荷・販売されている。しかし，収穫日を0日とすると，中京以西では2日後販売，京浜，北陸，東北では3日後販売となり，輸送に長時間を要することから鮮度の低下や市場病害の発生が問題となる。そのため，高知県では1991年以降，鮮度保持技術の開発に向けた研究に取り組んできた。

2. ニラ用パーシャルシール包装の開発

高知県のニラの栽培は1955年頃から始まり，2000年には生産量が全国1位となった。しかし，ニラは鮮度が低下しやすい品目であり，市場到着時に葉の黄化や腐敗が発生する場合があった。特に6～8月の高温期は鮮度低下が著しいため，この時期に限定して発泡スチロール容器による輸送を行っていたが，トラックの積み降ろしや市場到着後にコールドチェーンが途切れて保冷効果が喪失するといった問題があったうえ，資材コストも高かった。そのため，これらの問題の解決に向け，包装法の改良に取り組むこととなった[1]。

2.1 ニラのMA包装

1992年頃のニラでは，OPP（延伸ポリプロピレン）フィルムに空気孔を開けて100g束を小袋包装する荷造りが一般化していた（図1）。そこで，MA（Modified Atmosphere）包装化による鮮度保持が試みられた。MA包装は，野菜の

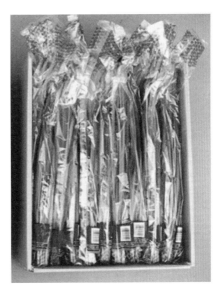

図1　ニラの小袋包装

呼吸作用を利用して袋内を適度な低酸素，高二酸化炭素状態にすることで，野菜の呼吸などを抑制して鮮度を保持する技術であるが，流通中の温度変化を受けても適正な範囲にガス濃度を維持しながら呼吸障害を回避する必要があり，袋に適度なガス透過性を持たせることが技術的に重要である[2]。

まず，任意にガス濃度を調整した CA（Controlled Atmosphere）貯蔵試験により，ニラの鮮度保持に及ぼすガス環境を調査した結果，酸素濃度 5%，二酸化炭素濃度 10% 程度が適することが明らかとなった[3]。その後，市販の MA 包装資材を用いて調査したところ，想定されたガス濃度となり，十分な鮮度保持効果が認められた。しかし，包装が手作業となり作業性が劣ったことから，実用化には至らなかった。そこで，産地にすでに導入されていた横型ピロー包装機（茨木精機㈱製：FP-3200）を利用する発想に転換した。

2.2 パーシャルシール包装の開発

横型ピロー包装機は，ロール状に巻いたフィルムでニラの 100 g 束を包み込みながら，フィルムの両端を重ねて進行方向に熱シール（センターシール）して筒状にし，次にその上下端を熱シールして切断し，袋状にする。センターシールは，重ねた両端のフィルムを円盤状のシールローラーが左右から挟み込むことで熱シールするが，このセンターシール部に空隙を作ることで袋にガス透過性を持たせたものがパーシャルシール包装である。具体的には，センターシールローラーの一方を平らに，もう一方を歯車状にすることで，凸部では接触するため熱シールされ，凹部では非接触のため熱シールされずに空隙となり（図 2，図 3），溶着部と非溶着部が連続したシール形状となる。この空隙は 10 μm 以下と狭く，ガス交換が抑制されることから，袋内が低酸素，高二酸化炭素状態となり，ニラの鮮度が保持される。しかし，袋内をニラの鮮度保持に最適なガス濃度に調整すると同時に，シールが破断しないように十分な溶着強度を持たせることは予想以上に困難であった。シールの幅，長さ，空隙の配置数，フィルムの種類など試行錯誤を繰り返した結果，85×600 mm の大きさの袋で，フィルムは厚さ 25 μm の OPP フィルムとし，シール形状は，シール幅 4 mm，溶着幅 0.4 mm，非溶着幅 0.6 mm，袋当たり

図 2　横型ピロー包装機によるセンターシールの溶着

の非溶着数600ヵ所が適することが明らかとなった[4]（**図4**）。

1997年から産地に試験機を設置して市場への輸送試験を行い，輸送中の袋内ガス環境が適度な低酸素，高二酸化炭素状態に維持され，十分な鮮度保持効果が認められること（**図5**，**図6**），また，シールの溶着強度も十分で破袋もないことが確認された。すでに包装機を導入していた産地ではシールローラーの交換のみで対応できるため，導入コストも低く，短期間で県内産地に広く普及した[3]。

なお，センターシールの溶着が部分的であることから，技術の名称を「パーシャルシール包装」とし，2001年に特許を，2011年には商標を登録した。

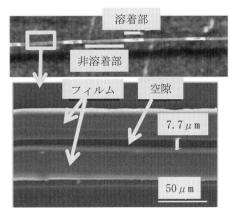

図3　センターシール部の空隙

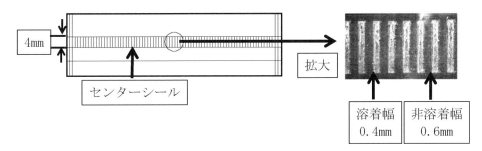

図4　ニラ用パーシャルシールの形状

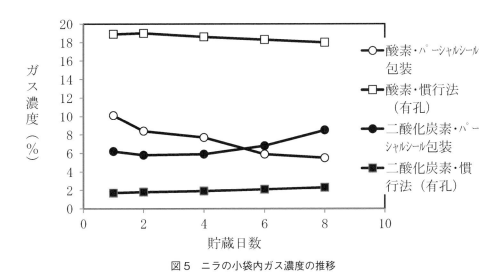

図5　ニラの小袋内ガス濃度の推移

- 307 -

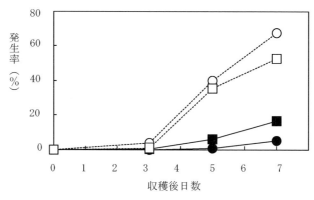

図6　出荷法の違いによるニラの葉の黄化および腐敗の発生
（輸送シミュレーション）

3. パーシャルシール包装の対応品目の拡大

　ニラにおける技術の普及に続いて，ニラと同様に鮮度低下が問題となっていた小ネギ，青ネギについても，パーシャルシール包装による鮮度保持技術が開発された。ただし，品目により呼吸量や包装形態が異なることから，各品目に適する技術の改良が必要であった。

3.1　小ネギ（葉ネギ）

　高知県でハウス栽培される小ネギは，主として薬味に利用する葉ネギであるが，一般的な葉ネギに比べて葉身が細いのが特徴である。本県では100 g束を大きさ85×680 mmのOPPフィルムの袋に包装して出荷しているが，ニラに比べると呼吸量が多いことから袋のガス透過性を高める必要があった。しかし，ニラ用の縦方向のシールでは，フィルムの走行性の問題から非溶着幅を0.6 mmよりも拡げることが困難であったため，新たなシールパターンを検討した。その結果，角度25度の斜め目で，シール幅3 mm，溶着幅7.6 mm，非溶着幅2.4 mmが適し，鮮度保持効果も高いことが明らかとなった[5]（図7，図8）。

3.2　青ネギ（葉ネギ）

　高知県で露地栽培される青ネギは，関西で一般的に流通している葉ネギである。本県の小袋包装は150 g束を大きさ90×740 mmのOPPフィルムの袋に包装して出荷しているが，小ネギより呼吸量が多いうえに内容量も増えるため，袋単位での呼吸量はさらに大きくなり，より高いガス透過性が求められた。当初は小ネギと同様に斜め目のシールを検討したものの，空隙率を高めることが困難であったため，シール幅4 mm，溶着幅0.4 mm，非溶着幅0.6 mmの縦目と溶着幅7.6 mm，非溶着幅2.4 mmの斜め目を組み合わせたシール形状を開発した[4]（図9）。これにより，高温期の段ボール箱による出荷においても，葉の黄化や腐敗の抑制が可能となり，

第8章 国内流通および輸出拡大への取り組み事例

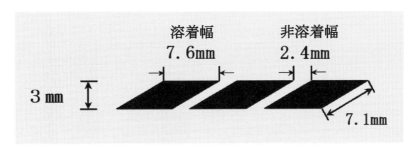

図7 小ネギ用パーシャルシールの形状

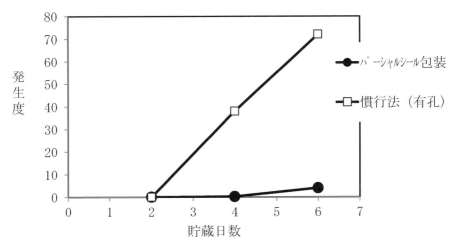

図8 パーシャルシール包装による小ネギの葉先枯れの抑制
注）葉先枯れの発生を 0：発生なし，1：0.1〜2.0 cm，2：2.1〜5.0 cm，3：5.1〜10.0 cm，4：10.1 cm 以上に分けて調査し，発生度＝Σ（指数×葉数）÷（4×調査葉数）×100 で示した。

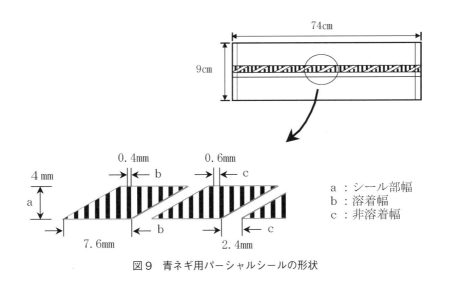

図9 青ネギ用パーシャルシールの形状

さらに，ビタミンCや糖分などの栄養成分も慣行法に比べて保持できることが明らかとなった（図10，図11）。

- 309 -

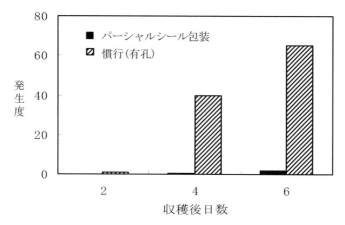

図10 パーシャルシール包装による青ネギの葉の黄化抑制
注）黄化葉の発生を0：発生なし，1：0.1～2.0 cm，2：2.1～5.0 cm，3：5.1～10.0 cm，4：10.1 cm
以上に分けて調査し，発生度＝Σ｛(指数×葉数)÷(4×調査葉数)｝×100で示した。

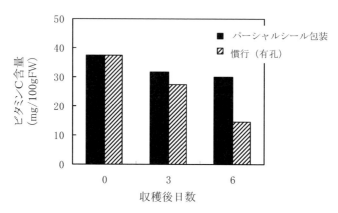

図11 青ネギの包装法の違いによるビタミンC含量

4. パーシャルシール包装の特徴と普及状況

4.1 技術的特徴[5]

(1) 青果物をフィルムで機械包装する際，溶着部に微細な空隙を残して空気の透過性を調整するMA包装の一種である。

(2) 袋内の低酸素・高二酸化炭素状態が青果物の呼吸を抑制し，高い鮮度保持効果を実現できる。

(3) 横型ピロー包装機のシールローラーの交換のみで適用でき，既に包装機を導入している産地では低コストで導入できる。ニラと小ネギでは使用するフィルムの仕様が同じであるため，シールローラーを切換えられるように改造して，両品目の包装を1台で可能にしている産地もある。

(4) 出荷の際に特別な作業が不要で，高温期でも段ボール箱による輸送が可能となり，出荷経費の低減が可能である。

4.2 普及状況

　1998 年から高知県内のニラ産地で導入が始まり，現在ではニラ，小ネギ，青ネギの小袋包装を行うほとんどの産地に普及している。2018 年度にパーシャルシール包装を導入している集出荷施設は 14ヵ所で，高知県産ニラの 95%，小ネギの 68%，青ネギの 62% で利用されている。

文　献

1)　鈴木芳孝：高知県農業技術センター特別研究報告, **5**, 1(2005).

2)　石川豊：日本食品科学工学会誌, **61**(10), 42 (2014).

3)　鈴木芳孝ほか：日本食品保蔵科学会誌, **30** (4), 173(2004).

4)　鈴木芳孝ほか：日本食品保蔵科学会誌, **29** (3), 141(2003).

5)　鈴木芳孝ほか：日本食品保蔵科学会誌, **33** (3), 135(2007).

第8章 国内流通および輸出拡大への取り組み事例

第2節 青果物輸出の取り組み

第1項 青果物輸出に向けた MA 包装の活用

住友ベークライト株式会社 溝添 孝陽

1. はじめに

　日本の青果物は傷がなく形もきれいで美味しいため，近年輸出量が伸びている。特にカンショ，ブドウの伸びは著しく，2012年と2018年を比較すると，カンショは(以下，サツマイモと表記)584トン→3,520トン(輸出額1.7億円→13.8億円)，ブドウは360トン→1,492トン(4.0億円→32.7億円)である[1]。輸送量が増えてくると，輸出の輸送手段が航空便だけでなく，運賃の安い船便の利用も増えてくる。航空便と船便を比較すると，コンテナの内容量は航空便が100kgに対し船便は2トン，福岡→香港間の日数も2日→10日程度となり，船便は大量輸送が可能になるが，輸送期間の延長による品質低下のリスクが生じやすい。また，近年はインドネシア，タイ，ベトナムなどの輸送距離の延伸によりリスクヘッジが必要になってくる。当社鮮度保持フィルム「P-プラス」は，サツマイモ，ブドウの輸出に使用され効果を発揮している。試験データを交えて紹介する。

2. 青果物の呼吸と呼吸抑制方法

　収穫前の青果物は，光合成による栄養素補給と呼吸による栄養素を分解してエネルギーを得る2つの方法で成長をしている。収穫後も呼吸を続けており，自分自身の養分を消耗し，品質低下につながる萎れや変色を引き起こす。青果物の呼吸量は青果物の品目，容量(重量)，周囲の温度により異なる。例えば温度が5℃上がると呼吸量は約2倍上がる。10℃上がると約4倍上がる。品目ではタマネギとブロッコリーを比較した場合，同じ温度でも約20倍ブロッコリーの方が高くなっている(表1)[2]。呼吸量が高いほど変色，軟腐，萎れなどの劣化が進みやすいため，夏場のブロッコリーは鮮度保持するために発泡箱に氷詰めされて呼吸量を下げて出荷する産地があるほどである。青果物は畑で蓄えた糖・有機酸などの呼吸基質を分解し，生命維持のためのエネルギーを得ようとしている。最も代表的な呼吸基質であるグルコースは，酸素が十分にある状態で呼吸すると次の化学式のように酸素を取り入れ二酸化炭素と水に分解される。

表1 温度別の青果物の呼吸量[2]

CO$_2$ mg/kg/hr

	5℃	15℃	25℃
タマネギ	4	10	25
トマト	10	20	50
レタス	17	36	64
キュウリ	14	56	110
エダマメ	42	104	223
ブロッコリー	97	207	692

-313-

青果物の鮮度評価・保持技術

$$C_6H_{12}O_6 + 6O_2 \rightarrow 6H_2O + 674kcal \tag{1}$$

呼吸が活発であると，糖や有機酸の消耗が激しくなり，鮮度低下が進む。一方無酸素状態でも呼吸は続き，

$$C_6H_{12}O_6 \rightarrow 2C_2H_5OH + 2CO_2 + 25kcal \tag{2}$$

エタノールさらには酸化したアセトアルデヒドが発生し，異臭によって商品性が低下する。

　したがって，有酸素状態で青果物の呼吸を制御することが鮮度保持に必要であるが，そのためには，

① 品温を低下させる。

② 青果物の環境ガス組成を低酸素，高二酸化炭素条件下にすることである。

この①，②を大型の倉庫で実施しているのが，青森県のふじ(リンゴ)で実施されているCA(Controlled Atmosphere)貯蔵である。CA貯蔵は，鮮度保持に適した環境ガスを強制的に貯蔵庫に送り込み，常に一定のガス濃度にしているが，MA(Modified Atmosphere)包装は青果物自身の呼吸量とフィルムのガス透過量のバランスにより包装体内を青果物の鮮度保持に適した低酸素・高二酸化炭素の環境条件を作り出している。青果物の最適CA貯蔵条件を示す(表2)[3]。CA貯蔵は，大規模設備のためそのまま移動ができないため産地での使用に限られ流通・販売に向けて出庫された後には低温→常温，低酸素濃度→大気と同じ酸素濃度に晒されるため呼吸が急激に増加する，いわゆるリバウンドによる劣化を引き起こしやすい。一方，MA包装は，個包装，1箱単位の集合包装にも対応できるため貯蔵も可能であり，主に流通，販売用に使用されている。

　当社で任意のガス組成に制御可能な装置を作成し，ガスクロマトグラフィーで測定したアスパラガスの呼吸量(酸素消費速度で表している)のデータを示す(図1)。例えば呼吸量の高い30℃の酸素濃度21%(大気と同じ)の呼吸量は，酸素濃度6%では21%の時と比べて約4分の1に低下していた。これにより温度を下げることだけでなく，酸素濃度を下げることでも呼吸量が低下することがわかる。一方，酸素濃度を下げすぎると無酸素呼吸を起こすため，酸素の消費よりも二酸化炭素の排出が多くなり，有酸素呼吸ではその比(呼吸商)が1なのに対し，無酸素呼吸では1を超える。呼吸商と酸素濃度のデータを示す(図2)。この結果アスパラガスは酸

表2　青果物の最適CA貯蔵条件[3]

種類(品種・系統)	温度(℃)	湿度(%)	環境気体組成		貯蔵可能期間
			O_2(%)	CO_2(%)	
リンゴ	0	90〜95	3	3	6〜9ヵ月
カキ(富有柿)	0	90〜95	2	8	6ヵ月
カキ(平核無)	0	92	3〜5	3〜6	3ヵ月
ニホンナシ(二十世紀)	0	85〜92	5	4	9〜12ヵ月
モモ(大久保)	0〜2	95	3〜5	7〜9	4週
イチゴ(ダナー)	0	95〜100	10	5〜10	4週
ジャガイモ(男爵)	3	85〜90	3〜5	2〜3	8〜10ヵ月
ジャガイモ(メイクイン)	3	85〜90	3〜5	3〜5	7〜8ヵ月

－314－

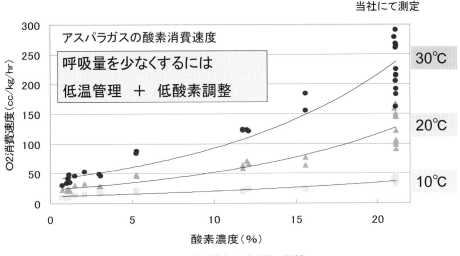

図1　酸素濃度と呼吸量の関係

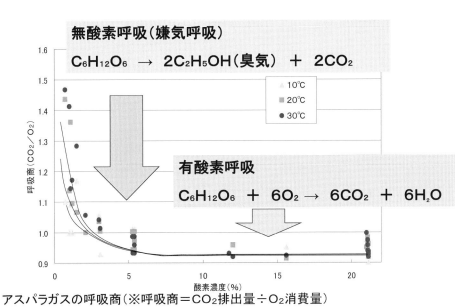

図2　呼吸商と酸素濃度の関係

素濃度3％以下から呼吸商が上昇し，無酸素呼吸を引き起こすことがわかる。したがってアスパラガスの鮮度保持には呼吸を落とすため低温と低酸素が良いが，極端な低酸素状態では逆に無酸素呼吸を引き起こす危険があるため酸素5％程度が良いことがわかる。ここでは，酸素濃度で論じているが，二酸化炭素濃度も高くすると呼吸速度が低下する。最適な酸素，二酸化炭素濃度にするために，フィルムを選択するが使用温度環境，包装重量が同一な場合，呼吸量の高い青果物ほどフィルムの透過量も高くする必要がある。これは無酸素状態でのエタノール臭の発生を防ぐためである。

青果物の鮮度評価・保持技術

3. 青果物用鮮度保持フィルム P-プラスについて

　当社製品「P-プラス」は，フィルムにミクロの穴加工を施すなどの方法によって，通常のフィルムより酸素の透過量を上げることが可能であり，包装される青果物の種類，重量，流通温度などに応じて最適なフィルムの透過量を設定することができる MA 包装の代表格である。この透過量調整により，包装内の青果物が呼吸を続けるために必要な酸素を取り入れ，二酸化炭素を逃がす仕組みになっており，フィルムの透過性と青果物自身が行う呼吸とのバランスにより，袋内を少しずつ「低酸素・高二酸化炭素状態」にして，やがて平衡状態になる。P-プラスはそれぞれの青果物に関する豊富なデータをもとに，個々の流通条件に合わせて微細孔の数と大きさをきめ細かく調整するなどの方法で，野菜や果物に最適な状態になるようコントロールしている。そして呼吸が低くなる平衡状態，いわば青果物の"冬眠状態"を作り出している。

　プラスチックフィルムの通気性を表3に示す[4)-6)]。青果物包装用に多く用いられるものとして延伸プロピレン（OPP）を例にすると，厚み 25 µm の場合酸素透過量は 1,500 cc/m²/24 hr/atm である。酸素透過量がピンポイントであり厚みを変化させても限定的であるため，青果物の呼吸量と都合良く適合すれば良いが，ほとんどの場合密封包装すると酸素欠乏による無酸素呼吸を引き起こしてしまう。袋内のガス濃度がどの様に変化するかは包装のガス透過度，青果物の呼吸速度，青果物の充填量，初期のガス組成によって決まる。

　P-プラスの仕様を表4に示す。P-プラスは直径 30～300 µm の孔を 10 数個～1000 数百個/m² 加工できるため，酸素透過量を 1,000～6,000,000 cc/m²/24 hr/atm と幅広く対応可能である。フィルムの材質も問わない。このため，袋や容器と組み合わせたトップシール包装に適応可能である。袋外の大気の酸素濃度 21% より袋内の酸素濃度が低くなったときに濃度差が生じ，高濃度から低濃度への拡散（透過）が始まる。透過量と青果物の呼吸量が一致したときに図3のような低酸素・高二酸化炭素の平衡状態になり，呼吸抑制でき鮮度保持が可能になる。袋の酸素透過量と青果物の呼吸量が合わなければ，変色，嫌気臭が発生し品質低下を引き起こ

表3　市販フィルムの通気性[4)-6)]

青果物	フィルム名	厚み µm	酸素透過度（25℃，90%RH）cc/m²/24 hr/atm	水蒸気透過度（40℃，90%RH）g/m²/24 hr/atm
◎	延伸ポリプロピレン	25	1,500	5
	未延伸ポリプロピレン	30	4,000	10
◎	低密度ポリエチレン	25	7,500	18
	高密度ポリエチレン	25	1,700	10
	エチレン・酢酸ビニル共重合	25	7,500～16,000	80～350
◎	ポリスチレン	25	6,000	150
◎	軟質ポリ塩化ビニル	15	370	520
◎	ポリオレフィンストレッチフィルム	15	23,000	140
	延伸ナイロン	15	60	180
	延伸ポリエステル	12	120	46
	ポリ乳酸	25	600～1,200*	300～500

◎：青果物包装に多く用いられているもの　　　　　　　　　　　*：25℃，50%RH

－316－

すため，袋は中身に応じたオーダーメイド仕様にしなければならない。

　P-プラスとP-プラスを用いなかった場合のガス濃度比較を図4に示す。大きな穴が開いた袋やネット包装は通気性が高すぎるため袋内の酸素濃度が大気状態に近く，呼吸抑制できずに酸化による変色，クロロフィルの減少による退色や水分蒸散による萎れを発生しやすい。一方，通気性の低すぎる袋で密封包装すると呼吸により不足した袋内の酸素が外部から透過(供給)されないため無酸素呼吸による異臭を発生し，さらには離水・軟腐に至ることもある。P-プラスは，包装されるカット野菜の呼吸量に合わせてミクロの孔の孔数，孔径を精度良く調整できるため用途に応じてオーダーメイドに調整可能な袋である(図5)。このためこれまでの実験で野菜，果実，カット野菜を含め7000件以上のデータを保有しさまざまなケースを想定した設計が可能である。

表4　P-プラスの仕様

孔の大きさ	直径 30～300 μm
孔数	10数個～1,000数百個/m²
酸素透過量	1,000～6,000,000 cc/m² 約60種類の品番
フィルムの厚み	15～60 μm
フィルムの種類	防曇 OPP，LLDPE NY/PE，PET/PE

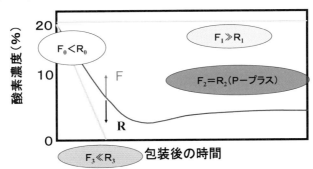

図3　酸素濃度の経時変化(概念図)

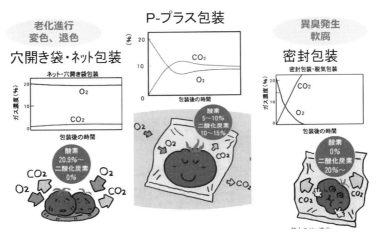

図4　包装形態別の袋内ガス濃度比較

図5　P-プラス鮮度保持の仕組み

4. 輸出に適したフィルム「結露防止フィルム」の開発

　青果物をプラスチックフィルムで包装すると，青果物に含まれる水分が袋内に充満し，水滴が付着することで視認性の低下を引き起こす。視認性低下による商品の見栄えの悪化を防ぐため，これまで市場ではプラスチックフィルム表面に付着した水滴を膜状に変化させる機能を持った防曇ポリプロピレンフィルムが多く使用されてきた。

　防曇ポリプロピレンフィルムを用いると，水滴が付着してもすぐにフィルム表面上に広がり薄い膜となることによって視認性を確保することができる。しかし，新鮮な青果物は水分を多く含むため，フィルム表面には時間の経過とともに水滴の膜厚が増加し，視認性の悪化とともにカビが繁殖しやすい環境になり，青果物が傷んでしまうという問題を抱えていた。新製品である「結露防止フィルム」は，独自の配合技術とフィルム多層化技術を組み合わせることにより防曇性に加え，適度な水蒸気透過性を持たせたことで，袋内に発生する結露を抑制することに成功した（図6）。この素材はMA包装というより，MH（Modified Humidity）包装といわれるものである。

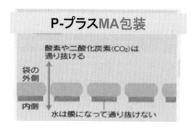
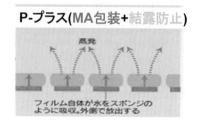

図6　結露防止のメカニズム

5. サツマイモの鮮度保持について

　サツマイモは，低温障害による端部の萎凋(先細り)，CO_2障害による軟腐，高湿度による萌芽などの鮮度低下が発生しやすい。輸出の場合，コンテナに他の青果物と混載されることが多く，他の青果物の鮮度保持のため5℃以下の低温で流通されることが多い。低温下の船便などで輸送された後，香港やシンガポールなど気温30℃にも達する環境にさらされると温度ショックによる呼吸量のリバウンドが引き起こされ結露とCO_2濃度が急上昇し軟腐，カビが発生しやすくなる。実例としてサツマイモの産地である宮崎県のあるユーザーは，全国に先駆けて東南アジアへの輸出に着手していた。しかしながら，冷蔵コンテナでの輸送後に発生する結露が起因となって，カビや腐敗，萌芽などの問題を慢性的に抱えられており，腐敗率がこれまで普通のOPPの袋で40％発生していたが結露防止フィルムを使用して結露を防止し，P-プラスの孔加工でCO_2障害を防止することで10％程度まで一気に減少し今日の東南アジアのサツマイモブームの火付け役になった(図7)。

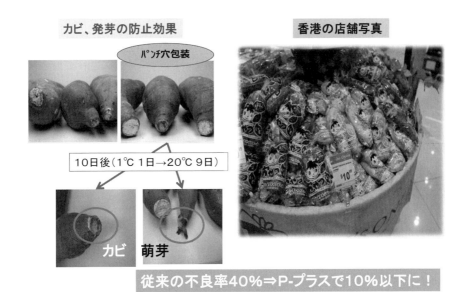

図7　サツマイモの試験例[7]

6. ブドウの鮮度保持について

　巨峰のシンガポールへの輸出試験を実施し，軸枯れ，脱粒を抑える結果が得られた(図8)[8]。
　最近生産量が増えている皮ごと食べられることが特徴のシャインマスカットも軸枯れ，灰色カビ病の発生抑制効果による長期貯蔵技術が認められた[9]。また社内試験でも，温度2℃で3ヵ月を経過しても高い品質を保っている(図9)ため，国内の長期貯蔵だけでなくタイなどへの輸出にも使用されている。

図8 巨峰の試験例

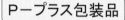

図9 シャインマスカットの試験例

7. おわりに

　P-プラスは，サツマイモ，ブドウ以外にも，リンゴ，カキ，マイタケ，イチゴ，メロンなどの輸出に使われている。他にはレンコンやサクランボには輸出先でカビが発生しやすいとのことで昨年輸送試験を行うと効果がみられており，今年も再現性の確認を行う。

　P-プラスは，品目別，重量別に，時には熟度，流通温度を勘案して細かく設計し，実際の流通試験を重ねて効果が得られてから販売している。実需者，流通業者に効果を実感して頂き，今後も消費国に美味しい青果物を届けられるよう尽力していきたい。

文　献

1)　農林水産省：2018 年農林水産物・食品の輸出実績（品目別）（2019）.

2)　石谷孝佑：2002 年版農産物流通技術年報，197（2002）.

3)　荻沼之孝：2002 年版農産物流通技術年報，201（2002）.

4)　加工技術研究会：プラスチックフィルム・レジン材料便覧 1997/1998（1997）.

5)　日本包装技術協会：包装技術便覧（1995）.

6)　中田信也：2000 年版農産物流通技術年報，99（2000）.

7)　住友ベークライト㈱ホームページ
http://www.sumibe.co.jp/topics/2015/
p-plus/0901_01/index.html

8)　須藤貴子ほか：ブドウ巨峰における機能性包装資材等の利用が輸出後の果実品質に及ぼす影響，栃木県農業試験場研究報告，No.63，1-8（2008）.

9)　独立行政法人農研機構果樹研究所：ブドウ「シャインマスカット」の収穫時延長と長期貯蔵技術（2015）.

| 第8章　国内流通および輸出拡大への取り組み事例 |
| 第2節　青果物輸出の取り組み |

第2節　鮮度保持装置付き海上輸送用リーファーコンテナ実証試験

SPD コンテナ事業開設準備室　中川　純一

1. 目　的

海上輸送用リーファーコンテナにフレッシュサーバー[1]を取り付けて野菜・果物の鮮度状況の確認試験を行う。

東京都大田市場より積み込み，香港まで海上輸送の経路をとる。

第1回目　2016年8月23日　大田市場より積み込み
　　　　　2016年8月26日　出港→8月30日（香港）着
輸送品目　モモ，レタス，ホウレンソウ，シャインマスカットなど
試験品目　レタス，ホウレンソウ

第2回目　2016年10月6日　大田市場より積み込み
　　　　　2016年10月7日　出港→10月12日（香港）着
輸送品目　ホウレンソウ，シャインマスカットなど
試験品目　ホウレンソウ

第3回目　2016年10月27日　大田市場より積み込み
　　　　　2016年10月28日　出港→11月1日（香港）着
輸送品目　ホウレンソウ，シャインマスカット，洋ナシ，メロン，ミツイモ，イチゴなど
試験品目　イチゴ

1）リーファーコンテナ（図1〜図3）

20F コンテナ冷凍機ダイキン工業㈱製 LX10E。温度設定+2℃。ベンチレーター50％オープン。

※1　青果物の回りに電場を作り出し，酸化スピードを遅らせる装置。この装置を付けることにより青果物の低温障害が起こりにくくなるため，通常輸送温度帯（青果物によって異なる）より低く設定して輸送ができる。フレッシュサーバーの出力は，1000 V 以上の電圧で波形としてはほぼ正弦波の60 Hz，いわゆる交流である。

図1　第1回〜第3回使用の20Fリーファーコンテナ

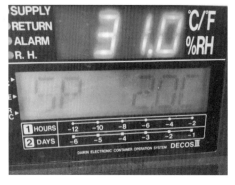

図2　温度設定　+2℃　　　　図3　ベンチレーター(湿度調整)50%オープン

2) 使用鮮度保持装置(図4〜図8)

　㈱テラ製　フレッシュサーバーを海上コンテナ用に改造。電場発生2000Vに設定。

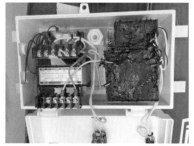

図4　フレッシュサーバー取り付け(海上輸送用リーファーコンテナ用に改造)

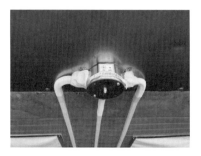

図5　電場発生シート　天井に取り付け(荷物の接触防止のため天井に取り付け)

第8章 国内流通および輸出拡大への取り組み事例

図6 大田市場より積み込み時（2016年8月23日撮影）

図7 第1回試験品（レタス，ホウレンソウ）　　図8 電場発生状況チェック

2. 輸送結果①

第1回輸送の結果を**図9，10**に示す。

2016年8月23日積み込み→8月26日出港→8月30日香港着→8月31日写真撮影。

積み込み時，積み込み青果物の最上段にて試験品ホウレンソウ1ケースとレタス3ケースを載せて輸送したため，冷風にさらされ乾燥したことが考えられる。

　　　図9 レタス　　　　　　　　　　　　図10 ホウレンソウ
　　　かなり萎れた状態　　　　　　　　　　かなり萎れた状態

3. 輸送結果②

第2回輸送の結果を図11に示す。

2016年10月6日積み込み→10月7日出港→10月12日香港着→写真撮影日不明。第1回と同様に乾燥による劣化と考えられ，第2回がましな状態であるのは梱包の違いと思われる。

図11　ホウレンソウ
第1回輸送時よりましな状態ではあるが，ラップされた方が裸のものより状態はましであった。

4. 輸送結果③

第3回輸送の結果を図12に示す。

2016年10月27日積み込み→10月28日出港→1月2日香港着→11月2日写真撮影。鮮度保持装置による品質保持であるかは不明。

　　　積み込み時　　　　　　到着時
図12　イチゴ
写真で見る限り品質に問題が無い状態であった。

5. 結　論

　今回，使用したフレッシュサーバー(鮮度保持装置)については，国内で定置型の冷蔵庫を使用してカット野菜，切り花と試験を実施してきたもので，一定の温度管理と湿度管理をされた状況下においては効果が得られた。しかし今回の海上輸送については，国内積み込み後の温度・湿度管理や香港到着時の荷卸状況など把握できておらず，効果を測定するには問題点の多い結果となった。

　今後，海上輸送用リーファーコンテナを定置にて温度管理をされた状態で試験をしていく必要性がある。

　また，第1回〜第3回とフレッシュサーバーを使用後に機械に不具合が発生したことなどを考えると，外気温や輸送時の振動など海上輸送ならではの劣悪な環境に対して対応していくことも今後の課題である。

第8章　国内流通および輸出拡大への取り組み事例

第2節　青果物輸出の取り組み

第3項　海上輸送によるモモとブドウのシンガポール輸出

京都大学　**中野　龍平**

岡山大学／（現）岡山県農林水産総合センター　**深松　陽介**

岡山大学　**福田　文夫**　　岡山大学　**河井　崇**

1.　シンガポールに向けた輸出促進と海上輸送の必要性

　近年，国内における贈答用としての高級果物の需要が低下するなか，攻めの農政などにおいて日本産高品質果実の海外への輸出促進が目標として掲げられている。筆者らはこれまでに，岡山産のモモに関して，香港への海上コンテナによる輸出が可能であることを実証し，従来の空輸と比べ輸送コストを大幅に軽減できる可能性を示した[1]。さらに，海運流通期間を活用しつつ，極晩生品種を9月の中秋節需要期に合わせて輸出できることを実証した[2)3)]。現状では，モモやブドウの輸出先としては，香港や台湾が大部分を占めているが，すでに市場としては供給過多の状況となっており，日本産同士の販売競争が始まっている。今後は，シンガポールなどより遠い国にまで市場を拡大する必要がある。そのためには，輸送コストの高い空輸だけでなく，海運による輸出技術が求められている。筆者らは，生研支援センター「革新的技術開発・緊急展開事業」（うち地域戦略プロジェクト）（平成28～30年度）の支援により，シンガポール輸出促進プロジェクトを実施した（**図1**）。本プロジェクトでは，5県を含む14機関の共同により，輸出向け果実の栽培技術の開発，鮮度保持技術の開発，0～1℃に設定した通常のリーファーコンテナを利用したシンガポール混載海上輸送を実施し，モモ，ブドウ，極早生カキ，イチゴ，ユズ，ウンシュウミカンの海上輸送に成功している。本稿では，本プロジェクトにより得られた成果のうち，モモおよびブドウの海上輸送に関して紹介する。

2.　モモのシンガポール海上輸出

　モモは収穫後の流通期間が短く，常温下に3日目食べ頃に達し，6日目には過熟となってしまう。また，通常の冷蔵温度である5℃付近の温度帯では低温障害を発生するために，長く5℃付近に維持することはできない。品種や収穫熟度による違いはあるが，10℃程度の温度下では低温障害は発生しない。また，近年，0℃前後に保持すると，保持期間が2週間程度ならば，0℃期間中は硬度が維持され，その後に常温に移しても褐変などの低温障害が発生せずに美味しく追熟することが明らかになっている[4]。筆者らは，この特性を利用して品質を維持しつつ，香港への海上輸出に成功するとともに，コンテナに搬入する前の予冷（5℃程度まで）の重要性を明確にした[4]。

－ 329 －

図1 「果物の東アジア,東南アジア輸出を促進するための輸出国ニーズに適合した生産技術開発及び輸出ネットワークの共有による鮮度保持・低コスト流通・輸出技術の実証研究」生研支援センター「革新的技術開発・緊急展開事業」(うち地域戦略プロジェクト)(H28～30年度)の研究概略図

　現状,最短では,神戸からシンガポールまで8日間,横浜からシンガポールまで10日間のコンテナ船が運航している。天候などにより日数が増える場合があるが,2週間程度にてシンガポールまで海上輸送が可能である。図2に本研究にて実施した流通工程と箱内の温度および湿度変化の一例を示す。収穫当日に産地近郊の冷蔵庫にて10℃下に短時間保持した後,岡山から神戸までクール便にて一晩,神戸の冷蔵倉庫にて一晩,計2日間5℃付近の温度帯に晒されることで,予冷の代わりになっている。神戸の冷蔵倉庫にてリファーコンテナに搬入された後は,シンガポールにて搬出されるまで約10日間0～1℃付近の温度帯が維持された。以前の冷蔵庫や海上コンテナでは,0℃に設定すると温度振れのために凍結温度まで下がる危険性があった。しかしながら,現行の海上コンテナでは,温度振れが少なく,箱内の温度は設定温度より1℃程度高い温度に維持されることが多い。湿度に関しては,搬入する荷物量,輸送中の天気などに左右されるが概ね70～90％程度の湿度が維持された。なお,コンテナの小窓を開けていると,コンテナ奥に結露が生じて,箱を濡らすことがあるので,小窓は閉じる方が良い。

　本研究では,ブドウや極早生カキなどとの混載輸出の実施を目的とし,岡山県産のモモの中でも,8月後半から9月初旬に収穫される極晩生品種('恵白','岡山PEH7号(白皇)','岡山PEH8号(白露)')を輸出試験に供試した。また,シンガポール搬出後には,三井化学シンガポールR&Dセンターの協力により,10℃および室温にて約1週間,現地到着後の棚持ち調査を実施した。

第8章　国内流通および輸出拡大への取り組み事例

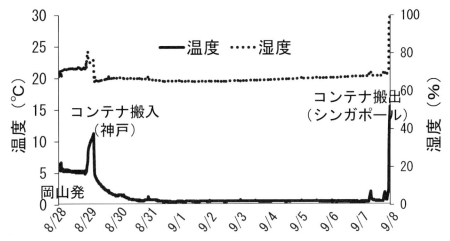

図2　9月のモモ極晩生品種の海上コンテナによるシンガポール輸出時の箱内の温度および湿度の変化

　その結果，輸出予定日と収穫時期が合わず，出荷前に1週間産地にて0℃保存した1年目の輸出試験における'恵白'では，シンガポール到着後に室温下（約25℃）にて追熟した際に低温障害が発生したが，10℃下にて追熟した場合には低温障害の発生もなく熟した。2年目以降の'恵白'や'岡山PEH7号（白皇）'，'岡山PEH8号（白露）'では，低温障害の発生もなく，室温でも到着3日後に食べ頃になった（**図3**）。現地のバイヤーからも十分に商品性はあるとの評価を受けており，本行程による0あるいは1℃設定のコンテナを用いた輸出技術により，シンガポールへの海上輸送が可能なことが実証された。

　本プロジェクトでは山梨県産のモモを中心として，商社の混載サービスを利用し，横浜にて1℃設定のコンテナに搬入しシンガポールに輸出する試験において，早生から晩生までのさまざまな主要品種において，低温障害の発生なくシンガポール海運輸出に成功している[5]。また，鮮度保持への，国内流通温度の重要性やシンガポール到着後の低温維持の重要性などが明らか

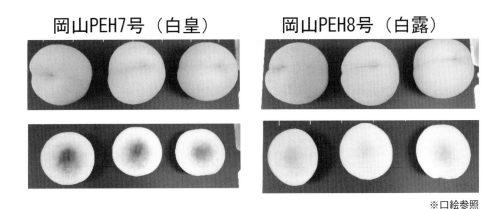

※口絵参照

図3　コンテナによりシンガポールに輸出されたモモ極晩生品種の到着後3日目の果実（室温下にて保持）

青果物の鮮度評価・保持技術

となっている。今後，これらの基礎的な知見を基に，モモのシンガポールへの海上輸送が普及し，輸出促進に貢献すると期待される。

3. ブドウのシンガポール海上輸出

ブドウはモモとは異なり比較的貯蔵性が良く，また，低温障害の発生がないために，冷蔵輸送も進んでおり，これまでにも海上輸送による輸出は実施されている。しかしながら，'ピオーネ'などの脱粒性の強い品種では，脱粒の発生が危惧されることもある。近年では，'シャインマスカット'の東アジア，東南アジアでの人気が高く，さかんに輸出されている。'シャインマスカット'は脱粒性が小さく，貯蔵性が良いという点からも輸出向けの品種と言える。本プロジェクトでは，通常のリーファーコンテナよりも高性能なコンテナを産地近郊に導入し，0℃付近の温度帯にて保存することにより'シャインマスカット'の長期貯蔵に成功している（第7章第3節第7項　高性能冷蔵コンテナ利用低温貯蔵技術参照）。本稿では，収穫直後に近い10月および高性能冷蔵コンテナを利用し11月末まで保存した'シャインマスカット'のシンガポール海上輸出の結果を事例として紹介する。

10月に'シャインマスカット'を海上輸出した際の流通行程と温度変化は以下のようであった。収穫日が輸出予定日より若干早くなったため，高性能冷蔵コンテナを利用して2週間ほど0℃下にて保存した後，[2.]のモモの海上輸出と同様に，岡山から神戸までクール便にて一晩，神戸の冷蔵倉庫にて一晩，計2日間5℃付近の温度帯に晒された。神戸の冷蔵倉庫にてリーファーコンテナに搬入された後は，シンガポールにて搬出されるまで約10日間0～1℃付近の温度帯が維持された。シンガポール到着後には，三井化学シンガポールR&Dセンターにて，5℃あるいは室温（25℃）下に保持し，現地での棚持ちを調査した。

その結果，室温（25℃）下において軸枯れが徐々に進行したが，5℃下では軸枯れはなかった。また，5℃および室温（25℃）いずれにおいても，腐敗，裂果，しぼみ，脱粒などの品質が低下した粒はほとんど発生しなかった（図4）。シンガポールのバイヤーや消費者は軸枯れを品質低下とはみなさないため，いずれの温度の果実も高く評価された。

高性能冷蔵コンテナを利用し11月末まで保存した'シャインマスカット'の12月のシンガポール海上輸出においては，国内輸送を常温便にしたが冬季のため低温が維持された。その他の輸送行程や温湿度変化は10月の輸送と大きな違いはなかった（図5）。シンガポール到着後，5℃にて保持したところ，軸枯れは観察されたものの，異常粒の発生はなく高品質が維持され，現地バイヤーによる評価も高かった（図6）。翌年には，シンガポール到着後に10℃および室温（25℃）下にて1週間保持したが，室温下においても異常粒の発生は少なく，高品質が維持された（図6）。

このように，'シャインマスカット'においては，0℃設定のリーファーコンテナを利用した海上輸出により，収穫直後の房および収穫後2ヵ月近く0℃にて保存した房，いずれにおいても高品質果実として十分な商品性が維持されること，現地到着後は冷蔵下に維持することが望ましいが，室温においてもある程度の期間は品質が維持されることが明らかとなった。本プロジェクトでは黒系のブドウながら脱粒性の小さい岡山県産の'オーロラブラック'においても，

－ 332 －

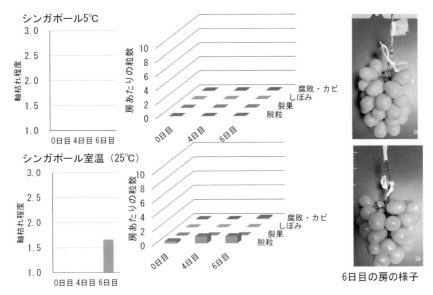

図4 10月のシャインマスカットのシンガポール海運輸出における現地到着後の品質
岡山の産地近郊において0℃下にて13日間保存後，海上コンテナによりシンガポールに輸出した
（軸枯れ程度，1：10%以下，2：10〜50%，3：50%以上の軸が枯れた状態）

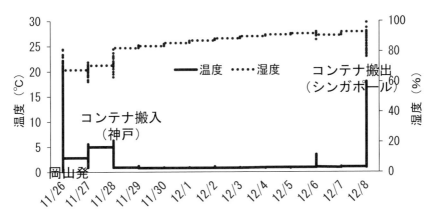

図5 12月のシャインマスカットの海上コンテナによるシンガポール輸出時の箱内の温度および湿度の変化（2017年輸出時）

現地での冷蔵は必要なものの，収穫直後の9月海運や1.5ヵ月高性能冷蔵コンテナ貯蔵後の10月海運に成功している[6]。また，山梨県産の混載サービスを利用した横浜発の1℃設定の海上コンテナ輸送においても，'巨峰'，'シャインマスカット'，貯蔵'シャインマスカット'において，同様の結果が得られている。特に，'シャインマスカット'では，国内にて貯蔵した房の海上輸送が可能であり，輸出促進に貢献できると期待される。

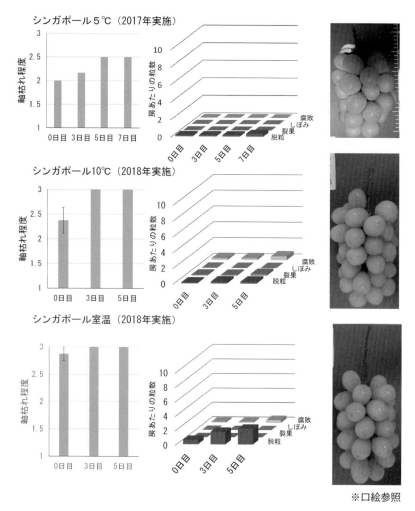

図6　12月に実施した貯蔵シャインマスカットのシンガポール海運輸出における現地到着後の品質

岡山の産地近郊において0℃下にて約1.5ヵ月保存後，海上コンテナによりシンンガポールに輸出した。
シンガポール到着後，2017年は5℃，2018年は10℃および室温下に保持した（軸枯れ程度，1：10％以下，2：10〜50％，3：50％以上の軸が枯れた状態）

4. 混載によるシンガポール海上輸出

　海上輸出においては，コンテナの積載効率を向上させることが輸送コストの低減につながる。今回の輸送試験では，0℃設定のリーファーコンテナを利用することにより，9月には極晩生モモ，極早生カキ，ブドウ'オーロラブラック'を，10月にはブドウ'シャインマスカット'，貯蔵'オーロラブラック'，ユズ，早生ウンシュウミカンを，12月には貯蔵'シャインマスカット'とウンシュウミカンを，それぞれ混載にて輸出に成功している。また，海上輸送中に段ボール箱が水分を吸収して潰れやすくなる問題に対して，防湿加工を行った段ボール箱の利用により高積載による負荷にも耐えられるという知見を得ている[7]。今後，混載可能な青果物の組み合わせ情報の蓄積や海上輸出向けに防湿加工した段ボール箱の普及などが進むことにより，モ

モ，ブドウに限らず，さまざまな青果物において，シンガポールへの海上輸送がさらに促進されるものと期待される。

謝　辞

　本研究の一部は，生研支援センター「革新的技術開発・緊急展開事業」(うち地域戦略プロジェクト)の支援により実施した。本研究の実施にあたりシンガポール輸出および到着後の調査において多大なるご協力をいただいた三井化学シンガポール R&D センターに感謝いたします。

文　献

1)　中野龍平：果実日本，**71**(8)，79(2016).

2)　福田文夫：果実日本，**71**(9)，81(2016).

3)　中野龍平：果実日本，**71**(10)，83(2016).

4)　中野龍平：最新農業技術 果樹 12，農山漁村文化協会，41(2019).

5)　手塚誉裕ほか：園芸学研究(別 2)，564(2018).

6)　深松陽介ほか：園芸学研究(別 1)，443(2017).

7)　志水基修：実務者のための力学的輸送包装設計ハンドブック，テクノシステム，441(2018).

第8章　国内流通および輸出拡大への取り組み事例

第2節　青果物輸出の取り組み

第4項　輸出実態に合わせたニホンナシ果実の鮮度保持方法

千葉県庁農林総合研究センター　**戸谷　智明**　　千葉県庁農林総合研究センター　**塩田　あづさ**

1.　はじめに

　千葉県では，農林水産物の海外輸出を販路拡大の1つと位置付け，海外での知事トップセールスを通したPR，輸出に取り組む産地への補助事業などを実施している。その1つとして，ニホンナシ「豊水」を，タイやマレーシアなどに輸出している。ニホンナシの輸出は，流通コストを抑えるため船便で輸送しているが，2013年に実施したタイへの輸送は販売までに18日程度を要した。今後，東南アジアなどへのニホンナシ輸出の展開を安定的に図るには，到着後の流通期間を考慮すると40日程度の鮮度保持を可能とする貯蔵技術を確立する必要がある。そこで，リンゴなどの果実の鮮度保持に効果があるとされる1-MCP剤（1-メチルシクロプロペンくん蒸剤：商品名スマートフレッシュ，アグロフレッシュ・ジャパン合同会社製）による「豊水」の日持ち性の向上効果や輸出に適した果実の熟度について検証した。また，ニホンナシの輸出は，「幸水」，「あきづき」および「王秋」などにも拡大される予定であり，これらの品種についても1-MCP処理の効果や冷蔵での鮮度保持効果を明らかにしたのであわせて紹介する。

2.　1-MCP剤とは？

　1-MCP剤はリンゴ，ニホンナシ，カキで登録がある植物成長調整剤である。収穫後の果実にくん蒸することで，果実のエチレンに反応する部分をブロックし，果実の老化や劣化を大幅に遅延させる作用がある。ニホンナシでは，収穫後2日以内に処理することが求められている。本剤の処理は，業者委託となるため，千葉県では輸出対応など大量のロットを処理する際に用いられている。

　今回紹介する試験では，1-MCP剤の処理方法（以下，1-MCP処理）は**図1**に示した方法で行った。くん蒸専用のポリエチレン製パレットテント（容量3.3 m³）内に果実を詰めた出荷箱を入れ，1-MCP剤224 mgをガス発生容器に投入した。扇風機は1-MCP剤のガス拡散のために設置した。水を加えるとガスの発生が始まるので，テント入り口を巻き込むように閉じて14時間密封状態にしてくん蒸した。このときのガス濃度は1,000 ppbである。輸出の際も規模は大きいが手順は同様である。

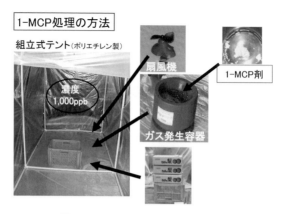

図1 1-MCP処理の方法（試験用）

3.「豊水」果実に対する1-MCP処理の効果

「豊水」は，千葉県のニホンナシ収穫量の3割を占める品種で，常温での日持ちは10～12日程度である。試験では，「豊水」適熟果を，収穫当日に出荷箱に詰めた後に1-MCP処理した。処理後はそのまま冷蔵庫に搬入し，40～80日間貯蔵した。冷蔵温度は，輸出中のコンテナと同様に5℃とした。無処理区は収穫当日に果実を出荷箱に詰めた後，常温で静置し，翌日から1-MCP処理した区と同様に冷蔵庫で貯蔵した。

収穫後40日目に調査したところ，処理した果実では表面色が無処理と比べ低く抑えられた（表1）。一方で，地色や果肉硬度，障害果の発生率では処理による差がなく，食味では無処理がやや優れた。次に，収穫後80日目に調査したところ，1-MCP処理した果実では，無処理に比べ表面色や地色の上昇が抑制され，果肉硬度が硬く維持され，障害果の発生を抑制する効果が確認された（表2）。その一方で，果実の糖度や酸度は処理による差がなかった。

表1 1-MCP処理の有無による「豊水」適熟果の収穫後40日目の果実品質

試験区	表面色	地色	硬度(lbs.)	糖度(brix%)	酸度(pH)	障害果(%)	食味
収穫時	3.2	3.3	3.9	13.6	4.7	0	—
処理	4.5	4.8	3.3	14.1	4.8	0	−0.2
無処理	5.2	4.9	3.5	14.1	4.7	0	0.3

注1）収穫当日に1-MCP処理後，翌日から冷蔵庫（5℃）で貯蔵
　2）障害果は，腐敗や内部褐変が見られた果実
　3）食味の評価は悪い（−2）～0（普通）～良い（+2），18人で評価

表2 1-MCP処理の有無による「豊水」適熟果の収穫後80日目の果実品質

試験区	表面色	地色	硬度(lbs.)	糖度(brix%)	酸度(pH)	障害果(%)
処理	5.5	4.5	3.5	14.1	4.9	0
無処理	5.9	5.0	2.8	14.1	4.8	56

注）表1と同様

以上の結果から,「豊水」の適熟果を収穫翌日までに冷蔵すれば,1-MCP処理を行わなくても,収穫後40日目までは鮮度を保つことができる。一方で,貯蔵期間が長くなると,冷蔵だけでは鮮度が保てなくなり,1-MCP処理が必要であった。また,1-MCP処理をしても果実の糖度や酸度は無処理と同程度であった。1-MCP処理は,果実の表面色や果肉硬度を維持する効果があるだけで,糖度などの品質向上には繋がらないので注意する。さらに,貯蔵期間が短い段階で果実の食味を行うと,1-MCP処理した果実の食味は無処理と比べ劣る場合がある。果実は熟す過程で香気を発するが,1-MCP処理をした果実では熟度が抑制され香気が薄いため,食味が低く評価されたものと推察される。

4. 輸出に適した「豊水」果実の熟度と1-MCP処理の効果

「豊水」は,地色2程度の未熟な果実の貯蔵性が優れるが,食味が悪く商品性が低いとされている[1]。一方で,収穫を遅くし完熟にすると食味が優れるが日持ち性が短くなる。そこで,輸出に適した果実の熟度とそれに対する1-MCP処理の効果を検証した。

収穫した果実を,「豊水」用カラーチャートで表面色ごとに未熟(表面色1.8,地色2.3,果肉硬度4.6 lbs.,糖度12.6%),適熟(表面色3.2,地色3.3,果肉硬度3.9 lbs.,糖度13.6%)および完熟(表面色5.2,地色4.0,果肉硬度3.9 lbs.,糖度14.5%)に分け,それぞれ1-MCP処理した。処理は,収穫当日に果実を出荷箱に詰めた後に行い,翌日から冷蔵庫(5℃)で貯蔵した。

収穫後60日目に果実品質を調査した。熟度別に1-MCP処理の効果を見てみると,表面色が進んだ果実では,1-MCP処理を行っても障害果の発生率が高くなり,果肉硬度を維持する効果も弱かった(図2)。特に,完熟とされる表面色が5以上の果実では鮮度が保てず,輸出先で腐敗などの障害果が多く発生する可能性があることが明らかになった。一方で,未熟な果実ほど1-MCP処理の鮮度保持効果は高く,障害果の発生も少なかった。このことから,輸出用の「豊水」の選果の目安は表面色で3以下が望ましいと考えられる。

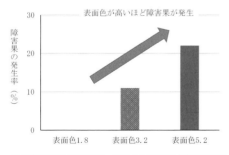 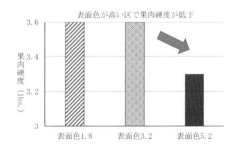

注1)収穫当日に処理後,翌日から冷蔵庫(5℃)で貯蔵し,収穫後60日目に調査
 2)障害果は,腐敗や内部褐変が見られた果実

図2 表面色の違いが1-MCP処理した「豊水」果実の障害果発生(左)と果肉硬度(右)に及ぼす影響

5. 輸出実態に合わせた条件下で貯蔵した「豊水」の果実品質

　千葉県で行っているニホンナシ輸出では，生産者の園地から選果場，仲卸，検疫を経由して港で冷蔵コンテナに搬入されるまで，果実が常温に置かれている期間が5～6日程度となっている（図3）。「豊水」の常温での日持ちは10～12日程度であり，常温期間が長いと1-MCP処理を行ったとしても果実品質を損ねる可能性が高い。そこで，常温期間を2，4，7日間とした試験条件で，1-MCP処理を行った場合の果実品質への影響を調査した。

　収穫当日に「豊水」適熟果（表面色3.7，地色3.7，果肉硬度3.7 lbs.，糖度12.6％）を出荷箱に詰め常温で翌日18時まで静置した。これは生産者の圃場で収穫されてから，農協などの選果場に集まり，1-MCP処理が始まるまでの時間を想定した。その後，1-MCP処理を行った。常温期間の違いを明らかにするため，処理後すぐに冷蔵庫に搬入した区（収穫後の合計常温期間2日）と処理後2日間常温に静置した区（収穫後の合計常温期間4日）及び処理後5日間常温に静置した区（収穫後の合計常温期間7日）を設けた。各区とも，1-MCP処理した区および無処理区を設けた。無処理区は収穫当日に果実を出荷箱に詰めた後，常温で2，4，7日間静置した。その後は，冷蔵庫（5℃）で貯蔵した。

　収穫後40日目に果実品質を調査した結果，無処理の果実では収穫後の常温期間が長いほど果実の劣化が進んでいた。常温期間が4日以上になると，その後冷蔵しても収穫後40日目では障害果の発生も多く，食味ができないほど果実品質が劣化した（表3）。一方，処理区では常

収穫後、選果場に運搬

選果場で1-MCP処理
収穫後1～2日目

仲卸や検疫、港での積込
収穫後5～6日目

図3　ニホンナシの収穫から輸出までの流れ

表3　収穫後の常温期間が「豊水」の果実品質に及ぼす影響

試験区	収穫後の常温期間	地色	硬度(lbs.)	糖度(brix%)	酸度(pH)	障害果(%)	食味
処理	2日	4.5	3.6	13.7	4.7	22	1.6
無処理		4.7	3.3	14.2	4.6	11	−0.1
処理	4日	4.3	3.2	13.5	4.7	11	0.4
無処理		4.9	2.8	14.1	4.8	67	―
処理	7日	4.3	3.4	13.8	4.7	33	―
無処理		―	―	―	―	100	―

注1）収穫翌日に1-MCP処理し，収穫後40日目に調査
　2）1-MCP処理時間を含め収穫2，4，7日間常温で保持した後冷蔵庫（5℃）に搬入
　3）―は果実の傷みが激しいため調査や食味が不能
　4）食味の評価は悪い（−2）～0（普通）～良い（+2），7人で評価

温期間が2日および4日では，障害果の発生は少なく食味も問題は無かった。したがって，1-MCP処理を行えば，常温期間が4日までは食味が2日と比べて劣るものの商品性が保持できると考えられた。また，常温期間が2日以内であれば，1-MCP処理をしなくとも冷蔵によって，収穫後40日目までは実用上十分な鮮度が保持できると考えられた。

6. 輸出に対応した「幸水」，「あきづき」および「王秋」果実の鮮度保持方法

ニホンナシ「幸水」と「あきづき」は千葉県の主要品種であり，「王秋」は今後の輸出拡大が期待されている品種である。そこで，これらの品種が輸出に対応できるよう1-MCP処理や冷蔵での鮮度保持効果を検証した。

6.1 「幸水」果実に対する1-MCP処理の効果

「幸水」は千葉県の収穫量の50％を占める主力品種であるが，日持ちは常温で5日程度と短い。そのため，輸出するためには貯蔵方法の検討が必要である。そこで，「豊水」と同様に1-MCP処理の効果を検証した。試験では，収穫当日に適熟果を出荷箱に詰め1-MCP処理を行い，翌日から冷蔵庫（5℃）で貯蔵した。無処理区は収穫当日に果実を出荷箱に詰めた後，常温で静置し，翌日から1-MCP処理した区と同様に冷蔵庫で貯蔵した。

収穫後40日目に調査したところ，1-MCP処理区では，無処理の果実に比べ果実の表面色や地色の上昇が抑制され，食味評価も高かった（**表4**）。一方で，果肉の硬度は両区とも硬く維持され，果実の糖度は処理区間に差がなかった。

以上の結果から，「幸水」は1-MCP処理することで，鮮度保持期間を延長することができた。また，適熟果を収穫後すぐに冷蔵すれば収穫後40日でも鮮度を保つことができる。

6.2 「あきづき」果実に対する1-MCP処理の効果

6.2.1 1-MCP処理の効果

「あきづき」は食味もよく，9月中旬から収穫されるやや晩生の品種で，常温での貯蔵は14日程度である。試験では，収穫当日に適熟果（「豊水」用カラーチャートで表面色が5程度）を出荷箱に詰め1-MCP処理を行い，その後も室内（常温）で貯蔵した。無処理区は，収穫当日に出荷箱に詰めた後，室内で貯蔵した。

表4　1-MCP処理による「幸水」適熟果の鮮度保持効果

試験区	表面色	地色	硬度 （lbs.）	糖度 （brix%）	障害果 （%）	食味
収穫時	2.7	2.8	5.5	13.7	0	—
処理	4.3	4.5	4.7	13.2	0	0.1
無処理	5.0	4.9	4.6	13.0	0	−0.8

注1）収穫当日に処理後，翌日から冷蔵庫（5℃）で貯蔵し，収穫後40日目に調査
　2）食味の評価は悪い（−2）～0（普通）～良い（＋2），8人で評価

－341－

青果物の鮮度評価・保持技術

収穫後24日目に調査したところ，1-MCP処理区では，無処理の果実に比べ果肉硬度を硬く維持し，ふけ果の発生を抑制することができた。一方で，表面色や地色，腐敗の発生には処理による差がなかった（**表5**）。また，1-MCP処理した果実では水浸状の障害が発生した。

以上のことから，「あきづき」果実に1-MCP処理を行うと，水浸状の障害が発生した。この障害は，「あきづき」の果実で収穫直後から見られる水浸状障害に似ているものの同一ではなかった。一般的に，このような障害の発生には果実を栽培する圃場条件や年次間差があることが多い。また，「幸水」や「豊水」では常温で保存した場合でも，冷蔵した場合と同様に1-MCP処理の効果は確認されているが[2]，「あきづき」では1-MCP処理の効果は弱かった。リンゴでは，1-MCP処理の効果は品種ごとの特性や発生する障害の種類によって異なることが報告されており[3]，ニホンナシにおいても品種間差がある可能性が高い。これらのことから，「あきづき」果実には1-MCP処理の使用は控えたほうが良いと考えられる。

6.2.2 冷蔵での貯蔵性

「あきづき」果実の冷蔵での貯蔵性を検証した（**表6**）。試験は，収穫当日に未熟果（「豊水」用カラーチャートで表面色が3程度）を出荷箱に詰めた後，室内（常温）に静置し，収穫翌日から冷蔵庫（5℃）で貯蔵した。調査は，収穫後46日目，67日目および86日目に行った。

その結果，「あきづき」は，収穫翌日までに冷蔵すれば，収穫後90日程度までは果肉硬度を高く維持でき，障害果の発生も少なかった。このため，「あきづき」を輸出する際には，1-MCP処理を行わず，冷蔵のみで対応が可能と考えられる。この際には，やや熟度を抑えた果実を選果すると良い。一方で，貯蔵期間が長いと果実の水分減少（減耗率）が大きくなった。ニホンナシでは，減耗率が5%を超えると果実が萎び，食味も低下する[3]ので，90日を超える長期貯蔵をする場合には注意する。

表5 1-MCP処理による「あきづき」適熟果の鮮度保持効果

試験区	表面色	地色	硬度 （lbs.）	糖度 （brix%）	障害果（%）		
					水浸状	ふけ果	腐敗
処理	6.5	4.6	3.7	13.5	20	20	30
無処理	6.4	4.8	2.8	13.2	0	60	20

注）収穫当日に処理後，室内（常温）で貯蔵し，収穫後24日目に調査

表6 冷蔵による「あきづき」未熟果の鮮度保持効果

収穫後 日数	減耗率 （%）	表面色	地色	硬度 （lbs.）	糖度 （brix%）	障害果 （%）
46	1.9	3.5	4.3	4.5	13.0	0
67	2.6	3.8	5.3	4.2	13.1	20
86	3.3	4.4	5.7	4.4	12.7	0

注1）収穫翌日から冷蔵庫（5℃）で貯蔵し，収穫後46，67，86日目に調査
　2）減耗率は収穫時と調査時の果重の差を収穫時の果重で除して算出

6.3 「王秋」果実に対する 1-MCP 処理の効果

　「王秋」は 10 月以降収穫される晩生品種で，日持ちは常温で 28 日以上と長い。中国などの旧正月である 2〜3 月まで鮮度保持が可能になるように 1-MCP 処理の効果を検証した。試験は，収穫当日に適熟果を出荷箱に詰め 1-MCP 処理を行い，翌日から冷蔵庫（5℃）で貯蔵した。無処理区は収穫当日に果実を出荷箱に詰めた後，常温で静置し，翌日から 1-MCP 処理した区と同様に冷蔵庫で貯蔵した。

　収穫後 92 日目（1 月上旬）に調査したところ，1-MCP 処理区では，無処理の果実に比べ果実の地色の上昇が抑制され，障害果の発生がなく，食味評価も高かった（**表 7**）。一方で，果肉硬度は両区とも硬く維持され，果実の糖度は処理区間に差がなかった。

　以上の結果から，「王秋」は 1-MCP 処理することで，果実品質を保持する効果が見られた。また，適熟果を収穫後すぐに冷蔵すれば，1-MCP 処理を行わなくても収穫後 3 ヵ月まで鮮度を保つことができる。一方で，収穫 237 日目（5 月下旬）まで冷蔵した果実では，1-MCP 処理した果実の果肉硬度は 2.4 lbs. と，無処理の 2.0 lbs. よりも硬く，障害果の発生率も 22% と無処理の 67% に比べ低く抑えることができた。このため，長期貯蔵する場合は 1-MCP 処理が必要である。なお，「王秋」は年によってみつ症や心腐れが発生することがあるので，長期貯蔵の際には注意する[4]。

表 7　1-MCP 処理による「王秋」適熟果の鮮度保持効果

試験区	地色	硬度 （lbs.）	糖度 （brix%）	障害果 （%）	食味
収穫時	2.6	4.7	12.5	0	—
処理	3.4	3.9	14.5	0	0.1
無処理	4.5	3.8	14.2	11	−0.3

注 1）収穫当日に処理後，翌日から冷蔵庫（5℃）で貯蔵し，収穫
　　　後 92 日目に調査
　　2）食味の評価は悪い（−2）〜0（普通）〜良い（+2），12 人で
　　　評価

文　献

1) 新堀二千男：農業技術大系　果樹編 3，農山漁村文化協会，技 246（1998）.

2) 戸谷智明ほか：園芸学研究，**18**（別 2），361（2018）.

3) 葛西智ほか：園芸学研究，**18**（2），173-184（2019）.

4) 壽和夫：農業技術大系　果樹編 3，農山漁村文化協会，基 81（2001）.

第8章　国内流通および輸出拡大への取り組み事例

第2節　青果物輸出の取り組み

第5項　水分補給によるブドウ ‘シャインマスカット’ の長期貯蔵技術

山形県農業総合研究センター　米野　智弥

1.　はじめに

　ブドウ‘シャインマスカット’は国立研究開発法人農業・食品産業技術総合研究機構が育成した品種であり，外観と食味に優れ，無核栽培により果皮ごと食べられるという食べやすさも相まって，消費者からの人気が高く，全国的に栽培面積が急増している。2012年以降本格的に市場出荷されるようになり，他のブドウ品種より高い単価で取り引きされているものの，生産量の急激な増加に伴い，市場への出荷時期の集中による販売価格の下落が懸念されていたことから，出荷時期を調整する技術の開発が求められていた。

　一般に果房を冷蔵庫で長期間貯蔵すると，庫内湿度が高い冷蔵庫(恒温高湿庫)では，穂軸の褐変・萎凋は抑えられるものの，果粒の腐敗が発生しやすくなり，比較的庫内湿度が低い冷蔵庫(送風式普通冷蔵庫)では，果粒の腐敗は発生しにくくなるものの，穂軸が褐変・萎凋しやすいなど，いずれの場合も商品価値が低下してしまう。‘シャインマスカット’においても，2.0℃設定の送風式普通冷蔵庫で貯蔵した場合，貯蔵60日を過ぎると，穂軸の褐変・萎凋により，商品価値が低下してしまう。‘巨峰’や‘ピオーネ’では，輸出を想定した鮮度保持試験において穂軸から給水処理を施すことで，給水させない場合より穂軸の褐変・萎凋を抑制することが報告されている(須藤ら[1]，岡山県[2])が，冷蔵条件下で長期間貯蔵した場合の効果は報告されていない。そこで本研究では，生産現場で一般的に使用されている送風式普通冷蔵庫を用い，高い商品性を保ちながら，長期間(4ヵ月間程度)貯蔵するための水分補給方法などについて検討した。

2.　材料および方法

2.1　供試樹および栽培管理

　試験には山形県農業総合研究センター園芸試験場に1999年に定植した長梢剪定 X 型仕立ての‘シャインマスカット’/テレキ5BB台(雨樋付雨よけ栽培)の果房を供試した。栽培管理として，開花始期に1新梢あたり1花穂に摘穂し，残した花穂は先端4cmに花穂整形し，無核化のため満開3日後にCPPU2ppm加用ジベレリン25ppm，満開10〜15日後にジベレリン25ppmで果(花)房浸漬した。さらに，無種子化を促進するため，開花直前にストレプトマイシン剤200ppmを散布した。その後，6月下旬(摘粒前)に3.3m²あたり8果房程度に摘房し，7月上中旬に45粒/果房程度になるように摘粒した。摘粒終了後(7月下旬)，白色のポリエチ

- 345 -

レン製傘（250×250 mm）でカサ掛けを行い，ベレゾーン期に紙製の果実袋で袋掛けし，さらに，棚の明るさを確保するために，7月と8月の2回，生育の旺盛な新（副）梢の摘心を実施した。

2.2 貯蔵条件および水分補給方法

貯蔵試験は，果房に直接冷気が当たらないように，送風ファンと貯蔵果房（コンテナ）の間にポリエチレン性フィルムを設置した送風式普通冷蔵庫（庫内の相対湿度は90％程度）に，収穫当日の果房を搬入して実施した。

穂軸に水道水を満たしたプラスチック容器を挿入し，高発泡ポリエチレン製網状緩衝資材を敷いた果実収穫用コンテナに果房を横置きに静置し，乾燥防止として新聞紙1枚を4つ折りにして果房の上にのせて貯蔵した（図1）。なお，貯蔵中，穂軸から常に吸水できるようにプラスチック容器の向きを調整した。

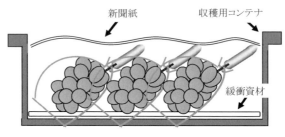

図1　貯蔵形態

3. 結　果

3.1 補給水分量の違いによる貯蔵後の果房品質

長期間貯蔵するうえで，どの程度の量の水分補給が必要なのかを明らかにするため，異なる容量（14 mLと28 mL）のプラスチック容器（図2）の底部まで穂軸を挿入した果房および水分無補給の果房を2.0℃に設定した送風式普通冷蔵庫で貯蔵し，貯蔵後の果房品質を調査した。なお，穂軸挿入後の容器内の水量は14 mL容器で9 mL程度，28 mL容器で21 mL程度であり，容器内の水が全て吸水されるまでの期間は，14 mL容器では35日程度，28 mL容器では91日程度であった（データ省略）。

貯蔵中の果房重は，水分無補給の果房と比較して，水分補給処理を行った果房で減少が少なく，水分補給量が多いほど果房重の減少が抑えられた。穂軸の褐変・萎凋についても同様の傾向であり，水分無補給の果房では，貯蔵61日

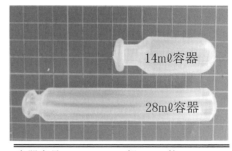

容器容量	規　格
14 mℓ	長さ60mm × 太さ20mm
28 mℓ	長さ120mm × 太さ20mm

図2　水分補給用プラスチック容器

後には商品性に影響するような明らかな褐変・萎凋がみられたが，14 mL容器で水分補給した果房では貯蔵90日後まで，28 mL容器で水分補給した果房では貯蔵120日後まで商品性に影響するような穂軸の褐変・萎凋を抑制することができた（**図3，4，表1**）。なお，貯蔵期間中に腐敗の発生はほとんど見られなかったが，貯蔵期間が長くなるにつれて押し傷果（自重で果

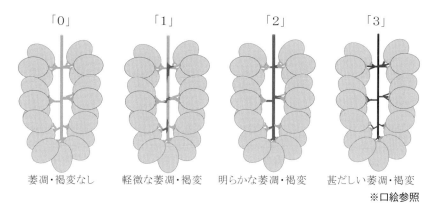

図3 穂軸の萎凋・褐変程度（指数）

図4 水分補給によるシャインマスカットの長期貯蔵技術
（貯蔵120日後の穂軸の状態）

表1 補給水分量の違いによる貯蔵性に及ぼす影響（2013 山形農総研セ園試）

容器容量	果房重減少率(%) 貯蔵61日	貯蔵90日	貯蔵120日	穂軸褐変・萎凋程度(指数)[z] 貯蔵61日	貯蔵90日	貯蔵120日	障害・腐敗果粒発生率(%) 貯蔵61日	貯蔵90日	貯蔵120日
14 mL	1.5	2.3	3.4	0.0	1.0	2.0	0.0	3.9	3.5
28 mL	1.0	0.6	2.3	0.0	0.0	0.1	0.0	4.0	7.0
無補給	2.0	2.8	4.0	2.0	2.3	2.8	0.0	0.0	1.1

※冷蔵庫設定温度：2.0℃
[z]：萎凋・褐変指数 0：無 1：軽微な萎凋・褐変 2：明らかな萎凋・褐変 3：甚だしい萎凋・褐変

粒に押し傷が発生する障害)が見られるようになり，この障害の発生は水分補給量が多いほど押し傷果の発生が顕著であった(表1)。

3.2 穂軸の挿入長の違いによる貯蔵後の果房品質

　水分補給量が多いほど，貯蔵中の押し傷果の発生が多くなる傾向がみられたことから，容器への穂軸の挿入長を変えて，0.5℃に設定した送風式普通冷蔵庫で貯蔵し，吸水パターンと貯蔵後の果房品質を調査した。試験には容量28 mLのプラスチック容器を用いて穂軸を容器底部まで挿入した果房(以下，全挿入と表記)と，容器の上部から2.5 cmだけ挿入した果房(以下，部分挿入と表記)および水分無補給の果房を比較した。

　なお，穂軸挿入後の容器内の水分量は，全挿入では21.0 mL，部分挿入では23.4 mLであった(データ省略)。吸水パターンは，全挿入，部分挿入とも，貯蔵1ヵ月後頃までの吸水量が多く，容器内の残水量の減少に伴って吸水量が少なくなるパターンであったが，部分挿入と比較して全挿入では1日あたりの最大吸水量が多く，果粒内の水分が過剰になりやすいことが示唆された(図5)。

　貯蔵後の果房品質は，水分無補給の果房に比較して，水分を補給した果房の果房重減少率は明らかに小さく，部分挿入より全挿入の方が減少率が小さかった。ただし，全挿入では貯蔵後半の吸水量が少なくなり，貯蔵期間が長くなるほど，両区の果房重減少率の差は小さくなった。残水量が少なくなるにしたがって吸水量が少なくなることから，吸水は穂軸の切り口以外にも花穂整形の際に切除した支梗痕からも吸水することが示唆された。なお，貯蔵後の病障害果粒の発生状況を調査したところ，水分補給した果房で押し傷果が比較的多く発生し，押し傷果の発生は部分挿入より全挿入の果房の方が多い傾向であった(表2)。

　また，貯蔵果房の商品性を検討したところ，水分無補給の果房では穂軸の褐変・萎凋が激しく，貯蔵90日後には全ての果房で商品性を失ったが，水分を補給した果房では2粒程度の調整を必要とするものまで含めると，貯蔵120日後でも，80%以上の果房で商品性を有していた。なお，全挿入の果房では押し傷果の発生が比較的多かったことから，部分挿入の果房より，調整を要する果房が多くなった(図6)。

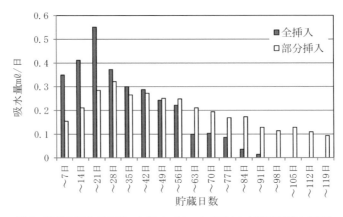

図5　穂軸の挿入長の違いと吸水パターン(2014 山形農総研セ園試)

表2 穂軸挿入長の違いによる貯蔵性に及ぼす影響（2014 山形農総研セ園試）

容器装着方法	果房重減少率(%) 貯蔵60日	貯蔵90日	貯蔵120日	穂軸褐変・萎凋程度(指数)[z] 貯蔵60日	貯蔵90日	貯蔵120日	障害・腐敗果粒発生率(%) 貯蔵60日	貯蔵90日	貯蔵120日
全挿入	0.0	0.4	1.0	0.0	0.1	0.3	0.4	0.6	1.7
部分挿入	0.7	1.0	1.3	0.3	0.4	0.6	0.4	0.4	1.1
無補給	1.8	2.4	2.9	1.0	2.0	2.9	0.7	0.0	0.1

※冷蔵庫設定温度：0.5℃
[z]：萎凋程度区分　0：無　1：軽微な萎凋・褐変　2：明らかに萎凋・褐変　3：甚だしい萎凋・褐変

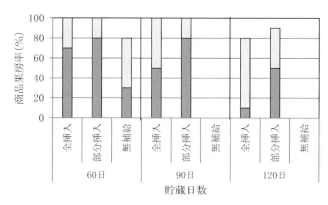

図6　穂軸挿入長の違いが商品果房率に及ぼす影響（2014 山形農総研セ園試）

3.3　収穫時の果皮色が貯蔵性に及ぼす影響

　果皮色が緑色（日本園芸植物標準色票「No.3310」程度で収穫期に達していない果房を想定）の果房と，果皮色が緑黄色（日本園芸植物標準色票「No.3109」～「No.2910」程度で収穫適期の果房を想定）の果房，果皮色が黄緑色（日本園芸植物標準色票「No.2707」程度で収穫適期を過ぎた果房を想定）の果房を収穫し，果皮色の違いが貯蔵性に及ぼす影響を調査した。容量28 mLのプラスチック容器に穂軸を2.5 cmだけ挿入して水分を補給しながら貯蔵した結果，果房重減少率は収穫時の果皮色に関わらず同程度であり，貯蔵120日の時点では，それぞれ1%程度の減少率であった。緑色で収穫した果房では，貯蔵120日後まで，穂軸の褐変・萎凋はほとんど認められなかったが，早い段階から押し傷果の発生が目立ったのに加え，灰色カビ病による腐敗果の発生がみられた。緑黄色で収穫した果房でも貯蔵120日後まで，穂軸の褐変・萎凋はほとんどみられず，かつ，緑色の果皮色で収穫した場合より押し傷果の発生は少なかった。黄緑色で収穫した果房では，早い段階から穂軸の褐変・萎凋がみられはじめ，貯蔵120日後には，穂軸が明らかに褐変・萎凋した果房がみられた。また，貯蔵90日後までは押し傷果の発生が少なかったが，貯蔵120日後には，比較した中で最も発生が多くなった（**表3**）。

　これらの結果から，果皮色が「緑色」の果房は，熟度が進んでいないことから果粒内の水分が多く，押し傷や腐敗果が発生しやすく，最も熟度の進んだ黄緑色の果房では，穂軸組織の老化が進み，貯蔵性が低下したものと推測され，貯蔵を前提としてシャインマスカットを収穫

表3　収穫時の果皮色が貯蔵性に及ぼす影響（2014 山形農総研セ園試）

収穫時果皮色[z]	穂軸褐変・萎凋程度（指数）[y]			障害・腐敗果粒発生率（%）		
	貯蔵60日	貯蔵90日	貯蔵120日	貯蔵60日	貯蔵90日	貯蔵120日
緑　色	0.4	0.4	0.7	1.0	3.3	3.3
緑黄色	0.3	0.4	0.6	0.4	0.3	1.0
黄緑色	1.0	1.0	1.2	0.0	0.8	5.1

※冷蔵庫設定温度：0.5℃
[y]：萎凋・褐変程度指数　0：無　1：軽微な萎凋・褐変　2：明らかに萎
　　　　　　　　　　　　　　凋・褐変　3：甚だしい萎凋・褐変
[z]：緑　色：日本園芸植物標準色票「No.3310」程度（収穫期に達してい
　　　　　　　ない果房を想定）
　　緑黄色：日本園芸植物標準色票「No.3109」～「No.2910」程度（収
　　　　　　　穫適期の果房を想定）
　　黄緑色：日本園芸植物標準色票「No.2707」程度（収穫適期を過ぎた
　　　　　　　果房を想定）

する場合は緑黄色の果皮色（収穫適期の果房：日本園芸植物標準色表「No.3109」～「No.2910」）
が適するものと考えられた。

4.　まとめ

　本試験では，21～23 mL 程度の水分を補給しながら，送風式普通冷蔵庫で 2.0～0.5℃で貯蔵することで，120 日間の長期貯蔵が可能であることが明らかになり，あわせて，貯蔵期間が 90日程度であれば，9 mL 程度の水分補給で十分であることも判明した。また，調査年次が異なる中ではあるが，0.5℃設定で貯蔵した方が，2℃設定で貯蔵した場合より障害・腐敗果の発生が少なかったことから，送風式普通冷蔵庫で長期間貯蔵する場合は，水分補給用容器内の水が凍らない範囲でできるだけ低い温度で貯蔵すべきであることが示唆された。

　また，水分補給を行いながら貯蔵すると押し傷果が発生しやすくなるが，水分補給用容器への穂軸の挿入長を 2～3 cm とすることで，押し傷果の発生を少なくできることが確認できた。さらに，成熟前の果房では，果粒内の水分が多いことで，貯蔵中に押し傷や腐敗が発生しやすくなり，逆に収穫が遅れた果房では貯蔵中に穂軸が褐変・萎凋しやすいなどの理由から，長期貯蔵には適期に収穫した果房が最も適することが確認できた。

　最後に，本研究は，農林水産省委託プロジェクト「食料生産地域再生のための先端技術展開事業」の一環として実施し，関係者の皆様から貴重なご助言をいただいたので，ここに記して感謝の意を表す。

文　献

1)　須藤貴子，岡本春明，髙橋健夫，小林正明，金原啓一：ブドウ巨峰における機能性梱包資材等の利用が輸出後の果実品質に及ぼす影響　栃木県農業試験場研究報告 No.68：1-8（2008）．

2)　岡山県農業総合センター技術情報：ブドウ穂軸への水分補給処理による収穫果実の鮮度保持（2008）．

第8章　国内流通および輸出拡大への取り組み事例

第3節　ブロックチェーンの自治体での活用事例
　　　―綾町における有機農産品の安全性を消費者に
　　　アピールする取り組み―

株式会社電通　鈴木　淳一

1.　はじめに

　分散型台帳をネットワーク上に構築するブロックチェーン技術は，インターネットを行き交う情報の正当性を担保しうる新しい信頼のプロトコルとして，金融領域への適用にとどまらずさまざまな分野での活用が期待されている。なかでも，大がかりなシステムへの投資や運用体制の構築が難しい地方自治体にはさまざまな課題解決において分散型であるブロックチェーン技術の適用可能性が広がっており，本格的な検討フェーズへと移行しつつある。本稿では，宮崎県東諸県郡綾町（以下，綾町）におけるブロックチェーン技術を活用した農産品の安全性をアピールする取り組みの内容について，ブロックチェーン技術の活用が求められている時代背景とともに解説する。

2.　ブロックチェーンが求められる時代背景

2.1　フラットでオープンなインターネット世界「Web2.0」

　スマートフォンやブログといったハード・ソフト両面の環境が整ったことで誰もが情報を発信できるようになり，また誰でも編集が可能な，いわゆる「Web2.0」時代の到来が喧伝されたのは今からおよそ10年前のことである。インターネット史上「10年に一度の大波」と称されたWeb2.0は，インターネット利用者それぞれが対等な立場で参加する「利用者参加型サービス」であることや，多くの参加者が自身の有する情報を積極的に共有し相互評価につとめる「オープン志向」であることを特徴とし，ウェブ上の百科事典「ウィキペディア」や，自らのブックマークをネット上に公開し不特定多数のヒトと共有する「ソーシャル・ブックマーク」などがその典型例であった。

　梅田望夫氏は著書『ウェブ進化論』[1]のなかで，「文章，写真，語り，音楽，絵画，映像などの表現行為に対して，希望するすべての人の参加が可能となり，その中から最も優れたものを選りすぐるため，甲子園に進むための高校野球予選のような仕組みが構築され，そのようにして選ばれた情報のほうが，権威サイドが用意する専門家（大学教授，新聞記者，評論家など）によって届けられる情報より質が高くなる」との未来観測を展開，Web2.0時代到来の高揚感とも相まって大変大きな反響があった。ただし，梅田氏も述べていた通り，その実現には玉石混交の情報の中から最も優れた情報を選別するための「甲子園への予選」の仕組みが求められる。

-351-

2.2 Web2.0時代を経て，人々の「信頼醸成プロセス」が変化

インターネット・オークション・サービスでの実装を端緒として一般化したトランザクション（取引）単位で当事者同士が相互に評価しあい当人の「与信の多寡」を第三者に認知せしめるスキーム，いわばサイバー空間における「民（群集）の集合知」による民主的な合意形成のプロセスは，2010年代に入りたくさんのウェブ・サービスに採用され，トライ・アンド・エラーを繰り返しながら広く市民生活へと浸透していった。現代の生活者はごく自然な流れで相互の信頼関係に根ざしたSNS（ソーシャル・ネットワーク・サービス）へアクセスし，インタラクティブな情報の受発信を行うようになっている。人々が従来の権威に依らず，自らのソーシャルグラフに基づき他者や他者の発する情報に対して信頼を醸成する術を獲得したことは，2010年以後のいわゆる後期Web2.0時代における最も大きな社会的インパクトの1つといえるだろう（図1）。

事業用途や公共用途でのソーシャル・レンディングやクラウド・ファンディングにとどまらず，パートナーとの出会いを謳うマッチング・サービス，飲食店レビューに特化した評価共有サービスなど，民の集合知を活用したサービスは生活者の私的領域にも及び，年々その範囲を拡げている。また，誰でも手軽に情報発信や中継の役割を担えるようになったことで，SNSの垣根を越えて群集の世論形成に影響力を発揮する「インフルエンサー層」の形成も進んできた。大学教授，新聞記者，評論家などの「権威サイド」から一方的に発せられていた情報コミュニケーションのあり方は様変わりし，インタラクティブでフラットな環境のもとで生成される集合知の存在は無視できないものとなっている。このような時代背景を受け，近年は権威層のSNS流入も相次ぎ，一方でそれまでSNSにて信頼醸成を続けてきたインフルエンサー層の一部は，情報発信の軸足をマスメディアへと移行するといった逆転現象も見受けられるようになった。

このような流れは，いわば「甲子園への予選」の仕組み実現に向けた第一段階と捉えられるが，同時に信憑性に乏しい『まとめサイト』の出現や，SNSを通じて瞬く間に拡散する『フェイク・ニュース』による世論誘導といった弊害も顕在化してきている。また，「食の安全性」に目を向ければ，後を絶たない『産地偽装』や『フェイク・フード』の問題もアジア・オセアニアを中心に深刻な社会課題となっている。事実であること，正当性があることの証明（公証）

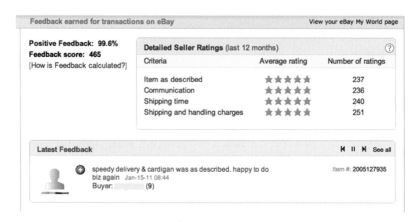

図1　オークション・サイト「eBay」の出品者評価（Feedback）確認画面

を求める声に対して，技術的に改ざんできない(改ざんの可能性が極めて低い)仕組み「ブロックチェーン」への期待の高まりは，まさに時代の必然と言えるだろう。

3. インターネット化する現実世界とブロックチェーン技術

3.1 ブロックチェーン活用に積極的な地域とその特徴

　ブロックチェーンとは，ビットコインを支える中核技術として，ビットコインとともにその考案者サトシ・ナカモトによって2008年に提唱された「分散化した合意形成ネットワークによる抗改ざん性を特徴とするデータ記録の仕組み」であり，より平たく定義するならば「取り引きの信頼性を第三者の目をあまた介在させることで担保する仕組み」となる。権威者による一方的な与信認定よりも，民の集合知に基づき価値を見定めようとする現代の生活者にとって，より日々の意思決定のありように近く，ブロックチェーンが志向する民主的な合意形成のあり方は，オープンでフラットな関係性やインタラクティブな信頼醸成プロセスを重んじるWeb2.0世代にとって，彼らの日常生活の延長線上にあるテクノロジーと言えるだろう。

　なお，サービス網羅性には地域差もあり一概に断じることは難しいのだが，ブロックチェーン技術に支えられたサービスが受け入れられやすい地域や文化圏があることは確かである。世界の取り組み状況を俯瞰すれば，ドバイでのブロックチェーン技術をスマートシティ構想に活用しようという動きや，東欧国における徴税コストの低減を目的とした税申告制度(Tax Return System)の実践，また仮想通貨の研究機関Bitcoin Embassyを擁しブロックチェーンを活用したスタートアップがいくつも立ち上がるイスラエルなど，数学や暗号技術，コンピュータサイエンスなどの分野で高度な知識や技術を持つ頭脳層の存在や変化に柔軟で合理性を重んじる国民性に加えて，ブロックチェーンの社会実装で先行する各国の姿勢は近現代史における当該国をとりまく地域政情や金融市場の安定性との間にも何らかの関係性を見出せるかもしれない。

　また，クラウドコンピューティングを用いて利用者に単一の巨大なサービスを提供する従来の「中央集権型」に対するアンチテーゼとして，分散型ネットワーク技術を用いて特定のサービス運営者に依存せずにシステム全体を維持できる設計を採用したドイツ発の新SNS「マストドン(Mastodon)」の急伸や，1万人以上のフォロワーを有するインフルエンサーがSNSに最適化された写真を撮影してくれるサービス「インスタグラマーブツ撮り出張サービス」などが持てはやされている背景にも，ブロックチェーンが支持される理由と技術的そして社会文化的な類似性が見て取れる。かつてWeb2.0的な価値観が徐々にサイバー空間のコミュニケーションのあり方を侵食していったように，これまでの「権威」に属さない素人革命とも称されるインターネットを起点とした社会変化は，じわじわと生活者の意識を変え，日常行動に影響を及ぼし始めている。

3.2 ブロックチェーンの技術的特徴について

　ここまでブロックチェーンの勃興期を迎えるに至った社会背景や近現代史を通して見えてくる取り組み姿勢の違い，そしてその要因について述べてきた。次に，ブロックチェーンの技術

的特徴について従来システムとの違いに着目し解説する。はじめに，誤解を招きやすいブロックチェーンの種類（型）について触れておくが，ブロックチェーンは「パブリック型」と「プライベート型」に大別される。パブリック型ブロックチェーンは完全にフラットな関係性のうえで成り立つことが多く，その場合は変更権限を一部の参加者に付与することが仕組み上不可能なことから，民主的な合意形成のプロセスが求められる[※1]領域こそ親和性が高いとされ，その特徴に沿った利活用検討が進められている。一方，プライベート型ブロックチェーンには管理者が存在する[※2]。参加者を限定したり，コンピュータやネットワーク環境のスペックを管理者の意向でダイナミックにアップグレードしたりすることが可能な反面，「匿名性」や「公知性」でパブリック型に劣後する。

　次に，ブロックチェーンを把握するうえで重要となるのが，分散データベースと合意形成プロセスに対する理解である。合意形成は「マイニング」とも呼ばれ，次にデータベースに書き込む情報を特定する技術的プロセスを指す。中央管理型のデータベースでは，管理者が誤らない限り，データは整合性をもって更新され，また1つのデータベースのみ更新すれば良いため，大量の取り引きを高速処理することが可能である。一方ブロックチェーンでは，取引情報は分散されたデータベース上に複数同時に存在するため，適切に同期をとり更新作業を行わなければ，一部のデータベースのみ取引情報が更新され，その他のデータベースでは更新されない事態が生じてしまう。そこで，各データベースを整合的に更新するための「合意形成」プロセスが必要となるのである。

　特にビットコインなどのパブリック型ブロックチェーンは誰でも分散データベースの維持管理作業に参加できるため，取引データ記録時に改ざんデータの記録を試みるような悪意あるユーザが紛れていても正しくデータ記録が行われる（真正なデータのみが記録される）ように，合意形成に10分以上の時間を要すつくりになっている[※3]。この点，分散データベースの維持管理作業への参加者を限定し，合意形成プロセスにかかる時間を短縮したプライベート型ブロックチェーンであれば，かなりの高速化も可能である。また，プライベート型ブロックチェーンはデータの参照範囲を運営者に絞り込むことができるため，金融機関が主導するコンソーシアムなどではプライベート型にて検討される事例が多くなる。

　なお，従来の中央管理型データベースと比較した場合のプライベート型ブロックチェーンの優位性としては，データが変更困難な形でチェーン状に記録されるため運営者による恣意的な変更リスクが少ないこと，複数のコンピュータに保存されているため，分散して存在する参加

※1　プログラム変更を行う場合，（開発者コミュニティでの議論を経た後）変更すべきか否かについて，維持管理に関わるメンバーによる民主的なアクティベーションプロセス（多数決方式など，手法はさまざま）によって決定されるのが一般的。

※2　プライベート型ブロックチェーンは管理者を設置しプライベートネットワーク上で運用されるもの全般を指し，1つの組織に閉じた「完全プライベート型」や，複数組織にまたがり運用される「コンソーシアム型」などがある。

※3　ビットコインは真正なデータのみが記録されるようにするためにマイニングのインセンティブや合意形成プロセスが設計されており，またネットワークのスケーラビリティといったその他の要素も影響するため，合意形成には10分程度の時間が必要となる。

コンピュータのうち最低1台が稼動している限り業務を継続できることが挙げられる。そのため，プライベート型ブロックチェーンの利用用途としてはデータの正確性が求められる分野で，システムダウンが許されず，かつ低コストでの維持運用が求められる領域に適しており，具体的な適用分野としては，公正な証拠能力が求められる医療治験データや科学調査での長期的な継続記録などが考えられる。[4.]で紹介する綾町の実証実験においても，これらの特徴をふまえ個々の生産管理情報(トランザクション・データ)は収穫・出荷から遡り過去3年分の耕作履歴や検査結果などを継続的に記録すべく，綾町役場を管理者とするプライベート型ブロックチェーンを採用した。

4. ブロックチェーンの特徴を活かして地方創生を支援できないか

4.1 実証実験の目的と綾町の関わり

当社オープンイノベーションラボ(以下，イノラボ)が大阪のブロックチェーン・ベンチャー，シビラ社と組みブロックチェーン技術を活用して地方創生を支援する研究プロジェクト「IoVB；Internet of Value by Blockchain」を立ち上げたのは2018年9月のこと。インタラクティブな信頼醸成プロセスを好むSNS世代の「フラットでオープンな価値評価基準」にかなう社会システムの実現を，同じ思想のもとで技術発展を遂げるブロックチェーン技術を用いて行おうという意欲的な取り組みである。IoVBの第1弾として，NPO法人「日本で最も美しい村」連合からの推挙もあり，同NPO加盟自治体である綾町との連携が翌10月に決定，同月19日の正式発表[2)]を迎えるまでの約1ヵ月を通して，各業界をリードする企業やクリエイター陣との協力関係が固まっていく。そのように，かくも短い準備期間を経て，世界的にも挑戦的なプロジェクト，ブロックチェーン技術を活用して有機農産品の価値を公正に評価する仕組みを構築し，SNS世代の納得感を伴った適正価格の実現を目指す実証実験がスタートした。

実証実験の舞台となった綾町は，1988年制定の「自然生態系農業の推進に関する条例」のもと，食の安全を求める消費者のため厳格な農産物生産管理を行っており，同町の有機農産品には，独自の農地基準と生産管理基準にしたがって「金」「銀」「銅」のランクが付与され販売されている。しかし，そこにいたるプロセスや価値が，消費者には十分に届いていないという課題に直面していた。美味しさや安全性を極めるべく慣行農法に比べて圧倒的な手間隙を要する綾町の有機農法は，生産者の強い信念とボランタリーな労働体系によって実現されており，本来は価格に反映されるべきプレミアム(付加価値相当)が付与されぬまま近郊マーケットに向けて出荷されていた。綾町は，綾町独自の取り組みの厳格さや，出荷する有機農産品の品質の高さを消費者に向けてさらにアピールしていくため，今回の実証実験に参加している(図2)。

図2　厳しい基準をクリアした野菜には「金」マークが与えられるが，その価値は伝わりにくかった(綾町内販売所にて)

4.2 協力各社の関わり方と検証ポイント

　本実験における検証ポイントは主に2点ある。1点目は，生産管理情報をブロックチェーンで実装することによる効果である。綾町の各農家は，植え付け，収穫，肥料や農薬の使用，土壌や農産物の品質チェックなどを，綾町の認証のもと実施しており，今回の実証実験では，これら全ての履歴をデータベースとしての堅牢性・パフォーマンスとデータのトレーサビリティに優れるシビラ社のブロックチェーン製品 Broof を活用して構築するブロックチェーン上に記録する(図3)[※4]。綾町はこのプロセスを経て，出荷される農産品に独自基準による認定を裏付ける固有 ID を付与し，消費者はこの固有 ID を照合することによって，その農産品が間違いなく綾町産であること，綾町の厳しい認定基準に基づいて生産されたものであること，それらの履歴が改ざんされていないことをインターネット上で確認することが可能となる。ブロックチェーンによるこの公証の仕組みが，消費者の購買行動やブランド・ロイヤルティに影響を与える可能性があるか，また，仕組みの運用が地方自治体にとって無理のないレベルであるかを検証した(図4)。

　2点目は，ブロックチェーンの信頼性担保です。前述の通り，今回の実験で生産管理情報を登録するブロックチェーンは，綾町が運営・管理する「プライベート型」のブロックチェーンです。このブロックチェーンを，ガードタイムが提供するブロックチェーン KSI (Keyless Signature Infrastructure)と組み合わせることで，情報の信頼性をさらに高めた仕組みとした。IoVB では，このように2つのブロックチェーンで正当性を保証する仕組みを，PoP (Proof of

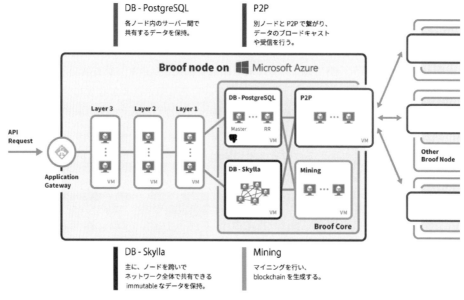

図3　Azure 上に構築した Broof の構成イメージ

※4　Broof のインフラには認証の強化，データの解析・分析を重視し Microsoft の Azure を利用した。Azure Key Vault，Microsoft Authenticator を用いた生体認証によるウォレットへのアクセスや HDInsight と PowerBI を用いた分析を実施している(図3)。

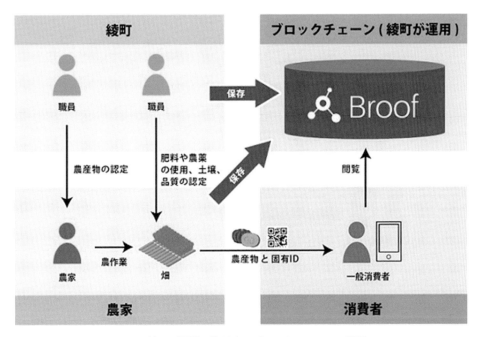

図4　綾町が運営・管理するブロックチェーンの概要

Proof)と定義し，その実効性について検証した(図5)。

今回協力いただいたシビラ，ガードタイム，「日本で最も美しい村」連合，森ビル，住友ベークライト，アクアビットスパイラルズ，代官山サラダ(現　Dr's TABLE)の7企業・団体の本実証への関わり方は，シビラとガードタイム両社の協力により，前述PoPの実効性検証を実施。また，「日本で最も美しい村」連合と森ビルには日本の地方と都心の人的・物的交流がもたらす新たな市場形成の可能性について検証すべく，アークヒルズで開催されるヒルズマルシェ内に実験サイト(出店スペース)を確保していただいた。また，住友ベークライトには同社の鮮度保持包装技術「P-プラス®」を採用した場合の宮崎－東京間のロジスティクス耐性について，アクアビットスパイラルズには同社のNFC技術を商品外装に採用した場合の消費者UX向上に関して，検証作業にご協力いただいた。

このように複数の企業・団体と協力関係を構築できたことで，実験デザインが固まり，検証ポイントも当初スコープより拡大できた。マルシェにて販売する全ての野菜にNFCタグ付のQRコードを付与することで，消費者はスマートフォンをかざす(またはQRコードを読み取る)ことで，事前にアプリのインストールを求められることなく綾町の生産者や有機農業開発センターにて日々記録された生産履歴情報を個包装の単位で確認できるようにした(図6)。なお，データ登録時のなりすまし防止のため都度の個人認証(ID認証)は必須となるが，各作業者の負荷軽減のため各自専用の「FeliCa Lite-Sカード(非接触ICカード)」を配布し，専用端末にかざすだけのシンプルなログイン方法とした。

また，かねてから綾町野菜の品質価値を認め取引実績のある代官山サラダ(現　Dr's TABLE)にはマルシェ出店にあたって綾町野菜のポテンシャルを生かした試飲用コールドプレスジュースやドレッシングを特別に提供していただいた。

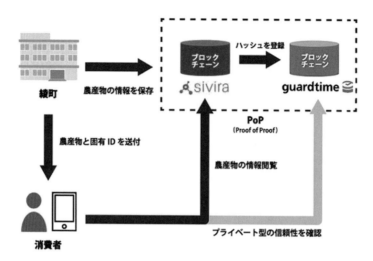

図5　2つのブロックチェーンによる正当性保証(PoP)の仕組み

図6　NFCタグ付QRコードを配置しデザインに統一感をもたせた商品パッケージ(デザイナー横田法哉氏によるブランド・ディレクション例)

4.3　インフルエンサー，クリエイター

　消費者UX検証フェーズにおけるヤマ場と位置付けるヒルズマルシェへの出店にあたっては，単に消費者UX実証にとどまらず，今後の綾町の継続出店に向けたマーケティングも兼ねるべく対象品目や出荷数量，価格設定に検討時間を割いた。なかでも価格については個包装単位でNFCタグ付QRコード(リンク先URLは全て異なる)を採用するためのコストや，宮崎－東京間の輸送費，また本来価格転嫁すべき手間隙分全てを売価に反映する方針としたことで，売値目標は綾町近郊市場における売価の2倍を目指すこととなった。そこで重要となるのが，高品質の野菜に正しい理解を示す消費者層に向けた綾町産野菜に対するブランド・イメージの醸成であり，彼らから支持されているインフルエンサーの見極め，およびそのような感度

の高い層に「刺さる」クリエイティブ制作，SCI（ソーシャル・コミュニケーション・イニシアティブ）の立案になります。

　週末に開催される「お客様を選ぶ」タイプのマルシェということもあり，マルシェ出店の告知や集客にあたってはマス媒体を通した単方向型の情報提供（社会全体に行き渡らせる）よりも，綾町野菜の品質を語る主体として十分な影響力を持つインフルエンサー層による彼らの与信を伴った情報提供（仲間内に口コミする）手法が効果的として，マルシェ事業を長く運営する森ビルや，日本のロハス文化を牽引する NPO 法人「日本で最も美しい村」連合，そして美容や健康に対する意識の高いファン・コミュニティを率いる代官山サラダという各インフルエンサーを介した情報コミュニケーションを展開した。

　また，デザインの力で綾町野菜に共通する高い品質と安全性を都市生活者に訴求すべく，業界の先端を走るクリエイター2名に協力を依頼した。ブランド・ヴィジュアル・デザインや店舗向けクリエイティブに定評あるデザイナー横田法哉氏，そして，SNS 世代の情報接触のあり方に精通する映像作家スズキケンタ氏の両名である。横田氏には，綾町野菜の特徴を捉えた外装パッケージ仕様やロゴのデザイン，またターゲット消費者の感性に響く商品陳列の方法などを統一的な消費者 UX 戦略のもと提供すべく検討いただいた。また，スズキケンタ氏には綾町野菜に対する信頼醸成に向けて Instagram や Facebook，Twitter などターゲット消費者層との SNS を介したソーシャル・コミュニケーション・デザインや映像コンテンツ制作を担当いただいた（図7）。

図7　SNS 向け綾町野菜 CM「アークヒルズのマルシェで会いましょう編」（映像作家スズキケンタ氏による SCI アートディレクション例／モデル：芋生悠）

4.4 実験を終えて

結果はマルシェ開始後，程なくして判明した．筆者らは終了時刻を待たずに全ての野菜を予定価格で売り切ることができた．スマートフォンを野菜パッケージにかざして産地や生産管理履歴を確認するお客様の姿は 2017 年時点では異様な光景に映ったが，将来の生鮮品売場における店頭行動を予見させるものだったように思う．今回の出店成功を受けて，綾町でも定期出店に向けた検討を開始したようで，また，生産管理履歴を日々登録いただいた綾町側の作業負荷についてもまずまずの結果が得られた．データ登録時の ID 認証に非接触 IC カードと専用端末によるシンプルな認証方式を採用したことで，綾町役場によるウォレット発行作業，同有機農業開発センターによる土壌の検査結果登録，そして各生産者による日々の生産記録登録にかかる作業負荷は当初懸念していたほどには高くなかった(図8)．一方，個包装単位で NFC タグ付 QR コードを外装パッケージに貼付する出荷時の追加作業には想定以上の作業負担を強いられたため，イノラボにてサポート要員を確保し支援にあたった．

また技術的な検証に関しても良好な結果が得られている．本実証実験では，データを複数のブロックチェーンに分散保存し，それぞれのブロックチェーンのデータの信頼性，および分散保存されたデータの順序を保証する仕組みとして PoP を定立，その実装には外部環境で稼動するブロックチェーンとしてガードタイムの KSI を利用した．結果良好につき，プライベート運用されているブロックチェーンの弱点を PoP により補うことが可能であることを実証できた．また同時に，複数のブロックチェーンにデータを分散保存することで，大容量のデータを保存できることも確認できたため，非現実的ではあるが理論上は世の中全てのデータをブロックチェーンに保存することも可能となる．

それから，本実証実験では RDB を用いた場合の実装期間(3ヵ月と想定)に対して実質 1ヵ月程度で実装を終えられたことも成果である．開発者に特別な知識がなくとも REST API を通

図8　スマートフォンで確認できる産地情報や生産プロセスの画面イメージ

して容易にブロックチェーンにアクセスしたり，保存・検索したりできるため，学習コストを抑えつつ短期間で実装出来る点は，地方自治体にとってインセンティブになり得る。さらに，Broof は検索・解析を前提に実装されたブロックチェーンであるが，今回の実証にてユーザが閲覧する全ての情報をブロックチェーンから検索し表示させられることを確認，その検索性の高さも実証された。なお Hadoop や Spark と連携させた検証もあわせて実施，今後大量のデータ（ビッグデータ）が蓄積されるケースにおいても，理論上は解析可能なブロックチェーンといえるだろう。

5. まとめ―未来のフード・トレーサビリティを展望する―

　振り返るに 10 年前，SNS タイムラインや評価サイトに蓄積された集合知の価値は，厳かな肩書きの評論家や由緒あるレストランガイドなどの所謂「権威」から発信された情報の価値には遠く及ばなかった。10 年後，現代の生活者は休日を共に過ごす書籍や映画を探して，また雰囲気の良いレストランの情報を求めて，自身の価値評価のものさしを徐々に集合知の側へとシフトさせ，ときに自らも発信主体となるなど，フラットでインタラクティブな情報コミュニケーションを営むまでになっている。一方，個人のメディア化による弊害として，信憑性に乏しい『まとめサイト』の出現や，『フェイク・ニュース』を通じた世論誘導といった問題も顕在化しており，情報の正当性を保障するサービスは今後ますます必要性を増していくだろう。

　綾町での実証実験を通して確認した PoP の実効性や，それにより可能となったビッグデータへの対応可能性は，大量の学習データがあってこそ力を発揮する人工知能（AI）技術との連携に加えて，ヒトの手を介さずデータ蓄積を行う IoT 機器とのつなぎ込みなど，さらなる展開を想起させる。サイバー空間を起点とした情報コミュニケーションのあり方の変化が生活者の意識を変え，実空間での日常行動にも影響を及ぼし始めている現代にあって，「食の安全」に関しても権威によるお墨付きだけでなく，消費者自らがその価値を見定められる材料を提供し，各人の評価について発信し合う環境，（梅田氏の未来観測にある）「甲子園への予選」の仕組みも，Web2.0 とブロックチェーン技術の両輪を得ていよいよ整いつつある。

　筆者らは今回の実証実験を通して，地方と都心，また生産者と消費者をつなぐことで新しいマーケットが出現する瞬間に立ち会うことができた。来店されたお客様のなかに子どものアレルギー症状に悩む母親の姿があったが，植物性堆肥によって栽培された野菜の価値を誰よりも理解され，お金には代えられない価値を綾町の野菜（そして生産履歴を公示する取り組み姿勢）に見出していた。ブロックチェーン技術を活用して地方創生を支援する研究プロジェクト「IoVB：Internet of Value by Blockchain」が目指しているのは，有機 JAS 表示では満たされない各人各様の Value（価値・ニーズ）の適切なマッチングなのだと，あらためて気づかされた。有機農業に関わる生産者と消費者，そして全てのステークホルダーが報われる社会を目指して，引き続き研究を続けていきたいと思う。

　なお，完全なフード・トレーサビリティの実現には，生産から消費に至る「フード・サプライチェーン（フードチェーン）」全体の可視化が求められる。食品流通は今回の実証実験のように生産者から消費者に直接手渡しするといったシンプルな直販形態ばかりではなく，運送事業

青果物の鮮度評価・保持技術

者や中卸・小売事業者，また調理や加工を要す場合には中食・外食事業者まで巻き込んでいく必要があり，さらには各事業者が実施した作業内容についても，フードチェーンの各段階で適宜ブロックチェーンに記録し次の需要者へと伝えることが重要となる。つまり，実現への壁はすこぶる高い。今回の実証にて光明を得たPoPを活用した効率的なブロックチェーン・システムのあり方について，ともに悩んでくださる方を求めていると同時に，オープンイノベーションにご興味ある方，是非ご一報いただきたい。

文　献

1) 梅田望夫：ウェブ進化論，筑摩書房(2006).
2) ISID ニュースリリース「ブロックチェーン技術を活用して地方創生を支援」
https://www.isid.co.jp/news/release/2017/0322_1.html

第9章

安全性確保のための認証制度

近畿大学　泉　秀実

第9章　安全性確保のための認証制度

1.　青果物／カット青果物の微生物学的安全性

　従来，青果物に付着している微生物は，腐敗原因菌のみと考えられてきたが，米国では青果物あるいは一次加工青果物（カット青果物や搾り立てジュースなど）が原因と疑われる食性疾患が，1990年代に急増した[1]。非殺菌アップルサイダー・ジュース，レタスなどで腸管出血性大腸菌感染症，刻みニンニクでボツリヌス症，スライススイカ・メロン，アルファルファモヤシなどでサルモネラ症，ワケギで細菌性赤痢が発生している。また，冷凍イチゴのA型肝炎ウイルス，ラズベリーのサイクロスポラ，非殺菌アップルサイダーのクリプトスポリジウムなど，細菌のみならずウイルスや原虫の感染が原因の食中毒も発生している。同時期に行われた研究で，腸管出血性大腸菌[2]，サルモネラ[3]，赤痢菌[4]，ボツリヌス菌[5]あるいはリステリア[3,6]を野菜類に接種後，低温（4℃）から室温（26℃）で貯蔵中に，いずれの病原菌もその野菜上で生存あるいは増殖することが報告され，これらの食指疾患の発生を裏付ける結果も示されている。

　その後，米国では2004〜2013年までの10年間の青果物／カット青果物を原因とする食中毒発生数は643件および疾患者数は20,456人で，それぞれ全体の19％および24％を占めている[7]。これらの数字は，水産食品，鶏肉食品，牛肉食品，豚肉食品の各食品類を上回っている。青果物／カット青果物の食性病原体として最も多かったのはノロウイルス，続いてサルモネラ，腸管出血性大腸菌，ボツリヌス菌，カンピロバクター，セレウス菌の順となっている。

　一方，日本では青果物／カット青果物を対象とした食中毒統計は出されていないが，厚労省の野菜およびその加工品を対象とした2009〜2018年までの10年間のデータの平均を求めると，食中毒件数は全体の5.0％，疾患者数は全体の2.1％で，また農水省の2013〜2017年に行われたレタス，トマト，キュウリおよびハクサイ（合計1,801検体）における腸管出血性大腸菌，サルモネラおよびリステリアの検査では，いずれも未検出となっている。しかし，筆者らが日本のカキ園地[8]，ウンシュウミカン園地[9]およびウメ園地[10]で，農業用水，農業用水に溶解した農薬溶液，農薬溶液散布後の土壌あるいは草から，腸管出血性大腸菌またはサルモネラを検出したように，日本でも環境接触物から，いつ青果物に食中毒原因菌が移行しても不思議ではない。したがって，生食する機会の多い青果物／カット青果物の衛生管理が，安全性確保のうえで，非常に重要となる。

2.　青果物／カット青果物の衛生管理法

　農場から食卓までの食品の安全性を確保するためには，栽培から流通に至るまでの衛生管理法の連携的な取り組みが必要である。国際的に推奨されている衛生管理法として，栽培ではGood Agricultural Practices（GAP；適正農業規範），製造ではGood Manufacturing Practices（GMP；適正製造基準），製造から消費にかけてはGood Hygienic Practices（GHP；適正衛生規範）がある（**図1**）[11]。これらの規範・基準を前提条件として，Sanitation Standard Operating Procedures（SSOP；衛生標準作業手順）を通して，日々の衛生作業を文書化して記録し，世界で最も効果的で柔軟性のある衛生管理法 Hazard Analysis and Critical Control Point（HACCP；危害分析重要管理点）を実施することが理想とされる。

– 365 –

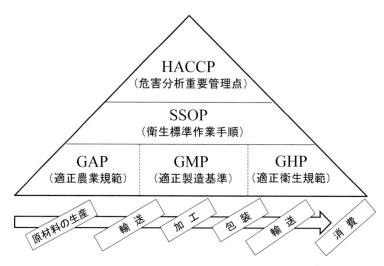

図1　農場から食卓までの食品衛生管理法の適用例[11]

　いずれの衛生管理法も，食品の安全性を保証するためのシステムとして，米国，欧州およびアジア諸国で推奨されているが，掲げる目標や実施方法は，国や地域間で一致していない場合も見られる。GAPを例に取ると，米国では1998年に，農場で生産される青果物の安全性確保のために，GAPを基本にしたガイダンスが政府（FDA/USDA/CDCの共同）から発表され[1]，米国では一次加工業者や外食産業者からの要請で，生産者にGAPが普及しつつある。一方，欧州では1997年に，青果物の安全性，農業の環境保護および労働者の安全・福祉などを総合的に含めたEUREPGAP（2007年にGLOBALGAPに名称変更）が民間（欧州小売業組合）主導で確立され[12]，その後，欧州では流通を含めた量販店が生産者と共同体制を取り，その普及を世界各国に進めている。日本においては，農水省が米国発祥の衛生管理法GAPではなく，農業生産全般の管理手法であるGAPをモデルにした（一財）日本GAP協会策定のJGAPおよびASIAGAPの普及を目指している。

　また，GMPについては，米国FDAは，1969年に制定した食品の製造，包装および貯蔵のためのCurrent GMP（CGMP）規則を1986年以来，1999年に改定[13]し，カット青果物も対象に，ヒトの健康に危害を与えるような不衛生な環境から食品を護るために，従業員の衛生と教育，工場と施設の衛生，機器類の衛生，製造と加工管理およびヒトの健康に影響しない危害の規定と対応を定めている。これに対して，英国のInstitute of Food Science and Technology（IFST；食品科学技術研究所）から発表されたGMPは，食品安全も食品品質に包括する定義のもと，製造と管理手順を含めた品質管理システムと位置付けている[14]。すなわち，欧州でのGMPにおいては「衛生管理」よりも「食品管理」という表現を使用している。

　本章では，米国に慣らって，青果物の衛生管理法としてのGAP，カット青果物の衛生管理法としてのHACCPを以下に概説する。

3. GAP における衛生管理

　米国では，2011 年に法制化された Food Safety Modernization Act（FSMA；食品安全強化法）において，GAP を対象とする農産物安全性に関する提案規則が提出され，2015 年の最終規則の発行後，2018〜2020 年までに適用される[15]。ここでは，国内産・海外産の野菜類，果実類，ハーブ類，キノコ類，ナッツ類およびスプラウツ類が対象とされているが，栽培から収穫にかけての安全基準の設定は，1998 年に発表の GAP ガイダンス[1]を踏襲したものである。

　米国の GAP は，青果物の栽培から出荷にかけての衛生的な農業環境の確保と農作業実施のための必要条件を示しており，具体的には，栽培，収穫，選果，予冷，出荷および輸送中の微生物学的な Potential points of contamination（PPC；潜在的汚染点）を明らかにして，汚染源と汚染源接種材料に対しての事前の対策を講じることとしている[16]。栽培から出荷環境にあるもので，青果物に接触するものは全て病原体源となり得るが，各過程における主な PPC を列挙すると以下のようになる。

①栽培：土壌，肥料，農業用水，野生動物・家畜および農業労働者
②収穫：洗浄水，収穫機具，収穫用容器
③選果場：コンテナ，段ボール箱やパレットの集荷容器と用具，洗浄水，労働者，設備および施設内空気
④予冷施設：冷風冷却ではユニットクーラー内の冷却コイルからの凝結水 / 霜取り水，取り扱い装置および施設内空気，冷水・氷冷却では使用する水と氷，貯水槽と取り扱い装置，段ボール箱およびパレット，真空冷却ではコールドトラップの受水器の水，取り扱い装置，段ボール箱，パレットおよび施設内空気
⑤出荷・輸送：労働者，輸送車両および他の製品

　上記の PPC のうち，水は栽培中のかんがい，農薬・肥料の散布，霜害管理，収穫・選果中の洗浄，予冷中の冷却，輸送時の車両洗浄など，全ての過程で使用される。水は腸内細菌，ウイルス，原虫などの担体となり得るので，使用水の水源を明らかにし，定期的な水質検査（大腸菌と大腸菌群）が必要である。また，米国の果実類は，カンキツではダンプタンク，リンゴではフリューム，モモではシャワー洗浄のように，選果場の内外で洗浄水をよく使用する。この収穫後の洗浄は出荷に近い時期に行われることから，使用水の汚染には特に注意が必要とされ，米国の GAP では，使用水への数種殺菌剤の使用が推奨されている（**表 1**）[17]。ただし，表に記すように，日本では食品添加物（殺菌料）として青果物には使用できない剤も含まれる。

　米国の GAP では，衛生管理に加えて，青果物の出所を明確にする追跡システムが含まれている。これは食性疾患の発生を防ぐための重要な補足機能となるとともに，青果物が原因で食性疾患が発生した場合の疫学調査にも役立つ。効果的な追跡システムを実施するには，青果物の収穫日，農場，青果物を扱った栽培者から受取人に関する情報を含む文書と，農場から消費者までの青果物の動きを追跡できる識別技術（バーコードなど）を有することが定められている。

青果物の鮮度評価・保持技術

表1 米国で奨励される使用水の殺菌剤と日本での
青果物への使用許可 [17]

殺菌剤	市販品	日本での使用
次亜塩素酸ナトリウム	Bleach	○
二酸化塩素	Carnebon 200, Oxine, Sanova[*], Salmide[*], ガス生成機	○ (亜塩素酸水)
臭素およびヨウ素剤	—	×
過酸化水素	ガス生成機	×
過酢酸	Tsunami	○
酸性電解水	水生成機	○
オゾン水	ガス・水生成機	○

[*]水溶液の亜塩素酸水として利用

4. HACCP における衛生管理

　1960 年代に米国の NASA で生まれた HACCP の概念は，1993 年に Codex（国際食品規格）委員会がガイドライン[18]を発表して以来，本ガイダンスを多くの国々や事業機関が認可あるいは発展させてきた。米国では，1998 年以降から，食肉・食鳥肉，水産食品および加工ジュースにおいて HACCP が義務付けられ，欧州では 2006 年から，全食品に HACCP 原理の義務化を課している。全ての国々で実施されている HACCP システムは，食品製造の各過程において，微生物的，化学的，物理的危害が起こらないように，事前に非破壊で汚染を予防するプログラムとして，Codex 委員会が示した 7 原則を満たし，これらの 7 原則を組み込んだ 12 の手順に従っている。

　一方，日本では 1995 年に，厚生省（当時）から HACCP 方式の承認制度（総合衛生管理製造過程の承認制度）が，任意制度として導入された。その後 23 年を経て，2018 年 6 月に食品衛生法の一部が改正され，HACCP に沿った衛生管理の制度化が法制化された。ここでは，2021 年までに全ての食品事業者に，Codex の HACCP を要件とする「HACCP に基づく衛生管理」または弾力的に運用する「HACCP の考え方を取り入れた衛生管理」のいずれかの適用を求めている。

　カット青果物の HACCP プランについては，米国の International Fresh-cut Produce Association（IFPA；国際カット青果物協会）が 1996 年にカットレタスのモデル HACCP プランを発表（**表2**）[19]後，2000 年に改訂版（**表3**）[20]を公表した。最初の 1996 年発表の HACCP プランでは，GMP と衛生施設プログラムを前提条件とし，原料の入荷から製品の貯蔵・輸送に至る一連の製造工程の中で，危害防止のためのポイントとして 7 個の Critical control point（CCP；重要管理点）が定められている。これらのうち，微生物的危害の管理基準に，全工程を通しての温度管理基準（0～4.4℃）と洗浄工程での殺菌管理基準（有効塩素濃度 100～150 ppm と pH 6～7）が挙げられているのが特徴である。ここでの温度管理は，いずれも静菌作用が目的で，菌数を減少させる効果はない。一方，2000 年発表の改定プランでは，HACCP システムをさらに効果的にするために，前提条件として GMP と衛生施設プログラムに加えて，GAP

－ 368 －

表 2　カットレタスにおけるモデル HACCP プラン[19]

製造工程	危害	CCP	管理基準	モニタリング	回数	改善措置	記録	検証
原料貯蔵	微生物的	#1-室温	0~4.4℃	温度計の読み/連続チャート紙	毎時	管理連絡、機械修理、原料の評価、廃棄	温度記録、温度計の較正記録	無作為抽出、品質保証の監査
調整(トリミング)	物理的	#2-従業員の取扱視覚検査	異物なし	視覚検査	連続	異物の排除	異物の記録	無作為抽出、品質保証の監査
洗浄	微生物的	#3-塩素濃度とpH	有効塩素濃度：最大で100~150ppm pH=6~7	塩素濃度測定キット/連続チャート紙	1シフトに3回	手動で再調整、機械修理、CCPが外れて以降の製品の保管、再始動	塩素濃度とpHの記録	無作為抽出、品質保証の監査、バクテリア検査
包装	微生物的	#4-製品温度	<4.4℃	温度計の読み	毎時	製品の保管、評価、廃棄	温度記録、温度計の較正記録	無作為抽出、品質保証の監査
	物理的	#5-金属探知	金属検出なし	金属を使用しての機械の較正	毎時	管理連絡、機械修理、CCPが外れて以降の製品の保管、再始動	金属探知記録	消費者の苦情の調査
製品貯蔵	微生物的	#6-製品温度	0~4.4℃	温度計の読み/連続チャート紙	毎時	製品の保管、評価、廃棄	温度計記録、温度計の較正記録	無作為抽出、品質保証の監査
輸送	微生物的	#7-トレーラーと製品の温度	<4.4℃	温度計の読み/連続チャート紙	1荷毎	製品の保管、評価、廃棄	温度記録、輸送記録	無作為抽出、品質保証の監査

表 3 カットレタスにおける改定モデル HACCP プラン[20]

重要管理点 (CCP)	危害	管理基準	モニタリング				改善処置	記録	検証
			何を	どのように	どれくらい	誰が			
洗浄	リステリア、大腸菌 O157：H7, サルモネラ	pH 7 以下の飲料水	pH	pH メーター	洗浄前の試験；1 シフトに 3 回	品質管理部；定期的に品質管理者によって評定されたテストキット/計量器	洗浄以前の製品の調節；pH の手動調整	記録チャート；品質管理者によってモニターされた記録	無作為抽出；品質保証監査；毎年の HACCP プランの確認；方法の再検討
		残留遊離塩素 1 ppm 以上を含む飲料水に少なくとも 30 秒間（あるいは適度な濃度の認可された殺菌剤の使用）	遊離塩素	自動検査キット	連続	同上	再洗浄のための最終正常値以降の製品の保管；逸脱における付随事項を記録	連続チャート紙	
包装	金属	3.5 mm ステンレススチール（あるいは製造ガイドライン、利用者仕様書基準に従う）	金属	検出器を通して検知	毎時	ライン作業者	最終正常値以降の製品の保管と再始動；逸脱における製品状況を記録と金属原因の同定とラインの調整；金属探知プログラムへの防保守プログラムの追加	金属探知機の記録；シフト毎に取られた較正記録；シフト毎に品質管理者によってモニターされた記録	無作為抽出；品質保証監査；毎年の HACCP プランの確認

が必要であることが強調されている。プラン中に微生物的危害として，リステリア，大腸菌O157：H7およびサルモネラの菌名が新たに記されていることから，食中毒原因菌を微生物制御の対象としていることが分かる。CCPの数については，前提条件の実施による効果，製品の種類，材料の種類および加工方法が影響するとしたうえで，改定HACCPプランでは洗浄時の塩素処理と包装時の金属探知のみの2個のCCPに限定している。これらのことは，一度作られたHACCPプランも常に改善が必要であり，そのための検証の重要性を示すものである。

日本のカット青果物においては，現在でも1979年に初版発行された「弁当，そうざいの衛生規範」のサラダなどの微生物規格に準じ，一般生菌数が10^6/g以下であることのみが推奨されている。今後のHACCPの制度化を実践するためには，米国の2000年発表のHACCPプランを参考に，食中毒原因菌の制御を含めたHACCPシステムの導入が推奨される。

5. 国際的認証スキーム

前述のように，農場から食卓までの食品の安全性の確保に向けて，前提条件であるGAP，GMPあるいはGHPが実施されてこそ，初めてHACCPが有効的な食品衛生管理法として機能する。このことは，Codex HACCPの公的な国際的認証制度にも影響を及ぼしている。非政府ベースのHACCP認証として，International Organization for Standardization（ISO：国際標準化機構）が発行する国際規格ISO22000（食品安全マネジメントシステム-フードチェーンのあらゆる組織に対する要求事項）が食品業界では知られているが，これに加えて，ISO/TS22002（食品安全のための前提条件プログラム）も併せた認証が望まれている。また，別にFoundation for Food Safety Certification（FFSC；食品安全認証財団）が開発したFSSC22000は，上述のISO22000とISO/TS22002を統合した認証と考えて差し支えなく，世界的な食品製造・流通業界団体が承認したベンチマーク規格として，注目されている。

ISO22000規格は2005年に制定され，2018年に改訂版（ISO22000：2018）が発行された。Codex委員会も，2020年以降には，食品衛生の一般原則の規範とHACCP適用のためのガイドラインの見直しが予定されている。したがって，認証スキームにおける新規格の発行やそれに伴う移行の手続きについても，注視する必要がある。

文　献

1) National Advisory Committee on Microbiological Criteria for Foods：*Food Control*, **10**, 117(1999).

2) U. M. Abdul-Raouf et al.：*Appl. Environ. Microbiol.*, **59**, 1999(1993).

3) K. Kakiomenou et al.：*World. J. Microbiol. Biotechnol.*, **14**, 383(1998).

4) F. B. Satchell et al.：*J. Food Prot.*, **53**, 558

(1990).

5) H. M. Solomon et al.：*J. Food Prot.*, **53**, 831 (1990).

6) L. R. Beuchat and R. E. Brackett：*J. Food Sci.*, **55**, 755(1990).

7) N. Fischer et al.：Outbreak Alert！2015, Center for Science in the Public Interest (2015). Available at：

https://cspinet.org/sites/default/ files/ attachment/outbreak-alert-2015.pdf （Accessed October 2019）.

8） H. Izumi et al.：*J. Food Prot.*, **71**, 52（2008）.

9） H. Izumi et al.：*J. Food Prot.* **71**, 530（2008）.

10） 村上ゆかりほか：防菌防黴，**37**，803（2009）.

11） H. Izumi（C. A. Batt and M. L. Tortorello, Eds.）：Encyclopedia of Food Microbiology, 2nded, vol.3, Elsevier, Oxford 158-165（2014）.

12） FoodPLUS GmbH：GROBAL G. A. P.（2007）. Available at： https://www.globalgap.org/uk_en/ index. html（Accessed October 2019）.

13） Center for Food Safety and Applied Nutrition：Current Good Manufacturing Practice in Manufacturing, Packing, or Holding Human Food, 21CFR Part 110, FDA, Washington, D. C.（1999）.

14） J. R. Blanchfield（H. L. M. Lelieveld et al. Eds）：Handbook of Hygiene Control in the Food Industry, Woodhead Publishing and CRC Press, Cambridge and Boca Raton, FL., 324-347（2008）.

15） U. S. Food and Drug Administration：FDA Food Safety Modernization Act（FSMA）（2015）. Available at： http://www.fda.gov/Food/Guidance Regulation/FSMA/default.htm（Accessed October 2019）.

16） 泉秀実，日佐和夫：適正農業規範（GAP）導入の手引き，環境文化創造研究所，1-48（2002）.

17） 泉秀実：施設と園芸，**135**，27（2006）.

18） Codex Committee on Food Hygiene： Hazard Analysis and Critical Control Point （HACCP）System and Guidelines for its Application, Annex to CAC/RCP 1-1969 （Rev.4-2003）, Codex Alimentarius Commission, Rome（2003）.

19） International Fresh-cut Produce Association：Food Safety Guidelines for the Fresh-cut Produce Industry, 3rd ed., IFPA, Alexandria, VA（1996）.

20） International Fresh-cut Produce Association：HACCP for the Fresh-cut Produce Industry, 4thed., IFPA, Alexandria, VA（2000）.

▷ 索 引 ◁

英数・記号

0℃付近での貯蔵 ………………………… 250
1-MCP …………………………… 198, 208, 277
1-MCP 剤：1- メチルシクロプロペンくん蒸剤
………………………………………… 337
1-アミノシクロプロパン-1-カルボン酸 ……… 25
1-メチルシクロプロペン（1-MCP：
　1-Methylcyclopropene）……… 29, 34, 69, 198, 297
13^2-ヒドロキシクロロフィル a ……………… 54
2 次微分 …………………………………… 87
2 相間の平衡 ……………………………… 139
ACC …………………………………… 25, 27
　合成酵素 ……………………………… 25
　酸化酵素 …………………………… 25, 27
ACO ……………………………………… 25
ACS ……………………………………… 25
AIS ……………………………………… 149
ATP ……………………………………… 3
　＝アデノシン三リン酸
Brix ……………………………………… 143
CA ………………………………………… 116
CA：Controlled Atmosphere 貯蔵
………………… 46, 69, 209, 291, 306, 314
CA 貯蔵 ………………………… 189, 203, 277
CCP ……………………………………… 368
CO_2 障害 ……………………………… 319
Codex 委員会 …………………………… 368
ComBase ………………………………… 98
CTR ……………………………………… 28
CTSD 法 ………………………………… 38
DBC（理論）……………………………… 266
DO；Discrete Ordinates 法 …………… 102
DPPH（値）…………………………… 143, 145
D 値 ……………………………………… 98
E-nose …………………………………… 46
EIN2 ……………………………………… 28
EIN3/EIL ……………………………… 29
ETR ……………………………………… 27

FAD ……………………………………… 5
　＝フラビンアデニンジヌクレオチド
FFSC …………………………………… 371
FSMA …………………………………… 367
F 値 ……………………………………… 98
FIP ……………………………………… 11
　＝発酵誘導点
GAP …………………………………… 365
GC-MS ………………………………… 278
GHP …………………………………… 365
GMP …………………………………… 365
HACCP ……………………………… 365
　〜に沿った衛生管理の制度化 ……… 368
　プラン ………………………………… 368
IoT センサ ……………………………… 283
ISO ……………………………………… 371
L-フェニルアラニン：L-Phenylalanine ……… 44
$L^*a^*b^*$ 表色系 ……………………… 81
Layer-by-Layer ………………………… 286
LED …………………………………… 215
LOL；lower oxygen limit ……………… 11
　＝低酸素限界
MA；modified atmosphere
　貯蔵 …………………………… 69, 285
　包装 ……………… 188, 190, 305, 313
MAP …………………………………… 116
MH；Modified Humidity 包装 ………… 318
MSS；Membrane-type Surface stress Sensor
………………………………………… 283
NAD …………………………………… 5
　＝ニコチンアミドアデニンジヌクレオチド
NeedlEex ……………………………… 141
NFC タグ ……………………………… 360
OPP フィルム ………………………… 305
　＝延伸ポリプロピレンフィルム
ORAC ………………………………… 143, 144
PLS …………………………………… 145
　回帰分析 …………………………… 147
　解析 ………………………………… 143
PPC …………………………………… 367

Product-Processing-Packaging ファクター
.... 261

Q_{10} 11, 193

RGB 81

　ヒストグラム 159

RQ；respiratory quotiend 8, 37
　＝呼吸商

S-N 曲線理論 266

SDGs；Sustainable Development Goals 22

SPME 141

T-T-T；Time-Temperature-Tolerance 263

Web2.0 351

Z 値 98

β-カロテン 51

β-クリプトキサンチン 51

あ行

青ネギ 308

あきづき 337

あく 39

アグリコン 52

味認識 165

アスコルビン酸 112, 124

アセトアルデヒド 7

アデノシン三リン酸 3
　　　＝ ATP；adenosine triphosphate

アニーリング 217

アノーテーション 156

油あがり 295

アブラナ科野菜 44

アポカロテノイド 55

アミノエトキシビニルグリシン；AVG 29

アミノ基転移反応 6

アミノ酸 125

アリイナーゼ 44

アルギン酸ナトリウム 286

アルコール
　発酵 4
　不溶性固形物 149

アレニウス
　〜型モデル 97
　〜の式 98

アレルゲン 241

アントシアニジン 52

アントシアニン 49, 240

イオナイザ 211

異臭 190

異常呼吸 11

イソプレノイド 43

イソプレノール 282

イチゴ 165

　〜の食味評価 165

　灰色かび病 244

一次代謝 3

萎凋 17

一貫パレチゼーション 273

一般生菌（数） 113, 244

遺伝子 153

　発現 126

移動相 139

インセンティブ 361

インフルエンサー 358

うどんこ病 244

旨味 167

運送業者 275

衛生管理法 365

えぐ味 39

エグラ酸 38

エステル 44

エタノール 7

エチレン
.... 23, 27, 32, 68, 86, 112, 197, 203, 240

　受容体 27

　除去剤 63

　除去装置 211

　生成 44, 126

　生成と受容 45

エディブルフラワー 244

エネルギー分散型スペクトル 219

遠隔地 189

延伸ポリプロピレンフィルム 305
　　　＝ OPP フィルム

塩味 167

オートファジー 154

黄化 84

王秋 337

沖縄伝統野菜 300

押し傷果 .... 347〜349

オゾン 206

オゾン処理	46
オフフレーバー	260
音響振動法	**177**
オンサイト	283
オンサイト揮発性バイオマーカーモニタリング	
	283
温度	187
係数(Q_{10})	11, 68
振れ	330
温湯処理	301
温湯浸漬	237
温熱処理	301
温風	239

か行

海運	333
外観	81
回帰分析	160
海上輸送	**329**
外装	185
害虫発生	281
快適性	186
解糖系	5
海洋プラスチックごみ	195
化学変化	143
カキ	330
確率論的モデル	96
核割れ	177
過湿	188
果実	121
果実品質	340
可食性コーティング	**285**
可食適期(適熟期，table ripe)	73
加振部	178
ガス	
移動の温度係数	193
吸着性	219
クロマトグラフ	139, 140
障害	**62**
組成	187
ガス透過	**191**
係数	191
〜性	306
硬さ	147

片面段ボール	185
活性炭	218
カット	
果実	**114**
キャベツ	135
青果物	**244**
フルーツ	75
野菜	**70, 114, 231**
野菜の品質保持効果	223
褐変(度)	83, 112, 226
カテゴリーデータ	151
果肉硬度	**338**
過熱水蒸気・アクアガスの利用	106
カビ	113, 190
カプサンチン	51
果房重減少抑制	346
果房重減少率	348, 349
果粒内の水分過剰	348
過冷却	258
カロテノイド	**43, 49**
カロテン	51
簡易 CA	188
含硫黄／窒素	41
簡易測定装置	124
環境負荷	195
完熟(full ripe)	73, 339
緩衝材	189, 268
緩衝包装	**189**
関心領域	87
官能評価	**122, 129, 165**
簡便性	186
甘味	167
成分	**35**
〜度	35
機器分析	123
気孔	15
キサントフィル	51
キトサン	286
機能性	
成分	**51**
フィルム	188
包装資材	188
揮発性	
成分	41
成分によるモニタリング	277

索-3

成分のプロファイリング …… **277**	
フェノール成分 …… 44	
マーカー成分 …… 278	
有機物質 …… 277	
客観的指標 …… 156	
キャベツ …… 135	
キャベツの外観 …… 225	
キュアリング；curing …… 69	
嗅覚試験 …… 132	
嗅覚センサ …… 283	
吸着剤 …… 141	
キュウリ炭疽病 …… 244	
強アルカリ性電解水 …… 243	
強酸性電解水 …… 243	
共振周波数 …… 266	
共鳴周波数 …… 177	
均質フィルム …… **190**	
近赤外分光分析法 …… 147	
近赤外法 …… 147	
グアバケチャップ …… 303	
クエン酸 …… 37	
クチクラ層 …… 15, 94	
クライマクテリック …… **9, 23, 24, 197**	
～型 …… 32	
～(型)果実 …… 23, 45	
青果物 …… 58	
ライズ …… 149	
グルコース …… 35	
グルコシノレート …… 44	
クロマトグラフィー …… 139	
クロロゲン酸 …… 38	
クロロフィラーゼ …… 54	
クロロフィリッド a …… 54	
クロロフィル …… **49, 86, 123, 240**	
クロロフィル分解ペルオキシダーゼ …… 54	
計画出荷 …… 291	
決定係数 …… 161	
決定論的モデル …… 96	
結露 …… **21, 95, 188**	
結露防止フィルム …… **318**	
ケトン …… 44	
嫌気呼吸；anaerobic respiration …… **4, 68**	
減耗率 …… 127	
コールドショック …… 103	
コールドチェーン；cold-chain …… **70**	

高圧殺菌法 …… 106	
高温	
菌 …… 95	
障害；heat injury …… 61, 68, 241	
処理 …… 237	
好気呼吸 …… 4	
香気成分 …… **41**	
光源 …… 87	
交差汚染 …… 93	
抗酸化作用 …… **51**	
光子 …… 215	
高湿度 …… 189	
幸水 …… 337	
剛性容器 …… 185	
構造多糖類 …… 149	
酵素的褐変 …… 59	
高電圧を応用した殺菌法 …… 106	
硬度 …… 173, 178	
高糖度 …… 36	
酵母 …… 113	
高密度ポリエチレン；HDPE …… 20, 186	
交流電場 …… 205	
五感 …… 130	
呼吸；respiration …… **3, 67, 126, 189, 306**	
～型 …… 9	
腔 …… 18	
作用 …… 45	
商 …… **8, 37**	
＝RQ；respiratory quotient	
速度 …… 189	
熱 …… **5**	
～の温度係数 …… 193	
量 …… 8, 111, 300	
心腐れ …… 343	
個装 …… 185	
固相マイクロ抽出 …… 141	
固定相 …… 139, 140	
小ネギ …… 308	
虎斑症 …… **58**	
ゴム質化 …… 74	
コルクスポット …… 75	
コルク層 …… 16	
コロニー …… 94	
混載 …… **330**	
輸送 …… 208	

コンピュータビジョン	84
ゴンペルツモデル	97

さ行

再結晶化	259, 262
最大加速度	266
彩度	83
細胞	
外凍結	258, 259
内凍結	258
壁軟化	240
作型；cropping type	67
殺カビ	206
殺菌（剤）	114, 206, 224
サプライチェーン	159
酸化	
褐変	85
作用	220
〜的リン酸化	5
酸性電解水	114, 232, 233
酸素	190
ガス	220
ガス透過度	186
吸着粒子	220
産地偽装	352
酸味	167
成分	36
次亜塩素酸	231
ナトリウム	114
シアニジン	53
シークワシャー（抽出酢）	299, 302
シールローラー	306
地色	338
紫外線	206
殺菌	99
ダメージ	216
視覚，聴覚，嗅覚，味覚，触覚	130
色彩計	83
色相角	83
軸枯れ	252, 333
脂質過酸化度	126
市場遠隔産地	271
システム1エチレン	197
システム2エチレン	197

次世代シーケンサー	155
自然生態系農業	355
実測値	144
湿度	187
質量減少	189
渋味	167
渋味成分	38
脂肪酸分解	41
しぼみ果	254
島ヤサイ	300
シミュレーション	157
死滅期	96
シャインマスカット	332
ジャケット式の低温庫	22
重回帰	
解析用	145
分析	172
収穫	
〜後	187
熟度	67
シュウ酸可溶性ペクチン	149
集じん装置	203
充填カラム	140
周年供給体制	291
熟度	86, 178, 339
熟度判定	159
種子褐変	58
樹上	
選別	180
脱渋法	38
受振部	178
主成分分析	87
酒石酸	37
出荷	
経費の低減	310
包装	189
常温期間	340
障害	193, 348
傷害エチレン；wound ethylene	68, 112
障害果	338
傷害呼吸	111
衝撃	189, 265
加速度	267
試験機	268
蒸散；transpiration	15, 67, 189

消毒作用	237
蒸発	189
情報コミュニケーション	361
食中毒原因菌	365
食品害虫	281
食(品)の安全性	282, 352
食味	31, 341
食物繊維	125
ショ糖	35
ショルダー	100
真空予冷	274
新鮮	187
振動	**189, 265**
〜・衝撃の計測	267
加速度	189, 266
加速度伝達率	266
試験機	268
衝撃	188
水蒸気	189
透過度	**186**
透過率	19
水稲種籾消毒	244
水分	125
活性	95
含量	189
蒸散	188
蒸発散	**189**
補給方法	346
補給用プラスチック容器	346
補給量	346
水溶性ペクチン	149
スコア	88
ストリーマ	
技術	**246**
放電	246, 247
ストレス	153, 237
ストレスエチレン	24, 197
スマートフードチェーン	127
スマートフォン	163
スリット	87
青果物	**185**
生菌数	247
正弦波	**323**
正孔	215
生産管理情報	355

青酸配糖体	39
成熟	31, 240
生食用品種	301
生体活性化効果	234
成長	31
生分解性プラスチック	195
生命活動	**186**
生理障害	57
生理障害の発生のメカニズム	280
赤外線(IR)照射加熱	99
セスキテルペン	43
選果	177
千切りキャベツの細胞損傷状態	227
千切りキャベツのドリップ	227
漸減型	9
洗浄水	367
全挿入	348
センターシール	306
鮮度	**121, 188**
評価法	127
保持	345
保持期間	341
マーカー	**154, 156**
前濃縮	141
相関係数	160
早期発見	**280**
相互拡散	192
早晩性	75
速度変化	266
組織からの離水	260
ソラニン	39
損傷	**265**
限界曲線	266
防止包装	269

た行

代謝経路	282
耐振動性	189
対数増殖期	96
大腸菌群	113
多汁性	173
脱渋	12, 75
方法	**38**
脱水凍結；Dehydro Freezing	**261**

脱粒(性)	252, 332
棚持ち	330
食べ頃判定(システム)	159, 163
ダメージバウンダリーカーブ	189
短鎖／中鎖アルデヒド	44
短鎖／中鎖脂肪族	41
炭酸ガス障害	294
短時間温湯処理	301
段(数)	140, 185
単相関分析	171
タンニン	38
段ボール(箱)	185, 308, 334
チオ硫酸銀	29
蓄積疲労	189, 266
竹炭微粒子の細孔	218
中温菌	95
長期	345
貯蔵	332, 345
果房の商品性	348
期間	339
寿命	8
障害；storage disorder	75, 293
〜に適した収穫期(果皮色)	349
追熟；postharvest ripening	32, 73, 86, 331
(クライマクテリック)型果実	32, 73
調節剤	34
追跡システム	367
坪量	185
テーリング	100
低温	
〜および凍結ストレス	257
〜菌	95
馴化	257
障害	
11, 33, 45, 57, 68, 112, 250, 258, 299, 329	
貯蔵	249
濃縮	142
低酸素，高二酸化炭素状態	306
低酸素限界	11
＝ LOL；lower oxygen limit	
定常期	96
低密度ポリエチレン；LDPE	20
適熟果	338
滴定酸含量	37
テクスチャー	147, 173

テクスチャーの軟化	260
デジタルカメラ	81
デルフィニジン	53
テルペン	41
テルペン合成酵素	43
電解水	231, 243
電荷分離	215
電子	215
電子伝達系	5
転流糖	35
透過度	191
透過量調整	316
統計解析	139, 143
凍結	
障害；Freeze Injury	250, 258
耐性；freeze tolerance	259
貯蔵	70
濃縮層のガラス転移温度	263
前処理	262
糖酸比	10, 37
透湿度	188
糖度	37
冬眠状態	316
糖類	125
毒性物質	39
トノプラスト(液胞膜)	61
トラックドライバー	271
トランスクリプトーム解析	155
トリカルボン酸(TCA)回路	5
トレーサビリティ	356

な行

内装	185
内部	
褐変	68, 278, 293
障害	177
中しん	185
ナノミスト	22, 95
ナノ粒子	216
ナリンギン	38
軟性やけ症	293
におい	139
においセンサ	129
ニガウリ(実腐病)	299

苦味	167
苦味成分	**38**
二元調湿換気式低温貯蔵庫	22
ニコチンアミドアデニンジヌクレオチド	5
= NAD；nicotinamide adenine dinucleotide	
二酸化炭素	190
二軸延伸ポリスチレン（OPS）フィルム	19
二次代謝	3
二相線形モデル	100
ニホンナシ	149
ニホンナシ輸出	340
ニラ	305
二量体	99
認証スキーム	371
ニンニク	144
ネギ属野菜	44
熱ショック	
エレメント	238
処理	**237**
転写因子	238
熱流体力学モデル	99
濃縮方法	141
ノビレチン	302
ノルイソプレン	43
ノンクライマクテリック	197

は行

パーシャルシール包装	307
バイオマーカー	153
廃棄	195
ハイパースペクトルカメラ	**87**
パインアップル	299
馬鹿苗病	244
パターン認識	283
発酵誘導点	11
= FIP；fermentation induction point	
発泡スチロール（EPS）製パレット	**271**
発泡スチロール容器	305
バナナ	136
パネル	130
葉の黄化や腐敗	305
パパイアケチャップ	303
パブリック型	354
張り	254

パレット	271
パワースペクトル密度	268
半剛性容器	185
晩生品種	343
光触媒	**208, 215**
光センサ	87
光センシング	87
光分解力	217
非クライマクテリック型（果実）	24, 33
微生物	190
汚染度	113
〜叢	93
〜的危害	368
捕集率	205
非接触 IC カード	360
比増殖速度	96
ビターピット	75
非多孔質	190
ビタミン C	124
非追熟（ノンクライマクテリック）型果実	
	32, 73
ピッティング；pitting	**58, 68**
ヒト皮膚ガス	139
ヒドロペルオキシドリアーゼ；HPL	43
非破壊	157, 159
計測	126
検査	87
診断	277
判別	177
品質評価法	147
非密封包装	190
日持ち（性）	32, 341
評価項目	121
氷結晶の昇華現象	262
氷晶の成長速度	262
表面色	**338**
疲労破損	189
品温	194
品質	
推定ソフト	145
評価法	122
変化速度	187
保持	**186**
保持期間	116, 122
保持剤	116

索-8

品種間差 ················· 67, 342	プロピレン ··············· 23
品種構成 ················· 291	**プロファイリング** ··········· **280**
ファインバブル	分光器 ················· 87
〜化 ················· 232	**分光吸収スペクトル** ·········· **87**
〜化した酸性電解水 ·········· 231	分析型官能評価 ············· 130
酸性電解水 ············ **232〜234**	平方根モデル ·············· 97
〜を含む酸性電解水 ·········· 233	ペクチン ··········· 147, 149, 286
ファンデルワールス力 ··········· 219	ペラルゴニジン ············· 53
フード・サプライチェーン ········· 361	ペルオキシダーゼ ············ 55
フードロス ·············· 127, 157	変温下 ················· 193
フェイク・フード ············ 352	ペントースリン酸経路 ··········· 4
フェオフィチナーゼ ··········· 54	防カビ ················· 206
フェオフィチン ············· 54	飽差 ·················· 18
フェオホルビド ············· 54	防湿加工 ················ 334
フェニルアラニンアンモニアリアーゼ ····· 53, 85	放射線貯蔵 ··············· 70
フェノール(化合物) ········· 41, 53	豊水 ················· 337
複合輸送 ················ 299	包装設計 ················ 268
複々両面段ボール ············ 185	**防曇フィルム** ············ **69, 188**
複両面段ボール ············· 185	保管 ················· 185
ふけ果 ················· 342	保管温度 ················ 263
普通冷蔵 ················ 293	**保護性** ··············· **186**
物理的損傷 ··············· 189	穂軸
ブドウ ················· 329	〜からの吸水パターン ········· 348
不凍タンパク質：AFP ·········· 259	挿入長 ··············· 348
腐敗 ·················· 93	〜の褐変・萎凋 ········· 345, 348, 349
腐敗原因菌 ··············· 365	ポリエチレン ·············· 185
部分挿入 ················ 348	ポリエチレン(PE)フィルム ······· 19
不溶性ペクチン ············· 149	ポリスチレン ·············· 185
プライベート型 ············· 354	ポリスルフィド ············· 282
ブラウンハート ············· 75	ポリフェノールオキシダーゼ ····· 55, 85
プラスチックフィルム(袋) ········ **185**	ポリプロピレン ············· 185
プラズマ支援アニーリング ········ **217**	
プラズマ放電 ·············· 246	
フラビンアデニンジヌクレオチド ······· 5	**ま行**
＝FAD：flavin adenine dinucleotide	
フラボノイド ············· **49**	マーカー成分の定量 ··········· 283
ブランチング ············ **261**	**マイクロバブルオゾン水** ········ **223**
ブランド・ロイヤルティ ········· 356	マイニング ··············· 354
フルート ················ 185	前処理 ················· 167
フルクトース ·············· 35	マスクメロン ·············· 163
フレキシブル容器 ············ 185	末期上昇型 ··············· 9
プレノール ··············· 282	マルチヒットモデル ··········· 102
プロアントシアニジンポリマー ······· 12	マルチプレクスPCR ·········· 154
プログラム細胞死 ············ 154	マンゴー ················ 299
ブロックチェーン ··········· **351**	**マンゴー炭疽病** ············ **301**
	味覚試験 ················ 132

味覚センサ	129, 165
実腐病	299
ミクロの穴加工	316
未熟	339
水ストレス	16
水浸状の障害	342
みつ(蜜)症；water core	75, 343
みつ入り	293
ミトコンドリア	61
ミロシナーゼ	44
無孔通気性フィルム	194
無酸素呼吸	314
無袋栽培	292
メタボローム解析	155
メチルエステル	278
目減り	16
モノテルペン	43
モモ	177, 329

や行

野菜	121
〜の食味	226
〜のにおい	139
有機酸	36, 125
有孔	190
有酸素呼吸	314
有袋栽培	292
誘導期	96
遊離糖	147
雪室貯蔵	70
輸出促進	329
輸送	185
期間の延長	313
コスト	329
振動	150
〜性	32
ユビキチン-プロテアソーム	26
ユビキノン；UQ	6
養液栽培	244

葉果比	36
葉酸	300
溶着強度	306
溶融シリカキャピラリーカラム	140
横型ピロー包装機	306
予措；pre-storage conditioning	**69**
予測値	144
予測微生物学	98
予兆	280
予冷；precooling	**69, 194**

ら行

ラ・フランス	160
ライナ	185
ラジカル	**216**
落下試験機	268
リーファーコンテナ	20, 329
リアルタイム質量分析計	283
リコペン	51, 86
リポキシゲナーゼ；LOX	**41, 55**
リモニン	38
流出防止	195
両面段ボール	185
緑熟期	24
リンゴ	143, 145
リンゴ酸	37
リン酸化を介した代謝回転制御	27
ルテイン	51
冷却捕集	142, 143
冷蔵ヤケ	255
冷凍	
耐性	257
貯蔵過程	**262**
焼け	262
ローディング	87
老化	31, 123, 240
ロジスティックモデル	97
ワイブルモデル	100

青果物の鮮度評価・保持技術

収穫後の生理・化学的特性から輸出事例まで

発行日	2019年12月11日　初版第一刷発行
監修者	阿部　一博
発行者	吉田　隆
発行所	株式会社 エヌ・ティー・エス
	〒102-0091 東京都千代田区北の丸公園2-1　科学技術館2階 TEL.03-5224-5430　http://www.nts-book.co.jp
印刷・製本	倉敷印刷株式会社
章扉写真	提供：阿部　一博

ISBN978-4-86043-621-6

©2019　阿部一博他.

落丁・乱丁本はお取り替えいたします。無断複写・転写を禁じます。定価はケースに表示しております。
本書の内容に関し追加・訂正情報が生じた場合は、㈱エヌ・ティー・エスホームページにて掲載いたします。
※ホームページを閲覧する環境のない方は、当社営業部(03-5224-5430)へお問い合わせください。

関連図書
NTSの本

	書籍名	発刊年	体裁	本体価格
1	スマート農業 〜自動走行、ロボット技術、ICT・AI の利活用からデータ連携まで〜	2019年	B5 444頁	45,000円
2	翻訳版　Agricultural Bioinformatics　〜オミクスデータと ICT の統合〜	2018年	B5 386頁	30,000円
3	賞味期限設定・延長のための各試験・評価法ノウハウ 〜保存試験・加速（虐待）試験・官能評価試験と開発成功事例〜	2018年	B5 246頁	32,000円
4	ボトリングテクノロジー 〜飲料製造における充填技術と衛生管理〜	2019年	B5 424頁	36,000円
5	実践　食品安全統計学 〜R と Excel を用いた品質管理とリスク評価〜	2019年	B5 272頁	30,000円
6	微生物コントロールによる食品衛生管理 〜食の安全・危機管理から予測微生物学の活用まで〜	2013年	B5 288頁	34,000円
7	情報社会における食品異物混入対策最前線 〜リスク管理からフードディフェンス、商品回収、クレーム対応、最新検知装置まで〜	2015年	B5 342頁	40,000円
8	実践　ニオイの解析・分析技術 〜香気成分のプロファイリングから商品開発への応用まで〜	2019年	B5 288頁	34,000円
9	スマートロジスティクス 〜IoT と進化する SCM 実行系〜	2008年	B5 294頁	32,000円
10	植物工場生産システムと流通技術の最前線	2013年	B5 570頁	41,800円
11	嗅覚と匂い・香りの産業利用最前線	2013年	B5 458頁	36,800円
12	改訂増補版　実践有用微生物培養のイロハ 〜試験管から工業スケールまで〜	2018年	B5 376頁	9,500円
13	パルスパワーの基礎と産業応用 〜環境浄化、殺菌、材料合成、医療、農業、食品、生体、エネルギー〜	2019年	B5 254頁	32,000円
14	食品分野における非加熱殺菌技術	2013年	B5 200頁	24,000円
15	生食のおいしさとリスク	2013年	B5 602頁	28,400円
16	薬用植物辞典	2016年	B5 720頁	27,000円
17	発酵と醸造のいろは　〜伝統技法からデータに基づく製造技術まで〜	2017年	B5 398頁	32,000円
18	油脂のおいしさと科学　〜メカニズムから構造・状態、調理・加工まで〜	2016年	B5 300頁	36,000円
19	中薬材鑑定図典　〜生薬の中国伝統評価技法〜	2012年	B5 568頁	18,000円
20	藻類ハンドブック	2012年	B5 824頁	38,000円
21	おいしさの科学I　食品のテクスチャー 〜ニッポンの食はねばりにあり〜	2011年	B5 144頁	2,500円
22	植物代謝工学ハンドブック	2002年	B5 854頁	55,000円

※本体価格には消費税は含まれておりません。